HEYNE

W0267135

Das Buch

Wegen ihres spektakulären Ausblicks auf den Pferdekopfnebel ist Sigma Station das beliebteste Urlaubsziel der gesamten Galaxis. Außerdem ist sie der neue Arbeitsplatz von Hannah Elliot. An ihrem ersten Tag soll die junge Reiseführerin eigentlich nur eine kleine Gruppe von Touristen bei ihrem Rundflug auf der *Red Panda*, einem abgetakelten Ausflugsschiff, begleiten. Doch kaum hat die *Red Panda* den Raumhafen von Sigma Station verlassen, passiert das Unvorstellbare: Aus dem Nichts taucht ein unbekanntes Raumschiff auf und zerstört die Raumstation. Wie durch ein Wunder gelingt es der Pilotin, die *Red Panda* aus der Schusslinie zu halten, doch nun sind die Menschen an Bord mutterseelenalleine in den Weiten des Alls – und auf der Flucht vor den Angreifern …

Der Autor

Rob Boffard wurde in Johannesburg, Südafrika, geboren und verbringt seine Zeit als Autor zwischen London, Vancouver und Johannesburg. Als Journalist hat er in mehr als zwölf Ländern Artikel veröffentlicht, unter anderem in *The Guardian* und *Wired*. Außerdem ist er regelmäßiger Kolumnist auf diezukunft.de

Mehr über Rob Boffard und seine Romane erfahren Sie auf:

diezukunft.de»

ROB BOFFARD

VERSCHOLLEN

ROMAN

Aus dem Englischen übersetzt
von Bernhard Kempen

WILHELM HEYNE VERLAG
MÜNCHEN

Titel der englischen Originalausgabe
ADRIFT

Der Verlag weist ausdrücklich darauf hin, dass im Text enthaltene externe Links vom Verlag nur bis zum Zeitpunkt der Buchveröffentlichung eingesehen werden konnten. Auf spätere Veränderungen hat der Verlag keinerlei Einfluss. Eine Haftung des Verlags ist daher ausgeschlossen.

MIX
Papier aus verantwortungsvollen Quellen
FSC® C014496
FSC www.fsc.org

Verlagsgruppe Random House FSC®N001967

Deutsche Erstausgabe 10/2019
Redaktion: Rainer Michael Rahn
Copyright © 2018 by Rob Boffard
Copyright © 2019 der deutschsprachigen Ausgabe und der Übersetzung by Wilhelm Heyne Verlag, München, in der Verlagsgruppe Random House GmbH, Neumarkter Straße 28, 81673 München
Printed in Germany
Umschlaggestaltung: DAS ILLUSTRAT, München
Satz: Christine Roithner Verlagsservice, Breitenaich
Druck und Bindung: GGP Media GmbH, Pößneck

ISBN 978-3-453-32007-9

www.diezukunft.de

Für Cat

1

Rainmakers Head-up-Display ist ein Albtraum.

Die Alarmmeldungen kommen schneller herein, als sie sich ausblenden lassen. Verschlusszustandsanzeigen. Annäherungswarnungen. Treibstoffwerte. Sie werden von ihrem Neurochip erstellt und erscheinen genau vor ihren Augen.

Die Welt außerhalb des Cockpits ihres Kampfjets ist ein Gewimmel aus dahinrasenden Raketen und schlingernden Raumschiffen. In der Ferne detoniert ein Atomsprengkopf an einer Fregatte, ein Sonnenbaby, das sich ins Leben kämpft. Dahinter schimmert der Pferdekopfnebel.

Rainmaker reißt ihr Schiff von der Hitzewelle zurück, lässt es mit präzisen, kontrollierten Gedanken tanzen. Dabei erhält sie einen Rundumblick auf die Schlacht: eintausend Scorpion-Kampfjäger der Frontier, die sich gegenseitig in einer Arena vernichten, die von den schwerfälligen Fregatten begrenzt wird.

Die Streitkräfte der Kolonie dachten, sie könnten das Gebiet rund um Sigma Orionis halten. Sie wollten die Kontrolle über das Sprungtor übernehmen und jeden Verkehr in diesen Sektor unterbinden. Sie rechneten nicht mit einem frühen Sieg bei Proxima, durch den ein Drittel der Frontier-Flotte verfügbar wurde, und nun werden sie in die Enge getrieben und kämpfen ums nackte Überleben.

Vielleicht ist dies die alles entscheidende Schlacht. Vielleicht können die Kolonien nun endlich gestoppt werden.

Rainmaker hat sich immer weiter von der Hauptkampfzone entfernt und nähert sich dem Rand des Sektors. Ihre Zielsysteme spüren einen einsamen Feind auf: einen schwarzen Kampfjäger der Kolonien, der auf sie zurast. Sie will feuern, doch dann hält sie inne und unterbricht ihren Gedankengang.

Etwas stimmt hier nicht.

»Zentrale, hier ist Rainmaker.« Trotz des Chaos klingt ihre Stimme ruhig. »Ich habe den Gegner erfasst. Warum ist er allein? Ende.«

Die Antwort kommt abgehackt und drängend. »Rainmaker, hier Frontier-Zentrale: Ausweichkurs, Ausweichkurs. Keine Kampfhandlung! Mehrere Einheiten nähern sich Ihnen von hinten. Sie versuchen Ihnen die Tür vor der Nase zuzuschlagen. Ende.«

Rainmaker verzichtet auf eine Bestätigung. Ihre Radarsysteme wurden zu Anfang der Schlacht beschädigt, und nun muss sie sich darauf verlassen, dass die Zentrale sie vor den Banditen warnt, die sie nicht sehen kann. Sie schaltet die Zielerfassung aus und dreht mit ihrem Kampfjäger ab, während immer mehr Warnungen auf ihrer Konsole erblühen. »Twin, Blackbird, irgendwer. Ich habe hier mehrere Gegner und brauche den Abschleppdienst, Ende.«

Die sarkastische Stimme eines Flügelmanns ihres Geschwaders kommt über Funk herein. »Kommst du nicht allein mit ihnen klar? Ich bin enttäuscht.«

»Kein guter Moment, Omen«, antwortet sie und lässt ihre Triebwerke glühen. »Könnt ihr mir helfen oder nicht? Ende.«

»Negativ. Wir haben es hier mit drei Kunden zu tun. Stell dich in die Schlange.«

Eine zweite, ältere Stimme meldet sich über Komm. »Rainmaker, hier ist Blackbird. Wie ist deine Position? Ende.«

Ihr Neurochip versteht die Worte und lässt die Daten auf ihrem Display erscheinen, während sie gleichzeitig an Blackbird geschickt werden. »Quadrant einunddreißig«, stößt sie trotzdem durch die zusammengebissenen Zähne hervor.

»Roger«, sagt Blackbird. »Ich hab sie. Einen Moment noch. Ich werde sie für dich … Scheiße, ich wurde getroffen! Ich …«

»Eric!«, ruft Rainmaker ihn bei seinem richtigen Namen. Ihre Stimme ist so laut, dass der Kanal übersteuert wird. Aber Blackbird ist bereits fort. Ein Impactor saust an ihr vorbei, so nahe, dass sie die Brandspuren vom Start auf der Oberfläche erkennen kann.

»Zentrale, Rainmaker«, sagt sie. »Bestätigen Sie Blackbirds Position. Ich habe den Kontakt verloren!«

Die Zentrale antwortet nicht. Es hätte ohnehin keinen Sinn. Diese Leute bekämpfen tausend Brandherde gleichzeitig und geben Empfehlungen an Hunderte von Scorpion-Kampfjägern weiter. Vergiss die Rufzeichen, die auf Anweisung von oben benutzt werden sollen. Blackbird ist nur eine Nummer für sie, genauso wie Rainmaker, und wenn sie nicht sofort etwas unternimmt, wird sie genauso enden wie er.

Sie dreht ab und zwingt die zwei sie verfolgenden Kampfjäger der Kolonien, sich ihr frontal zu stellen. Sie sind eine größere Gefahr als die einzelne Einheit vor ihr. Jetzt nähern sie sich von elf und ein Uhr, nehmen Kurs auf sie und eröffnen bereits das Feuer. Sie beschleunigt das Schiff, zielt auf die winzige Stelle in der Mitte, um rechtzeitig durch die Lücke zu kommen, bevor die Impactors sie ausschalten können.

»Den Faden durchs Nadelöhr«, flüstert sie. »Na los, zieh den Faden durchs …«

Alles erstarrt.

Die Schlacht verstummt.

Und ein rot blinkender Kasten mit einer Fehlermeldung erscheint über einer Rakete.

»Oh. Ähm.« Hannah Elliots Stimme unterbricht die Stille. »Tut mir leid, meine Damen und Herren. Einen Moment.«

Der Kasten verschwindet – nur um einen Sekundenbruchteil später wieder aufzutauchen, wie eine Fliege, die zu der

Stelle zurücksurrt, wo man nach ihr geschlagen hat. Diesmal gibt die Simulation ein gedämpftes *Pling* von sich, als wäre sie verärgert, dass Hannah das Problem nicht erkennt.

Sie reißt sich die schlanke Brille vom Kopf. Sie ist nicht an so etwas gewöhnt – nach dem Aufwachen hat sie vergessen, die Linse einzusetzen, was bedeutet, dass sie mit dem antiquierten Back-up-System des VR-Raums vorliebnehmen musste. Eine Strähne ihres langen roten Haars verfängt sich am Riemen, und sie muss sie herauszerren. Dann blickt sie auf die altertümliche Konsole vor ihr.

»Tut mir leid, meine Damen und Herren«, wiederholt sie. »Wird nicht länger als eine Minute dauern.«

Ihr besorgtes Gesicht spiegelt sich im dunklen Bildschirm, und ihre Sommersprossen lassen sie noch jünger erscheinen, als sie tatsächlich ist. Diesmal benutzt sie ihren Finger, drückt auf das Bestätigungsfeld im Kasten auf dem kleinen Zugangsterminal. Im nächsten Moment legt sich eine zweite, identische Fehlermeldung über den ersten Kasten. Dahinter ist ein regloser Impactor durch Rainmakers Cockpitfenster zu erkennen.

»Tut mir leid.« *Hör auf, tut mir leid zu sagen.* Sie versucht es noch einmal, doch es gelingt ihr wieder nicht, das Hauptmenü aufzurufen. »Das ist mein erster Tag.«

Erdrückende Stille. Die zwanzig Touristen im abgedunkelten Raum sind mit ausgefransten Gurten an die Bewegungssessel geschnallt. Die meisten haben die Augen geschlossen, während ihre persönlichen Linsen immer noch die erstarrte Sim projizieren. Ein paar blinzeln und wirken leicht verärgert. Einer von ihnen, ein älterer Mann mit grau meliertem Bart, wirft Hannah einen finsteren Blick zu.

Sie schaut nach unten auf die Fehlermeldungen. Sie kann die Schrift in den Kästen kaum lesen – durch die Tiefenschärfe der VR werden die Buchstaben so winzig wie die unterste Zeile einer Sehtafel.

Sie sollte die Sim neu starten. Aber wie? Heißt das, dass alles noch einmal von vorn beginnt? Kann sie die Sache vorspulen? Die Supervisorin, die es ihr am Morgen gezeigt hat, musste sich mit etwa fünfzehn neuen Reiseführern auseinandersetzen, und ihre Anweisungen liefen darauf hinaus, die Lautstärkeregelung im Blick zu behalten und dafür zu sorgen, dass sich keiner der Touristen übergibt, wenn Rainmaker eine zu scharfe Kurve fliegt.

Hannah klopft versuchsweise gegen den Bildschirm und atmet erleichtert auf, als ein Menü erscheint: eine Dateiliste. Gut. Jetzt muss sie nur noch …

Aber welche ist es? Die Supervisorin hat die Sim eingeschaltet, aber Hannah hat nicht mitbekommen, welche Datei sie aufgerufen hat. Die Namen sagen ihr nichts.

Sie tippt auf die erste. Lebhafte Musik erschallt aus den Lautsprechern im Raum, so laut, dass ein paar Touristen zusammenzucken. Sie setzt die Brille wieder auf und wird von einer animierten Echse im Raumanzug begrüßt, die mit Laserpistolen auf ein riesiges tentakelbewehrtes Alien feuert. Eine dröhnende Stimme übertönt hallend die Musik. »Abenteurer! Tretet ein in die Welt von Reptar! Er rettet die Galaxis vor …«

Hannah stoppt Reptars Rettung der Galaxis. In der folgenden Stille spürt sie, wie ihre Wangen rot werden.

Sie wirft einen letzten hilflosen Blick auf den Bildschirm und springt auf. Sie wird irgendeine Lösung finden. Man hätte ihr diesen Job nicht gegeben, wenn man ihr nicht zutrauen würde, mit unerwarteten Situationen zurechtzukommen.

»Okay!« Sie klatscht in die Hände. »Entschuldigen Sie die Panne. Ich glaube, da ist irgendwo der Wurm in dieser uralten Sim drin.«

Ihr Lachen löst nicht die leiseste Reaktion aus. Sie schluckt und macht unbeirrt weiter.

»Gut. Wie Sie gesehen haben, war das die Schlacht von Sigma Orionis, die vor fünfzehn Jahren stattfand. Das war also …« Sie denkt angestrengt nach. »2157. Im Raumsektor rund um das Hotel, in dem wir uns befinden. Ich hoffe, unsere historische Simulation hat Ihnen eine gute Vorstellung von der Situation gegeben, mit der unsere Piloten konfrontiert waren. Sie wurde direkt aus der Neurochip-Aufzeichnung einer Kämpferin erstellt.

Zufällig fand die Schlacht fast genau einhundert Jahre nach dem Tag statt, als es uns erstmals gelang, eine Sonde durch ein Wurmloch zu schicken, was, wie Sie zweifellos … was die Große Expansion auslöste, nachdem wir permanente Langstreckentore einrichten konnten, wie das Tor, durch das Sie hierhergekommen sind.«

»Das wissen wir«, sagt der Mann mit dem grau melierten Bart. Er erinnert Hannah an einen ausgesprochen mürrischen Lehrer an ihrer Highschool. »Es wurde in der Einführung erwähnt, die Sie uns präsentiert haben.«

»Richtig.« Hannah nickt, als hätte er etwas Hochinteressantes gesagt. Sie hat das verdammte Einführungsvideo völlig vergessen. Ihr Jumplag vom Vortag macht ihrem Gedächtnis zu schaffen. Sie kann sich nur an ein Voiceover erinnern, das viel zu fröhlich für ein Thema wie die brutale Schlacht von Sigma Orionis klang.

Sie beschließt, einfach weiterzumachen. »Also … die Kolonien verloren diesen Kampf, aber der Krieg ging noch fünf Jahre lang weiter, nachdem die Frontier den Raumsektor um Sigma erobern konnte.«

Auch das wissen sie bereits. Warum erzählt sie es ihnen? Sie spürt Hitze, die ihre Wangen hinaufkriecht, eine Empfindung, die sie nach Kräften zu ignorieren versucht.

»Wie auch immer, falls Sie noch irgendwelche Fragen zur Frühzeit der Expansion haben, als wir noch damit beschäftigt waren, die Sprungtore zu konstruieren, dann bin ich die Richtige. Ich habe sogar meine Dissertation über …«

Eine Bewegung hinter ihr. Sie dreht sich um und sieht einen der anderen Reiseführer, einen großen Kerl mit einem Tribal-Tattoo, das unter dem Kragen seines roten Firmen-T-Shirts hervorlugt.

»Ah, Gott sei Dank«, zischt Hannah ihm zu. »Wissen Sie, wie man die Sim wieder zum Laufen bringt?«

Er geht nicht auf sie ein. »Okay, Leute«, sagt er lässig und laut zu den Anwesenden. »Damit ist unsere VR-Präsentation beendet. Ich hoffe, sie hat Ihnen gefallen, und wenn Sie noch irgendwelche Fragen haben, werde ich sie Ihnen gern beantworten, während unsere nächste Gästegruppe eingewiesen wird.«

Bevor Hannah etwas sagen kann, dreht er sich zu ihr um und lässt sein Lächeln verschwinden. »Das Zeitfenster für Ihre Sim ist seit mehr als fünf Minuten geschlossen. Raus hier.«

Er beugt sich nach unten und tippt mühelos mehrere Befehle ein, mit denen der Simulator neu gestartet wird. Als die Touristen hinausgehen, sieht der bärtige Mann sie an und schüttelt den Kopf.

Hannah kramt in ihrer Gesäßtasche, während sich ihr Gesicht immer noch heiß und kribbelig anfühlt. »Tut mir leid. Die Sim ist wirklich gut, und ich habe mich irgendwie davon mitreißen lassen, also …« Sie sagt es mit einem Lächeln, das jedoch verblasst, als der Touristenführer sie weiterhin ignoriert.

Sie weiß nicht einmal, was sie eigentlich tut. Die Sim war gar nicht gut, sondern gruselig. Etwas über eine Schlacht zu erfahren ist eine Sache – aber tatsächlich dabei zu sein, zu sehen, wie Menschen in Stücke geschossen werden …

Seufzend zieht sie ihr zerknittertes Tab aus der Hosentasche und entfaltet es. Getreulich zeigt es ihren Zeitplan, von ihrer

Linse kopiert – eine Gewohnheit, die sie schon als Kind angenommen hat, nachdem die Linse ihrer Mutter eine Macke bekommen hatte und sie einen Schwimmwettbewerb verpassten. »Können Sie mir sagen, wie ich zum Dock komme?«

Der andere Führer wirft einen Blick auf das veraltete Tab, und sein Mund verzieht sich zu einem angewiderten Ausdruck. »Sie müssten einen Plan auf Ihrer Linse haben.«

»Hab sie noch nicht mit der Station synchronisiert.« Es wäre ihr zu peinlich, ihm zu erklären, dass ihre Linse immer noch in der Lösung über ihrem winzigen Waschbecken in ihrem Quartier liegt und sie vergessen hat, zurückzugehen und sie zu holen, bevor ihre Schicht begann.

Jetzt würde sie eine Niere abgeben, um zurückgehen zu können, und das nicht nur wegen der Linse. Ihre Personalkabine ist zwar klein genug, um mit ausgestreckten Armen alle vier Wände gleichzeitig berühren zu können, aber sie ist mit einem Bett ausgestattet. Mit einem *Laken*. Auch wenn es kratzig und dünn ist und nach Bleichmittel riecht, ist es eine berauschende Vorstellung, es sich über den Kopf zu ziehen und einfach wegzudriften.

Die nächste Gruppe drängt sich in den VR-Raum, in Zweier- und Dreiergruppen, und beäugt die recht abgenutzt aussehenden Bewegungssessel. Der Reiseführer hat Hannah fast vergessen und marschiert mit einem dröhnenden Willkommensgruß zu den neuen Touristen hinüber.

»Danke für Ihre Unterstützung«, murmelt Hannah, während sie durch die Tür hinausschlüpft.

Das Dock. Sie war doch erst gestern dort, nicht wahr? Als sie mit dem Shuttle angekommen ist. Wie schwer kann es sein, es wiederzufinden? Vor dem VR-Raum geht sie nach rechts, in die Richtung, in der sich ihrer Meinung nach das Atrium der Hauptstation befindet. Laut ihrem Tab ist sie nicht zu spät dran, aber sie läuft dennoch zügig los.

Der weite, leicht gekrümmte Gang wird von einem Fenster begrenzt, das vom Boden bis zur Decke reicht und höher ist als das Haus, in dem Hannah aufgewachsen ist. Hier wimmelt es von weiteren Touristen. Die meisten drängen sich am Scheitelpunkt und bewundern die Aussicht, die vom Pferdekopfnebel beherrscht wird.

Hannah konnte kaum einen Blick darauf werfen, als sie am vergangenen Abend eintrafen. Es ging nur um Sicherheitshinweise und Zimmerzuteilungen und Zeitplanänderungen und Gespräche des Personals in der Kantine, die viel zu laut waren. Sie hatte sich ein Stück abseits an einen Tisch gesetzt und gehofft, dass jemand zu ihr kommt und sich mit ihr unterhält, und gleichzeitig gehofft, dass niemand es tut.

Schließlich war es ihr mit einer gewissen Erleichterung gelungen, sich davonzuschleichen und ein paar Stunden lang unruhig zu schlafen.

Diese Station war früher die schlichte alte Sigma XV, ein großer, langweiliger, industrieller Bergbau-Außenposten, um den die Kolonien und die Frontier während des Krieges kämpften. In diesem Sonnensystem ohne bewohnbare Planeten, aber mit einer Menge rohstoffreicher Asteroiden, wird immer noch Bergbau betrieben – hauptsächlich Helium-3, mit dem Fusionsreaktoren betrieben werden –, doch heutzutage ist das Ganze als Luxushotel Sigma bekannt.

Es hat Hannah immer wieder erstaunt, wie schnell das alles passiert war. Es fühlte sich an, als hätten in der Sekunde, als der Krieg beendet war, die Reiseveranstalter damit begonnen, den Frontier-Senat wegen der Konzessionen zu bedrängen. Jetzt fasst Sigma zehntausend Touristen, die von einem Dutzend verschiedener Welten und Monde durch das große Sprungtor hereinströmen, begeistert, endlich reisen zu können, und in der Hoffnung, einen Blick auf den Nebel werfen zu können.

Als hätte es den Krieg nie gegeben. Als gäbe es nicht weiterhin einhundert verschiedene kleine Konflikte und Splittergruppen, die sich sowohl über die Frontier als auch die Kolonien verteilen. Die Nachbeben des Krieges machen sich weiterhin bemerkbar.

Wobei die Sigma-Station keineswegs ein Einzelfall ist. Es passiert überall – anscheinend gibt es sogar eine Reisegesellschaft, die Besucher von Phobos zum Wrack einer Fregatte der Kolonien bringt, die bislang noch nicht geborgen wurde.

Hannah ist die Vorstellung zwar unangenehm, dass man hier so kurze Zeit nach den Kämpfen ein Hotel eingerichtet hat, aber sie braucht diesen Job. Es war der einzige, den sie mit ihrem nutzlosen Abschluss in Geschichte bekommen hat, und zumindest muss sie jetzt nicht mehr am Tisch in ihrem Elternhaus auf Titan sitzen und sich anhören, wie ihre Schwester vom schnellen Wachstum ihres Unternehmens erzählt.

Der Gang macht eine scharfe Biegung nach rechts, weg von den Fenstern, und öffnet sich auf eine luftige Plaza. Der Raum ist riesig, reicht ganze zehn Decks hinauf. Eine funkelnde Lichtinstallation von der Größe eines Lastwagens hängt an der Decke, und auf dem Boden erhebt sich genau in der Mitte ein großer Springbrunnen. Putten und Drachen aus falschem Marmor speien Wasserstrahlen, die sich in der Luft kreuzen.

Auf der Plaza tummeln sich noch mehr Touristen. Sie spazieren um den Brunnen herum oder plaudern auf den Bänken oder bummeln durch die Läden und Restaurants an den Seiten. Hannah muss langsamer gehen und sich mit gemurmelten Entschuldigungen einen Weg durch die Menge suchen.

Der Schwall der Eindrücke überwältigt sie beinahe, und sie muss wieder an ihr Laken denken. Weiß. Kühl. Leicht genug, um darunterzuschlüpfen und …

Nein. Reiß dich zusammen! Sei professionell!

Geht es von hier aus nach links, oder ist es auf der anderen Seite des Springbrunnens? Sich an den Grundriss der Station zu erinnern, den sie sich während des Sprungs angesehen hat, ist, als würde man versuchen, etwas in Sanskrit zu entziffern. Dann sieht sie ein Schild über einem der Gänge, die von der Plaza wegführen. *Schiffsdock B*. Das ist es.

Drei Minuten später ist sie da. Das Dock ist klein, eine spartanische Sammelstelle mit vier Gangways, die von der Station zu den Luftschleusen führen. Hier halten sich nicht viele Leute auf, auch wenn ein paar auf den Bänken sitzen. Ein kleines Mädchen schläft dort zusammengerollt, die Hände zwischen Schulter und Wange geklemmt, die Knie bis an die Brust hochgezogen. Ihre Mutter – oder die Person, die Hannah für ihre Mutter hält – sitzt neben ihr und betrachtet blinzelnd etwas auf ihrer Linse.

Durch das Glas sind vier Ausflugsschiffe zu erkennen, hell erleuchtet vor tiefschwarzem Hintergrund. Hannah hat schon zahlreiche Ausflüge mitgemacht, und sie muss immer wieder daran denken, dass alle diese Schiffe hässlich wie die Nacht waren. Diesen Typ kennt sie. Die Dinger sehen aus wie geplättete und umgedrehte Elefantenfladen mit einer knollenförmigen Vorstülpung über dem Cockpit.

Hannah schiebt eine Hand in ihre Jeanstasche und zieht das Tab hervor. Sie hat den Namen des Schiffs in winzigen Großbuchstaben neben die Startzeit geschrieben: RED PANDA. Ihr Blick wandert zwischen den vier Schiffen hin und her, aber sie braucht einen Moment, um das richtige zu finden. Der Name ist in großen schablonierten Buchstaben an der Seite angebracht, darunter eine Seriennummer in kleinerer Schrift.

Sie blickt zur Gangway, die zur *Panda* führt. Ein anderer Reiseführer geht darauf zu. Er trägt das gleiche rote Hemd wie sie, und er hat eine fantastische Frisur, einen spitzen Irokesenschnitt in Purpur, der mindestens dreißig Zentimeter hoch ist.

Sie hält ihr Tab noch in der Hand, als sie auf die Gangway springt. »Hallo!«, sagt sie mit einer Selbstsicherheit, die sie gar nicht empfindet. »Ich bin für diesen Ausflug eingeplant. Gibt es etwas, das ich wissen sollte?«

Der Irokese wirft einen Blick über die Schulter und zeigt den Gesichtsausdruck gelangweilter Verachtung. Er geht weiter, und seine schweren schwarzen Stiefel knallen auf dem Metallgitter.

»Ähm. Hallo?« Hannah holt ihn ein. »Ich glaube, das ist meins.«

Sie versucht sich an ihm vorbeizuschieben, aber er hebt eine fleischige Hand und versperrt ihr den Weg. »Netter Versuch, Kleine«, sagt er, immer noch mit der gelangweilten Miene. »Du hast dich verspätet. Jetzt ist es meine Schicht.«

»Was soll das heißen?« Sie wischt mit dem Finger über ihr Tab und sucht nach der kleinen Uhr.

»Hast du keine Linse?«

Diesmal muss sich Hannah viel mehr zusammenreißen, um ruhig zu bleiben. »Da«, sagt sie und zeigt auf ihren Zeitplan. »Ich bin nicht zu spät. Ich soll um elf hier sein, und jetzt ist es …« Endlich findet sie die Zeitanzeige in einer Ecke des Bildschirms. »Elf Uhr zwei.«

»Meine *Linse* sagt, es ist elf Uhr sechs. Du bist auf jeden Fall zu spät. Ich habe die Schicht übernommen.«

»Was? Nein. Ist das dein Ernst?«

Er beachtet sie nicht weiter und setzt den Weg zur Luftschleuse fort. Nun erinnert sich Hannah an die Worte aus dem Handbuch, das die Firma ihr vor der Abreise von Titan geschickt hat: *Reiseführer, die zu spät zu ihrer Schicht kommen, verlieren die Schicht. Bitte bemühen Sie sich, nicht zu spät zu kommen!!!*

Das kann er nicht machen! So geht das nicht! Aber wem werden die Personalchefs eher glauben? Dem neuen Mädchen? Sie wird schon am ersten Tag eine Schicht verlieren, was bedeutet, dass sie bereits in den Miesen steht, was wiederum bedeutet, dass sie vielleicht nicht über die Probezeit hinaus beschäftigt wird. Ein kostenloser Shuttle-Flug zurück nach Titan, und wir wünschen Ihnen alles Gute für Ihre künftige Laufbahn.

Wut verdrängt ihre Panik. Das ist vielleicht nicht ihr Traumjob, aber es ist Arbeit, und zumindest heißt es, dass sie *irgendetwas* aus ihrem Leben macht. Sie sieht schon die Gesichter ihrer Eltern vor sich, wenn sie ihnen sagt, dass sie ihren Job verloren hat. Aber das wird nicht passieren. Niemals!

»Wachsen dir diese Haare auch aus den Ohren?«, ruft sie. So wütend hat sie sich schon seit langer Zeit nicht mehr gefühlt. »Ich habe gesagt, dass ich *hier* bin. Das ist *meine* Schicht.«

Er dreht sich verdutzt zu ihr um. »Was hast du gerade gesagt?«

Hannah öffnet den Mund, um zurückzufeuern, aber nichts kommt heraus.

Ihre Eltern hätten eine Idee. Callista auf jeden Fall. Ihre ältere Schwester wüsste genau, wie sich die Wellen glätten lassen, wie sie dieses Arschloch überzeugen könnte. Andererseits hätten weder ihre Eltern noch Callie jemals einen solchen Job angenommen und wären demzufolge niemals in eine solche Situation geraten. Aber sie sind nicht hier, und sie können ihr nicht helfen.

»Schon gut, Donnie«, sagt eine Stimme.

Hannah und der Irokesentyp – Donnie – drehen sich zur Supervisorin um, die auf sie zukommt. Sie ist eine junge Frau, kaum älter als Hannah, mit einem gepflegten schwarzen

Bob und einem tadellosen roten Hemd. Hannah erinnert sich, sie gestern Abend für etwa zwei Sekunden gesehen zu haben, aber ihr fällt kein Name dazu ein. Automatisch geht ihr Blick zur Brusttasche der Frau, wo sie erleichtert ein Namensschild findet, auf dem *Atsuke* steht.

»Nein, Chefin«, sagt Donnie. »Sie war zu spät.« Er blickt zu Hannah, und sein Ausdruck verrät ihr, dass er gerade erst angefangen hat.

»Ich glaube mich erinnern zu können, dass auch du dich an deinem ersten Tag verspätet hast.« Atsukes Stimme ist angenehm und gleichmäßig, wie die einer Nachrichtensprecherin.

»*Und*«, fährt Donnie fort, als hätte Atsuke gar nichts gesagt, »sie hat meinen Iro schlechtgemacht. Ziemlich respektlos. Ich bin schon viel länger hier als sie, und ich verstehe nicht, warum …«

»Fairerweise sollte man darauf hinweisen, dass deine Frisur wirklich ziemlich albern ist, Donnie. Davon abgesehen, dass sie gegen die Vorschriften verstößt. Das habe ich dir immer wieder gesagt, bestimmt schon zehnmal.«

Donnie starrt sie an, die Schultern angespannt. Atsuke reagiert mit einer hochgezogenen, perfekt geformten Augenbraue.

Er stößt einen angewiderten Seufzer aus, dann schiebt er sich an ihnen vorbei. »Glück gehabt, Kleine«, murmelt er in Hannahs Richtung.

Ihr Brustkorb fühlt sich eingeengt an, als wäre sie gerade einen Marathon gelaufen, und sie stößt den Atem aus. »Vielen Dank!«, sagt sie zu Atsuke. »Es tut mir wirklich leid, dass ich mich verspätet habe – ich dachte, ich hätte noch genug Zeit, um …«

»Hey.« Atsuke legt eine Hand auf ihre Schulter. »Entspann dich. Alles gut.«

Hannah bringt ein mattes Lächeln zustande. Später wird sie Atsuke einen Drink ausgeben. Mehrere Drinks.

»Das ist heute ein einfacher Job«, sagt Atsuke. »Acht Passagiere. Nicht mal ein Drittel der Gesamtkapazität. Ein bisschen über die Station, über den Krieg, den Friedensvertrag, was wir bekommen haben, was die Kolonien bekommen haben, welche Rolle Sigma bei allem spielte. Dann lass sie den Nebel begaffen … In zwanzig Minuten hin und zurück. Alles klar?«

Sie betrachtet Hannahs Tab und blickt mit gerunzelter Stirn auf.

»Meine Linse ist beschädigt«, sagt Hannah.

»Verstehe.« Diesmal scheint sich Atsuke nicht ganz sicher zu sein. Sie greift in ihre Hemdtasche und reicht Hannah ein kleines Mikro zum Anstecken. »Hier. Es verlinkt sich automatisch mit dem Schiff. Eigentlich kannst du direkt mit den Erklärungen loslegen. Und noch etwas: Bleib einfach cool. Mach diesen Job, und wenn du zurück bist, wartet ein Kaffee auf dich.«

Vergiss den Drink. Sie sollte einen weiteren Kredit aufnehmen und für Atsuke ein paar Anteile am Reiseunternehmen kaufen. »Das werde ich tun. Ich meine, ja. Völlig richtig.«

Atsuke deutet auf die Luftschleuse am Ende der Gangway. »Los jetzt. Und falls Volkova dir irgendwelchen Stress macht, ignorier sie einfach. Viel Spaß!«

Hannah will nachfragen, wer Volkova ist, aber Atsuke hat sich bereits auf den Weg gemacht, und Hannah wagt es nicht, ihr zu folgen. Sie dreht sich um und marschiert zur Luftschleuse der *Red Panda*, so schnell sie kann.

2

»Mom, guck mal, der Stern!«

Corey Livingstone hat sich weit zurückgebeugt und zeigt durch die Sichtkuppel des Ausflugsschiffs genau nach oben. Es ist ein einsamer roter Stern in einer schwarzen Leere, die von Tausenden matter weißer Pünktchen erfüllt ist. Er steht knapp hinter den anderen Schiffen, die über ihrer Andockstation kreuzen.

Dort kann Corey auch sich selbst sehen, als Spiegelung im Glas, und das Logo von *Apex Space* auf seinem weißen T-Shirt ist gerade noch zu erkennen. Und er kann von oben auf den Kopf seiner Mutter blicken, was bedeutet, dass sie ihn entweder nicht gehört hat oder so tut, als hätte sie ihn nicht gehört.

»Das ist kein Stern.« Malik klingt gelangweilt, während sein Blick auf das Hologramm genau vor ihm gerichtet ist. »Das ist nur ein Bergbauschiff.«

»Woher weiß du das? Du hast nicht mal hingeguckt.«

Malik zuckt mit den Schultern. Wie immer hat er im Holo das Filmschnittprogramm geöffnet. Corey sieht eine Aufnahme ihres Vaters auf dem Sprungbrett des Hotelpools, die lautlos in einer dreisekündigen Schleife wiederholt wird. Sein Fuß hat kaum das Brett verlassen, als er auch schon wieder an der Kante steht, den rechten Fuß nach vorn geschoben, um zu springen, immer und immer wieder.

Corey rümpft die Nase. Malik ist fünfzehn, nur fünf Jahre älter als er, aber manchmal benimmt er sich, als wäre er dreißig. Und natürlich glaubt er, er wäre so cool, weil er veraltete

Technik wie diese tragbare Holokamera benutzt, einen Stab aus schwarzem Kunststoff, über dem ein großes Holodisplay schwebt. Er behauptet, sie hätte eine bessere Bildqualität als seine Linse, was nicht stimmt. Malik macht es nur, weil Shanti Evans es zuerst in der Schule gemacht hat.

Er blickt wieder durch die Kuppel hoch. »Mom, siehst du es?«

»Einen Moment noch, Schatz«, sagt Anita Livingstone, ohne ihn anzuschauen. Sie und sein Vater Everett streiten sich wegen der Rückflugtickets. Wieder einmal. Es wirkt unheimlich, wenn sie leise miteinander reden, ohne sich in die Augen zu blicken. Sie berühren sich mit den Zeigefingern, wodurch sie ihre Linsen verlinken, was sie überhaupt nicht tun müssten, wenn sie sich alle mit Neurochips ausstatten lassen würden, wie es jeder macht. Während der dreißigtägigen Probephase im letzten Jahr hatte seine Mutter behauptet, sie würde davon Kopfschmerzen bekommen, und damit war *diese* Diskussion erledigt.

»Nein, ernsthaft, schau mal«, sagt Corey. »Ist das Alpha Orionis? Es könnte sein, aber ich weiß nicht, ob …«

»Dad«, sagt Malik, ohne aufzublicken. »Könntest du ihm bitte sagen, dass er jemand anderen nerven soll?«

»Aber, Dad, schau mal, das ist …«

»Sehr schön, Corey«, sagt sein Vater und blickt vielleicht für eine Drittelsekunde zur Kuppel hinauf. Wie immer trägt er ein altes Jeanshemd und eine verblasste Jeanshose, auch wenn er wenigstens darauf verzichtet hat, seine scheußlichen Arbeitsschuhe auf diese Reise mitzunehmen, die mit den Spritzern von Reaktor-Dichtungsmittel drauf. Er blinzelt, schaut sich stirnrunzelnd etwas auf seiner Linse an. »Sie sollten eigentlich hier sein«, sagt er. »Sie müssten in der Cloud der Station sein.«

»Aber da sind sie offensichtlich nicht.« Seine Mutter löst

ihren Zeigefinger von seinem. Sie trägt ein offenes grünes Hemd über einem Tanktop und einer dünnen Hose.

»Aber sie waren da, als wir eingecheckt haben. Ich habe sogar gesagt …«

Coreys Finger schwankt und sinkt dann herab. Er sackt im Schalensitz zusammen, eine Person von einem knappen Dutzend auf dem Hauptdeck des Ausflugsschiffs.

Sein Blick wandert zu den Schiffen, die über ihnen vorbeifliegen. *Ein Kreuzer vom Typ Antares D6, Kaltfusionsantrieb, Kapazität dreihundert Besatzungsmitglieder. KI-gesteuert, minimale Reichweite.* Ein großer Frachter gleitet in sein Sichtfeld, und für eine Sekunde ist Corey ratlos, bis die Antwort kommt. Natürlich kommt sie, denn er ist links oben in der Ecke auf dem großen Poster zu Hause an seiner Wand dargestellt, neben allen anderen bedeutenden Frontier-Schiffstypen. *Vector Leviathan. Der Frachtraum ist groß genug, um eine komplette Schwadron von Scorpion-Kampfjägern aufzunehmen.*

In seiner Vorstellung sieht er einen stillen Frachtraum, wo die Kampfjets wie Spielzeug gestapelt sind und Piloten in Fluganzügen stumm auf ihr Startsignal warten. Sehr unwahrscheinlich. Heutzutage dürften sie höchstens Asteroidenschlacke durch die Gegend schippern oder so. Das ist mit vielen der alten Truppentransporter passiert – sie wurden als Frachter an die großen Firmen vermietet. Corey findet das irgendwie traurig, auch wenn es schon ziemlich krass ist, einen aus der Nähe zu sehen.

Am Rand der Aussichtskuppel kann er gerade noch die Spitze des Pferdekopfnebels erkennen, eine dichte Sternengruppe, die wie eine Handvoll Diamanten strahlt. Corey betrachtet sie eine Weile, bis er sich wieder dem Frachter zuwendet.

Der Nebel ist fantastisch, aber nachdem man ihn eine

ganze Woche lang gesehen hat, kommt man sozusagen darüber hinweg. Und sie hatten sich langsam dem Moment genähert, an dem sich die Attraktionen dieser lahmen Reise erschöpft hatten.

Mann, wie er sich auf die Rückkehr zur Erde freut!

Sigma war ziemlich cool – zumindest zu Anfang. Hier ist die einzige Stelle in der gesamten Frontier, wo man tatsächlich einen guten Blick auf den Nebel hat, und der Flug hierher hat sich wie ein richtiges Abenteuer angefühlt. Es gibt nur ein einziges Sprungtor – das andere war im Krieg gesprengt worden –, und es hat eine Menge Geld gekostet, so weit zu reisen. Schon verrückt, dass Menschen etwas so Erstaunliches wie ein Sprungtornetzwerk erfinden können, um dann fast dreißig Jahre lang darum zu kämpfen und es zu zerstören, aber wie auch immer.

Sie waren schwimmen gegangen, hatten in einigen recht guten Restaurants gegessen und – natürlich – Stunden damit zugebracht, sich den Nebel aus jedem erdenklichen Winkel anzuschauen. Nur ein einziges Mal war es wirklich langweilig geworden, als ihre Eltern sie zu irgendeinem blöden Kinderabend schickten, wo ein Teil des Personals dieses total peinliche Stück mit Zuschauerbeteiligung aufführte.

Fast hätten sie Corey zum Mitmachen aufgefordert, aber wenn der Wachstumsschub, der Malik auf fast einen Meter achtzig katapultiert hat, einen Vorteil hat, dann den, dass Corey sich leicht hinter ihm verstecken kann, wenn es sein muss. Er kann es gar nicht abwarten, dass er selbst wächst, denn er hasst seinen Körper, seine pummelige Anderthalb-Meter-Figur und sein blödes Haar, in das er keine Cornrows flechten darf, obwohl seine Mutter es Malik erlaubt hat.

Er wollte gar nicht zu diesem Kinderkram gehen – er sieht sich selbst nicht mehr als Kind –, aber seine Eltern sagten, sie wollten eine Zeit lang miteinander allein sein. Normalerweise bedeutet das S-e-x, aber als sie ins Zimmer zurückkehrten, roch es dort gar nicht nach S-e-x. Es roch nach gar nichts.

Was wäre, wenn sich *doch* ein oder zwei Kampfjäger im Vector befinden? Maschinen, die noch nicht ausgemustert waren? Wenn er nett zu Mom und Dad ist, erlauben sie ihm vielleicht, danach zu fragen. Vielleicht würde der Besitzer des Vector ihm die Möglichkeit geben, sich ins Cockpit eines Scorpion-Kampfjägers zu setzen – das hat er schon einmal gemacht, im Frontier-Kriegsmuseum auf Europa, und es war atemberaubend. Total krass.

Und was wäre, wenn die Station von Aliens angegriffen würde oder so? Irgendwie müsste man sie abwehren, und er kann auf jeden Fall einen Scorpion fliegen, wenn es sein müsste. Natürlich würde man ihn nicht fliegen lassen, zumindest nicht sofort, aber wenn alle anderen Piloten abgeschossen wurden und nur noch ein Schiff übrig ist ... Er schmunzelt, als er sich vorstellt, wie sein Bruder ihn dabei filmt und hin und her schwenkt. Viel besser als ihr Vater auf einem blöden Sprungbrett.

Er muss den richtigen Zeitpunkt abwarten. Es hat keinen Sinn, seine Eltern zu fragen, wenn sie so drauf sind. Vielleicht später, wenn sie wieder in ihrem Hotelzimmer sind ...

Das Schiff ruckelt und reißt ihn aus seinen Gedanken. Er rückt sich auf dem unbequemen Sitz zurecht, verschränkt die Arme und blickt wieder zum roten Stern hinauf. Malik hatte recht (nicht, dass er es jemals zugeben würde – lieber würde er bei einem Kinderabend mitmachen). Es ist tatsächlich ein Schiff, das allmählich Form annimmt, während es der Station näher kommt. Wahrscheinlich nur ein weiterer Antares.

Das Ausflugsschiff, in dem sie sitzen, ist alt. *Richtig* alt. Sie haben es durch die Luftschleuse in der Bar auf dem unteren Deck bestiegen, und die meisten Lichter waren aus; seine

Mutter hätte auf der Treppe fast das Gleichgewicht verloren. Corey versteht das nicht. Sie waren schon auf mehreren dieser Schiffe, und alle sind identisch konstruiert. Die gleiche Bar, die gleiche Treppe, die zu einem Hauptdeck auf der oberen Ebene führt, die gleichen schmuddeligen Wände. Die gleichen Reihen zerkratzter und eingedellter Schalensitze aus Plastik, die am Boden festgeschraubt sind. Jede Reihe ist mit dem Rücken zur nächsten angebracht, was nervig ist, weil man immer gegen den Kopf von jemandem stößt, wenn man nach oben blickt. Es gibt keine Sicherheitsgurte an den Sitzen, obwohl Corey die vorgesehenen Befestigungen erkennen kann. Entweder hat man sie abgenommen oder gar nicht erst angebracht.

Ohne nachzudenken, kann Corey sich vorstellen, wie es im Rest des Schiffs aussieht. Das Cockpit vor dem Hauptdeck, dazwischen ein kleiner Durchgang. Die Toilette unter der Treppe in der Bar. Der Rest des unteren Decks wird von der Astronautik und dem Fusionstriebwerk beansprucht. Durch die Bar kommt man nicht dorthin, aber es gibt eine Falltür im Boden des Hauptdecks, gleich rechts von ihm.

Am Ende des Hauptdecks befindet sich eine Rettungskapsel mit einer Tür voller roter Warnhinweise. Eine hochverdichtete, gekrümmte Gravitationssenke überzieht die gesamte Unterseite des Schiffs und hält es wie in einer offenen Hand. Es ist das standardmäßige Maverick-Ausflugsraumschiff mit einer Kapazität von vierundzwanzig Passagieren und einer dreiköpfigen Besatzung.

Allerdings ist kaum jemand an Bord. Ganz vorn ein junges Pärchen. Beide tragen Lederjacken, und das lange braune Haar der Frau hängt in einem Pferdeschwanz auf ihren Rücken. Der Mann ist riesig, bestimmt ein Meter fünfundneunzig, mit Schultern wie Stahlträger, über denen sich das Leder spannt. Sein linker Arm und die Hand sind aus Metall, was irgendwie seltsam ist, weil die meisten Leute sich ihre Prothesen mit einem hautähnlichen Material überziehen lassen, damit es realistischer aussieht. Aber nicht dieser Kerl.

Gibt es ein Geräusch, wenn er sich im Bett umdreht? Oder wenn die beiden S-e-x haben? Wie auch immer, Corey ist jedenfalls ein bisschen neidisch. Nur ein klein wenig, denn es würde keinen Spaß machen, einen Arm zu verlieren, nur um Antworten auf diese Fragen zu bekommen. Aber er hat diese Serie über Leute mit Prothesen gesehen, die im Ring gegen einen Droiden kämpfen. Das war gar nicht schlecht, auch wenn meistens die Droiden gewonnen haben.

Vielleicht ist *das* der Grund, warum der Kerl einen Ersatzarm hat. Selbst Droidenkämpfer brauchen ab und zu Urlaub.

Links von ihnen sitzt eine alte Frau in einem dicken grauen Trainingsanzug mit einer riesigen, abgeschnallten Bauchtasche auf dem Schoß. Sie bemerkt, dass Corey sie beobachtet, und lächelt. Die dunkle Haut um die Augen runzelt sich. Corey lächelt zurück.

Die letzte Person ist ein Mann in grünem Polohemd und Anzugjacke. Er sieht ein bisschen wie Terio Smith aus, der Point Guard der Austin Djinns zu Hause in Texas. Er hat die gleiche Gesichtsform und die gleichen breiten Schultern. Er starrt ins Leere und verdreht geistesabwesend den Saum seines Hemds mit den Fingern.

Wie aufregend wäre es, wenn dieser Mann *wirklich* Terio Smith wäre?

Der Mann wirft einen Blick zu Corey und wendet sich mit heruntergezogenen Mundwinkeln wieder ab. Corey schaut auf seine Schuhe und ärgert sich über sich selbst. Der Mann ist viel älter als Terio, etwa Ende dreißig. Außerdem hat er schon eine Halbglatze. Und falls Terio Smith tatsächlich hier wäre, würde er nie im Leben eine so beschissene Tour mitmachen.

Vielleicht ist der Mann mit Terio Smith *verwandt*. Immerhin sieht er ihm durchaus ähnlich. Er könnte allen erzählen, er hätte Terios Cousin getroffen. Vielleicht könnte er ein Foto machen oder …

Er seufzt und tritt mit den Füßen gegen die Sitzhalterung. *Nur noch einen Tag*. Dann werden sie sich auf den Weg zum Tor machen und durch das Wurmloch zurück nach Hause springen. Dann hätte er noch eine ganze Woche, um mit Jamie und Allie herumzualbern, bevor die Schule wieder losgeht. Vielleicht hat Jamie es endlich geschafft, mit diesem neuen Triebwerksmodell fertig zu werden – es wäre nützlich, wenn sie bald ihre eigenen Schiffe bauen.

Jamie würde sie entwerfen, Allie würde alle geschäftlichen Sachen regeln, und Corey würde sie fliegen, bis zur Sigma-Station und darüber hinaus, weiter als sich bislang irgendjemand vorgewagt hat. Sie haben sich bereits einen Namen für ihre Firma ausgesucht: 866 Industries, nach den ersten drei Ziffern der Universellen Positionskoordinaten für Austin.

Natürlich müsste er zuerst zur Flotte. Er ist nicht scharf auf die ganze Ausbildungsgeschichte, aber wenn er ein Frontier-Soldat ist, wird er *richtig* fliegen lernen, auch wenn die Flotte kaum noch in Kämpfe verwickelt wird. Aber wer weiß, was für Geheimtechnik dort benutzt wird? Sachen, die nur die Top-Piloten zu sehen bekommen.

Ein leises Klicken ist zu hören, und eine Männerstimme dringt aus einem Lautsprecher in seiner Nähe. Eine Aufzeichnung, laut und lebhaft: »Vielen Dank, dass Sie sich für Sigma Destination Tours entschieden haben. Ihr Wohlergehen liegt uns am Herzen. Dieses komfortable, geräumige Schiff bietet Ihnen alle Annehmlichkeiten, die Sie während Ihres Abenteuers benötigen. Wir hoffen, dass …«

Die Worte werden abrupt durch eine andere Stimme unterbrochen. Es ist keine Aufzeichnung, und es ist eine Frau, die in zutiefst gelangweiltem Tonfall spricht, und Corey hat noch nie zuvor jemanden mit so starkem russischem Akzent gehört.

»Meine Damen und Herren, willkommen an Bord der *Red Panda*. Ich bin Captain Jana Volkova, und ich bin heute Ihre Pilotin bei unserer Besichtigungstour der Sigma-Station. Die Reiseführerin hat sich erheblich verspätet, aber sie wird bald eintreffen. Also werde ich Ihnen einiges über dieses Schiff erzählen. Die Toiletten finden Sie …«

Es folgt eine längere Pause, als wäre das Mikrofon ausgeschaltet worden. Dann ist ihre Stimme wieder zu hören. »… unter der Treppe in der Nähe der Bar. Nachdem unsere Tour begonnen hat, wird unser Mitarbeiter Barrington Ihnen gern verschiedene Getr… oh, Entschuldigung, ich habe mir gerade den Dienstplan angesehen. Er ist heute nicht zur Arbeit gekommen, und wir leiden unter Personalknappheit, also bleibt die Bar heute geschlossen. Ich bitte erneut um Entschuldigung. Sicherheitshinweis: Sollte die Gravitationssenke ausfallen, finden Sie Handgriffe an den Streben, die durch den Aussichtsbereich verlaufen …«

Coreys Mutter starrt ins Leere, was bedeutet, dass sie an ihren Berichten arbeitet. Schon wieder.

Auch sein Vater bemerkt es. »Eigentlich machen wir gerade Urlaub, Nita. Das hatten wir doch schon besprochen.«

»Jetzt spielt es doch gar keine Rolle«, sagt sie blinzelnd. »Du hast gehört, was der Captain gesagt hat. Wir müssen noch warten.«

»Trotzdem. Wir sind hier, um uns zu entspannen.«

»Ich hole lediglich mein Pensum nach«, erwidert sie, ohne zu bemerken, dass Coreys Lippen stumm ihre Worte mitsprechen.

Er kann nachfühlen, dass sein Vater sauer ist. Schließlich kann seine Mutter ihre Notizen nicht ans Büro senden – und selbst wenn sie es könnte, würde es viele, viele Jahre dauern, bis sie dort eintreffen.

Normalerweise ist ihre Linse direkt mit den Servern der Frontier-Regierung verbunden. Was hier so weit draußen aber nicht funktioniert. Deshalb musste sie alles herunterladen, bevor sie losgeflogen sind. Wie immer hat sie ihre Handtasche dabei, einen riesigen Beutel aus grün schimmerndem Stoff, den sie praktisch überallhin mitnimmt. Corey konnte einmal einen Blick hineinwerfen. Darin befinden sich nur seltsame Cremes und Packungen mit Schmerztabletten und vier oder fünf Sonnenbrillen. Außerdem ein paar langweilige Bücher über Politik, die sie problemlos auf ihrer Linse lesen könnte, doch sie behauptet, dass sie sie lieber in der Hand hält.

Er kann sich an keine Reise erinnern, auf der sie *nicht* irgendetwas gelesen oder Notizen gemacht oder Gesetzentwürfe ausgearbeitet hat. Das einzige Mal, als sie deswegen auch nur ansatzweise ein schlechtes Gewissen hatte, war der Moment gewesen, als Corey sie in einem Restaurant auf Titan dabei beobachtet hat, wie ihre Augen nach links und rechts zuckten, während Malik und sein Vater über Basketball gesprochen hatten. Oder über Filme. Er kann sich nicht mehr genau erinnern.

Anita Livingstone arbeitet für einen Senator der Frontier. Sie ist Gesetzgebungsabgeordnete, was ein ziemlich hoher Posten ist, wie Corey weiß. Manchmal fragt er sich, wie sie mit seinem Vater zusammengekommen ist, der sein Büro in einem Industriegebiet in Austin hat und die meiste Zeit damit beschäftigt ist, hin und her zu fahren und Heimfusionsreaktoren zu installieren. Er hat sie einmal danach gefragt, worauf sie sich mit einem sehr seltsamen Blick angesehen haben, als würden sich ihre Erinnerungen daran ein wenig unterscheiden. »Einfach am College«, sagte sein Vater, was eine recht langweilige Antwort war.

Er tritt weiter mit den Füßen gegen die Sitzhalterung, während der Captain eintönig weiterredet, und blickt auf das Holodisplay, das über der Handkamera seines Bruders schwebt. Malik justiert den Tracker mit dem Daumen und fügt einen Spezialeffekt hinzu: eine Zeichentrickexplosion zu Everetts Füßen, während er sich vom Sprungbrett löst.

Ein Klacken kommt von der Luftschleuse unter ihnen, dann sind schnelle Schritte zu hören. Einige Sekunden später schnellt eine Frau aus dem Treppenschacht wie ein Korken aus einer Flasche.

Sie ist jung, Anfang zwanzig, und ihre Arme und Beine erinnern Corey an die dünnen Gliedmaßen von Konstruktionsrobotern. Sie wirkt gehetzt. Sie trägt ein rotes T-Shirt, das viel zu groß für sie ist, mit dem strahlend weißen Logo der Reisegesellschaft auf dem Rücken – der seltsam geformte Umriss eines Raumschiffs, das durch die Worte SIGMA DESTINATION TOURS saust. In einer Hand hält sie ein zerknittertes Tab. Corey blinzelt. Maliks Holo ist schon alt, aber richtige Tabs sind prähistorisch.

Captain Volkovas Stimme dröhnt durch das Hauptdeck. »Okay, wie ich sehe, ist die Reiseführerin eingetroffen, also können wir jetzt mit dem Rundflug beginnen.«

Mit einem *Klonk* erzittert das Schiff und löst sich vom Dock. Der Ausblick durch die Kuppel ändert sich langsam, alles verschiebt sich nach rechts. Die Reiseführerin lässt ihr Tab fallen. Sie bückt sich nervös, versucht es aufzuheben und muss zurückweichen, als sie fast mit dem Kopf der männlichen Hälfte des Pärchens ganz vorn zusammenstößt. Malik hält sein Holo bereits hoch und filmt den Zwischenfall.

Corey blickt wieder zur Kuppel hinauf. Das rote Schiff ist verschwunden.

»Also gut«, sagt die Reiseführerin. Ein winziges Mikro am Kragen ihres T-Shirts überträgt ihre Stimme an die Schiffslautsprecher. Es klingt knisternd und verzerrt. »Tut mir leid, dass ich mich ein wenig verspätet habe, meine Damen und Herren, aber wir können jetzt loslegen. Mein Name ist Hannah, und ich bin Ihre Reiseführerin für diese Tour rund um die Sigma-Station. Wie Sie vermutlich längst wissen, ist die Station nicht nur ein Luxushotel, sondern ein aktives Bergbauzentrum, das mindestens zwanzig Mill…«

Sie hält inne und blickt auf ihr Tab, tippt vorsichtig dagegen. Corey fragt sich, warum sie nicht einfach ihre Linse benutzt. »Ja. Zwanzig Millionen Tonnen Helium-3 werden hier pro Jahr verarbeitet, obwohl Sigma gleichzeitig ein beliebtes Touristenziel ist, das … aber ich denke, auch das wissen Sie bereits, und sie hatten wahrscheinlich schon einen guten Blick auf den Pferdekopfnebel, den wir hier einfach nur den ›Nebel‹ nennen.«

Sie lacht verlegen. Jeder Satz, den sie spricht, steigt in der Tonhöhe an, bis er in der Mitte wieder nach unten sackt und auf einer tiefen Note endet. Das erweckt in Corey den Wunsch, sich die Ohren mit den Händen zuzuhalten.

»Und wenn Sie jetzt durch die Kuppel blicken«, sagt Hannah, »müsste jeden Moment die Station selbst in Sicht kommen.«

Corey schaut hoch, und sein Mund klappt auf.

Sie haben die Station schon einmal von außen gesehen, als sie mit ihrem Transportschiff ankamen. (*Diablo F400, nadelförmiger Bug, zweifaches Fusionstriebwerk.*) Aber das war nur ein flüchtiger Blick, und die Station war nicht mehr als ein dunkler, undefinierbarer Schatten. Von hier aus zeichnet sie sich als Silhouette vor der leuchtenden Weite des Pferdekopfnebels ab, und Corey kann nicht fassen, wie groß sie ist. Dutzende zylindrischer Module, jedes so groß wie ein Häuserblock, mit bestimmt einer Million blinkender Lichter. Der riesige Kommandobereich hängt wie ein Regenschirm über der Station. Ein Dutzend Schiffe sind sichtbar, die langsam durch den Weltraum gleiten, sich dem riesigen Dock der Station nähern oder davon abfliegen.

Corey ist nicht der Einzige, der starrt. Alle anderen Passagiere, sogar Nicht-Terio-Smith, recken den Hals, um es zu sehen.

In diesem Moment findet Corey das rote Schiff wieder. Nur dass es gar nicht rot ist. Das Licht des Nebels hat es aus der Ferne so aussehen lassen, aber in Wirklichkeit ist es in einem matten Orange lackiert. Den Umriss kann er nicht einordnen – er ist spitzer und stromlinienförmiger als ein Vector oder ein Antares. Es ist immer noch nicht nahe genug, dass Corey Einzelheiten ausmachen konnte.

Was auch immer es ist, es bewegt sich aberwitzig schnell. Es muss hundert Kilometer entfernt gewesen sein, als er es zum ersten Mal sah, doch nun ist es fast bei ihnen.

»Und als der Krieg vor zehn Jahren endete«, liest Hannah von ihren Notizen ab, »gestattete das Belarus-Friedensabkommen den Kolonien, zehn Planeten rund um den Talos-Kern zu behalten, während sie die übrigen sechsundneunzig besetzten Planeten und Außenposten an die Frontier abtreten mussten, einschließlich dieser Station.«

Sie hebt ihr Tab und tippt auf etwas. »Die Station fasst permanent etwa zehntausend Menschen, und für gewöhnlich sind zwischen fünfzig und hundert Bergbauschiffe am Dock oder im Orbit. Sie treffen über das Sigma-Sprungtor ein, das zu weit entfernt ist, als dass wir es von hier aus sehen könnten, aber wahrscheinlich haben Sie längst … Ja?«

Die alte Frau mit dem grauen Haar hebt eine zitternde

Hand. »Ich habe gelesen, die Frontier wäre bei diesem Abkommen benachteiligt worden.«

»O nein, Ma'am«, sagt Hannah lächelnd. »Das ist ein weitverbreiteter Irrglaube. Es stimmt, dass die Kolonien einige wertvolle Bergbau-Außenposten behalten durften, aber die Frontier hat ein viel größeres Gebiet bekommen, abgesehen von der Kontrolle über das Sprungtornetzwerk. Und wenn Sie bedenken, dass der Krieg nur deswegen begann, weil die Kolonien beschlossen, die Rohstoffe, die sie fördern sollten, zu behalten, statt sie durch die Tore zu schicken, wie es ursprünglich gedacht war, würde ich sagen, dass es ein guter Kompromiss war. Jeder bekam, was er haben wollte. Im Wesentlichen. Ist Ihre Frage damit beantwortet, Ma'am?«

»Oh, bitte nennen Sie mich nicht Ma'am«, sagt die alte Frau und erwidert Hannahs Lächeln. »Und ja, vielen Dank.«

Corey wirft einen Blick zu seiner Mutter – Anita Livingstone erdolcht Hanna mit ihren Blicken, und er weiß genau, warum. Sie hat sich die vergangenen zwei Jahre darum bemüht, die Bedingungen des Friedensvertrags zu ändern, mit dem Argument, dass die Frontier tatsächlich benachteiligt wurde. Corey betet, dass sie kein Streitgespräch mit der Reiseführerin beginnt ...

Die *Red Panda* dreht sich, und das orangefarbene Schiff gleitet aus ihrem Blickfeld. Sie entfernen sich weiter von der Station und kommen an den Ladedocks vorbei, wobei sie einen weiten Bogen um die anlegenden Schiffe machen. D6-Kreuzer glänzen im Licht des Nebels.

»Und hier ist ein bisschen Angeberwissen, von dem Sie vielleicht noch nicht gehört haben«, sagt die Reiseführerin. »Als wir damit begannen, permanente Tore zu bauen – solche, durch die wir tatsächlich Menschen schicken können –, war dies eins der ersten, die fertiggestellt wurden. Das bedeutete, dass wir viel mehr Freiwillige hatten, die die Erde verlassen wollten, was, wie Sie wissen, ein wichtiger Punkt war, als der Meeresspiegel anstieg. Und das heißt, als Sie auf Ihrer Reise nach Sigma durch das Tor gesprungen sind, sind Sie durch ein Stück Geschichte gesprungen!«

Sie strahlt ihr Publikum an und löst damit nicht die leiseste Reaktion aus.

»Okay, meine Damen und Herren«, sagt die Pilotin. »Jetzt folgt eine leichte Beschleunigung. Also halten Sie sich bitte an Ihren Sitzen fest und laufen Sie nicht im Schiff herum. Vielen Dank.«

Es rumpelt, als das Triebwerk der *Red Panda* stärker beansprucht wird. Dabei kommt das orangefarbene Schiff wieder in Sicht.

Jetzt ist es viel näher – nahe genug, dass Corey endlich ein paar Details erkennen kann. Das Schiff ist riesig, fast so groß wie ein Antares, mit einer aggressiv zugespitzten Nase und dünnen, fast nadelartigen Finnen. Es verlangsamt, während die Triebwerke in Flugrichtung zeigen und weiße Gasströme ausstoßen, und driftet dann über die Station hinweg.

Ein kalter Schauer läuft Corey über den Rücken. Er dachte, er würde so ziemlich jeden Schiffstyp kennen, den es gibt, aber was war das? So etwas hat er noch nie zuvor gesehen.

Auch die anderen Passagiere haben es bemerkt. Sein Vater wirft der alten Frau einen Blick zu und zuckt lächelnd mit den Schultern. Das Pärchen weiter vorn fragt die Reiseführerin nach dem Schiff.

»Ich bin mir nicht sicher«, sagt Hannah. »Wahrscheinlich ist es nur irgendein Bergbaufrachter.«

Eine winzige Öffnung bildet sich in der Seite des orangefarbenen Schiffs. Dann sausen kleine Metallkugeln heraus und zerstreuen sich im Vakuum. Jede scheint etwa so groß zu sein wie ein kleineres Hovercar.

Aus zwei Kugeln werden drei, dann ein Dutzend, dann

zwei Dutzend, die wie ein Fliegenschwarm dahintreiben. Düsen aktivieren sich an den Kugeln, eine nach der anderen, und bringen sie auf gekrümmte Flugbahnen, die auf die Station zielen.

»Was ist das?«, fragt sein Vater und zeigt auf die Kugeln.

Die übrigen Passagiere sind genauso verwirrt und recken den Hals, um durch die Kuppel zu blicken.

Corey kann sich nicht von der Stelle rühren. Er ist außerstande, den Blick vom Schwarm der Kugeln abzuwenden. Eine ändert den Kurs, entfernt sich rasend schnell von den anderen und kollidiert mit einem Kreuzer in der Nähe des Stationsdocks.

Eine Wolke aus lautlosen Flammen breitet sich aus, und der Rumpf des Kreuzers wird entzweigerissen. Coreys Augen werden immer größer, und die alte Frau schnappt entsetzt nach Luft.

»Ähm …«, sagt Hannah.

Dann erreichen die übrigen Kugeln ihre Ziele, und ohne jedes Geräusch explodiert die Sigma-Station.

3

Hannah Elliot hat jede Gedankentätigkeit eingestellt.

Die Station wird vor ihren Augen in Stücke gerissen. Lautlose Feuerbälle zerfetzen die Module, das Kommandozentrum zerbricht in zwei Hälften. Frachtkreuzer drehen ab, versuchen zu fliehen und werden von den Metallkugeln gejagt. Einem besonders großen Schiff wird der Bauch aufgerissen, und winzige silbrige Partikel glitzern – Lebensmittelcontainer, die wahrscheinlich für die Restaurants der Station bestimmt waren.

Hannah befindet sich immer noch in der Simulation. Es kann gar nicht anders sein. Sie ist eingeschlafen, und ihr vom Jumplag beeinträchtigtes Gehirn ist in einen schrecklichen Klartraum hineingeraten. Sie ist definitiv nicht hier, nicht in einem Touristenschiff, das die Form eines umgedrehten Scheißhaufens hat, und sie schaut auch nicht zu, wie eine komplette Raumstation in die Luft gejagt wird.

Atsuke ist noch dort. Genauso wie Donnie. Und der tätowierte Kerl im VR-Raum. Und das kleine Mädchen auf der Bank im Dock. Alle.

Die Leute auf dem Hauptdeck des Ausflugsschiffs schreien.

Die Familie ganz hinten dreht durch. Die Eltern zerren an ihren Jungs, versuchen sie abzuschirmen, als könnte eine dieser Kugeln durch die Aussichtskuppel schießen. Die alte Frau sitzt immer noch, sie hat sich zusammengerollt wie ein Hundertfüßler, drückt die Bauchtasche an sich. Ihr Mund bewegt sich, flüstert etwas, hektisch und panisch – vielleicht ein Gebet. Der Mann in dem Polohemd und der Anzugjacke ist aufgesprungen. *»Ooooh mein Gott!«*, ruft er. *»Ooooh! Ooooooh nein!«* Jedes Wort ist eine schreckliche Wehklage. In Hannahs Ohren klingt es, als würde er nach Luft schnappen. Zwischen den Rufen bleibt ihm kaum Zeit, wieder Atem zu holen. Seine Augen sind riesengroß, gebannt vom Chaos außerhalb des Schiffs.

»Himmel, Arsch und Zwirn«, sagt eine bestürzte Stimme rechts von Hannah. Es ist der Mann in der Lederjacke. Er hat einen irischen Akzent, und auch er ist auf den Beinen. Die Frau hat die Hand vor dem Mund und starrt entsetzt auf das Geschehen.

Hannah kann sich nicht rühren. Nicht denken. Das orangefarbene Schiff ist gerade noch zu erkennen, und das Loch im Rumpf spuckt weiterhin diese Kugeln aus. Es sind Hunderte, die davonschwirren, auf dem Weg zu verschiedenen Teilen der Station.

»Wir müssen von hier verschwinden«, sagt der Mann mit der Anzugjacke. Als Hannah nicht reagiert, brüllt er sie an. »Haben Sie gehört? Wir müssen sofort abhauen!«

Hannah öffnet den Mund, aber sie bringt kein Wort heraus. Sie schluckt und versucht es noch einmal. »Wenn bitte alle einfach ruhig bleiben …«

Captain Volkovas Stimme schallt klar und eindringlich aus den Lautsprechern. »Okay, alle auf dem Hauptdeck hinsetzen und festhalten!«

Hannah verliert fast den Halt, als die *Red Panda* wendet und die Trägheitsdämpfung überfordert. Das Wummern des Triebwerks wird intensiver, während die Pilotin scharf abdreht. Hannah greift nach einem Plastiksitz, um sich zu stabilisieren, aber ihre schweißfeuchten Finger rutschen daran ab. Sie findet keinen Halt. Ihr rechtes Knie knallt auf das Deck, und sie fängt sich mit ausgestreckten Händen auf. Sie hat einen seltsamen metallischen Geschmack im Mund.

Ein Schatten zieht über die Aussichtskuppel. Hannah blickt auf und sieht, wie ein Schiff genau auf sie zuhält.

Es ist ein Schlepper. Die Kabine ist zerstört, die hintere Hälfte sauber abgeschnitten. Jemand – der Vater der zwei Jungen, glaubt sie – stößt ein wütendes Gebrüll aus, als könnte er das Ding damit verjagen. Das Schiff kommt näher, und nun erkennt Hannah eine verbrannte Gestalt mit menschlichen Umrissen in einem der Pilotensitze.

Die *Red Panda* dreht erneut ab, lässt den zerstörten Schlepper nach links gleiten und verfehlt ihn nur knapp. Hannahs Schultern zittern unter ihrem übergroßen T-Shirt. Als sie wieder auf die Beine kommt, schießt eine Kugel an der Kuppel vorbei und lässt sie zusammenzucken. Ihre eigenen Worte hallen in ihrem Kopf nach: *Die Station fasst permanent etwa zehntausend Menschen.*

»Was können wir tun?«, fragt die Mutter der Jungen. Ihr Gesicht ist weiß, ihre Stimme fast ein Kreischen. Jetzt ist das Gebet der alten Frau zu hören, stockend leiert sie irgendetwas auf Spanisch herunter. Alle Passagiere, selbst die alte Frau, sehen Hannah an. Sie spürt, wie Bestürzung und Schrecken von ihnen ausstrahlen – es erinnert sie an den Hitzeschwall, der einem entgegenschlägt, wenn man einen heißen Ofen öffnet.

Sie starren sie an, weil sie das Sagen hat. Sie steht vor ihnen, hält die Notizen in der Hand und trägt das offizielle T-Shirt, und sie wollen, dass sie ihnen sagt, was sie tun sollen.

»Ähm«, sagt Hannah, während sie sich kaum bewusst ist, dass sie spricht. »Vielleicht …«

Dann dreht sie sich um und rennt.

Im nächsten Moment ist sie im engen Korridor, der zum Cockpit führt, und schiebt sich durch die schmuddelige Tür. Hinter ihr schreien die Passagiere vor Überraschung und

Wut. Irgendwo tief in ihrer Brust pulsiert ein wenig von der gleichen entsetzten Scham. Doch es ist ihr egal. Sie kann den Passagieren jetzt nicht mehr in die Augen blicken, genauso wenig, wie sie im Weltraum atmen kann.

Das Erste, was sie durch das Cockpitfenster sieht, ist ein weiteres Stationsmodul, das in einer riesigen Feuerwolke explodiert. Es ist nahe, weniger als einen Kilometer entfernt, und es geschieht in totaler, perfekter und grauenvoller Stille. Hannah zuckt zusammen, stößt mit dem Kopf gegen eine Deckenstrebe, was Lichtpfeile durch ihr Sichtfeld schießen lässt. *Das kann einfach nicht sein.*

Das Cockpit ist klein, mit einer hufeisenförmigen Kontrollkonsole vor einem einzigen ramponierten Sessel. Hannah kann zunächst nur den Hinterkopf der Pilotin sehen, ergrautes Haar, das zu einem strengen Knoten zusammengebunden wurde.

»Captain, wir haben eine Kollisionswarnung«, sagt die gut gelaunte Stimme der *Red Panda*.

»Ich weiß!« Die Pilotin wechselt vom Englischen ins Russische, lässt eine Schimpfkanonade folgen, während sie auf die Kontrollen einschlägt.

Sie ist schon etwas älter – mindestens fünfzig –, hat tiefe Falten im Gesicht und schütteres Haar. Sie trägt ein kurzärmeliges weißes Pilotenhemd mit Schulterstücken, und ihre Handgelenke sind mit schweren goldenen Armreifen behangen. Eine Zigarette – eine selbst gedrehte, kein NicoStick – hängt in ihrem Mundwinkel. Hannah kann sich nicht erinnern, wann sie das letzte Mal Tabak auch nur gerochen hat.

Die Pilotin dreht sich in ihrem Sitz herum und blickt Hannah mit blutunterlaufenen Augen an. »Die Reiseführerin? Was machen Sie hier? Gehen Sie zurück! Gehen Sie in die Kabine zu den Passagieren und …«

Sie unterbricht sich mitten im Satz, um den Steuerknüppel

nach rechts zu ziehen. Sie reißt die *Panda* herum, um einem Trümmerstück auszuweichen, das die Größe von Hannahs Elternhaus hat. Hannah schreit und duckt sich. Ein vager Gedanke zuckt ihr durch den Kopf: Warum gibt es tatsächlich einen Steuerknüppel im Cockpit, wenn die Pilotin das Schiff problemlos mit ihrer Linse navigieren könnte?

Volkova legt einen Schalter um und spricht erneut. »Mayday, Mayday, an Stationszentrale. Hier ist die *Red Panda*, XT560 Bindestrich T1, erbitte Anweisungen. Können Sie … *pisdez*!«

Hannah wird beinahe umgeworfen, als die *Red Panda* von einem Einschlag erschüttert wird. Sie ist sich fast sicher, dass eine der Kugeln ihr Ziel gefunden hat und sie selbst gleich durch die Wand gesaugt wird, wenn das Schiff einer explosiven Dekompression zum Opfer fällt. Dann erscheint ein autogroßes Metallstück hinter dem Fenster, das von ihnen davonwirbelt. Aus einer Seite ragen abgerissene Kabel. Die *Red Panda* ist damit zusammengestoßen, heftig genug, um das Schiff durchzuschütteln.

Sie sind jetzt über dem Kommandomodul der Station. Hannah kann hindurchschauen, bis hinunter zu den Hauptmodulen der Station. Aus den Trümmern schlagen rötlich-blaue Flammen, die sich wie Schlangen winden.

Wir sollten zurückschießen. Hannah kennt die Sigma-Station nicht allzu gut, aber sie weiß, dass sie über einige Verteidigungseinrichtungen verfügt – weitreichende Torpedo-Batterien, die Gefahren abfangen sollen, bevor sie zu nahe kommen. Und ähnliche Sachen. Trotzdem ist das angreifende Schiff immer noch da und hängt unbehelligt wie ein rachsüchtiger Gott über dem Chaos. Das ergibt keinen Sinn.

»Was geht hier vor sich?« Es ist der Mann mit der Anzugjacke, der durch die Cockpittür schießt und sich an der Wand festhält, während Volkova die Rolle beendet. Das pulsierende Schamgefühl in Hannahs Brust wird lauter, im gleichen Rhythmus wie ihr Herzschlag.

Mit einem Grunzen katapultiert sich der Mann weiter ins Cockpit. Irgendwo in Hannah taucht etwas auf, das sie von den Orientierungslehrgängen für die Reiseführer behalten hat. Sie tritt vor ihn und hebt die Hände. »Sir, würden Sie bitte in die Hauptkabine zurückkehren und …«

»Sind Sie verrückt geworden?«, schreit der Mann sie an. Er versucht sich an ihr vorbeizuschieben und legt eine Hand auf die Schulter des Captains. »Wir haben das Recht zu erfahren, was hier …«

Volkova dreht sich in ihrem Sitz herum. Für eine halbe Sekunde ist Hannah überzeugt, dass sie aufspringen und den Mann wie ein tollwütiger Hund beißen wird.

»Raus hier!«, brüllt Volkova ihm ins Gesicht. Ein anderes Schiff treibt vorbei, wild trudelnd, zerbrochen und zerfetzt.

»Zum Teufel!«, sagt der Mann und reißt sich los. »Ich steige in die Rettungskapsel.«

»Nein!«, ruft Volkova ihm über die Schulter zu, aber der Mann ist bereits fort, drängt sich an Hannah vorbei, bevor sie auch nur blinzeln kann. Er zerrt die Cockpittür auf und verschwindet nach hinten.

Die Rettungskapsel. Natürlich!

Sie kommt zwei Schritte weit, als Volkova sie packt. Eiserne Finger legen sich um den Stoff ihres T-Shirts und reißen sie zurück. Hannah schafft es nur mit Mühe, auf den Beinen zu bleiben.

»Halten Sie ihn auf«, sagt Volkova. Der strenge Geruch nach Alkohol ist unverkennbar. »Wenn er die Kapsel startet, werden alle darin sterben.«

»Aber …« Natürlich müssen sie die Kapsel starten! Was redet der Captain da?

Volkova zieht sie näher heran. Trotz ihrer Fahne sind ihre Augen klar. »Das hier ist ein Schrottschiff«, sagt sie und deutet mit einer ruckhaften Kopfbewegung auf die Kontrollkonsole. »Geringe Reichweite, keine Bewaffnung, schwerfällig wie ein Schwein im Matsch. Man kann es nicht einmal mit einer Linse steuern – es geht nur mit dem Steuerknüppel. Aber die Rettungskapsel ist noch viel schlimmer. Gar keine Kontrollen. Sie driftet und driftet, und dann *Bumm*. Außerdem sendet sie ein automatisches Peilsignal. Leicht zu finden, leicht zu vernichten.«

»Ich kann es nicht«, sagt Hannah und bringt die Worte nur mit Mühe heraus. Ihre Scham hat eine dröhnende Lautstärke erreicht, und die Vorstellung, sich noch einmal den Passagieren zu stellen, ist für sie unerträglich. Sie schluckt, zwingt sich zum Sprechen. »Warum können Sie es nicht tun?«

Volkova stößt sie weg. »Haben Sie mir nicht zugehört? Der Autopilot dieses Schrottschiffs wird uns umbringen. Ich muss das Ding fliegen, und Sie müssen die Passagiere unter Kontrolle bringen. *Gehen Sie!*«

4

Während er zum Hauptdeck der *Panda* zurückrennt, kann Jack Tennant nur an die Minibar in seinem Zimmer denken.

Auf einer Seite des Kühlschranks stand eine ganze Reihe kleiner Flaschen mit Nova-Whisky, aufgereiht wie Soldaten. Als er heute früh das Zimmer verlassen hat, zum ersten Mal, seit er sich in dieser gottverdammten Station aufhält, waren alle bis auf eine geleert. Hat er sie mitgenommen? Er kann sich nicht erinnern.

Eigentlich sollte er überhaupt nicht in Sigma sein. Er wollte nach Kepler-186 reisen und sich dort den neuen Boutiquen-Komplex ansehen – genau das, weswegen der Europa Central Feed ihn überhaupt als Hotelkritiker angeheuert hat. Aber die Wirtschaft ist im Keller, und die Leser wollen etwas über Familienpauschalreisen erfahren und bla bla bla, worauf man ihn nach Sigma geschickt hat.

Jack hat sich mehr oder weniger unverzüglich in sein Zimmer (klein, heruntergekommen) zurückgezogen. Dort hat er drei Tage zugebracht, im Bett gelegen, beim Zimmerservice bestellt (winzige Portion, das Steak zu stark durchgebraten), wenn er Hunger bekam, sich Filme angesehen, die er bereits kannte, und die Minibar restlos geplündert. An diesem Morgen ist er endlich herausgekommen, übernächtigt und unrasiert, in seinem letzten sauberen Hemd und seiner Jacke.

Er hat überlegt, ob er improvisieren und sich die ganze Geschichte ausdenken sollte. Sein Herausgeber würde es gar nicht bemerken, hauptsächlich, weil er – wie er sich so oft wie möglich in Erinnerung zu rufen versucht – ein Wahnsinnsschriftsteller ist.

Letztlich hat er beschlossen, es doch nicht zu tun. Auch wenn er seinen Job hasst, wird er auf keinen Fall seine moralischen Grundsätze über Bord werfen.

Sein anfängliches Entsetzen weicht einer zornigen, panischen Zielstrebigkeit. Er stürmt mit pumpenden Armen auf das Hauptdeck, sein Blick sucht nach der Rettungskapsel. Jemand rechts von ihm – er sieht nicht, wer es ist – schreit und will wissen, was los ist. Die Ironie daran ist, dass er die Leute sehr gut hören kann – obwohl das Schiffstriebwerk feuert, geschieht die Zerstörung um sie herum völlig lautlos. Jemand packt seine Schulter, und er dreht sich weg, stolpert fast über einen Plastikschalensitz.

Es ist der Mann mit dem Robotarm. Er und seine Frau stehen mit großen Augen Seite an Seite. »Was haben sie gesagt?«, fragt die Frau mit starkem Akzent. »Wo ist die Reiseführerin?«

»Vergesst sie. Wir verschwinden von hier.«

Ja, da ist die Rettungskapsel, eine Tür in der schwarzen Wand, groß und quadratisch, mit Warnungen gespickt. Eigentlich müssten sie alle Leute hineinverfrachten können – selbst die Pilotin und die Reiseführerin, falls sie tatsächlich genug Mumm haben, das Cockpit zu verlassen. Sobald sie draußen sind, können sie …

Ein sonnenheller Feuerball erfüllt die Kuppel über ihnen. Jack blickt reflexartig hoch, und das Nachbild brennt sich in seine Netzhaut. Der überraschte Schrei der alten Frau betäubt seine Trommelfelle.

Er blinzelt heftig, presst brennende Tränen durch die Lider. Die Familie – Mutter, Vater, die zwei Jungen – drängen sich ganz hinten zwischen den Sitzreihen dicht zusammen.

Das Gesicht des Vaters ist gerade noch hinter dem Rücken seiner Frau sichtbar. Er schüttelt langsam den Kopf, als wäre das, was er sieht, nur eine Halluzination, die er auf diese Weise vertreiben kann.

Die alte Frau hat ihren Platz nicht verlassen. Jack greift nach ihrem Arm – eher instinktiv als bewusst – und zieht sie hoch, ohne ihren krächzenden Protest zu beachten. Er zerrt sie durch den Gang zwischen den Sitzen, ruft den anderen zu, ihm zu folgen, und wäre fast gestürzt, als ein weiterer Stoß die Kabine erschüttert.

»Die Bedingungen an Bord dieses Schiffs sind unsicher«, sagt die fröhliche Stimme der *Red Panda.* »Bitte bleiben Sie auf ihren Sitzen.«

Jack zerrt weiter die alte Frau mit sich, bis er die Tür der Rettungskapsel erreicht hat. Genau in der Mitte befindet sich ein großer grüner Knopf, der von einer durchsichtigen Plastikabdeckung geschützt wird. Er versucht, sie mit den Fingern abzuziehen, aber sie rührt sich nicht. Die dicke Plastikklammer unter der Abdeckung klemmt.

»Sie tun mir weh«, sagt die alte Frau mit einer gewissen Verwunderung.

Jack geht nicht auf sie ein. »Helfen Sie mir hier«, sagt er über die Schulter. Als niemand reagiert, dreht er sich herum und richtet den Blick auf den Vater der zwei Jungen. »Hey, ich brauche Hilfe, kommen Sie!«

»Ich werde nicht …«

»Einfach nur ziehen!« Jack wendet sich wieder der Tür zu. Inzwischen ist es ihm egal, ob der Mann ihn verstanden hat oder nicht. Er verschafft sich einen festen Stand und bemüht sich mit aller Kraft, die er aufbringen kann, die Klammer aufzudrücken. Was hat man sich dabei gedacht, es so schwierig zu machen, eine Rettungskapsel zu öffnen? In seinem Kopf hallen unsinnige Wörter, der Schrecken und die Wut

wirbeln sie wie einen Hornissenschwarm auf. Er hat die alte Frau immer noch nicht losgelassen.

Hände legen sich auf seine, drücken nach unten, und jemand zwängt sich zwischen ihn und die Tür. Er will sich wehren, aber sein Widersacher hat ihn aus dem Gleichgewicht gebracht, und er taumelt zurück. Es ist die gottverdammte Reiseführerin. Sie brüllt ihn an, wedelt mit den Händen, doch ihre Stimme geht im wahnsinnigen Summen in seinen Ohren unter.

Jack macht einen Satz nach vorn, zielt auf die Abdeckung des Knopfs. Notfalls wird er sie einschlagen. Hier muss es doch irgendetwas geben, womit er die Plastikkappe abschlagen kann, eine Brandaxt, irgendetwas …

»Warten Sie, hören Sie mir einfach zu!«, sagt die Führerin. Als Jack sie ignoriert, lehnt sie sich gegen ihn, versucht ihn ächzend zurückzudrängen. Sie ist groß und schlaksig, aber sie hat einen festen Stand. Er kommt nicht an ihr vorbei.

Na gut. Dann wird er sie zur Seite stoßen. Er will es gerade tun, als die Kabinenbeleuchtung zweimal flackert und dann vollständig erlischt. Das einzige Licht sind zuckende Blitze von draußen, die das Innere des Schiffs zu einem Albtraum werden lassen.

Die Reiseführerin hebt die Stimme und durchdringt die Dunkelheit. »Wenn Sie in die Kapsel steigen, werden Sie sterben!«

Die Beleuchtung geht wieder an, zunächst matt, dann blendend hell. »Ich sagte, Sie *tun mir weh*«, wiederholt die alte Frau, und kann ihren Arm endlich aus Jacks Griff befreien. Das bringt ihn leicht aus dem Gleichgewicht, was die Reiseführerin ausnutzt, sich vor ihn zu stellen und den Knopf mit ihrem Körper abzuschirmen.

»Warum können wir sie nicht benutzen?«, fragt die Mutter der zwei Jungen in hysterischem Tonfall.

»Richtig«, sagt eine Stimme hinter Jacks Schulter. Der Kerl mit dem Robotarm. Sein singender irischer Akzent steht im Widerspruch zu seiner Größe und dem panischen Unterton in seiner Stimme. »Sie wissen, dass Sie uns hier nicht festhalten können, ja?«

Die Augen der Reiseführerin sind riesig. Sie hat den gleichen Gesichtsausdruck wie vor wenigen Minuten, als sie losgerannt ist und sich im Cockpit versteckt hat. Ein Schwall empörter Wut durchfährt Jack, doch bevor er irgendwie reagieren kann, sagt sie: »Die Kapsel hat keine Kontrollen. Sie würden einfach nur dahintreiben, bis eins von diesen Dingern Sie findet. Dieses Schiff hat zumindest die Möglichkeit …«

»Aber es ist eine Rettungskapsel!«, sagt die Frau in der Lederjacke.

Jack blinzelt. Das ist verrückt. Alle an Bord dieses Schiffs sind verrückt geworden. Sie stehen hier herum und diskutieren, während draußen eine Raumschlacht tobt. Wenn sie kein Problem damit haben, hier in Stücke geschossen zu werden, gut. Aber das gilt nicht für ihn. Er tritt vor, den Mund zu einer dünnen Linie zusammengekniffen, und ist bereit, die Reiseführerin an den Schultern zu packen und mit Gewalt aus dem Weg zu zerren.

Einer der Jungen schreit.

Es ist der kleinere, der mit dem struppigen Haarschopf, und es ist die Art von Schrei, die niemand ignorieren kann. Alle drehen sich zu ihm um, dann blicken sie dorthin, worauf er zeigt, durch die Kuppel nach draußen.

Sie sind dem Hotel sehr nahe, aber nicht nur das. Sie halten genau darauf zu, rasen mit hoher Geschwindigkeit auf eins der zerstörten Module zu. Aus der Seite wurden riesige Stücke gerissen, und die Oberfläche ist mit dunklen Löchern übersät. Seltsamerweise lässt der Anblick Jacks Zunge trocken werden. In diesem Augenblick sehnt er sich verzweifelt nach einem Drink. Das Bedürfnis ist überwältigend, und der Phantomgeschmack von Nova sammelt sich ganz hinten in seiner Kehle.

Die *Red Panda* zielt genau auf eins der Löcher in der Außenwand des Moduls. Ein Loch, das viel zu klein ist, als dass sie hindurchpassen könnten.

5

Corey kann sich nicht erinnern, wann er zum ersten Mal etwas über Ausflugsschiffe der Maverick-Klasse gelesen hat – wahrscheinlich hat er es nur überflogen, bevor der richtig coole Teil des Buches kam, wo es um Vector-Transporter und Antares-Kreuzer und Scorpion-Kampfjäger der Frontier ging. Aber jetzt sieht er es deutlich vor seinem geistigen Auge, eine Risszeichnung mit Angaben in winziger Schrift.

Maverick. 50 Meter lang, 30 Meter von der Gravitationssenke bis zur oberen Spitze der Aussichtskuppel, 25 Meter breit. Sicherer Betrieb bei 10 Metern Entfernung vom Andockarm.

Es kann nicht sein – auf gar keinen Fall –, dass das Loch größer als ihr Schiff ist. Es fliegt von unten heran, die *Panda* giert, und das Hotel kommt schnell näher. Durch den Spalt kann Corey etwas erkennen, das wie ein Kronleuchter aussieht. Es ist von einer Wolke aus glitzernden Partikeln umgeben, und als Corey darauf starrt, wird ihm klar, dass es Glasscherben sind.

Der Mann im Polohemd, der wie Terio Smith aussieht, versucht noch einmal, an der Tür der Rettungskapsel zu zerren. Er stößt die Reiseführerin zur Seite und flucht in schnellen, fassungslosen Salven.

Eine Sekunde später versperrt Coreys Dad ihm den Blick, als er sich wieder auf ihn legt und abschirmt. Corey kann das kräftige Aftershave seines Vaters riechen. Seine Mom hält Malik fest. Corey fragt sich müßig, wie sie entschieden haben, wer wen schützen soll.

»Halt dich fest, Corey«, sagt Everett Livingstone. Es ist

unmöglich, den entsetzten Tonfall seiner Stimme zu überhören. »Halt dich einfach an mir fest.«

Bis zu diesem Moment hat sich das alles gar nicht real angefühlt. Entweder hat er geträumt, oder es war irgendein Bildungsprogramm, eine historische Sim, etwas, das seine Eltern gebucht haben, um sich zu beschäftigen. Doch als er auf das Modul starrt, wird ihm endlich die Wahrheit bewusst. Die Pilotin ist verrückt. Sie werden niemals hindurchkommen. Es ist, als würde man versuchen, einen Basketball in einen Kaffeebecher zu drücken.

Corey schließt die Augen ganz fest und vergräbt sein Gesicht an der Schulter seines Vaters.

Und dabei spürt er, wie sich das Schiff *dreht*.

Es folgt ein heftiger Aufprall, und das Kreischen von Metall auf Metall hallt durch die Kabine. Die Beleuchtung flackert, und die Welt außerhalb der Aussichtskuppel wird schwarz.

Corey kann immer noch das Aftershave seines Vaters riechen.

Ganz langsam öffnet er die Augen. Sie sind immer noch in der *Red Panda*, und sie bewegen sich immer noch. Eigentlich sollte es nicht möglich sein. Aber falls es im Jenseits nicht exakt genauso ist wie im richtigen Leben, ist soeben genau das passiert.

»Dad?«

»Corey, halt dich einfach fest.«

»Nein, Dad. Schau mal!«

Everett sieht ihn blinzelnd an, dann blickt er über seine Schulter. Corey nutzt es aus, um sich über den Schalensitz zu schieben, dessen Kante in seinen Hintern drückt. Seine Mutter weigert sich, Malik loszulassen, der sich unter ihr hervorzuwinden versucht. Mit einer Hand hält er seine Holokamera fest umklammert.

Zum ersten Mal seit dem Auftauchen der Kugeln ist es auf dem Hauptdeck der *Red Panda* still geworden. Alle, sogar Nicht-Terio-Smith, blicken zur Kuppel hinauf. Der Mund der Reiseführerin steht offen. Unter ihren Sommersprossen ist ihre Haut blutleer.

Sie sind im Innern der Sigma-Station und werden allmählich langsamer. Das Schiff befindet sich im einzigen Bereich, der groß genug ist, um es aufzunehmen: im Atrium, im riesigen Raum innerhalb des Hotelmoduls, der mit dem Kronleuchter und dem kitschigen Engel-Brunnen. Die Pilotin muss genau gewusst haben, wohin sie wollte, und hat sie einfach hineingebracht.

Aber warum? Um sie zu schützen? Wie kann es besser sein, sich hier drinnen aufzuhalten?

Im Atrium kam es zur Dekompression, und überall sind Trümmer. Zerschmetterter Marmor. Zerbrochene Teller. Eine Jacke, die noch am Kleiderbügel hängt und deren Ärmel frei schweben. Und Leichen. Coreys Blick wird von einem Mann angezogen, der in einer Türöffnung schwebt und das schwarze Hemd eines Portiers trägt. Im Licht der *Panda* sieht seine Haut aufgedunsen aus. Seine Augen sind fast völlig zugeschwollen, und Raureif überzieht sein Gesicht.

Coreys Mutter stöhnt und wendet sich ab. Er starrt nur voller Erstaunen nach draußen. Er kann sich nicht einmal ansatzweise vorstellen, wie sie durch das Loch gekommen sind. An der Außenseite der Aussichtskuppel ist ein langer Kratzer zu erkennen, aber das ist auch schon alles. Sie haben es geschafft. Captain Volkova hat sie genau an die richtige Stelle gebracht und die Bewegung der *Panda* gestoppt, die nun das Atrium ausfüllt. Die Jacke stößt gegen das Fenster, bleibt dort für einen Moment hängen, bis sie weiterdriftet.

»Verdammt!«, sagt Nicht-Terio-Smith. Der Kragen seines grünen Polohemds ist verrutscht, die Knopfleiste zieht sich seitlich über seine Brust. Seine Finger zwirbeln den Saum zusammen, immer wieder vor und zurück.

»Hören Sie«, sagt die Reiseführerin. Hannah – so heißt sie. »Solange wir hier drinnen sind, sind wir in Sicherheit. Also …«

»Das bezeichnen Sie als *in Sicherheit*?«, entgegnet der Mann mit dem Robotarm.

In den Wänden des Atriums sind Löcher, zertrümmerte Sichtfenster. In dieser Sekunde schießt eine Metallkugel vorbei. Die Düsen stoßen weißes Gas aus, weniger als fünfzig Meter entfernt. Coreys Mutter schreit auf und zieht ihren Sohn an sich.

Die Kugel verschwindet. Durch die Löcher können sie sehen, wie weitere Schiffe auseinanderbrechen und kurz vor der Schwärze aufflammen, bevor sie zu nichts zusammenschrumpfen.

»Ich …« Hannah schluckt. »Ich bin mir sicher, dass jemand kommen wird. Wir müssen nur ausharren.«

»Und wenn niemand kommt?«, fragt Malik. Corey blickt zu ihm und sieht, wie sein Bruder fast geistesabwesend die Aufnahmetaste der Holokamera drückt. Sein Finger zittert so sehr, dass er sie zweimal berührt und das Gerät erneut aktivieren muss.

»Natürlich wird jemand kommen, mein Schatz«, sagt seine Mutter automatisch. Etwas knallt gegen die Kuppel. Kurz bevor es davontrudelt, erkennt Corey, dass es eine Bratpfanne ist, an der immer noch Fett klebt, nachdem sie offenbar aus irgendeiner Küche katapultiert wurde.

Die alte Frau betet wieder laut, die Augen fest geschlossen, die Bauchtasche wie einen Rosenkranz an ihre Brust gepresst.

Plötzlich verspürt Corey das dringende Bedürfnis, das Schiff zu erkunden. Jetzt sofort. Vielleicht können sie irgendetwas benutzen, unten in der Astronautik oder im Maschinenraum.

Vielleicht könnte er nach vorn gehen und mit der Pilotin reden, die sie irgendwie ins Innere des Hotels gebracht hat. Aber eigentlich will er nur von hier weg. Das Hauptdeck mit all den hysterischen Erwachsenen und dem großen Fenster über ihren Köpfen ist ihm jetzt einfach nur zu viel.

Langsam erhebt er sich vom Sitz, aber er kommt nicht weiter als drei Schritte, bis seine Mutter nach ihm greift und sein Handgelenk umklammert. Sie zieht ihn zu sich heran und drückt ihn an ihre Brust, als wäre er fünf Jahre alt. Er kann ihren heftigen Herzschlag durch ihr Hemd hören, und in diesem Moment bekommt er wirklich Angst.

»Nicht weinen, Schatz«, flüstert seine Mutter an seinem Kopf, während ihre Tränen sein Haar durchnässen. »Bleib einfach bei mir.«

Corey versucht ihr zu sagen, dass er gar nicht weint – er hat viel zu große Angst, um weinen zu können. Etwas anderes stößt gegen die *Red Panda* – etwas viel Größeres als eine Bratpfanne. Ein kratzendes, knirschendes Geräusch ist zu hören, als es unter ihnen am Rumpf entlangschleift. Corey hat das Gefühl, dass er ohnmächtig wird, wenn seine Mutter ihn noch fester hält.

»Reiseführerin!« Die Stimme des Captains dröhnt aus dem Lautsprecher in der Wand, so laut, dass Corey die Ohren wehtun. »Reiseführerin, kommen Sie ins Cockpit! Sofort!«

6

Volkova beugt sich immer noch über die Kontrollen, spielt mit dem Steuerknüppel und hält die *Panda* von den Wänden des Atriums fern. Schweiß läuft durch die Falten ihres Gesichts – die obere Hälfte ihres Hemds ist davon durchsichtig geworden, sodass sich ihr weißes Unterhemd abzeichnet. Als Hannah sich hereindrängt, prallt ein Bruchstück der Wand oder des Bodens – sie kann nicht erkennen, was es ist – vom Cockpitfenster ab. Volkova zuckt nicht zusammen. Die Zigarette steckt immer noch in ihrem Mundwinkel, ist bis zum Filter heruntergebrannt. Hannah ist sich nicht sicher, ob sie es überhaupt bemerkt hat.

Der Schiffscomputer spricht und klingt wie jemand, der an einem warmen Frühlingstag durch einen Park spaziert. »Captain, Sie sind vom genehmigten Kurs abgewichen. Wünschen Sie, dass ich die Verkehrskontrolle der Sigma-Station informiere?«

Volkova ignoriert die Stimme. »In zwei Minuten werde ich alles abschalten«, sagt sie, noch bevor Hannah durch die Tür hereingekommen ist. »Gehen Sie zu den Passagieren und sagen Sie ihnen, dass sie still sein müssen, okay?«

Hannah blinzelt. »Was?«

»Captain, ich bin verpflichtet, Sie darüber zu informieren, dass die Abschaltung aller Funktionen dieses Schiffs gegen die Richtlinien …«

»Da sajebis!«, unterbricht sie unwirsch die Stimme des Schiffs. »Reiseführerin – gehen Sie, jetzt.«

»Alles abschalten? Was soll das überhaupt …?«

»*Alles!* Licht, Luft, Gravitation, Toiletten, Maschinen, Wärme, alles. Die Passagiere müssen sehr leise sein. Keine Bewegung, ja? Sorgen Sie dafür, dass sie sich an den Wänden festhalten und sich nicht rühren. Vielleicht schauen die Kugeln nicht im Hotel nach, aber vielleicht doch, also werde ich unsere Temperatur senken, um unsere Wärmesignatur zu verbergen.«

»Captain, die Verkehrskontrolle der Sigma-Station antwortet nicht. Möchten Sie, dass ich Ihnen etwas Musik vorspiele, während ich es erneut versuche?«

Hannah kämpft sich durch das Gewirr von Volkovas Worten, während sie die Hände gegen die Cockpitwände stemmt. »Warum?«

»Weil ich der Captain bin und dies ein Notfall ist und Sie deshalb tun werden, was ich sage. Okay?«

Hannah starrt sie mit offenem Mund an. Dabei stellt sie fest, dass sie wütend ist.

Darauf wurde sie nicht vorbereitet. Sie hat einen Abschluss in Geschichte. Beim Sicherheitskurs am Vorabend ging es um Sachen wie Feuer oder die Frage, was zu tun ist, wenn ein Gast einen Herzinfarkt hat, aber es ging nicht darum, wie man reagieren sollte, wenn die gesamte Station in die Luft gejagt wird. Sie ist wütend auf sich selbst, weil sie vor den Passagieren davongelaufen ist, als das alles losging, aber nun richtet sich ein Teil dieser Wut auf den Captain der *Red Panda*.

Warum auch nicht? Sie hat es gut, wenn sie in ihrem Cockpit sitzt und Befehle erteilt, aber Hannah ist diejenige, die sie ausführen soll. Sie soll sich noch einmal mit den Passagieren auseinandersetzen. Wie kann Volkova so etwas von ihr erwarten? Wie kann sie von ihr erwarten, dass sie weiß, was zu tun ist?

Callie wüsste Bescheid. Callie würde es tun, bevor der Cap-

tain überhaupt die Gelegenheit erhält, sie dazu aufzufordern. Sie hätte längst alles unter Kontrolle, und ist das nicht der wahre Grund, warum du wütend bist, Hannah Banana? Weil jemand erwartet, dass du wie sie bist?

»Sagen Sie es ihnen selbst«, stößt sie durch die zusammengebissenen Zähne hervor.

»Was war das?«

»Sie haben ein Mikro. Sagen *Sie* ihnen, was hier los ist.«

Volkova dreht sich mit aufgerissenen Augen in ihrem Sessel herum. Die Zigarettenkippe wackelt hektisch. Hannah erwartet, dass sie brüllt, vielleicht sogar durchdreht, aber das geschieht nicht. Sie reißt sich zusammen, atmet schwer durch die Nase aus, während sie wieder durchs Cockpitfenster blickt und sich davon überzeugt, dass nichts auf sie zukommt. Zum ersten Mal sieht sie nicht so aus, als würde sie jemanden töten wollen.

»Wenn *ich* es ihnen sage«, antwortet sie und sieht Hannah wieder an, »habe ich hier sämtliche Passagiere im Cockpit, die mich mit einer Million Fragen bombardieren. Ich muss an den Kontrollen bleiben. Mich konzentrieren, verstehen Sie?«

»Aber warum? Warum wollen Sie die Energie abschalten?«

»Sie sehen nicht, was ich sehe«, sagt Volkova und zeigt auf einen Riss in der Außenwand des Hotels. Hannah kann gerade noch erkennen, wie in diesem Moment eine weitere Metallkugel vorbeifliegt. »Sie sind nicht blöd. Sie jagen Licht- und Triebwerksignaturen. Geräusche und Wärme. Also müssen wir uns totstellen, als wären wir ein zerstörtes Schiff.«

»Wird das wirklich funktionieren?«

Volkova atmet aus und zuckt mit den Schultern. »Wenn Menschen die Kugeln steuern, halten sie es vielleicht für unmöglich, dass sich ein Schiff innerhalb des Hotels befindet. Vielleicht suchen sie nicht einmal nach uns. Aber wenn eine KI sie kontrolliert, werden sie überall suchen. Also müssen wir sein wie … wie lautet das Wort? *Oblomki sjudna*. Wie ein Wrack. Tot. Wenn wir das tun, werden sie vielleicht …« Volkova deutet mit einer wedelnden Handbewegung zu den Kugeln und stößt einen abschwellenden Pfiff aus.

»Aber ohne Luft …«

»Unsere CO_2-Filter halten mindestens eine Stunde durch. Es wird kalt werden, aber okay. Jetzt gehen Sie *bitte* und sagen es den Passagieren. Verstanden?«

Hannah spürt, wie sich ihre Wangen röten, und zum zweiten Mal innerhalb von zehn Minuten möchte sie im Boden versinken und aufhören zu existieren. Sie nimmt einen tiefen Atemzug, dann nickt sie und kehrt zur Cockpittür zurück.

Sie zieht sie auf und hält inne. »Wie haben Sie uns hier überhaupt hereingebracht? Ich dachte, das Schiff würde niemals durch das Loch passen.«

Eine Sekunde lang ist sie sich nicht sicher, ob Volkova sie überhaupt gehört hat. Dann dreht sich der Captain halb herum und hat ein seltsames Lächeln auf dem Gesicht. Mehrere von Volkovas Zähnen sind aus Gold und funkeln im Licht der Cockpit-Kontrollen.

»Die Gravitationssenke an der Unterseite dieses Schiffs ist eine hochverdichtete, gehärtete Legierung«, sagt sie. »Fast einen halben Meter dick. So muss es sein, damit wir hier nicht herumschweben. Ich bin so schnell geflogen wie möglich und habe dann die *Panda* hochgezogen, damit die Legierung durch das Loch kracht. Dadurch habe ich es vergrößert.«

Hannah nickt benommen. Kurz bevor sie die Tür schließt, ruft Volkova ihr hinterher: »Vergessen Sie nicht: Wenn die Lichter ausgehen, keine Bewegung, kein Geräusch. Das Schiff muss wie tot wirken!«

7

»Kann jemand sehen …?«, sagt die Frau mit dem Pferdeschwanz, als sie durch die Aussichtskuppel nach oben blinzelt.

Jack wünscht sich, die Leute würden in vollständigen Sätzen sprechen. Es scheint, dass sie einfach vergessen, was sie eigentlich sagen wollten. Das ist unfassbar nervig.

Noch während er darüber nachdenkt, sagt die Mutter der Jungen: »Vielleicht sollten wir …«, um mitten im Satz zu verstummen.

Jetzt schreit niemand mehr. Anscheinend weiß niemand, was zu tun wäre. Der Schock ist wie eine Welle über ihnen zusammengebrochen.

Die Explosionen außerhalb der Station sind weniger geworden, aber sie können nicht erkennen, wie es da draußen wirklich aussieht. In gewisser Weise ist das der schlimmste Teil. Eine dieser Metallkugeln könnte genau auf sie zuhalten, und sie würden es erst bemerken, wenn sie in Stücke gesprengt werden.

Jack verdreht mit den Fingern den Saum seines Hemds. Er tut es automatisch, so intensiv, dass der Stoff gestreckt und gedehnt wird. Ein blöder Trick, den der Psychiater auf Europa ihm beigebracht hat, ein kleiner Triggermechanismus, um seine Gedanken abzulenken. Er reißt seine Hände zurück, als hätte er sich verbrannt. Was für eine Scheißidee! Es hat noch nie funktioniert. Kein einziges Mal.

Ein überraschend klarer Gedanke brennt sich durch sein Bewusstsein. Keine Führung. Das ist hier das Problem. Niemand, der das Sagen hat. Niemand, der die *Verantwortung* übernimmt. Nur die Reiseführerin, die alle fünf Sekunden davonrennt, und eine durchgeknallte Pilotin, die sie in alle möglichen gefährlichen Situationen bringt, und niemand kann verantwortlich gemacht werden. Wenn er versucht, etwas Vernünftiges vorzuschlagen, zum Beispiel ganz schnell von hier zu verschwinden, wird er mundtot gemacht.

Eine weitere unsichtbare Vibration erschüttert das Schiff und lässt die Beleuchtung flackern. Die alte Frau schluchzt jetzt, ein schweres Keuchen, fast wie ein Schluckauf. Jack greift wieder nach dem Hemdsaum, diesmal fester.

Die Eltern der beiden Jungen streiten sich, sprechen in zischendem Flüsterton, das wie Nadeln in Jacks Ohr sticht. Er will ihnen sagen, dass sie still sein sollen. Doch stattdessen dreht er nur fester an seinem Hemd und knirscht mit den Zähnen. Seine Hände zittern. Ein Drink würde das in Ordnung bringen – und warum zum Henker sollte er nicht zur Bar hinuntergehen? Wenn man sie nicht in die Rettungskapsel steigen lässt, warum sollte er dann …?

Die Reiseführerin kommt aus dem Durchgang zum Cockpit geschossen, mit wehendem rotem Haar. Sie wird langsamer, verfällt mit pumpenden Armen in ein zügiges Schritttempo. »Okay, alle mal herhören!«

Der Mann in der Lederjacke wirft Jack einen wissenden Blick zu. Die alte Frau setzt sich gerade auf, und der Vater der Jungen kommt auf die Beine, hält sich an einer Stuhllehne fest. Sein Frau sitzt stockstill da, ihr Mund ein dünner Strich.

»Wir werden die Hauptsysteme abschalten«, sagt die Reiseführerin. »Das gesamte Schiff. Also sollten Sie sich einen guten Halt verschaffen und …«

»Was?«, ruft die Frau mit dem Pferdeschwanz.

Damit sind die Schleusentore geöffnet. Die Eltern springen auf, der Mann mit dem Metallarm, alle reden gleichzeitig.

Jacks Stimme ist am lautesten. »Wie sollen wir dann atmen?«, will er wissen.

Die Reiseführerin versucht weiterzusprechen, die Hände erhoben, verzweifelt bemüht, alle zu beruhigen. Sie sieht ihn nicht an, und das ärgert ihn noch mehr.

»Hey, Miss! Ich rede mit Ihnen!«, sagt er. »Was ist mit der Atemluft? Und der Wärmeversorgung?«

»Alles kein Problem. Könnten jetzt bitte alle einfach mal *zuhören*?!«

»Woher wissen Sie, dass sie nicht längst verschwunden sind?«, fragt der Vater der Jungen. »Es sah aus, als ...«

»Natürlich wissen wir das nicht, Ev«, sagt seine Frau mit zitternder Stimme. »Hör ihr einfach zu.«

»Wir dürfen das Risiko nicht eingehen«, sagt die Reiseführerin und schüttelt den Kopf. Ihre Stimme ist kräftig, aber sie wirkt, als könnte sie jeden Moment in Ohnmacht fallen.

»Wer *sind* diese Leute überhaupt?«, stößt die alte Frau mühsam hervor. »Warum tun sie das?«

»Ich weiß es nicht«, antwortet die Reiseführerin. »Aber wir können entweder online bleiben und lediglich hoffen, dass sie uns nicht finden, oder wir stellen uns tot und harren aus.«

»Aber für *wie lange*?« Die Mutter hat die Arme um ihre Jungen gelegt und hält sie fest. Ihnen scheint äußerst unbehaglich zu sein, auch wenn Jack nicht sagen kann, ob es an ihrem festen Griff liegt oder an dem, was die Reiseführerin vorschlägt.

Die junge Frau befeuchtet ihre Lippen mit der Zunge. »Eine Stunde, mehr nicht.«

Sie schafft es, fast jedes Zittern aus ihrer Stimme herauszuhalten, als sie erklärt, was der Captain tun will. Als sie fertig ist, rührt sich niemand. Alle schauen sich nur erstarrt und mit schockiertem Gesichtsausdruck an.

Jacks Gedanken verwickeln sich ineinander. Es muss noch

etwas anderes geben, was sie tun können. Irgendeine andere Möglichkeit. Aber am Ende macht er es genauso wie die übrigen Passagiere, die sich an die Wände des Decks zurückziehen. Die alte Frau ist kreidebleich, und die Reiseführerin muss ihr helfen, sie zu einem Haltegriff führen.

Jack schiebt einen Arm durch den Bügel, hakt sich mit der Ellenbeuge ein und verflucht sich selbst, weil er diesen Blödsinn mitmacht. Der Handgriff ist so dick wie ein Handgelenk und besteht aus Metall, das viel zu oft neu gestrichen wurde. Als er sich mit der anderen Hand daran festhalten will, wäre er fast mit seinen schweißfeuchten Fingern abgerutscht.

Das Pärchen mit den Lederjacken klammert sich an den nächsten Handgriff. Jack blickt wieder zum Mann hinüber und schüttelt verwirrt den Kopf.

»Wir sind bereit, Captain«, ruft die Reiseführerin, während sie ihrerseits einen Handgriff packt. Sie ist nur ein paar Schritte von den Eltern und ihren Kindern entfernt, die sich um einen einzigen Bügel drängen und sich gegenseitig festhalten.

Die Stimme des Captains dringt aus den Lautsprechern, wieder mit extremer Lautstärke. »Okay, ich schalte jetzt die Gravitationssenke aus. Festhalten!«

Jack fragt sich für einen Moment, woran *sie* sich festhält. Wahrscheinlich ist sie an ihren netten, bequemen Pilotensitz geschnallt. Dann folgt ein rollender, dumpfer Knall, der Boden verschiebt sich unter seinen Füßen, und er schwebt.

Es ist keine angenehme Empfindung. Sein natürlicher Instinkt will seine Füße auf den Boden drücken, aber sie werden von einer sanften, unerbittlichen Kraft hochgezogen. Er streckt die Beine aus, aber das macht es nur schlimmer, und kurz darauf hängt er waagerecht über dem Boden. Sein Arm schmerzt vom der Anstrengung, sich am Metallbügel festzuhalten.

Sein Magen dehnt sich aus und zieht sich zusammen, eine langsame, träge Bewegung, die sich anfühlt, als müsste er sich übergeben. Er spürt einen schleichenden Druck in den Nasennebenhöhlen, eine leichte Anspannung in seinem Schädel. Wie lange ist es her, seit Raumschiffe mit Nullschwerkraft geflogen sind? Er hat es zumindest nie erlebt. Gravitationssenken hat es schon immer gegeben, seit er geboren wurde, und er hat nie davon gehört, dass sie ausfallen, kein einziges Mal. Die Vorstellung, ohne Schwerkraft zurechtkommen zu müssen, ist absurd, etwas aus der Frühzeit der Weltraumfahrt, als die Leute noch von nichts eine Ahnung hatten.

Er wird hier sterben. Im Feed wird man einen kleinen Nachruf auf ihn veröffentlichen, dann wird man einen neuen Hotelkritiker einstellen, und das war es dann.

»Bitte bleiben Sie ruhig«, sagt die *Red Panda*. »Es gab eine Störung der lokalisierten Gravitationskraft. Sichern Sie zunächst sich selbst, bevor Sie anderen …«

Die Stimme verstummt mit einem Krächzen. Als Nächstes gehen die Lichter aus, schalten sich nacheinander in der Kabine ab. Eine Sekunde später läuft das Triebwerk zitternd aus, und dann hört Jack nur noch seinen ohrenbetäubenden Tinnitus. Er schwebt in Lautlosigkeit, versucht die Übelkeit und den Schmerz in seinem Arm und den Druck in seinen Nebenhöhlen zu ignorieren, während er sich wünscht, irgendwo anders im Universum zu sein. Nur nicht hier.

»Können wir …?«, sagt jemand.

»Pssst«, macht die Reiseführerin.

Jack verspürt den plötzlichen Drang zu lachen. Das kann auf gar keinen Fall funktionieren. Er blickt über seine Schulter. Genauso wie er bemühen sich alle anderen Passagiere der *Red Panda*, an Ort und Stelle zu bleiben, mit Armen und Händen an die Haltegriffe geklammert. Und draußen …

Seine Kopfhaut kribbelt. Es wirkt nicht real. Als der Innenraum der *Red Panda* beleuchtet war, schien die Außenwelt nur aus Schatten zu bestehen. Jetzt kann er erkennen, wie schwer die Schäden am Hotel sind. Als hätte ein gigantisches Monster auf die Wände eingeschlagen, sie aufgerissen und die Wunden mit kalten Sternen besprenkelt. Da draußen schwebt alles Mögliche herum – auch einige Leichen, die Umrisse lassen keinen Zweifel. Von irgendwo unter ihnen kommt ein Ausbruch feurigen Lichts, heiß und lautlos.

Vor Jacks Gesicht bildet sich weißer Dampf, wenn er ausatmet. Nachdem die Maschinen abgeschaltet sind, verliert das Schiff schnell die Wärme. Das Metall in seiner Ellenbeuge ist bereits kälter geworden und beißt sich durch den Stoff seiner Jacke.

Sie werden keine Stunde überstehen. Vielleicht halten sie nicht einmal zehn Minuten durch. Sie werden längst erfroren sein, bevor sie hier herauskommen.

Doch dann verstreichen zehn Minuten. Dann zwanzig. Jacks Bauch ist ein brodelnder Kessel, und seine Lippen werden in der kalten Luft taub. Für ein paar Sekunden presst er die Augenlider fest zusammen, und als er sie wieder öffnet, schwebt eine Metallkugel unmittelbar neben dem Schiff.

Sie treibt an ihnen vorbei, innerhalb des Hotels, bewegt sich mit Gasausstößen, die Jack an den Wasserdampf erinnern, der vor seinem Gesicht kondensiert. Aus der Nähe sind die verschiedenen Sensoren zu erkennen, die wie Pickel aus der Oberfläche ragen. Sie wenden sich der *Panda* zu, dunkle Augen zucken nach links und rechts. Düsen am Körper der Kugel werden aktiviert, verlangsamen ihren Flug, bringen sie mitten über der Aussichtskuppel zum Stehen. Jack weiß nicht, ob der Sensor ein Wärmescanner, eine Kamera oder etwas völlig anderes ist. Er bemüht sich lediglich, so still wie möglich zu bleiben.

Ganze drei Minuten lang schwebt die Kugel vor ihnen. Jack fängt an zu zittern – inzwischen ist die Temperatur in der Kabine unter den Gefrierpunkt gefallen. Wie lange wird es dauern, bis irgendjemand etwas Dummes tut? Ein Geräusch, ein Nieser oder sonst etwas, das den Sensor triggert.

Der Krieg zwischen den Kolonien und der Frontier mag in fernen Systemen stattgefunden haben, weit weg von den Zentrumswelten, aber viele von Jacks Kollegen haben darüber berichtet, und es gab keinen Mangel an Feed-Aufnahmen. Die Schlachten wurden mit Raketen sowie Plasma- und kinetischen Impactors ausgetragen. Und diese Dinger? So etwas hat er noch nie gesehen, nicht einmal damals, als Ajit von der Nachrichtenredaktion aus dem Verteidigungsministerium der Frontier die Konstruktionspläne verschiedener Waffen zugespielt wurden.

Die Kugeln sind anders als Raketen. Sie haben offenbar nicht nur ein Triebwerk, sondern es gibt verschiedene Düsen, die über die ganze Oberfläche verteilt sind, und sie bewegen sich, als wären sie intelligent. Sie spüren gnadenlos ihre Ziele auf, wechseln innerhalb von Sekundenbruchteilen die Richtung und trotzen der Physik der Raumfahrt. Die Vorstellung verursacht ihm eine Gänsehaut.

Das Wort *fremdartig* schleicht sich in sein Bewusstsein, setzt sich dort fest und will sich nicht mehr von der Stelle rühren.

Die Düsen der Kugel erwachen zum Leben, und langsam entfernt sie sich von ihnen, steuert auf ein Loch in der Außenwand des Moduls zu.

Das war's. Beweg dich weiter, du verdammtes …

Es knallt erneut, als etwas mit der *Panda* zusammenstößt – ein Stück des Hotelbodens, das gerade noch durch das Fenster zu erkennen ist. Es trifft sie so heftig, dass sie wieder in Bewegung geraten, zur Seite abdriften. Die Welt außerhalb der Kuppel rotiert. Die Muskeln in Jacks Arm verkrampfen sich, als er darum kämpft, nicht den Halt zu verlieren.

Von der anderen Seite des Schiffs kommt ein panisches Aufkeuchen. Jack blickt auf und sieht, dass einer der Jungen durch den Raum schwebt, der kleinere. Er rudert hektisch mit den Armen und versucht sich irgendwo festzuhalten. Seine Mutter greift nach ihm, und ihre Fingerspitzen streifen sich, doch er entgleitet ihr, treibt zur Mitte des Hauptdecks.

Jack blickt zur davonfliegenden Kugel, aber sie fliegt nicht mehr davon. Sie wendet und kehrt zu ihnen zurück, während sich die Sensoren an ihrem Körper wie Augen drehen.

8

Corey Livingstone ist eigentlich kein großer Leser.

Er hat ein paar Bücher auf seiner Linse – die Bände der *Quasar-Lizard*-Trilogie, die ziemlich krass sind, und einige über die Geschichte der Großen Expansion, die *richtig* krass sind. Aber hauptsächlich zieht er sich Comics und Serien rein und albert mit Jamie und Allie herum. In Büchern gibt es immer so komische Ausdrücke wie *Er trug sein Herz auf der Zunge.*

Diesen hat er nie verstanden. Wie kommt man überhaupt auf so etwas? Wie kann Offenheit bedeuten, dass das eigene Herz bis zur Zunge hinaufwandert? Irgendwie klingt das besonders eklig – einmal hat er mit Jamie darüber gesprochen, und sie versuchten ein paar Minuten lang, sich vorzustellen, wie es sich anfühlen würde.

Dann erinnerte sich Jamie an eine alte Redensart, dass jemandem das Herz in die Hose rutscht, und das lenkte sie so sehr ab, dass die Serie, die sie gerade schauten, völlig in den Hintergrund gedrängt wurde. Wenn einem das Herz in die Hose rutscht, entschieden sie, ist das richtig hardcore und richtig, richtig urks.

Doch als Corey in den Raum über dem Hauptdeck driftet, während er beobachtet, wie die Kugel zurückkehrt, kommt es ihm tatsächlich so vor, als wäre sein Herz ganz tief nach unten gerutscht. Es fühlt sich an, als würde etwas in seinen Eingeweiden pochen. Er kann seine Drehung nicht aufhalten, ganz gleich, wie sehr er sich bemüht. Mit jeder Bewegung schießt er übers Ziel hinaus und katapultiert sich in eine unerwartete Richtung.

Jetzt hängt er verkehrt herum im Raum, mit dem Kopf nach unten. Seine Eltern versuchen nach ihm zu greifen, während ihre Gesichter stummes Entsetzen zeigen. Seine Mutter will zu ihm springen, doch sie wird von seinem Vater zurückgehalten, der sich verzweifelt nach einer anderen Möglichkeit umschaut, ihm zu helfen. Und Malik – *Malik filmt ihn*. Er hält das Holo hoch, den Blick auf den Bildschirm gerichtet, und verfolgt seine Bewegungen. Corey starrt ihn schockiert an, will ihm das Holo aus den Händen reißen und es an die Wand schleudern.

Und die anderen? Alle anderen machen den Eindruck, als würden sie sich jeden Moment übergeben müssen, in Ohnmacht fallen oder auf der Stelle sterben. Sie kommen nicht an ihn heran, und sie würden es nicht wagen. Er ist zu hoch über den Sitzen, um danach greifen zu können, und er ist auch zu weit von der Kuppel entfernt, um dort Halt zu finden. Bald wird er die andere Seite der Kabine erreichen, aber nicht, bevor die Kugel zurückgekehrt ist. Sie kommt schnell näher, ist jetzt nur noch dreißig Meter entfernt, weicht elegant einem treibenden Trümmerstück aus und hält genau auf sie zu. Und Corey ist sich nicht sicher, ob er lautlos landen kann.

Vielleicht, wenn er aufhört, sich zu bewegen … aber es spielt keine Rolle. Er driftet einfach weiter, weil es den physikalischen Gesetzen scheißegal ist, ob er stillhält oder nicht. Er gibt sich einen Ruck und rudert mit den Händen, weil sein Gehirn ihm sagt, dass er durch die Luft schwimmen kann, obwohl ihn seine hektischen Bewegungen nicht weiterbringen. Damit erreicht er nur, dass er sich unkontrolliert um sich selbst dreht.

Er kann nicht aufhören zu zittern – ihm ist so kalt, dass er nicht einmal sagen kann, ob er noch all seine Finger hat. Und mitten in seinem Schrecken strahlt ein heller Klumpen aus

Scham. Wie soll er jemals Pilot werden, wenn er sich nicht einmal in Nullschwerkraft unter Kontrolle halten kann? Man kann nicht mit einem Scorpion-Kampfjäger in den Weltraum fliegen, wenn man nicht einmal weiß, wie man in der Abwesenheit von Schwerkraft seine Arme bewegen soll.

Noch zwanzig Meter entfernt. Corey erkennt, wie die Sensoren der Kugel von links nach rechts scannen. Gleich wird er gegen die Wand prallen, und es wird ein harter Zusammenstoß sein. Er könnte versuchen, sich herumzudrehen, aber damit könnte er die Sensoren dieses Dings auf sich aufmerksam machen. Für eine Sekunde zeigen seine Füße auf die Wand, und er glaubt, dass er es schaffen wird, sich bei der Landung abzufedern. Aber er kann die Position nicht halten, er überschlägt sich in der Luft, während die Wand immer näher kommt. Corey macht sich auf den Aufprall gefasst, schließt die Augen, und sein Herz rutscht ihm wieder tief nach unten, nistet sich in seinem Unterleib ein …

Doch als er gegen die Wand stößt, passiert es lautlos – und es fühlt sich gar nicht wie eine harte Oberfläche an. Corey blickt verwirrt nach unten und sieht, dass sich etwas zwischen seinen Füßen und der Wand befindet. Ein Arm. Der Arm der alten Frau, in den weichen, grauen Stoff eines Trainingsanzugs gekleidet. Er hat nicht einmal bemerkt, dass sie hier ist. Mit der rechten Hand hält sie sich an einem Bügel an der Wand fest, aber mit dem linken Arm hat sie Corey abgefangen. Ihre Achselhöhle liegt an seinem linken Fuß, ihr Handgelenk an seinem rechten Knie. So hat sie den Aufprall gedämpft.

Mit einer fließenden, mühelosen Bewegung – die man eher jemandem zutrauen würde, der viel, viel jünger ist – zieht sie Corey heran, legt den Arm fest um seine Beine und hält ihn fest. Sie blickt zu ihm auf, und er versteht sofort, was sie ihm damit sagen will.

Er bleibt so ruhig wie möglich, und er atmet einfach nur, obwohl sich seine Lunge anfühlt, als würde sie jeden Moment explodieren. Erleichterung durchströmt ihn. Und nicht nur ihn: Er spürt es von allen anderen auf dem Hauptdeck. Er blickt sich um, zu Hannah, die die Augen geschlossen hat und eine lange Wolke aus weißem Dampf ausatmet. Er reckt den Kopf und sieht seine Mutter, die den Eindruck macht, sich zusammenreißen zu müssen, um nicht seinen Namen zu rufen. Sein Vater genauso. Malik filmt ihn immer noch, natürlich, und Corey verspürt einen neuen Schwall idiotischer, sinnloser Wut.

Von seiner Position aus kann er nur einen kleinen Teil der Kuppel sehen, und die Kugel ist nicht in Sicht. Sie könnte direkt über ihm sein, und vielleicht sind ihre Sensoren genau auf ihn gerichtet. Sein Haar kitzelt seine Stirn, als die Strähnen in alle möglichen Richtungen driften, und ein Juckreiz kriecht seinen Nasenrücken hinauf.

Ihm war noch nie so kalt. Im Vakuum des Weltraums liegt die Temperatur fast beim absoluten Nullpunkt – minus 273 Grad Celsius –, und es gibt kein Schiff im Universum, das lange genug Wärme speichern kann, wenn die Maschinen abgeschaltet sind. Das gilt erst recht für einen kleinen Maverick-Kahn wie die *Red Panda*. Coreys Fingerspitzen sind so taub, dass sie immer stärker brennen, und die Lippen und die Nase pulsieren mit einem leichten, aber hartnäckigen Schmerz. Sein Atem gefriert vor ihm an der Wand, kondensiert zu Eiskristallen.

Ist es nur Einbildung, oder fällt es ihm wirklich schwerer, hier zu atmen? Die Luft ist eiskalt, aber irgendwie abgestanden. Corey reißt die Augen auf, als ihm klar wird, was passiert. Wenn die Luftaufbereitung des Schiffs keinen neuen Sauerstoff hineinpumpt, sorgen nur noch die passiven CO_2-Filter dafür, dass die Luft atembar bleibt. Aber sie sind nicht dazu gedacht, so lange allein zu arbeiten. Irgendwann sind sie überlastet und verstopft.

Er will nicht sterben, wirklich nicht. Nicht durch Erfrieren, nicht durch Ersticken, nicht durch irgendetwas, niemals. Wenn er jetzt stirbt, wird er nie ein Schiff fliegen können, nie zur Pilotenschule gehen können. Er wird Austin nie wiedersehen, auch nicht Jamie und Allie. Er wird nicht mehr dafür sorgen können, dass seine Eltern zusammenbleiben, und er wird Malik nie mehr sagen können, dass er ein Arsch ist, weil er ihn gefilmt hat, als er in Schwierigkeiten war.

Die *Red Panda* hat sich langsam weiterbewegt, und nun sieht er die Kugel. Sie verharrt noch eine Weile, dann dreht sie ab, als wäre sie nun zufrieden, und entfernt sich mit feuernden Düsen.

Seine Gedanken sind langsam und trübe wie Glas, das nach langer Zeit Staub angesetzt hat. Er muss unbedingt weiteratmen, tief einatmen. Doch eigentlich möchte er nur für einen Moment die Augen schließen. Nur für ein paar Sekunden …

Eine Stimme. Knisternd, als würde jemand zu nahe am Mikro sprechen. »Ich sehe, wie sich der Angreifer entfernt«, sagt die Stimme. »Ich denke, jetzt sind wir in Sicherheit.«

Die Maschinen der *Red Panda* erwachen rumorend zum Leben, die Beleuchtung auf dem Hauptdeck geht flackernd an, eine Lampe nach der anderen. Corey braucht ein paar Sekunden, um zu verstehen, was passiert, und dann spürt er heiße, beschämte Tränen in den Augenwinkeln. Sie haben es geschafft.

Die Stimme des Schiffs meldet sich zurück, macht genau dort weiter, wo sie unterbrochen wurde. »… Passagieren helfen. Falls Sie medizinische Versorgung benötigen, bleiben Sie bitte, wo Sie sind. Die Besatzung wird in Kürze bei Ihnen sein. Vielen Dank, dass Sie mit Sigma Destination Tours reisen.«

Corey stößt zitternd einen Seufzer aus. Die Maschinen laufen wieder, was Wärme und Licht bedeutet, und auch die Schwerkraft wird …

Die *Schwerkraft*. Corey reißt die Augen weit auf, als ihm bewusst wird, dass er keinen Halt hat, dass die alte Frau nichts für ihn tun kann, wenn die Gravitationssenke wieder aktiviert wird.

Dann fällt er rückwärts, mit rudernden Armen, die Beine in einem seltsamen Winkel gebeugt, als die alte Frau versucht, ihn festzuhalten. Er hört, wie seine Mutter ihn ruft, dann knallt er so heftig auf den Boden, dass seine Zähne klackend zusammenschlagen.

9

Hannah muss sich immer wieder sagen, dass sie nicht durch die Aussichtskuppel blicken sollte.

Die *Red Panda* treibt in geringer Entfernung neben dem, was einst die Sigma-Station war und nun nicht mehr ist als eine Galaxis aus zerfetztem Metall und wirbelnden Trümmern. Dahinter schimmert der Pferdekopfnebel in vollkommener Farbenpracht, eingerahmt vom tiefschwarzen Weltraum.

Als Hannah auf dem Weg zum Dock einen guten Blick auf den Nebel werfen konnte, hat es sich nicht so angefühlt. Er wirkte groß, aber überschaubar, eine Hintergrundkulisse, die man auch einfach ignorieren könnte. Mehr nicht. Durch die Trümmer bekommt alles eine Perspektive, einen Maßstab. Die Teile werden sich für immer weiterbewegen, von der zerstörten Station fort, immer weiter auseinanderdriftend.

Wenn die *Panda* lange genug wartet – was sie durchaus tun könnte, da sie ohnehin nirgendwohin fliegen kann –, wird sich das Trümmerfeld irgendwann aufgelöst haben. Als hätte es niemals existiert.

Hannahs Beine fühlen sich schwer an, als würden ihre Füße in Betonblocks stecken, und sie hat ein Klingeln in den Ohren, das sie nicht mehr loswird. Und obwohl sie sich umschaut, kann sie da draußen keine anderen intakten Schiffe erkennen. Nicht einmal irgendwelche Rettungskapseln. Es könnten noch Menschen im Hotel sein, die überlebt haben, eingeschlossen – aber niemand kann es mit Sicherheit sagen. Und Hannah muss immer wieder daran denken, wie abgelegen diese Gegend ist. Sigma liegt weit außerhalb der zentralen Systeme und ist nur über ein einziges Sprungtor zugänglich.

Nein. Auf gar keinen Fall. Sie können nicht die Einzigen sein. Da draußen muss es noch andere Schiffe geben. Sie können unmöglich als Einzige übrig geblieben sein.

Die *Panda* hat sich ein paar Minuten nach dem Abflug des Kampfschiffs, das die restlichen Kugeln mitgenommen hat, in Bewegung gesetzt. Hannah hat nicht verstanden, warum sie nicht ein paar zurückgelassen haben, als Fallen für jene, die in nächster Zeit die Station anfliegen. Und sie ist sich immer noch nicht ganz sicher, wie Volkova sie aus dem Hotel herausgebracht hat. Es gab ein lautes Knirschen am Rumpf, als sie das Schiff hindurchmanövrierte, neben fernen Flüchen aus dem Cockpit. Als Volkova sich anschließend über Lautsprecher zurückmeldete, sagte sie, sie würde sie in eine sichere Entfernung bringen, dorthin, wo sich die Trümmer bereits weiter verteilt haben.

Irgendwas hätten wir doch sicher tun können – irgendein Waffensystem, das wir hätten einsetzen können. Aber nichts. Komplette Fehlanzeige. Und verglichen mit dem Kampfschiff – verdammt, verglichen mit allem anderen – sind sie winzig. Das Hauptdeck der *Panda* ist vielleicht ein klein wenig größer als ihr Apartment am College, und selbst wenn man den Rest des Schiffs hinzufügt, ist es nicht besonders viel.

Ein Geräusch kommt von rechts. Der Mann in der Anzugjacke – der in die Rettungskapsel steigen wollte – würgt dünnen Schleim hervor. Er hat sich vorgebeugt, die Hände auf den Knien, sein Rücken und die Schultern erzittern, während die Flüssigkeit auf den Boden spritzt. Hannahs instinktive Reaktion ist Abscheu, aber sie kann es ihm nicht zum Vorwurf machen. Eigentlich nicht.

Ihr Kopf fühlt sich viel zu leicht auf den Schultern an, als würde er gleich davonschweben. Sie setzt sich, und die Bewegung verwandelt sich in einen kontrollierten Sturz, bis ihr Hintern schwer auf den Sitz knallt.

Der Mann mit dem Metallarm schüttelt den Kopf. Er hält sich die echte Hand vor den Mund und starrt abwechselnd zur Kuppel hinauf und zu seinen Füßen hinunter. Er sagt etwas, immer wieder dasselbe, sehr leise. Hannah muss sich konzentrieren, bis sie die Worte versteht: »Verdammte Scheiße!« Zuvor war sein irischer Akzent schwächer, fast unauffällig. Jetzt klingt es fast, als würde er ihn absichtlich verstärken. Die Worte klingen seltsam gedehnt.

Seine Frau oder Freundin – Hannah kann sich nicht erinnern, ob sie einen Ring trägt, und von hier aus kann sie die Hand der Frau nicht sehen – sitzt völlig still da, die Schultern hochgezogen, den Blick auf nichts gerichtet.

»Ist da draußen noch jemand?«

Die alte Frau. Obwohl sie den Jungen nicht halten konnte, den sie aufgefangen hat, ist sie einigermaßen heil heruntergekommen. Sie richtet die Frage mit zitternder Stimme an Hannah, doch dann blickt sie sofort durch die Kuppel hinaus, als wüsste sie, dass sie keine Antwort bekommen wird.

Die Mutter der zwei Jungen schluchzt leise, die Arme um ihre Söhne geschlungen. Der jüngere der beiden zittert immer noch.

»Hey, hat irgendwer ein Signal auf der Linse?«, fragt der Vater mit bebender Stimme.

Der Mann mit dem Metallarm wischt sich den Mund ab. »Hier ist nichts, Kumpel.«

Schock, denkt Hannah. Müsste der nicht nach so einem Ereignis eintreten? Sie müssen darauf achten, dass sie warm bleiben und nicht dehydrieren. In der Bar gibt es Wasserflaschen, davon ist sie überzeugt. Und werden dort nicht auch die Erste-Hilfe-Sachen aufbewahrt? Dazu müssten auch

Decken gehören, nicht wahr? Zumindest würde es ihnen helfen, warm zu bleiben. Und dann hätte sie etwas zu tun.

»Alle bleiben, wo sie sind«, sagt sie und klingt wesentlich entschiedener, als sie sich fühlt. »Ich werde jetzt …«

»Okay«, sagt Polohemd. Er hat aufgehört, sich zu übergeben, und obwohl sein Gesicht die Farbe von saurer Milch hat, wirkt er wütend. Er richtet einen leicht zitternden Finger auf Hannah. »Wie ist Ihr Name?«

Als sie seinen Tonfall hört – aggressiv, anklagend –, verliert sie den Ansatz ihres Plans aus den Augen. »Wie bitte?«

»Ich möchte Ihren Namen wissen. Und den Namen Ihrer Reisegesellschaft und des Mutterkonzerns. Und der Pilotin.« Er hebt die Stimme, als müsste er sich in einer großen Menschenmenge Gehör verschaffen. Während er spricht, denkt Hannah unwillkürlich an eine Fahne, die im Wind flattert und klatscht, die jeden Moment vom Mast losgerissen werden könnte. »Alle hier sind Zeugen. Sie haben uns alle in Gefahr gebracht.«

»Sir, wenn Sie bitte etwas leiser …«

»Ich werde Sie verklagen«, sagt er und fährt zu ihr herum. »Mein *Feed* wird Sie verklagen. Ich bin geschäftlich hier, und Ihre Firma hat einfach sämtliche Sicherheitsvorschriften missachtet.«

»Hey!«, sagt Hannah verletzt.

»Besorgen Sie sich lieber einen guten Anwalt«, sagt der Mann. »Denn falls Sie glauben …«

»Reden Sie nicht so zu ihr«, sagt die Mutter der zwei Jungen mit brechender Stimme. »Es ist nicht ihre Schuld.«

»Aber wessen Schuld ist es dann?«, fragt Robotarm und zeigt auf Jack. »Denn er muss es einschätzen können. Sie müssen gewusst haben, dass dieses Schiff kommt. Sie hätten nicht einfach zugelassen, dass es hier hereinplatzt. Das bedeutet also, dass sie uns hier hinausgeschickt haben, weil sie wussten, dass es unterwegs ist.« Er spricht ruhig und in vernünftigem Tonfall, aber er hat einen seltsamen Blick in den Augen, gehetzt und argwöhnisch.

Die Mutter verschränkt die Arme. »Aber Sie können nicht einfach jemanden anklagen …«

»Warum sollten wir Ihnen überhaupt zuhören?«, entgegnet Polohemd. »Ihr Junge hätte beinahe uns alle getötet.«

Die Frau sieht aus, als hätte man ihr einen Eimer mit kaltem Wasser ins Gesicht geschüttet. »Wie bitte?«

»Er hat recht«, sagt die Frau mit dem Pferdeschwanz. An seiner Seite wirkt sie fast wie ein Kind. »Wenn diese Lady nicht reagiert hätte …«

»Wir sollten uns alle erst einmal beruhigen«, sagt der Vater der Jungen.

Die Mutter wirft ihrem Mann einen wütenden Blick zu. »Ich werde mich nicht einfach *beruhigen*. Ich lasse nicht zu, dass sie so über Corey reden.«

Ihr jüngerer Sohn zuckt verlegen zusammen.

Polohemd lacht. Es klingt scharf und rau, ohne jeden Humor. »Vielleicht sollte ich auch Sie verklagen. Sie haben uns genauso in Gefahr gebracht wie …«

Und dann schreien sich alle gegenseitig an. Der Schock und die Bestürzung kochen über und erfüllen die Luft mit wütendem Gebrüll. Die Mutter tippt dem Kerl mit dem Polohemd auf die Brust, und ihr Mann versucht sich zwischen die beiden zu schieben. Polohemd schlägt den Finger der Mutter weg. Robotarm reckt die Schultern, und jetzt mischt sich auch Pferdeschwanz ein, die Arme verschränkt, lacht der Mutter höhnisch ins Gesicht.

Und Hannah hat nicht den leisesten Schimmer, was sie dagegen tun könnte.

Ein schrilles Pfeifen übertönt den Lärm. Es hält ein paar Sekunden lang an, bis es verklingt, bis sich alle umgedreht haben und auf die alte Frau starren. Sie hat immer noch die Zeigefinger im Mund und zieht sie nun mit einem hörbaren Ploppen heraus.

»Ich wusste gar nicht, dass ich das noch kann«, sagt sie.

»Wir sind noch nicht fertig«, sagt Jack. »Es ist ...«

»Nein. Wir haben immer noch die Pilotin, und diese junge Dame da drüben ist weiterhin die Reiseführerin. Sie haben hier das Kommando, und wir werden tun, was sie uns sagen. Also ...« Sie blickt zu Hannah auf. »Was sollen wir tun?«

Alle drehen sich zu ihr herum, und für eine halbe Sekunde ist es in ihrem Kopf völlig leer.

Dann kommt ihr eine Eingebung. Es sieht nicht danach aus, dass irgendjemand verletzt wäre – sie stehen vielleicht unter Schock, aber es ist nicht allzu schlimm. Sie muss diese Leute miteinander bekannt machen. Wenn sie wenigstens wissen, wie die anderen heißen, fällt es ihnen vielleicht etwas schwerer, sich anzubrüllen.

Sie räuspert sich. »Ich schlage vor, dass wir uns alle für einen Moment hinsetzen«, sagt sie und nimmt auf einem Plastiksitz Platz.

Einer nach dem anderen folgen sie ihrem Beispiel. Die Eltern setzen sich links und rechts von ihren Kindern, während sich die anderen drei – Polohemd, Robotarm und Pferdeschwanz – ihnen gegenüber niederlassen. Ein leerer Sitz trennt sie von der alten Frau.

»Okay«, sagt Hannah und legt die Hände auf die Knie. »Vielleicht sollten wir uns alle erst einmal vorstellen. Da wir jetzt alle hier sind, meine ich.«

Polohemd wendet den Blick von ihr ab, die Mundwinkel verächtlich heruntergezogen.

»Ich fange an«, sagt sie. »Ich bin Hannah Elliot, was Sie ... was Sie vermutlich bereits wissen, da ich bereits vor einer Weile zu Ihnen gesprochen habe.«

Sie wartet darauf, dass jemand weitermacht. Aber niemand rührt sich.

»Äh, und wie heißen Sie?«, fragt sie die Mutter der Jungen.

Die Frau sieht sie blinzelnd an. »Anita«, sagt sie. »Anita Livingstone.«

Sie stellt ihre Söhne vor, von denen keiner vom Boden aufblickt – der jüngere, Corey, macht den Eindruck, als würde er am liebsten darin versinken. Malik, der mit den Cornrows, hält immer noch seine altmodische Holokamera in der Hand.

Ihr Vater winkt der Gruppe zu. »Everett«, sagt er. »Ev.«

Dann folgt die alte Frau. »Lorinda Anna Maria Esteban«, sagt sie. »Ich stamme aus dem Kuiper-Gürtel. Mein Ehemann und ich haben dort Bergbau betrieben.«

»Und wo ist Ihr Ehemann?«, fragt Hannah. Dumpfes Entsetzen durchflutet sie, als ihr plötzlich klar wird: *Er ist nicht bei ihr. Er ist in der Station zurückgeblieben.*

Lorinda Anna Maria Esteban wirkt für einen Moment verwirrt, dann reißt sie die Augen weit auf. »Oh! Nein, nein. Er ist vor ein paar Jahren gestorben. Ich bin allein hier.«

»Vielen Dank«, sagt Hannah mit deutlich größerer Erleichterung, als sie zugeben würde. Nach einem kurzen betretenen Schweigen wendet sie sich an den Mann im grünen Polohemd und versucht zu verdrängen, was er vorher zu ihr gesagt hat. »Was ist mit Ihnen?«

Er starrt sie an. Seine Augen sind an den Rändern blutunterlaufen. Wenn er blinzelt, tut er es zweimal schnell hintereinander, jedes Mal. In seinem Mundwinkel klebt ein winziger Rest vom Erbrochenen. Hannah kann den Blick nicht davon abwenden.

Nach ein paar Sekunden sagt er: »Jack.«

»Ich bin Brendan O'Hara«, sagt der andere Mann und hebt zum Gruß seine Metallhand. »Und das ist meine …«

Die Frau mit dem Pferdeschwanz legt eine Hand auf Brendans Bein, als wollte sie ihn daran erinnern, dass sie für sich selbst sprechen kann. »Seema.«

»Sind Sie verheiratet?«, fragt Lorinda.

Seema hebt die linke Hand und wackelt mit den Fingern. Daran funkelt ein eleganter Diamantring. »Frisch verheiratet«, sagt sie. »Wir sind in den Flitterwochen.«

Ein anerkennendes *Aaah* kommt von der Gruppe, die automatische Reaktion, wenn jemand die Worte *frisch verheiratet, verlobt* oder *Flitterwochen* ausspricht. Selbst Hannah reagiert unwillkürlich genauso.

»Großartig. Sind wir nun damit durch?«, sagt Jack und erhebt sich von seinem Sitz. »Wunderbar. Wie zum Teufel kommen wir jetzt hier raus?«

Alle blicken wieder zu Hannah. Sie hält für einen Moment inne, nimmt dann einen tiefen Atemzug, ohne zu wissen, was sie sagen soll, aber im Bewusstsein, dass sie irgendetwas sagen sollte. »Denken wir mal etwas genauer darüber nach. Ich vermute, wer auch immer das getan hat, dachte, die gesamte Station wäre …«

»Es war ein Schiff der Kolonien«, erklärt Anita Livingstone.

»Blödsinn«, sagt Jack.

Anita wirft ihm einen vernichtenden Blick zu. »Als könnten Sie den Unterschied erkennen.«

Ihr Ehemann seufzt, als wüsste er, was jetzt kommt.

»Wie können Sie sich so sicher sein?«, fragt Seema.

Anita setzt sich gerade auf. »Ich bin als Beraterin in der Politik tätig. Ich arbeite für das Lobbyteam von Senator Daniels.«

Hannah spürt einen kleinen Knoten im Bauch. Sie hat am College mehr als einmal gegen seine Politik demonstriert. Und diese Frau arbeitet für ihn?

Anita zögert, als müsste sie ihre Worte sorgfältig formulieren. »Wir sind dabei, das Belarus-Abkommen neu zu verhandeln. Die Frontier will etwas mehr Territorium in den Kolonien. Es gab … nun ja, eine Menge Säbelrasseln hinter den Kulissen. Wir wussten, dass die Kolonien den Rest ihres Militärs in Alarmbereitschaft versetzt haben, auch wenn keine Chance bestand, dass sie tatsächlich etwas unternehmen. Niemand möchte erneut in den Krieg ziehen, nicht nachdem sie so schwer vom letzten getroffen wurden.«

»Bei meinem Feed habe ich nichts davon gehört«, sagt Jack. Anita wendet sich ihm verärgert zu, aber er lässt sie nicht zu Wort kommen. »Wie auch immer, wenn Sie an diesem Abkommen gearbeitet haben, warum sind Sie dann jetzt im Urlaub?«

Lorinda versucht einzuspringen. »Lassen Sie sie doch …«

»Und Sie können mir nicht erzählen, dass es ein Kolonialschiff war, nur weil Sie mit den *Säbeln gerasselt* haben. Es ist ausgeschlossen, dass die Kolonien über solche Technik verfügen. Völlig ausgeschlossen.«

»Wer sonst würde uns angreifen?«

»Sie hat recht«, sagt Corey und hebt eine Hand. »Es war definitiv ein Schiff der Kolonien.«

»Und woher weißt du das, junger Mann?«, fragt Brendan.

Corey zuckt mit den Schultern. »Ich weiß es einfach, okay?«

»Ah, jetzt hören wir auf kleine Kinder.« Jack schüttelt den Kopf. »Großartig. Fantastisch.«

»Gehen wir mal davon aus, dass es ein Kolonialschiff war«, sagt Seema. »Wie ist es dann überhaupt hierhergekommen?«

»Durch das Sprungtor«, sagt Lorinda mit Entschiedenheit.

»Nein«, widerspricht Jack. »Es kann nicht sein, dass ein Schiff voller Kolo-Abschaum durch ein Wurmloch kommt. Die Frontier kontrolliert das gesamte Netzwerk.«

»Vielleicht hatten sie ein Visum.«

Jack verdreht die Augen. »Ein Visum. Na klar, sicher. Ein Riesenschiff mit völlig neuartiger Waffentechnik … Ja wir geben euch ein Frontier-Reisevisum, angenehme Reise! Wissen Sie, wie streng diese Sachen kontrolliert werden? Sobald ein Schiff aus einem Sprungtor auftaucht, wo es nicht auftauchen sollte, wird es von den automatischen Geschützen in Stücke geschossen. Ein paar Impactors und *Bumm*!«

»Vielleicht haben sie sich mit Bestechungen Zugang verschafft«, sagt Everett. »Man hört immer wieder Geschichten. Schmuggler und solche Sachen. Ich habe in einem Feed gelesen, dass das Roses-Kartell angeblich ein paar Funktionäre kompromittiert hat, um …«

»Das waren nicht die verdammten Roses«, sagt Jack und klingt, als müsste er sich alle Mühe geben, nicht zu explodieren.

»Woher wissen Sie das?«

»Er hat recht«, sagt Brendan. »Das ist nicht ihr Stil. Die Roses würden niemals so auffällig agieren. Das wäre es nicht wert. Der einzige Grund, warum die Frontier sie gewähren lässt, ist die Tatsache, dass sie ihre Gaunereien leise durchführen.«

»Hat irgendwer …?« Lorinda denkt für einen Moment nach. »Ich meine, haben wir die Möglichkeit in Betracht gezogen, dass sie vielleicht gar nicht menschlich sind?«

»Das kann nicht Ihr Ernst sein«, sagt Seema.

»Warum nicht? Wir haben uns in der Galaxis ausgebreitet, aber wir haben trotzdem nur einen winzigen Bruchteil erkundet. Wer weiß schon, ob sie nicht irgendwo da draußen sind? Vielleicht haben wir sie bis jetzt nur nicht gefunden, und das hier war der Erstkontakt.«

»Eine abgelegene Raumstation sprengen soll ein *Erstkontakt* sein?« Jacks Stimme trieft vor Verachtung.

»Vielleicht sind wir nicht die Einzigen, die angegriffen wurden«, gibt Lorinda zu bedenken.

In der folgenden Stille läuft Hannahs Fantasie auf Hochtouren. Es ist leicht, sich weitere solche Schiffe vorzustellen: ein koordinierter Angriff auf mehrere Ziele durch eine feindliche Streitmacht – mit einer Technologie, die noch nie jemand gesehen hat. Sie blickt wieder durch die Kuppel auf das endlose, expandierende Trümmerfeld. Auf die kalten Sterne dahinter.

»Moment mal«, sagt Everett. »Wir wollen es nicht ausschließen, aber ich halte es für unwahrscheinlich, dass es Aliens waren. Das Schiff war … anders, aber nicht *so* anders.«

»Kein sehr überzeugendes Argument«, sagt Lorinda.

»Ich meine ja nur. Wenn es wirklich Aliens waren, warum sollten sie dann ein solches Schiff bauen? Es wirkte viel zu … menschlich. Es sah zu sehr nach *uns* aus. Und es hatte eine Gravitationssenke.« Er bemerkt ihre ratlosen Mienen. »Außerirdisches Leben benötigt vermutlich nicht dieselben Schwerkraftbedingungen wie wir. Und selbst wenn, wollen Sie ernsthaft behaupten, sie würden dann die gleiche Technik wie wir entwickeln?«

»Genau.« Jack wischt sich endlich den Mund ab. »Vielen Dank.«

Everett fährt fort. »Aber viel wichtiger ist die Frage, wie sie hierhergekommen sind, ohne ein Tor zu benutzen. Könnten sie sich ein eigenes Wurmloch geschaffen haben?«

»Unmöglich«, sagt Corey. »So etwas können wir nicht.«

»Corey …«

»Nein, du verstehst es nicht. Wir können keine eigenen Wurmlöcher erzeugen, sondern nur die benutzen, die schon da sind.«

»Das weiß doch längst jeder«, sagt Malik. Er klingt, als

wollte er Corey persönlich durch die Luftschleuse hinauswerfen.

In Hannahs Kopf setzen sich die Einzelteile zusammen. Vor einem Jahrhundert hat die Menschheit erstmals ein Netzwerk aus kleinen Wurmlöchern entdeckt, die über ihr Sonnensystem verstreut sind. Das war die größte Entdeckung der Geschichte – auch wenn es noch eine Weile dauerte, bis man darauf kam, wie man sie nutzen könnte.

Wurmlöcher – oder Einstein-Rosen-Brücken, wie sie wissenschaftlich bezeichnet werden – lassen jede Materie kollabieren, die in sie eindringt. Sie wird völlig zerrissen und in ihre subatomaren Bestandteile aufgelöst. Wenn man etwas hineinschickt, das die Reise tatsächlich überleben soll, muss man zuvor exotische Materie in das Wurmloch injizieren: spezielle Teilchen mit negativer Masse.

Es ist sehr viel Energie nötig, um diese Partikel in speziellen Teilchenbeschleunigern zu erzeugen – und je größer das Ding ist, das man hindurchschicken will, desto mehr Partikel benötigt man. Anfangs war es unmöglich, mehr als eine basketballgroße Sonde auf die Reise zu schicken – man hätte einfach zu viel Energie gebraucht, um die Menge an Teilchen zu erzeugen, die für größere Objekte nötig wäre. Vor einiger Zeit hat Hannah in einem seltenen fleißigen Moment versucht, sich in die Physik einzulesen, und es nach fünf Seiten aufgegeben.

Dann ist eine Forscherin in Moskau – Hannah vergisst immer wieder ihren Namen – darauf gekommen, dass man die Öffnung des Wurmlochs am Ein- und Ausgang erweitern kann. Das bedeutet, dass man mit der gleichen Menge exotischer Materie ein viel größeres Objekt hindurchschicken kann. Dazu muss man nur permanente und stationäre Tore an beiden Enden installieren, um die Kehle des Wurmlochs zu weiten.

Daraufhin hatten die Sonden, die durch die Wurmlöcher

geschickt wurden, eine Mission, die über die bloße Erkundung hinausging: die Konstruktion der Ausgangstore mit den Ressourcen, die in der Umgebung verfügbar waren. Nachdem die Tore eingerichtet waren und die Wurmlöcher offen hielten, konnten richtige Raumschiffe mit Menschen an Bord den Sprung durchführen, was wiederum zur Großen Expansion führte.

Die Menschen haben sich nicht nur auf andere Planeten in ihrem Sonnensystem ausgebreitet, sondern weit darüber hinaus, auf einhundert verschiedene Welten. Sie können sich nicht aussuchen, wohin die Wurmlöcher führen sollen, aber sie können entscheiden, an welchen sie Tore bauen, um in die rohstoffreichsten Raumsektoren zu expandieren.

Und das war der Grund, warum es überhaupt zum Krieg kam, weil die Menschen, die einen großen Teil ihres Lebens damit zugebracht hatten, all das zu verwirklichen – die Kolonien –, irgendwann entschieden, dass sie die geförderten Rohstoffe lieber für sich behalten wollten, als damit ein Sonnensystem zu füttern, das die meisten von ihnen längst vergessen hatten. Etliche von ihnen waren niemals auf der Erde gewesen. Sie war zwar der Sitz des Frontier-Senats, aber sie sahen in ihr nur einen altersschwachen Planeten mit verdorbenem Klima und voller alter Männer und Frauen, die versuchten, ihnen Befehle zu erteilen.

»Also kamen sie durch das Sigma-Tor hierher.« Brendan sieht, dass Jack protestieren will, und schneidet ihm das Wort ab. »So muss es gewesen sein. Und ich schätze, sie haben mit den Verteidigungssystemen das Gleiche gemacht wie mit uns. Also dürften sie in diesem Moment zum Tor *zurückkehren*, um zu entkommen. Die logische Schlussfolgerung.«

»Sofern sie sich nicht auf die Lauer legen und jedes Schiff abschießen, das hindurchkommt«, sagt Lorinda.

»Oder sie haben das Tor mit einer dieser Metallkugeln gesprengt, nachdem sie hindurchgesprungen sind«, murmelt Malik.

Alle schauen ihn an, und er senkt den Kopf. Hannah läuft ein kalter Schauer über den Rücken. Weil Malik recht hat – sie könnten genau das getan haben.

»Was wäre, wenn sie zurückkommen?« Corey hat die Augen weit aufgerissen. Er springt von seinem Sitz und breitet die Hände aus. »Manchmal gehen Schiffe verloren, wenn sie durch Wurmlöcher springen. Was wäre, wenn so ein vermisstes Schiff dann doch wieder auftaucht, nur dass die Leute gar nicht wissen, dass mehrere Jahre vergangen sind? Und glauben, wir würden immer noch Krieg führen. Sie sehen die Station, und dann … schießen sie einfach.«

Ein paar Sekunden Stille. Dann sagt Malik: »Das ist Schwachsinn.«

Corey fährt zu ihm herum, doch sein Vater kommt ihm zuvor. »Das ist kein Schwachsinn, sondern eine interessante Idee. Aber ich glaube nicht, dass so etwas passiert ist, Corey. Schiffe sind verschwunden, richtig, aber es ist seit Jahrzehnten nicht mehr vorgekommen. Und das bedeutet nicht, dass sie … im Zeitstrom gefangen wären. Ich glaube, so würde man es bezeichnen.«

»Aber, Dad … was wäre, wenn es schon ein paarmal passiert ist und wir nur nichts davon wissen?«

Eine Idee kommt Hannah in den Sinn, klar und deutlich. Sie können doch sicher einen Notruf senden, oder? Was wäre …?

Doch dann lässt sie die Schultern hängen. Sie sind weit draußen im Weltraum, und selbst eine Nachricht, die von einem leistungsfähigen Sender abgestrahlt wird, würde mindestens einen Monat brauchen, um den nächsten Außenposten zu erreichen. Vielleicht sogar noch länger. Am schnellsten lässt sich eine Nachricht immer noch durch ein

Sprungtor schicken. Auf diese Weise durchquert sie die Galaxis mit viel höherer Geschwindigkeit als jeder gesendete Kommruf.

Könnten sie ein Signal zum Tor absetzen? Um zu erfahren, ob es noch existiert? Vielleicht … aber sie glaubt nicht, dass der Sender der *Red Panda* stark genug ist. Nicht in einem Schiff, das dazu gedacht ist, sich höchstens ein paar Kilometer von der Station zu entfernen.

»Moment«, sagt Jack in diesem Moment. »Von der Frontier kommen doch ständig Handelsschiffe nach Sigma, nicht wahr? Also dürfte es nicht allzu lange dauern, bis irgendjemand bemerkt, dass hier etwas nicht stimmt.«

»Vorausgesetzt, es gibt noch ein Tor, durch das sie eintreffen können«, sagt Anita.

Jack geht nicht auf sie ein. »Ich will darauf hinaus, dass wir hierbleiben müssen. Wenn tatsächlich Rettung kommt, und wir sind ganz woanders …«

Everett räuspert sich. »Vielleicht ist das keine so gute Idee.«

»Warum nicht?« Seema verschränkt die Arme und mustert Everett von oben bis unten. Diese beleidigte Geste wirkt so theatralisch, dass Hannah fast gelacht hätte.

»Nun«, sagt Everett und fährt sich mit einer Hand durch das ausgedünnte Haar. »Laut militärischer Strategie …«

Seema runzelt die Stirn. »Sie sind ein militärischer Stratege?«

Everett blinzelt, als sie ihn aus dem Konzept bringt. »Nein. Ich führe meine eigene Firma. Ich installiere Heimreaktoren. Aber ich *lese* gelegentlich etwas über militärische Strategie« – ein kurzer Blick zu seiner Frau –, »und das hier ist ein klassisches Manöver. Man zerstört eine vorgeschobene Operationsbasis, dann wartet man darauf, dass die Rettungseinheiten eintreffen. Weitere Todesopfer, Massenpanik …«

»Okay«, sagt Hannah. Sie ist sich nicht sicher, worauf er hinauswill.

»Ich meine damit, dass sie vielleicht immer noch in der Nähe sind. Wenn wir hier zu lange abwarten, könnten wir in ein weiteres Feuergefecht verwickelt werden. Und ich kann mir nicht vorstellen, dass wir ein zweites Mal entkommen werden.« Verlegen und zaghaft zerrauft er Coreys Haar.

»Aber das ist verrückt«, sagt Seema. »Das Sprungtor ist nur wenige Stunden entfernt. Wie lange würden sie dafür brauchen? Und wenn wir hinfliegen, könnte es dann sein, dass dieses Schiff uns erledigt?«

»Ich will nur …«

»Ja, schon gut, Evan«, sagt Jack. »Wir haben Ihre Analyse zur Kenntnis genommen.«

»Everett.«

»Was?«

»Ich heiße Everett. Nicht Evan.«

»Wie auch immer. Jedenfalls haben Sie hier nicht das Sagen.«

»Sie etwa?«, erwidert Anita verärgert.

»Lassen Sie uns abstimmen.« Hannahs Stimme ist lauter, als sie beabsichtigt hat. »Wir sind genug Leute. Wir können gemeinsam entscheiden. Wie wäre es damit?«

Stille. Weder Jack noch Anita blicken zu ihr auf.

»Gut«, sagt Seema und richtet ihren Scheinwerferblick auf Hannah. »Bringen wir es hinter uns.«

»Alles klar«, sagt Hannah und verschränkt die Hände im Schoß. »Wer ist dafür, dass wir hierbleiben?«

»Vielleicht sollte es eine geheime Abstimmung sein«, schlägt Lorinda vor. »Wir könnten auf Papierzettel schreiben oder so.«

Brendan bläst die Wangen auf, und Jack murmelt etwas, das für Hannah wie *Verdammte Scheiße* klingt. Sie werden vor einer neuen Debatte bewahrt, als Anita die Hand hebt. »Ich stimme dafür, dass wir hierbleiben.«

Everett runzelt die Stirn. »Nita, ich glaube nicht, dass das eine so gute ...«

»Zustimmung.« Jack reißt eine Hand hoch, während die andere weiter sein Hemd verdreht. Anitas Hand hängt in der Luft, während ihr Gesicht einen verwirrten Ausdruck annimmt – offensichtlich hatte sie nicht die Absicht, in dieser Sache auf Jacks Seite zu stehen. Hannah rechnet fast damit, dass sie ihre Stimme zurückzieht, aber Anita sagt nichts, sondern lässt die Hand wieder sinken.

Auch Brendan und Seema heben die Hand. Sonst niemand.

»Großartig.« Hannahs Haar klebt ihr wieder auf der Stirn, und sie muss energisch ein paar Strähnen wegwischen. »Und wer ist dafür, dass wir losfliegen?«

Sie hebt die Hand. Genauso wie Corey, Everett und Lorinda.

»Vier gegen vier«, sagt Brendan. »Was jetzt?«

»Einen Moment.« Jack zeigt auf Malik. »Er hat nicht abgestimmt.«

Alle wenden sich dem Jungen zu, der sich offenbar am liebsten hinter seiner Holokamera verstecken würde.

Anita stupst ihn an. »Komm schon, Schatz. Auch deine Stimme zählt.«

Malik spricht sehr schnell. »Ich bin dafür, dass wir hierbleiben. Ich finde, wir sollten abwarten.«

»Was?« Corey dreht sich zu ihm herum. »Komm schon, Malik, du weißt doch, dass das eine blöde Idee ist.«

»Immerhin hat auch Mom dafür gestimmt!«

»Wenn du nicht die ganze Zeit mit dem idiotischen Holo im Arsch herumlaufen würdest, wärst du vielleicht ...«

»Sprich nicht so zu deinem Bruder!«, ermahnt Anita ihren Sohn. »Ev, sag etwas dazu.«

Ev sagt nichts dazu. Für einen Moment starren sich die zwei Seiten der Familie gegenseitig an, als würden sie darauf warten, dass sich irgendjemand zuerst rührt.

»Egal«, sagt Jack. »Wir haben abgestimmt und mit fünf gegen vier entschieden hierzubleiben. Könnten wir also …?«

»Was ist mit der Pilotin?«

Jack dreht sich zu Lorinda um. »Was?«

»Die Pilotin. Sie sollte ebenfalls abstimmen, nicht wahr?«

»Und wenn sie dafür ist, dass wir verschwinden, hätten wir wieder eine Pattsituation«, sagt Seema.

Lorinda lässt sich nicht beirren. »Vielleicht. Aber wir sollten es trotzdem korrekt machen.«

»Wir könnten immer noch eine Münze werfen, wenn es dazu kommt«, sagt Hannah.

»Eine *Münze* …?« Jack schließt die Augen. »Na gut, wissen Sie was? Ich werde mir jetzt einen Drink holen. Tun Sie, was Sie wollen.«

Er geht zur Treppe, die zur verdunkelten Bar führt. Corey und Malik zischen sich immer noch gegenseitig an. Anita und Everett sind still geworden, und Lorinda schaut Hannah mit einem Lächeln an.

»Also gut«, sagt Hannah mit einer Überzeugung, die sie nicht einmal ansatzweise empfindet. »Ich denke, ich werde mit dem Captain reden.«

10

Hannah will gerade die Tür zum Cockpit öffnen, als sie umkippt.

Eben noch hat sie die Hand am Türgriff, kaltes Metall unter ihren Fingerspitzen, und im nächsten Moment ist sie an der Wand des Durchgangs zusammengesackt. An ihrer Schädelbasis entfaltet sich ein Kopfschmerz, und ihre Zunge fühlt sich in ihrem Mund angeschwollen an.

»Alles in Ordnung«, sagt sie, und dann wird sie von einem Übelkeitsanfall überwältigt, wie sie ihn noch nie zuvor erlebt hat. Es fühlt sich an, als hätte jemand ihren Magen an den Seiten gepackt und würde ihn nun in unterschiedliche Richtungen drehen, wie jemand, der ein nasses Handtuch auswringt.

Sie atmet durch die Nase ein und aus, konzentriert sich auf jede Bewegung. Langsam – sehr langsam – bekommt sie die Übelkeit unter Kontrolle.

Plötzlich verspürt Hannah Scham bei der Vorstellung, irgendjemand könnte sie so sehen. Sie blickt auf, aber niemand hat etwas bemerkt. Lorinda ist in ein Gespräch mit Malik, Everett und Corey vertieft. Anita steht mit verschränkten Armen ein Stück abseits. Brendan und Seema unterhalten sich murmelnd mit gesenkten Köpfen, und Jack ist bereits in der Bar verschwunden.

»Alles in Ordnung«, sagt Hannah noch einmal. Dann nimmt sie einen weiteren scharfen Atemzug und tritt in das Cockpit.

Der Gestank ist schlimmer geworden, Zigarettenrauch, der

sich mit penetrantem Schweißgeruch vermischt hat. Volkova hat sich gerade erst eine neue angesteckt. Ein Pappkaffeebecher auf der Konsole ist halb mit Kippen gefüllt, die in einer kalten schwarzen Brühe schwimmen. Zum zweiten Mal fragt sich Hannah, warum sie nicht einfach NicoSticks raucht. Vielleicht hat sie sich an den Zigarettengeruch gewöhnt.

Und da ist noch etwas: eine Flasche mit klarer Flüssigkeit, die an einem Monitor lehnt. Das Etikett befindet sich an der Seite, aber Hannah kann gerade noch das Wort водка entziffern. Darunter ist in der Konsole eine Klappe geöffnet, hinter der Kabel und blinkende Lichter zu erkennen sind. Anscheinend bunkert Volkova dort ihren Schnaps.

Der Schiffscomputer spricht, als Hannah eintritt – dieselbe fröhliche männliche Stimme. Es ist keine echte KI, sondern eher ein simples Computersystem, das darauf getrimmt wurde, menschlich zu klingen. Andererseits würde auch niemand eine richtige KI in einem Schiff wie diesem erwarten.

»Captain, die Mailbox der Stationszentrale scheint überlastet zu sein«, sagt der Computer gerade. »Bitte kommunizieren Sie mit anderen Fahrzeugen von Sigma Destination Tours, um einen freien Quadranten zu lokalisieren und auf weitere Anweisungen zu warten.«

»Sind Sie das, Reiseführerin?« Volkovas Stimme klingt, als würde sie unter einem gewaltigen Kater leiden. Sie dreht sich nicht zu Hannah um, nimmt die Hände nicht von den Kontrollen. Die *Red Panda* treibt in geringer Distanz von der zerstörten Station, weit genug von den größeren Trümmerstücken entfernt.

Hannah leckt sich über die Lippen. Ihr Mund fühlt sich immer noch wie Watte an. »Irgendeine Spur des anderen Schiffs?«

»*Njet*. Nichts.«

»Das ist gut, nicht wahr?«

Volkova zuckt nur mit den Schultern.

»Captain«, sagt die *Panda*. »Ich kontaktiere die Sigma-Station wegen neuer Anweisungen. Die Mailbox der Stationszentrale scheint überlastet zu sein. Ich wiederhole den Kontaktversuch.«

Volkova ignoriert die Stimme. »Was ist mit den Passagieren? Alles okay?«

Hannah lehnt sich gegen den Rand der Kontrollkonsole. Fast wäre sie abgerutscht, und sie streckt die Hand aus, um ihr Gleichgewicht zu wahren. »Ähm, wir … es gab eine Abstimmung.«

»Eine Abstimmung?«

Als Hannah erklärt, was geschehen ist, zieht Volkova die Augenbrauen hoch. »Sie sind verrückt«, sagt sie, als Hannah fertig ist. »Natürlich bleiben wir hier.«

»Aber …«

»Aber nichts. Die *Red Panda* verfügt über keine Radarsysteme, das feindliche Schiff aber ganz bestimmt. Nein, wir bleiben hier und warten ab. Wenn Rettungsschiffe kommen, befinden wir uns genau am richtigen Ort.«

Es irritiert Hannah, dass der Captain Jacks Standpunkt wiederholt. Sie verdrängt diesen Gedanken. »Was ist, wenn sie nicht kommen? Was ist, wenn das Tor …?«

»Dann denken wir uns einen anderen Plan aus. Aber vorläufig bleiben wir hier.« Volkova wendet sich wieder dem Fenster zu. »Sagen Sie das den Passagieren. Ich werde verhindern, dass wir gegen etwas krachen und … Was machen Sie da?«

Die Übelkeit ist wieder da und erfüllt schäumend Hannahs Bauch. Diesmal ist sie davon überzeugt, dass sie es nicht unterdrücken kann. Sie hat dicken, säuerlichen Speichel im Mund.

»*Job twoju mat*«, murmelt Volkova. Hannah hört, wie sie

von ihrem Sitz aufsteht. Ein dumpfer Aufprall, dann taucht etwas vor ihrem Gesicht auf. »Hier. Wenn Sie kotzen müssen, kotzen Sie wenigstens nicht auf den Boden.«

Hannah hebt den Kopf ein wenig. Es ist ein schmaler Pappkarton mit verstärkten Seiten – der Behälter für das Logbuch der *Red Panda*, ein altmodischer Ringhefter mit eselsohrigen Blättern. Das Buch liegt jetzt aufgeschlagen auf dem Boden.

Ein paar Sekunden vergehen. Hannahs Magen beruhigt sich, aber jetzt wird die Übelkeit durch Panik ersetzt, die sich wie ein Stück abgeschürfte Haut anfühlt. Sie schließt die Augen und versucht, den Anfall unter Kontrolle zu bekommen. »Ich kann nicht«, sagt sie. »Bitte, Sie müssen mit ihnen reden. Sie werden nicht auf mich hören.«

»Ich möchte Ihnen eine Geschichte erzählen«, sagt Volkova.

Die Worte wirken so fehl am Platz, dass Hannah fast ihre Panik vergisst. »Eine Geschichte?«

»*Da*.« Volkova redet weiter. »Ich war bei der Frontier-Flotte. Während des Krieges habe ich Scorpion-Kampfjäger geflogen. Wir waren im Bellatrix-System – Sie wissen, wo das ist?«

»Äh …« Dort fand eine Schlacht des Krieges statt – ein weit abgelegenes System, nur über mehrere Sprungtore zu erreichen. Hannahs Lehrer hat einmal während eines College-Seminars darüber gesprochen.

»Dort kämpften die Kolonien und die Frontier um die Kontrolle des Sprungtors«, sagt Volkova. »Ich war der Erste Offizier meiner Schwadron, und wir hatten die Mission, den Großkampfkreuzer der Frontier zu verteidigen. Okay?«

»Okay …«

Captain Volkova nimmt einen weiteren Zug von ihrer selbst gedrehten Zigarette und neigt den Kopf, um den Rauch auszustoßen. »Die Schlacht zog sich über Stunden hin. Überall kinetische Impactors. Die Kolonien waren uns haushoch überlegen – sie hatten panzerbrechende Atombomben, Sie kennen diese Dinger? Und sehr schnelle Crisis-Kampfjäger. Mein befehlshabender Offizier befand sich auf der gegenüberliegenden Seite unseres Großkampfkreuzers, als ich sah, dass ich freie Bahn zur Fregatte der Kolonien hatte – eine, die mit den Bomben ausgerüstet war. Die *Xi Jinping*.«

Hannah nickt. Langsam erinnert sie sich wieder an die Einzelheiten.

»Also.« Volkova streckt den Zeigefinger aus, als würde sie die Fregatte in der Ferne sichten. »Ich fragte unseren Offizier um Erlaubnis, angreifen zu dürfen. Doch sie war viel zu sehr damit beschäftigt, die Vorhut der Kolonialschiffe abzuwehren. Mir war klar, dass sich unser Fenster bald schließen würde. Wir würden die Fregatte nicht ausschalten können, wenn ich nichts unternahm. Also schnappte ich mir zwei andere Mitglieder meiner Schwadron und setzte Kurs auf die *Jinping*.«

Sie beugt sich vor und blickt Hannah in die Augen. »Sie haben uns aus zehn Kilometern Entfernung bemerkt und auf uns gefeuert – *pah, pah, pah*.« Sie schnippt schnell mit den Fingern. »Aber wir waren gute Piloten. Die besten in der Frontier. Wir wichen den Geschützen aus, schafften es durch die feindlichen Linien und nahmen die Triebwerke der Fregatte ins Visier.«

Volkova klatscht in die Hände und lässt Hannah damit zusammenzucken. »Die *Jingping* wurde zerstört. Danach wussten die Streitkräfte der Kolonien nicht mehr, was sie tun sollen. Sie haben sich einfach zerstreut.« Sie grinst. »Mein befehlshabender Offizier war ziemlich wütend auf mich, aber inzwischen hatten wir die Schlacht gewonnen.« Sie tippt sich auf die Brust. »Der designierte Präsident Greenwald steckte mir den Victory Star an, genau hier. Auch meinen Flügelmännern.«

Hannah macht große Augen und hat ihre Panik völlig vergessen. Das erklärt, wie Volkova sie gerettet hat – wie sie es geschafft hat, die *Panda* mit all den Manövern in die Station zu steuern.

Doch dann runzelt sie die Stirn. »Aber warum erzählen Sie mir das alles?«

»Weil ...« Volkova hält inne und zündet sich eine neue Zigarette mit einem Metallfeuerzeug an, das aussieht, als wäre es ebenfalls bei der Schlacht von Bellatrix dabei gewesen. »Sie haben etwas gebraucht, das Sie ablenkt. Sie verhalten sich wie eine Verrückte, und jetzt ist kein guter Moment, sich verrückt zu verhalten.«

Hannah will etwas darauf erwidern, doch dann stutzt sie. Ihr ist nicht mehr übel, und die Panik fühlt sich nur noch wie eine ferne Erinnerung an – als würde das Cockpit zu einem ganz anderen Schiff gehören.

»Außerdem braucht man manchmal eine Geschichte, um etwas zu unterstreichen«, sagt Volkova. »Es ist wie ein Fundament, das unter ein Gebäude gesetzt wird. Wenn es kein Fundament gibt, fällt das Gebäude um. Bumm.«

Sie lehnt sich in ihrem Pilotensitz zurück. »Ihre Geschichte ... ist einfach nicht gut. Sie ist langweilig, genauso wie meine, bevor ich zur Flotte ging. Ich bin in einem Wohnblock in Nova Petersburg aufgewachsen, und mein Vater hatte erwartet, dass ich Buchhaltung studiere. Ich habe mich geweigert. Ich wollte fliegen. Um mir eine eigene Geschichte aufzubauen. Sie sind noch sehr jung, also hatten Sie dazu vielleicht noch keine Gelegenheit. Aber *dies* ist Ihre Gelegenheit. Legen Sie ein Fundament. Machen Sie es stark.«

»Aber ...«

»Und genau das ist der Punkt, Reiseführerin: Manchmal hat man keine Wahl. Sie müssen das Kommando übernehmen, andernfalls sterben alle Soldaten. Sie geben die Richtung vor, Sie treffen die Entscheidungen.«

»Aber *Sie* sind der Captain«, sagt Hannah.

Sie bekommt Rauch in die Augen, als Volkova ausatmet. »Sie hören mir nicht zu. Wenn ich das Kommando hätte, würde ich den Passagieren sagen, was sie tun sollen. Und wenn dann eine Notsituation eintritt und ich mich um das Schiff kümmern muss, würden sie weiterhin Anweisungen von mir erwarten. Nicht gut. Aber wenn *Sie* das Kommando haben …«

Sie beugt sich vor, steckt sich die Zigarette wieder in den Mundwinkel und legt die Hände auf Hannahs Schultern.

»Sie kommen damit zurecht, *da*? Sie schaffen das. Sie sind für alles innerhalb des Schiffs zuständig, und ich …« Sie deutet durch das Cockpitfenster nach draußen. »Ich kümmere mich um alles außerhalb des Schiffs. Wir müssen zusammenarbeiten. Solange ich hier bin, sind wir in Sicherheit, und Sie können Ihren Job erledigen. Sie haben das Kommando über die Passagiere. Außerdem …«, sagt sie, lehnt sich zurück und zeigt mit einem süffisanten Grinsen auf Hannahs Brust. »… tragen Sie ein rotes Hemd. Die Farbe eines Befehlshabers.«

Hannah lächelt matt, dann hält sie inne. Etwas rührt sich in ihrem Gedächtnis, etwas, worüber sie vor Jahren in ihrem College-Seminar gesprochen haben. Irgendetwas mit der Schlacht von Bellatrix.

Sie hat es fast, als ein Geräusch im Cockpit ertönt. Es ist ein Warnsignal – ein gedämpftes, helles Piepen, das auf gar keinen Fall etwas Gutes bedeuten kann. Hannahs Gedanken springen unverzüglich zum Kolonialschiff, und sie sieht wieder die scharfen, orangefarbenen Kanten vor sich. Sie blickt durchs Fenster, fest davon überzeugt, dass es zu ihnen zurückgekehrt ist, dass gleich eine dieser Metallkugeln auftauchen wird. Aber da ist nichts außer den dunklen Resten der Station, die als Umrisse vor dem Nebel dahintreiben.

»Captain«, sagt die KI. »Ich registriere eine Anomalie in unseren automatischen Suppressor-Systemen.«

Volkova dreht sich im Pilotensitz herum und schaltet den Alarmton aus. Dann scrollt sie so schnell durch die Bildschirme, dass Hannah nicht mehr mitkommt. Schließlich ruft sie einen Grundriss des Schiffs auf, in dem ein Segment hellrot blinkt.

»Hui«, murmelt Volkova.

»Was ist los?«, fragt Hannah.

Volkova versucht zu lächeln, was ihr jedoch nicht ganz gelingt. »Wissen Sie noch, was ich Ihnen gesagt habe? Dass Sie das Kommando übernehmen müssen?«

11

»Wie zum Teufel …?«

Jack öffnet einen weiteren Pappkarton, ohne den Satz zu vervollständigen, und starrt voll unterdrückter Wut auf die in Plastik verpackten Servietten, die sich darin befinden. Er ist in die Knie gegangen, hat den Kopf unter die Theke gebeugt. Die Kisten sind dicht gedrängt unter der Bar gestapelt, ein Dutzend, und er muss sich anstrengen, um sie herauszuzerren. Hinter ihm stehen die zwei Minikühlschränke mit den leeren Fächern, die durch die Glastüren zu sehen sind.

Im ersten Karton waren Dosen mit JamFizz, mit denen vermutlich die Kühlschränke befüllt werden sollten. Alle anderen enthielten Barbedarf: Servietten, Ersatzgläser, diese blöden kleinen Plastikspieße für Cocktail-Oliven, die wie winzige Degen gestaltet sind. Jack öffnet den nächsten Karton, reißt mit bloßen Händen am Klebeband. Es verdreht sich und knüllt sich zusammen, und er muss den Drang unterdrücken, es mit den Zähnen zu bearbeiten.

Er zerrt noch einmal daran, und das Klebeband löst sich. Er klappt den Karton auf und findet darin reihenweise Serviettenringe, jeder einzelne mit dem Logo von Sigma Destination Tours bedruckt.

»Wie zum Teufel …?«, wiederholt er und beendet den Rest des Satzes in Gedanken: *Wie zum Teufel kann es sein, dass es hier nichts zu trinken gibt?*

Die Bar der *Red Panda* liegt unter dem Cockpit, vom Hauptdeck über eine Treppe zu erreichen. Es ist ein schmaler

Raum mit einer langen, zerkratzten Theke an einer Seite, etwa einen Meter vor der Wand. Es gibt ein Spülbecken aus Metall und ein Gläserregal über den zwei Kühlschränken. Eine Eismaschine steht neben dem Regal, trocken und leer.

Die Treppe ist links von ihm, darunter eine Unisex-Toilette, und auf der anderen Seite davon befindet sich die Luftschleuse. In der Bar gibt es ein paar Stühle und Tische, die am Boden festgeschraubt sind, sodass ein Weg von der Treppe zur Schleuse frei bleibt.

Wie das Hauptdeck wird die Bar von schmuddeligen Leuchtstofflampen erhellt, die Jack an einen Krankenhauskorridor erinnern. Er blickt sich um, hofft darauf, einen anderen Kistenstapel zu finden, den er bislang übersehen hat, auch wenn er nicht daran glaubt. Das Ganze ist völlig absurd. Sogar grausam. Dies ist keine Bar, sie ist eines solchen Namens nicht würdig.

Wut überwältigt ihn. Heiße, blendende, sinnlose Wut. Er dreht die Kiste um, und die Serviettenringe verstreuen sich klirrend über den Boden. Dann zertritt er sie mit dem Fuß und stößt sie gegen den nächsten Kühlschrank, wischt andere mit einer Armbewegung zur Seite. Die Art, wie sie hüpfen, herumrollen und sich verteilen, erinnert ihn an das Trümmerfeld draußen im All. Der Gedanke erzeugt einen Kurzschluss, und für einen Moment ist sein Geist völlig leer.

Als er wieder zu sich kommt, stellt er erstaunt fest, dass sein Gesicht feucht ist. Er wischt sich eine Träne von der Wange und starrt darauf, als hätte er noch nie zuvor eine gesehen. Warum zum Teufel heult er? Um die Menschen in der Station? Er kannte keinen Einzigen von ihnen, kann sich nicht einmal an den Namen der PR-Tante erinnern, die ihn nach der Ankunft mit dem Shuttle willkommen geheißen hat.

Er legt die Handballen auf die Augen und stößt ein hilfloses Stöhnen aus. Es klingt wie eine Antwort darauf, als der Rumpf der *Panda* knarrt, eine Reaktion des Metalls auf das Vakuum. Er starrt auf den Kühlschrank zu seinen Füßen und bemerkt kaum die zertretenen Serviettenringe aus Plastik.

Wie dick sind die Wände dieses Dings überhaupt? Einen halben Meter? Weniger. Und keinerlei Abschirmung, abgesehen von der verdichteten Gravitationssenke. Ein kleiner Treffer, ein winziges Stück Metall, das genau im richtigen Winkel heransaust, und das ganze verdammte Ding wird von innen nach außen gestülpt. *Plopp.*

Er braucht einen Drink. Hier muss etwas sein, das er übersehen hat. Er will sich erheben, dann sackt er wieder zurück. *Hör auf, dich zu quälen.* Hier ist nichts. Ein zweites hilfloses Stöhnen dringt aus seinem Mund, wie Dampf, der aus einem Rohr strömt.

Auf irgendeiner Ebene ist ihm klar, dass ihn das Trinken kaputt macht. Es gab mehr als nur ein paar verkaterte Tage, an denen er sich einfach auf der Stelle selbst hatte umbringen wollen, als ihm endlich bewusst wurde, dass der Suff ihn töten würde. Seltsamerweise war es gar nicht so erschreckend, wie es sein sollte – und erst recht nicht, als sich sein Kopf dreimal so groß anfühlte, als er tatsächlich war, und selbst das schwächste Licht durch das Fenster seines winzigen Apartments auf Europa eine riesige Glocke in seinem Schädel anschlug.

Tot zu sein bedeutet, dass er nicht über das nachdenken muss, was in São Paulo passiert ist, und das wäre für ihn völlig in Ordnung. Und wenn man schon geht, gibt es schlimmere Möglichkeiten, als dies mit einem guten Whisky zu tun. Das ist die Art von Tod, an den sich die Leute erinnern.

Oh, es ist durchaus ein Problem. Es ist *definitiv* ein Problem. Nur dass es sich nie wie eins angefühlt hat, das gelöst werden sollte. Erst recht nicht jetzt, wo er kurz davorsteht, zum Opfer eines Krieges zu werden, der vor *zehn gottverdammten Jahren* beendet wurde. Ein weiterer Brocken Pech, der zu den zehntausend anderen Brocken hinzukommt, die ihn überhäuft haben, seit er São Paulo verlassen hat. Und Hector.

»Können wir Ihnen irgendwie helfen, Kumpel?«

Jack blickt auf und sieht Brendan O'Hara, der sich über die Theke beugt. Die Stirn des großen, grobschlächtigen Gesichts ist mitfühlend gerunzelt. Mit der Handprothese hält er sich am Tresen fest, und der klobige Metallarm wölbt den Ärmel seiner Jacke leicht auf. Er wirkt erschöpft. Als hätte er zehn gottverdammte Jahre lang nicht geschlafen.

»Nein«, sagt Jack und atmet angewidert aus. »Es sei denn, Sie wissen, wo sie den Single Malt lagern.«

»Natürlich. Genau hier, zusammen mit dem Sellerie und der scharfen Soße für die Bloody Marys.«

Jack sieht ihn blinzelnd an. Macht der Kerl Witze? In diesem Moment? Andererseits, warum eigentlich nicht?

Brendan streckt seine echte Hand aus – sie hat die Größe eines Baseballhandschuhs, genauso riesig wie der Rest seines Körpers, die Haut ein klein wenig rau – und zieht Jack auf die Beine. »Der Barkeeper hatte Glück, dass er heute nicht gearbeitet hat«, sagt Jack und klopft sich ab. »Sonst hätte ich ihm wegen des Alkoholverbots die Leviten gelesen, das können Sie mir glauben.«

»Ich bin mir nicht sicher, ob ich von *Glück* sprechen würde«, murmelt Seema. Sie steht hinter Brendan und starrt mit leerem Ausdruck auf die Luftschleuse. Sie hat ihren Pferdeschwanz geöffnet, das Haargummi um einen Finger gewickelt, die Jacke ausgezogen.

Jack zuckt zusammen. »O ja. Scheiße. Stimmt.«

Er beugt sich über die Theke, stützt sich mit den Armen ab,

die Finger auf der schmutzigen Plastikoberfläche gespreizt. Er weiß immer noch nicht genau, warum Brendan ihm da oben so schnell zugestimmt hat, weil er es nicht gewohnt ist, dass Leute ihm zustimmen – etwas, worauf er auf perverse Weise stolz ist.

Wie auch immer ... Wenn sie ihm hier unten in dieser beschissenen kleinen Bar Gesellschaft leisten wollen, kann er damit leben. Lieber die beiden als die blöde Reiseführerin oder diese andere Frau. Die politische Beraterin mit dem nutzlosen Ehemann und den zwei Hosenscheißern. Lieber hier als da oben mit einem großen breiten Fenster, das die Riesenscheiße da draußen zeigt. Ohne es zu wollen, stellt er sich die PR-Beauftragte der Station vor, eine muntere Frau mit grüner Ponyfrisur und einem teuren Lächeln.

»Schon gut.« Seema atmet zittrig ein. Sie wirkt blass und verängstigt. »Und was gibt es hier zu trinken?«

»JamFizz. Und ich glaube, ich habe irgendwo auch Fruchtsaft gesehen.«

Seema kommt herüber. Aus der Nähe kann Jack erkennen, dass sie kräftig ist; sie hat nicht Brendans Körperbau, aber die Arme unter ihrem engen grünen T-Shirt sind muskulös. Sie hat ein Tattoo auf dem linken Bizeps: ein Strang aus dornigen Ranken, die sich um den Arm herumziehen. Es ist eins dieser Tattoos mit LED-Tinte, die das Ganze leicht auf ihrer dunklen Haut leuchten lassen. »Ich nehme einen JamFizz, bitte«, sagt sie.

Einen kurzen Moment lang denkt Jack über Rationierung nach, dass sie sparsam mit dem sein sollten, was sie haben. Doch dann beschließt er: *Scheiß drauf!*

»Kein Eis da«, sagt er und greift nach hinten. »Aber ich hätte Sojachips, wenn Sie möchten.«

Seema verzieht das Gesicht. »Vielleicht Nüsse?«

»Aber klar. Sie liegen hier gleich neben den Rippchen.«

Ein müdes Schmunzeln breitet sich auf Brendans Gesicht aus. »Auch für mich JamFizz, danke.«

Jack kramt drei Dosen hervor und schafft es, drei saubere Gläser zu finden. Der orangefarbene JamFizz zischt, als er ihn einschenkt, weißer Schaum saust an der Innenseite des Glases hoch. Vage erinnert er sich, dass es auf der Erde nicht mehr verkauft wird. Wegen des Zuckers oder so. Nicht dass es jetzt irgendeine Rolle spielen würde.

Die drei stoßen mit den Gläsern an und trinken. Das Getränk befriedigt Jack kaum – als würde man etwas Wasser auf einen Großbrand spritzen. Nachdem sie einen tiefen Schluck genommen haben, sagt keiner von ihnen etwas. Jack blickt Brendan für einen Moment in die Augen, wendet sich aber bald wieder ab. Vielleicht hätten sie einen richtigen Trinkspruch ausbringen sollen, etwas zum Angedenken an die … die Menschen, die …

Erneut ragt die Leere vor seinem Geist auf. Er drängt sie zurück, auch wenn er unwillkürlich auf die Serviettenringe blicken muss, die zerbrochen zu seinen Füßen liegen.

Das Schweigen wird unbehaglich. »Also, wie sind Sie beide hier gelandet?«, fragt er.

Seema wedelt mit der linken Hand, lässt ihren Ehering aufblitzen.

Jack schüttelt den Kopf. »'tschuldigung. Flitterwochen, richtig?«

»Die Familie hat zusammengelegt und uns diese Reise spendiert«, sagt Brendan. »Wir wollten den Kleinen nicht zurücklassen, aber Sie wissen ja, wie es mit Neugeborenen ist. Sie dachten, wir könnten den Urlaub gut gebrauchen.«

Jack sieht die beiden abwechselnd an. »Der Kleine?«

»Marcus.« Seema senkt den Blick, und es dauert ein wenig zu lange, bis ihre nächsten Worte kommen. »Er ist vier Monate alt.«

»Wissen Sie, man kann planen, wie man will«, sagt Brendan und klingt, als müsste er sich unter Androhung von Waffengewalt zur Fröhlichkeit zwingen. »Aber dann kommt einem das Leben in die Quere. Keine Ahnung, was falsch gelaufen ist. Oder richtig.«

»Wir waren sowieso schon verlobt«, sagt Seema. »Nachdem Marcus auf die Welt kam, dachten wir also ... hey, warum nicht? Und dann boten meine Eltern an, sich eine Weile um ihn zu kümmern, damit wir uns den Nebel ansehen können.«

»Seema ist Künstlerin«, sagt Brendan mit einem Seitenblick auf seine Frau. »Sie wollte ein paar Fotos machen.«

Jack grunzt und nimmt einen weiteren Schluck JamFizz. »Sie sind von der Erde?«

»Ja. London.«

»Oh. Wirklich?« Im Hinterkopf fragt er sich, was zum Teufel er gerade tut. Ein bisschen Small Talk, nachdem gerade das gesamte Universum explodiert ist. »Ich dachte, es wäre sehr schwierig, dort zu leben, mit dem Anstieg des Meeresspiegels ... Sie wissen schon.«

»Nein. London hat schon viel schlimmere Dinge durchgemacht. Die Themse ist jetzt einfach nur etwas breiter, das ist alles.«

Die Themse. Jack hat es nie nach London geschafft, bevor er nach Europa umgezogen ist. Nur Nord- und Südamerika, mehr nicht, mit ein paar Wochenenden im mexikanischen Archipel, woran er sich eigentlich kaum erinnert. Nicht dass es jetzt noch eine Rolle spielen würde. Noch bevor alles den Bach runterging, war klar, dass er nie zur Erde zurückkehren würde. Scheiß drauf. Ist sowieso ein nutzloser Planet. Wenn man genauer darüber nachdenkt, ist gut zu verstehen, warum die Kolonien nicht so wild darauf waren, ihre Rohstoffe dorthin zu schicken.

»Aber wir haben geplant, uns nach der Rückkehr auf Titan einzurichten«, sagt Brendan. »Wir haben schon eine Anzahlung auf ein nettes kleines Haus geleistet.«

»Was ist mit Ihnen?«, fragt Jack ihn. »Was machen Sie?«

»Ich bin ihr Assistent, ob Sie's glauben oder nicht.« Brendan nickt Seema zu, die mit einem matten Lächeln antwortet. »Sie ist eine tolle Künstlerin, aber sie hat keinen Sinn fürs Geschäftliche. Das habe ich gemacht, damals im Land der Lebenden – Datenrecherchen. Als sie mit ihren Sachen durchstartete, entschieden wir, dass ich den Laden verwalten soll.«

»Ist das der Grund, warum wir noch nicht für den letzten Auftrag bezahlt wurden, Pooka?«, fragt Seema und nippt an ihrem JamFizz. Ihr Tonfall ist leicht, aber ihre Hand zittert ein klein wenig.

Jack zieht eine Augenbraue hoch. »Pooka?«

»Ein alberner Kosename.« Brendan legt die Finger um die seiner Frau. »Im Gegenteil, meine Cushla, die Bezahlung traf kurz vor unserem Aufbruch ein.«

Jack muss es sich verkneifen, die Augen zu verdrehen. Er hat es schon immer gehasst, wenn Pärchen sich niedliche Namen geben. Er nimmt einen weiteren Schluck von seinem Drink, dann stellt er das Glas angewidert ab. Ganz hinten in seiner Kehle schmeckt er immer noch Magensäure, nachdem er sich übergeben hat.

Sein Blick wandert zu Brendans Arm, die Metallhand liegt flach auf Seemas Rücken. Die Finger sind ungewöhnlich lang – bestimmt zwei oder drei Zentimeter länger als an der anderen Hand. Sein Ehering, ein dünner Goldreif, ist viel größer als üblich. Auch dicker und …

»Haben Sie etwas Interessantes bemerkt?«, fragt Seema. Als Jack aufblickt, sieht er ihre düstere, beinahe feindselige Miene.

»Ach, komm runter, Seems«, sagt Brendan. »Er schaut doch nur.«

Sofort löst sich Seemas Gesichtsausdruck auf. Sie reißt sich zusammen. »Entschuldigung. Manchmal starren die Leute. Das ist unverschämt.«

»Mich stört es eigentlich gar nicht so sehr.« Brendan drückt ihre Schulter. Dann hebt er den Arm und hält die Handinnenfläche hoch. In der stillen Bar klingen die Servos ein wenig zu laut.

»Motorradunfall«, erklärt er Jack und wirkt jetzt nicht mehr so gehetzt wie zuvor. »Ich war bei einem Rennen während eines Urlaubs auf dem Mars, als ich aus einer Haarnadelkurve flog. Böse Geschichte. Ich lag im Krankenhaus, mindestens …«

Er verstummt, als er bemerkt, dass Seema weint.

Sie lässt ihr Glas sinken und stellt es behutsam auf die Theke. Dann vergräbt sie das Gesicht in den Händen, während ihre Schultern lautlos zucken. Für einen kurzen Moment wirkt Brendan völlig erledigt, als wäre er plötzlich ein gutes Stück kleiner geworden. Dann legt er unbeholfen die Arme um seine Frau. Sie hat immer noch keinen Laut von sich gegeben.

Jack kann es nicht leiden, wenn so etwas geschieht. Alles, was er dann sagen will, klingt immer völlig falsch. Gleichzeitig kann er sich überhaupt nicht vorstellen, wie es sich anfühlen muss. Wenigstens ist die andere Familie oben zusammen. Das Kind von Seema und Brendan – Martin? Nein, *Marcus* – ahnt nicht einmal, was mit seinen Eltern passiert ist.

Nach einer Weile zieht sich Seema von Brendan zurück. Ihre Haut ist aufgedunsen vom Weinen, die Augen sind gerötet.

»Beachten Sie mich gar nicht«, sagt sie zu Jack. »Manchmal ist es etwas schwierig für mich.«

»Machen Sie sich deswegen keine Sorgen.«

Doch als er sie betrachtet, muss er an London denken. Hat er nicht vor einer Weile irgendeinen Bericht darüber gesehen? Wie das Flutwasser überall eindringt und die Fundamente zersetzt. All diese Monumente und alten Gebäude wirken äußerlich so stabil, aber im Untergrund zerfallen sie.

»Und was ist mit Ihnen?«, fragt Brendan, als wäre nichts geschehen. »Wie sind Sie zu diesem Vergnügungsausflug gekommen?«

»Das ist längst nicht so interessant wie Ihre Geschichte. Ich bin Hotelkritiker. Für den Feed von Europa Central.«

»Ein Hotelkr...« Brendan reißt die Augen auf. »Wow!«

»Ja.« Jack zwingt sich, seinen JamFizz auszutrinken und lässt gedankenverloren die Dose über die Theke rollen. Seltsamerweise geht es ihm etwas besser. Und Brendan und Seema sind ganz in Ordnung – oder sie sind wenigstens nicht ansatzweise so nervig wie die anderen Teilnehmer dieses speziellen Vergnügungsausflugs.

»Was glauben Sie, wie lange es dauern wird?«, fragt Seema und wischt sich die Nase trocken, während sie sich zur Luftschleuse umblickt.

»Nicht lange, schätze ich«, antwortet Brendan. »Es müsste schon bald auffallen, dass keine Schiffe mehr durch das Sprungtor zurückkehren. Ich würde sagen, einen Tag. Vielleicht weniger. Wenn wir hierbleiben, wird alles gut.« Er drückt die Hand seiner Frau noch fester. »Wir haben Glück gehabt, ja? Wir haben überlebt.«

»Ja«, sagt Jack verbittert. »Es ist ein Wunder.«

Stille. Ihm wird bewusst, dass Seema ihn ansieht.

»Wie meinen Sie das?«, fragt sie dann.

Jack runzelt die Stirn. »*Was* meine ich wie?«

»Sie haben gerade von einem Wunder gesprochen.«

»Ja, das ist so eine Redensart. Wieso?«

»Worauf willst du hinaus, Seems?«, fragt Brendan.

Inzwischen zittert Seema nicht mehr. Sie lehnt sich mit verschränkten Armen auf die Theke. Auf Jack wirkt sie wie jemand, dem man gerade gesagt hat, dass es wirklich eine Möglichkeit gibt, aus dem Gefängnis auszubrechen, von dem jeder sagt, dass niemand herauskommen kann. Es ist die gleiche Entschlossenheit, die Jack gesehen hat, als sie ihn zusammengestaucht hat, weil er auf Brendans Arm gestarrt hat – eisern, gereizt, feindselig.

Seema, wird ihm allmählich bewusst, ist stärker angespannt als eins dieser Modelle in den Live-Bondage-Programmen, in die er sich manchmal einloggt. Nicht dass es ihn überrascht. Sie ist eine Mutter, und sie ist sehr, sehr weit von ihrem Kind entfernt. Das gilt für beide. Es ist eher überraschend, dass Brendan immer noch genug Energie für Witze übrig hat.

»Finden Sie es nicht etwas seltsam, dass dies das einzige Schiff ist, das überlebt hat?«, fragt Seema. »Dass sich von der gesamten Station nur ein einziges Schiff retten konnte?«

»Komm runter«, wiederholt Brendan. »Vielleicht sind wir gar nicht die Einzigen. Auch andere könnten es überlebt haben.«

»Bis jetzt haben wir noch nichts von ihnen gehört. Oder gesehen.«

»Nein.« Jack schüttelt den Kopf. »Ich meine, die Wahrscheinlichkeit … es war eine große Station. Irgendjemand musste überleben. Warum nicht wir?«

»Richtig. Genau.« Brendan legt wieder seine Hand auf Seemas. »Baby, denk einfach mal für eine Sekunde nach.«

Sie reißt die Hand zurück. »Komm mir nicht mit so etwas! Ich *denke nach*, und irgendwas stimmt hier nicht.« Sie sieht Jack mit wildem Blick an. Er muss sich zwingen, nicht zusammenzuzucken. »Sie wissen, was ich meine? Es … passt irgendwie nicht zusammen. Dass wir die Einzigen sein sollen.«

Jack nimmt einen tiefen Atemzug und richtet sich auf. *Das ist absurd.*

»Tut mir leid. In diesem Punkt stehe ich auf Brendans Seite«, sagt er. »Ich glaube, wir hatten einfach nur ein Scheißglück. Wie das meistens der Fall ist.«

Trotzdem, noch während er spricht, beschäftigen sich seine Gedanken mit der Idee. Nein, sie müssen es rational angehen, und im Moment ist Seema meilenweit von jeder Rationalität entfernt. Aber …

Aber.

Es ist schon eine Weile her, seit er ein richtiger Reporter war, seit er tatsächlich Fragen an Personen gerichtet hat, die ihm keine Antwort geben wollten. Aber diesen Instinkt verliert man nie. Vielleicht ist jemand seit Jahren nicht mehr auf ein Fahrrad gestiegen, hat das eigene vielleicht sogar verkauft, aber das bedeutet nicht, dass man das Radfahren verlernt. Die Füße finden automatisch die Pedale, auch wenn man gar nicht losfahren will.

In diesem Moment kommen Rufe vom Hauptdeck. Geschrei und schnelle Schritte. Die drei tauschen einen Blick aus, dann lassen sie ihre Drinks stehen und gehen zur Treppe. Brendan erreicht sie zuerst, gefolgt von Seema, aber Jack hat lange Beine, und er tritt gleichzeitig mit Brendan auf das Hauptdeck.

Das Erste, was er sieht, ist Hannahs Kopf. Sie wurde im hinteren Bereich vom Boden verschluckt. Neben ihr ist eine geöffnete Falltür zu sehen. Everett, Anita und ihre Jungen sind auf den Beinen, und Lorinda Esteban starrt schockiert auf die Reiseführerin. Hannah bellt Anweisungen, brüllt Everett an, dass er mitkommen soll, bevor sie im Boden verschwindet. Er fügt sich mit bestürztem Gesichtsausdruck, dicht gefolgt von seiner Frau.

»Was geht hier vor sich?«, ruft Jack. Er muss es noch einmal wiederholen, bis Lorinda ihn mit riesigen Augen ansieht.

»Feuer!«

12

Corey ist fast an der Luke, als seine Mutter ihn am Arm packt. »Bleib hier!«, sagt sie.

»Aber …«

»Nein. *Bleib hier!*«

Als wäre er ein Hund, dem man sagt, dass er nicht auf den Teppich kacken soll. *Danke, Mom.* Aber seine Mom sieht bleich aus, und das überzeugt ihn mehr als ihre Worte, ihr zu gehorchen.

»Ich werde auf die beiden aufpassen«, sagt Lorinda. »Gehen Sie.«

Anita antwortet ihr mit einem dankbaren Lächeln und eilt zur Luke. Coreys Vater verschwindet gerade nach unten, und sie steigt ihm hinterher. Die anderen drei Erwachsenen – die in der Bar waren – laufen zu ihr.

»Blödsinn«, murmelt Corey.

»Also gut, Jungs«, sagt Lorinda, die ihn offenbar nicht gehört hat. »Warten wir einfach hier ab. Sie werden bald zurück sein.«

»Ich verstehe das nicht«, sagt Malik zu ihr. »Wo ist das Feuer?«

»Im Maschinenraum«, antwortet Corey und betrachtet stirnrunzelnd die Luke. »Wie sie gesagt hat.«

»Und warum ist kein Alarm zu hören?«

Corey schüttelt den Kopf. Manchmal kann sein Bruder ein richtiger Idiot sein. »Weil es eine Panik auslösen würde. Der Sinn des Ganzen ist, dass die Leute dort bleiben sollen, wo sie sind. Wahrscheinlich gibt es im Cockpit einen Alarm oder so, und dann kümmern sich die automatischen Systeme darum.«

»Okay, du *Genie*. Wenn es also automatische Systeme gibt, warum rennen dann alle nach unten?«

Corey blickt auf die Falltür. Die automatischen Systeme hätten tatsächlich reagieren sollen, um den Brand unverzüglich mit Löschschaum zu ersticken. Jedes Schiff muss so etwas haben, ganz gleich, wie klein es ist – so verlangt es das Gesetz. Das bedeutet, auch die *Red Panda*.

Der Maschinenraum befindet sich ganz am Ende des Schiffs auf dem unteren Deck. Als sie zum Hotel geflogen sind, war ein ohrenbetäubendes Geräusch zu hören, als hätte etwas über den Rumpf gekratzt. Könnte dadurch das Feuer ausgelöst worden sein? Wurde vielleicht das Löschsystem beschädigt? Man kann sich leicht ein paar gerissene Kabel vorstellen, die Funken sprühen, bis die Isolierung in Brand gerät und immer heißer wird …

»Ich gehe nach unten«, sagt Malik und springt auf.

»Sei kein Arschloch, Malik«, sagt Corey und vergisst für eine Sekunde, dass eine erwachsene Person anwesend ist. Eine Oma, genauer gesagt.

»Keine Flüche, *Corey*.« Sein Bruder geht neben der Luke in die Knie und nimmt die Holokamera in die andere Hand. Will er tatsächlich *alles* filmen?

Natürlich will er das. Er ist Malik. Derselbe Malik, der ihn gedrängt hat, in den warmen und schleimigen Pool bei Southeast Towers in Austin zu springen. Corey musste es zwei Stunden lang immer wieder machen, weil die Aufnahmen noch nicht gut genug waren. Derselbe Malik, der fast das ganze letzte Jahr damit verbrachte, ihre Eltern um ein teures Schnittprogramm anzubetteln. Er hörte nie damit auf, bis Corey ihn am liebsten getötet hätte. Derselbe Malik, der Corey in einem Shuttle niemals am Fenster sitzen lässt, damit er ihm nicht bei einer Aufnahme in die Quere kommt. Er will Corey nie Filme zeigen, an denen er gerade arbeitet, zu Hause verweigert er ihm sogar den Zutritt zu seinem Zimmer. Früher spielte er ständig Fußball mit Corey, doch das haben sie schon seit einer Ewigkeit nicht mehr getan.

Malik weiß überhaupt nichts. Viel schlimmer: Er *will* gar nichts wissen. Wenn es sich nicht mit einer Kamera filmen lässt, interessiert es ihn einfach nicht. Im Grunde ist Corey ähnlich, wenn es um Raumschiffe und solche Sachen geht, aber das ist nicht das Gleiche. Er macht auch andere Dinge. Er fährt mit seinem Hoverboard und spielt Basketball in der Schule und trifft sich mit Jamie und Allie. Und er behandelt seinen Bruder nicht wie ein Filmrequisit.

»Keinen Schritt weiter, Mister«, sagt die alte Frau und erhebt sich mit verzogenem Gesicht. »Ich habe eurer Mutter gesagt, dass ich auf euch aufpassen werde, also wirst du bleiben, wo du bist. Außerdem …« Sie kramt in ihrer Bauchtasche. »… habe ich hier etwas, um euch beide zu beschäftigen.«

Es ist ein Spielzeug, eine kleine Actionfigur aus Kunststoff, ein kleiner Dinosaurier in roter Rüstung, die Zähne gebleckt. Eine winzige, schlecht bemalte purpurrote Zunge ragt dazwischen hervor. Das Ding ist noch in Plastik verpackt.

Corey blinzelt erstaunt. »Ist das … ist das ein *Reptar*?«

»Ich habe keine Ahnung«, sagt die Frau mit leichter Verzweiflung. Sie zerrt an der Verpackung und ächzt, als sie die äußere Hülle aufreißt. »Ich habe ihn für den Enkel meiner Schwester gekauft. Hab ihn heute früh in einem Geschenkeladen gesehen, auf dem Weg hierher. Anscheinend kann man ihn mit einer Linse verlinken und herumlaufen lassen, damit er auf Tische springt. Ich habe ihn mir noch gar nicht richtig angeschaut. Wir könnten versuchen …«

Malik neigt den Kopf und schaut sie an, als hätte sie den

Verstand verloren. Dann dreht er sich um und taucht in derselben Bewegung durch die Luke. Mit überraschender Schnelligkeit stürmt Lorinda ihm hinterher, bleibt dann jedoch am Rand der Öffnung stehen. Ihr Gesicht ist gerötet, als sie auf die Leiter starrt. Corey glaubt zu hören, wie sie leise etwas murmelt, das wie *Scheiße* klingt.

Sie hat immer noch das Reptar-Spielzeug in einer Hand. Corey ist sich nicht sicher, was sie sich gedacht hat – selbst er ist schon ein wenig zu alt für Serien wie *Quasar Lizards*, ganz zu schweigen von Malik.

Unwillkürlich wirft er durch das Fenster einen Blick auf das Trümmerfeld. Wäre die Station noch vorhanden, würde jetzt ein großes, dickes Rettungsschiff zu ihnen eilen, auch wenn die Löschsysteme tadellos funktionieren würden. Es würde die *Panda* in sich aufnehmen, eine atembare Atmosphäre im Hangar erzeugen und die Passagiere herausholen. Doch so etwas wird nicht geschehen. Niemand kommt, um sie zu retten – niemand weiß überhaupt, dass sie hier sind.

Eine dünne Linie aus Eiswasser läuft an Coreys Wirbelsäule hinunter. Er erschaudert. Er muss damit aufhören.

»Ich werde ihn holen.« Corey geht in die Hocke, schiebt die Beine über die Kante – um im nächsten Moment aufgehalten zu werden, als Lorinda seinen Arm packt, fast genau an der gleichen Stelle, wo seine Mom ihre Finger darum gelegt hat. Er riecht etwas Übles: Jacks Kotze, die immer noch links von ihm vor der Wand auf dem Boden liegt und langsam antrocknet.

Der Griff der alten Dame ist erheblich sanfter, aber er zeigt Wirkung. »O nein«, sagt sie. »Du wirst nirgendwohin gehen.«

Corey sieht Lorinda lächelnd an. »Das habe ich nie gesagt. Danke, dass Sie mich rechtzeitig abgefangen haben. Das war wirklich nett von Ihnen.«

Sie blinzelt, dann lächelt sie zurück, öffnet den Mund zu einer Antwort. Doch gleichzeitig lockert sie den Griff um seinen Arm ein wenig.

Corey entwischt ihr. Er hört, wie Lorinda aufschreit, und ihre Hand streift die Rückseite seines T-Shirts. Aber sie ist einfach nicht schnell genug – in weniger als zwei Sekunden ist er durch die Falltür verschwunden. Die Leiter saust an ihm vorbei, und er landet hart auf dem Boden. Er hat sich keine Sorgen wegen des Sprungs gemacht – es sind nur drei Meter, eine Höhe, für die man kaum eine Leiter braucht, aber die Landung ist unangenehm, und er kann sich nur mit Mühe auf den Beinen halten.

»Tut mir wirklich leid!«, ruft er zu Lorinda hinauf, während seine Wangen bereits vor Scham glühen. Es tut ihm wirklich leid, und wahrscheinlich wird er deswegen später Schwierigkeiten bekommen, aber er war ihr tatsächlich dankbar, dass sie ihn abgefangen hat. Das kann er ihr später sagen, und dann ist wieder alles gut. Außerdem will er sich die Sache doch nur anschauen.

Er nimmt einen Atemzug und bekommt heißen, ätzenden Rauch in den Mund. Es ist nicht der Rauch eines Lagerfeuers, und es riecht auch nicht so, wenn sein Vater in der Küche etwas hat anbrennen lassen. Es hat einen widerlichen Beigeschmack. Er hustet, beugt sich vor, hat das Gefühl, dass der Rauch das Innere seiner Kehle überzieht.

Als er sich vorbeugt, ist er dem Boden etwas näher, wo die Luft ein wenig klarer ist. Also lässt er sich auf ein Knie fallen. Die astronautische Sektion der *Red Panda* ist ein winziger Raum, spärlich beleuchtet. An den Wänden sind kastenförmige Module aufgereiht, verziert mit Kabeln und blinkenden Lämpchen. Das ist das Gehirn des Schiffs: das Navigationssystem, die Annäherungssensoren, die Stimme, Heizung und Belüftung.

In einem teureren Schiff würde es keinen solchen Raum geben – dort befindet sich alles auf einem einzigen Quantenchip in einer eigenen Kryokapsel. Aber Quantenchips sind kostspielig im Betrieb, und ein solcher Raum ist es nicht. Wenn etwas kaputtgeht, zieht man einfach ein Modul heraus und ersetzt es durch ein neues, was eine Million Mal günstiger ist, als einen Quantenchip ins Labor zu schicken.

Corey blinzelt im Rauch, bemüht, sich genügend frische Luft in seine Lunge zu saugen, damit er den Atem anhalten kann. Von hier aus sieht er den Eingang zum Maschinenraum. Die Tür ist offen, und Seema hält sich am Rahmen fest, starrt auf etwas außerhalb seines Sichtfelds.

Die Stimme seines Vaters dringt durch den Lärm zu ihm. »Zielen Sie damit um die Ecke …«

»Er ist nicht lang genug«, sagt Hannah.

Dann seine wütende Mutter. »Malik, geh wieder nach oben! *Sofort!*«

Corey zögert. Wenn seine Mom ihn hier unten sieht, könnte ihm etwas Schlimmeres drohen als ein paar Tage Hausarrest. Außerdem will er die alte Dame nicht in Schwierigkeiten bringen. Vielleicht sollte er …

Aber die alte Dame ist bereits in Schwierigkeiten, egal, was geschieht, und er genauso. Corey rennt geduckt los und bemüht sich mit aller Kraft, nicht noch mehr Rauch in die Lungen zu bekommen.

Er versucht gar nicht erst, sich an Seema vorbeizuschleichen. Sie will nach ihm greifen, verfehlt ihn, und dann ist er drinnen.

Im Maschinenraum ist es sogar noch enger als in der Astronautik. Der größte Teil des Bodens wird von einem riesigen, gepanzerten Zylinder beansprucht, der mit hundert verschiedenen Warnhinweisen bestückt ist. Der Miniatur-Fusionsreaktor. Die Wände sind ein Wirrwarr aus Touchscreens und Digitalanzeigen, deren Licht den Rauch in seltsamen Farben tönt. Hier drinnen ist er viel dichter, so dicht, dass Corey sich auf alle viere fallen lassen muss, um noch einmal Luft holen zu können.

Eine Metallklappe wurde von der Wand losgerissen, liegt seitlich daneben, und dahinter öffnet sich ein Raum, der höchstens einen halben Meter breit ist. Hannah und sein Vater kauern vor der Wand, zwischen ihnen der rote Schlauch eines Feuerlöschers. Da ist auch ein Sauerstoffbehälter mit einer dicken Plastikmaske – sein Vater drückt sie sich auf den Mund, wenn er sich durch die Öffnung beugt, und presst die Augenlider zusammen, während er erneut Löschschaum hineinsprüht. Jack und Brendan sind hinter ihnen und rufen Anweisungen. Ein Stück abseits stehen Mom und Malik und schreien sich gegenseitig an.

Der Rauch. Er kommt nicht nur aus dem Loch in der Wand. Er kommt von überall, sickert heiß und beißend durch Ritzen in der Verkleidung. Was auch immer da drinnen vor sich geht, die automatischen Systeme funktionieren entweder nicht oder können das Feuer nicht eindämmen, was vermutlich der Grund ist, warum die Erwachsenen es mit dem Feuerlöscher versuchen.

Ein unkontrollierter Maschinenbrand gehört zu den schlimmsten Dingen, die einem Raumschiff zustoßen können. Wenn sie das Feuer nicht bald löschen können, sind sie einfach … *im Arsch*. Es wird den Fusionsreaktor nicht beschädigen – höchstens ein direkter Treffer im Maschinenraum könnte die Panzerung durchdringen –, aber das Triebwerk würde ausfallen. Dann könnten sie sich nicht mehr bewegen, und falls dieses Kolonialschiff zurückkehrt oder ein großer Trümmerbrocken ihre Flugbahn kreuzt …

Sofern sie nicht schon vorher an Rauchvergiftung sterben.

Coreys Vater steckt zur Hälfte in der Öffnung und bemüht

sich, den Feuerlöscher zwischen seinen Körper und die hintere Wand zu quetschen. Er passt nicht mit den Schultern hindurch – er zieht sie zusammen, um sich so schmal wie möglich zu machen, aber es ist einfach zu wenig Platz. Die Öffnungen sind dazu gedacht, dass Techniker spezielle Drohnen hineinschicken, die klein genug sind, um durch die internen Schiffssysteme zu navigieren und Reparaturen auszuführen. Corey hat es einmal auf Video gesehen. Er ist sich ziemlich sicher, dass es so etwas an Bord der *Panda* nicht gibt. Die Öffnungen sind zu klein für einen Erwachsenen, aber …

Die Idee erscheint vollständig ausgearbeitet vor seinem geistigen Auge, strahlend hell wie die Mittagssonne. Die gesamte Abfolge der Ereignisse entfaltet sich innerhalb einer Sekunde, von der Ankunft der Rettungsschiffe bis zum Moment, als der Captain der *Red Panda* einem Flottenkommandanten erklärt, wie er, Corey, die Katastrophe abgewendet hat …

Und *er* muss es machen. Niemand sonst kann es schaffen. Die Erwachsenen passen nicht hindurch, genauso wenig wie Malik, der wahrscheinlich sowieso nur herumstehen und das Ganze filmen wird.

Okay, Bruder. Film es.

Er sprintet geduckt durch den Raum, rutscht auf den Knien zwischen Hannah und seinem Vater hindurch, ohne auf die überraschten Rufe von Jack und Brendan zu achten. Sein Vater versucht gerade, sich den Feuerlöscher unter den Arm zu klemmen. Er drückt ihn an sich, damit er sich durch die Öffnung zwängen kann. Seine Augen tränen, sind vom Rauch gerötet, während die Sauerstoffmaske um sein Gesicht geschnallt ist. Corey kämpft darum, seine Augen trotz des Brennens offen zu halten, während er nach dem Feuerlöscher greift. Er wird ihn sich schnappen und dann durch die Öffnung verschwinden, bevor irgendwer …

Dann wird er durch einen stahlharten Griff an seiner Schulter gestoppt. Seine Mutter sieht ihn mit großen und wilden Augen an und schreit, dass er zurückkommen soll. Corey starrt sie an, eine Hand am Feuerlöscher. Versteht sie es nicht? Versteht sie nicht, worum es geht?

Plötzlich scheinen sämtliche Erwachsenen ihn zurückzerren zu wollen, ihre wütenden Stimmen vermischen sich zu einem einzigen verwirrenden Getöse. Aber sie sind nicht schnell genug. Nicht einmal seine Mutter kann ihn festhalten. Er entzieht sich ihrem Griff, fällt halb durch die Öffnung, während seine Hände nach dem Feuerlöscher tasten. Sein Vater hat ihn inzwischen auf den Boden gestellt, und Corey greift danach, zieht den kurzen Schlauch an sich heran. Hände sind auf seinem Rücken, Finger zerren an seinem Hemd, aber er bemerkt es kaum. Es fühlt sich an, als würde er gar nichts wiegen, als würde sein Körper aus Luft bestehen.

Corey nimmt einen tiefen Atemzug, dann stürzt er sich in die Öffnung.

13

Er landet krachend auf dem Feuerlöscher, während seine Beine noch aus der Röhre ragen. Die Hitze schlägt ihm ins Gesicht. Sie ist so trocken, dass sie die Feuchtigkeit von seinen Lippen und von der Oberfläche seiner Augäpfel saugt. Er wagt es nicht, die Augen wieder zu öffnen oder einen weiteren Atemzug zu nehmen. Er ist davon überzeugt, wenn er das tut, wird sein Körper einfach auf der Stelle verbrennen.

Er spürt Bündel aus Kabeln und Metallplatten unter den Fingern. Der Schacht ist von glitschigem, blubberndem Schaum überzogen, der sich auf seiner Haut schleimig anfühlt.

Eine Hand legt sich um seinen Fußknöchel und zieht ihn zurück. Dann ist sie plötzlich weg, als hätte sie sich an ihm verbrannt – was er für gar nicht so unwahrscheinlich hält. Wütende Stimmen dringen durch den Rauch. Hannah, seine Mutter, dieser Jack. Alle schreien. Corey arbeitet sich weiter vor, versucht den heißen Stellen auszuweichen, aber der Tunnel ist enger, als er gedacht hat. Er steckt nicht fest, aber die Decke drückt gegen seinen Hinterkopf, und die Wände sind seinen Schultern unangenehm nahe. Der Feuerlöscher unter ihm schiebt seinen Körper hoch, zerquetscht ihn …

Er muss Luft holen, seine Lunge fühlt sich an, als wollte sie durch seine Rippen brechen. Aber wenn er es tut, wird er nur Rauch einatmen. Nein, das Ganze war keine gute Idee. Das war überhaupt keine gute Idee.

Etwas stößt gegen seine Schulter. Zuerst denkt er, dass wieder jemand versucht, ihn herauszuzerren, aber dann sieht er es. Es ist keine Hand, sondern die Sauerstoffmaske, die sein Vater um den Hals getragen hat. Sie haben sie ihm zugeworfen. Sie glauben, dass er es schaffen kann!

Er tastet nach der Maske, kämpft gegen das Brennen in seinen Lungen und seiner Kehle an und sagt sich, dass er nur noch ein paar Sekunden lang durchhalten muss. Er wird es nicht schaffen, sich den Riemen um den Kopf zu legen, also begnügt er sich damit, sie sich mit der freien Hand aufs Gesicht zu drücken.

Sauerstoff, kalt und frisch, strömt in seine Lungen. Es riecht nach Desinfektionsmittel, aber es ist trotzdem der beste Atemzug, den er jemals genommen hat.

Er will nach hinten schauen, um zu sehen, wer ihm die Maske gereicht hat. Aber es geht nicht. Nachdem er jetzt ganz im Schacht ist, reicht der Platz nicht mehr aus, um sich umzudrehen. Er zwingt sich, die Augen zu öffnen, und bemüht sich, den beißenden Rauch zu ignorieren.

Aus der Decke ragt eine Löschdüse, von der ein paar Blasen nutzlosen Schaums tröpfeln. Ein Stück weiter gibt es noch eine, die gar nichts tut, genau dort, wo der Schacht im rechten Winkel nach rechts abbiegt. Dahinter spiegelt sich auf dem Metall der rötliche Widerschein von Flammen.

Ein weiterer Atemzug, dann zwängt er sich tiefer in den Schacht. Mit dem rechten Knie schiebt er den Feuerlöscher unter sich weiter. Er hat sich keine zehn Zentimeter vorwärtsbewegt, versucht es erneut, setzt vorsichtig den freien Ellbogen auf, während er sich die Maske aufs Gesicht drückt. So wird das nichts. Er muss sich vom Feuerlöscher befreien, sonst wird er kochen, noch bevor er den Brand erreicht hat.

Der Schaum kommt nicht direkt aus dem Tank des Feuerlöschers, sondern aus einem dünnen Schlauch, der aus feuerfestem Nylon besteht, mit einer Metalldüse am Ende. Corey schnappt sich den Schlauch und bewegt seinen Körper zur

Seite, um den Druck vom Tank zu nehmen. Wenn er ihn hinter sich bringen und mitziehen kann, kommt er auch um die Ecke. Solange der Schlauch nichts Schlimmes macht, vom Tank abreißt oder so …

Fünfzehn Zentimeter. Dreißig. Coreys Handgelenk und Ellbogen schreien ihn an, während er sich vorankämpft. Der Feuerlöscher ist schwer, und er schafft es kaum, ihn mitzuschleifen. Er weiß nicht, wie weit er vom Eingang des Schachts entfernt ist, was vielleicht bedeutet, dass sie ihn nicht mehr herausziehen können. Panik durchströmt ihn, eine Monsterwelle, die hundertmal höher ist als alle anderen. Seine Augen fühlen sich dreimal so groß an, liegen hart und trocken in den Höhlen.

Er kommt mit dem Kopf um die Ecke. Dann mit den Schultern. Das Feuer füllt den ganzen Schacht aus, und die Hitze gibt ihm fast den Rest. Es knistert nicht wie ein gewöhnliches Feuer – es *prasselt*, und die Flammen zischen wie ein verletztes Tier.

Der Schlauch. Er ist immer noch hinter ihm, auf Brusthöhe, zieht sich über seine Hüfte zum Tank. Er zerrt am Schlauch, Zentimeter um Zentimeter, versucht, nicht darauf zu achten, dass sich die Hitze in seinem Gesicht von schmerzhaft zu unerträglich steigert. Es ist, als hätte er zu Hause in ihrer Küche den Ofen geöffnet, und jemand würde sein Gesicht festhalten, sodass er sich nicht vom Schwall der trockenen Glut zurückziehen kann.

Er zieht weiter am Schlauch, bis er die Düse genau auf den Brandherd richten kann. Aber sie lässt sich nicht halten, weil der Schlauch zu steif ist und sich die Spitze immer wieder zu seinem Kinn hinaufbiegt. Er müsste seine freie Hand benutzen, um sie auszurichten, was bedeuten würde, die Maske loszulassen, um den Feuerlöscher aktivieren zu können.

Keine Zeit, genauer darüber nachzudenken. Keine Zeit, sich

zu überlegen, ob es überhaupt möglich ist. Corey nimmt einen letzten Atemzug vom Sauerstoff, dann lässt er die Maske fallen und greift nach hinten.

Seine Hand landet auf dem glühend heißen Boden des Schachts, und er schreit auf. Wo ist der Tank? Der Schlauch kann sich doch nicht einfach …

Dann findet er ihn. Seine Finger berühren den Auslöser, dann drückt er ihn, so fest er kann, und der Schacht füllt sich mit blasigem, sich ausdehnendem Schaum.

Die Düse rutscht ihm aus der Hand, schnellt zurück und jagt ihm eine Ladung Schaum ans Kinn. Corey prustet, atmet einen Schwall Rauch ein, der seine Kehle ausdörrt. Der gesamte Schacht vibriert um ihn herum, als würde er sich in den Eingeweiden eines wütenden Monsters befinden. Während er darum kämpft, den wedelnden Schlauch wieder in den Griff zu bekommen, sagt er sich, dass er den Finger auf dem Auslöser halten sollte, dass er so fest wie möglich drücken sollte.

Irgendwie schafft er es. Irgendwie kann er die Düse auf das Feuer richten und es ersticken. Der Rauch wird so dicht, dass er ihn für ein paar Sekunden nicht mehr vom Schaum unterscheiden kann. Alles ist heiß, glitschig und ätzend, und seine Lungen drohen zu platzen.

Dann ist das Feuer aus. Er blinzelt, ihm strömen brennende Tränen aus den Augen, und er ist davon überzeugt, dass er es sich nur einbildet. Aber alles ist von dicken Schaumklumpen überzogen, und er kann das Prasseln des Feuers nicht mehr hören.

Er versucht sich mit den Ellbogen nach hinten zu schieben, doch dann stoßen seine Füße an die Stelle, wo der Schacht abbiegt. Er muss um die Ecke kommen … aber wie? Er kann seine Gedanken nicht mehr richtig miteinander verbinden. Seine Beine liegen in einem seltsamen Winkel, seine Knie zeigen im Schacht in die falsche Richtung. Er hält immer noch die Düse des Feuerlöschers fest – seine Finger sind daran festgeschweißt, der Tank ist dicht an seinen Körper gedrückt.

Finger berühren seinen Fuß, als jemand in den Schacht hineinlangt, so weit er kann. Egal. Man wird ihn nicht herausbekommen, wenn er sich nicht herumdreht, und er hat nicht die leiseste Ahnung, wie er das tun könnte. Er schnappt nach Luft, und ein Klumpen Schaum verstopft seine Kehle. Er bekommt einen heftigen Hustenanfall, unterbrochen von panischen Atemzügen.

Dann ist es, als hätte sein Körper das Kommando übernommen. Er windet sich, schiebt sich um die Biegung, schlängelt sich rückwärts weiter, bewegt sich völlig instinktiv. Die Finger an seinem Fußknöchel wandern hinauf, packen seine Wade mit festem Griff. Er hebt den Kopf, während er immer noch hustet, und erkennt für einen Moment Hannahs verängstigtes Gesicht.

Dann sind seine Eltern da, und alle ziehen ihn heraus und ins Licht.

14

Hannah hat sich immer gewünscht, Mutter zu sein, sie stellt sich das gern in ihren Tagträumen vor – etwas, das in ferner Zukunft geschehen wird, wenn sie ihr Studentendarlehen abgezahlt und einen Job gefunden hat, als Kuratorin eines großen Museums oder als Leiterin eines Forschungsprogramms an einer Universität.

Ihre Eltern tauschten einen flüchtigen, leicht besorgten Blick aus, als sie es zum ersten Mal erwähnte, bevor sie ein strahlendes Lächeln aufsetzten und sagten, wie nett es wäre, Enkel zu haben. In manchen Momenten muss sie immer noch an diesen Blick denken. Und jedes Mal sagt sie sich, dass es keine Rolle spielt, was *sie* darüber denken. Es ist ihr eigenes Leben.

Sie weiß nicht, wer der Vater sein könnte – bisher sprang ihre Fantasie zwischen Sandro Sawyer aus der Filmreihe *Verwegene Helden* und einem netten Typ hin und her, den sie in einem Soziologieseminar kennengelernt hat. Aber das Bild ihrer Tochter ist völlig klar. Sie wird ein punkiges, selbständiges kleines Monster sein, mit dem Hannah in den Park gehen und Kissenburgen bauen kann.

Doch als sie jetzt Anita und Everett Livingstone sieht, wie sie einen hustenden, blinzelnden, mit Schaum beschmierten Corey an sich drücken, ist sie sich nicht mehr sicher, ob sie dazu imstande wäre. Wenn sie an Anitas Stelle wäre, würde sie einfach losschreien.

Sie sind alle zurück auf dem Hauptdeck. Ein wenig Rauch ist auch bis hierher vorgedrungen, sodass die Luft etwas trüb wirkt. Niemand sagt etwas – alle starren ins Leere oder schütteln gelegentlich fassungslos den Kopf. Diesmal gibt es keinen Streit. Kein Gebrüll. Nur eine Art benommener Lethargie – als wäre das Adrenalin der ganzen Aufregung jetzt aufgebraucht. Wohin Hannah auch schaut, sie sieht nur abgezehrte Gesichter und erschöpfte Augen.

Der Grund ist leicht zu verstehen. Man kann nur eine gewisse Menge von etwas ertragen, bis man aufhört, darauf zu reagieren. Deshalb haben die Leute während des Krieges abgeschaltet, und Berichte von Schlachten wie die bei Sigma wurden kaum noch von ihrem emotionalen Radar registriert. Es ist genauso, wenn es in unmittelbarer Nähe geschieht, wenn es einem ins Gesicht springt. Irgendwann schaltet der Körper ab. Er dämpft die Welt, glättet die scharfen Kanten – ein Überlebensmechanismus.

Alles, was in der *Panda* geschehen ist – all die Diskussionen, das Feuer, Coreys lebensgefährliches Abenteuer –, hat nichts geändert. Hannah muss immer wieder durch die Kuppel blicken, und wenn sie es tut, fühlt es sich an, als würde die Schwärze an ihr zerren. Als wollte sie sie einfach aus dem Schiff holen. Um aus ihr ein weiteres Trümmerstück zu machen, das bis ans Ende der Zeit dahindriftet. Das Einzige, das es verhindert, ist diese sehr dünne, sehr durchsichtige Glasscheibe über ihrem Kopf.

»An alle Passagiere, bitte bl-bl-bleiben Sie ruhig«, sagt die Stimme des Schiffs. »Es gibt ein Problem im Maschinenraum. Das Hauptdeck wurde zu Ihrem Sch-Sch-Schutz versiegelt, und die Zentrale wurde verständigt. Bitte bleiben Sie sitzen und begeben sich nur dann in die Rettungskapsel, wenn Sie von einem Mitarbeiter von Sigma Destination Tours dazu au-au-aufgefordert werden.«

Das Hauptdeck ist nicht versiegelt. Hannah ist sich nicht einmal sicher, ob das überhaupt möglich ist. Inzwischen hat sie die Mitteilung ausgeblendet, die alle paar Minuten wiederholt wird, seit sie hierher zurückgekommen sind.

Volkova hat in der Zwischenzeit bestätigt, dass eine Triebwerksdüse nicht mehr funktioniert, doch die übrigen drei sind weiterhin betriebsbereit. Vorläufig sind sie noch flugtauglich. Trotzdem hat Hannah das Gefühl, dass sie alles verbockt hat. Sie hatte einen Plan: eine ruhige, kontrollierte, klare Reaktion auf einen Notfall. Falls die Löschsysteme tatsächlich ausgefallen sind, würden sie sich einen Feuerlöscher suchen, die Wandverkleidung öffnen und sich mit dem Problem auseinandersetzen.

Doch dieser Plan hatte sich in dem Moment erledigt, in dem ihnen klar wurde, dass der Brand unerreichbar war, und schließlich konnten sie jede Planung vergessen, bis Corey Livingstone auftauchte. Wenn der Schacht nur ein klein wenig enger gewesen wäre oder wenn Corey stecken geblieben wäre oder sie es nicht geschafft hätten, ihm die Sauerstoffmaske zu reichen …

Glück gehabt, Kleine.

Jemand setzt sich neben sie. Als sie aufblickt, sieht sie, dass es Lorinda ist. Die alte Frau ist blass, als wäre sie in der vergangenen halben Stunde um ein weiteres Jahrzehnt gealtert.

Sie schaut zu Anita, die sich wieder mit ihrem Ehemann streitet. »Was soll ich zu ihr sagen?«

»Wie meinen Sie das?«

»Ich sollte auf ihre Jungen aufpassen, und sie beide … sie waren *so schnell.* Und ich komme nicht so gut mit Leitern zurecht …«

Hannah fährt mit der Zunge über ihre Lippen. »Ich bin mir sicher, dass Sie alles getan haben, was Sie konnten.« Doch es klingt lahm, wird ihr bewusst, noch während sie es sagt.

Als sie sich über die Lippen leckt, wird ihr bewusst, wie

durstig sie ist. Durstig und hungrig. Sie rechnet schnell im Kopf nach – sie sind seit drei Stunden an Bord des Schiffs, und zuletzt hat sie am Abend zuvor etwas gegessen, ein fades Käse-Sandwich, das sie in der Personalkantine in sich hineingestopft hat. Nein, Moment, da war noch der Apfel und eine Schale Müsli an diesem Morgen. Wie auch immer, selbst die Passagiere, die vor diesem Ausflug etwas gegessen haben, werden früher oder später wieder Hunger bekommen.

Es wäre so unglaublich schön, einfach hier sitzen zu bleiben, auf diesem Stuhl, die Augen zu schließen und einzuschlafen und so zu tun, als wäre das alles gar nicht passiert. Doch stattdessen steht Hannah auf und bewegt sich, als wäre sie so alt wie Lorinda. Ihre Hände sind von schwarzen Partikeln überzogen, die dunkle Schmierflecken auf ihren Jeans hinterlassen. Als sie wieder aufblickt, sieht sie einen farbenfroh bemalten Gegenstand auf dem Sitz neben Lorinda: eine kleine Actionfigur, ein Dinosaurier in rotem Raumanzug. Daneben liegt die dazugehörige Verpackung, die auf der Rückseite aufgerissen wurde.

»Was … was ist das?«, fragt sie.

Lorinda hebt die Figur auf. »Ich dachte, sie wollen vielleicht damit spielen. Anscheinend nicht. Haben Sie Kinder?«

Hannah schüttelt den Kopf.

»Ich auch nicht.« Sie hält das Spielzeug in den Händen. »Wir haben es versucht, doch es hat nie richtig geklappt. Aber meine Schwester hat Kinder – ich habe das hier für ihren Enkelsohn gekauft. Meinen Großneffen. Oder meinen Neffen zweiten Grades – ich vergesse immer, wie es heißt. Obwohl ich vermute, dass er ein wenig jünger ist als …«

»*Reptilienformation!*«, bellt das Spielzeug.

Die Stimme klingt laut und forsch, gefolgt von mehreren ohrenbetäubenden Piepstönen. Hannah zuckt zusammen, und Lorinda schreit auf, hätte die Figur beinahe fallen gelassen. »Entschuldigung! Tut mir leid! Das Ding hat sich automatisch mit meiner Linse verlinkt.«

Jack seufzt hörbar. Lorinda lächelt den anderen verunsichert zu, dann betrachtet sie wieder das Spielzeug und dreht es in den Händen.

»Wissen Sie, an wen ich ständig denken muss?«, fragt sie. »An die Frau, die im Hotel mein Zimmer gereinigt hat. Sie war etwa im gleichen Alter wie seine Mutter – von meinem Neffen, meine ich. Wir haben uns ein- oder zweimal unterhalten, und sie sagte, dass sie aus den Kolonien stammt. Sie hat ein spezielles Visum für diese Arbeit bekommen. Anscheinend hat das Hotel dort ein größeres Kontingent angeworben, und sie erzählte mir, dass sie bald ein wenig Urlaub bekommt, und wie aufgeregt sie ist, nach Hause zurückzukehren …«

Hannah kann das nicht. An die Menschen zu denken, die in der Station waren, ist zu viel für sie. Es erfüllt die *Panda* mit Geistern, die ihr die Energie rauben.

Sie richtet sich auf und hebt die Stimme, als sie die anderen anspricht. »Ich glaube, es wäre eine gute Idee, wenn wir ermitteln, wie viel Lebensmittel wir an Bord haben«, sagt sie, »und wo sie sind.«

»Wozu?«, fragt Anita. »Wir wissen, dass es in der Bar einiges gibt, und die Schiffe der Frontier werden schon bald hier sein, nicht wahr?«

»Richtig«, sagt Brendan. »Wenn Sie hungrig sind, essen Sie einfach eine Packung Sojachips. Warum machen wir uns deswegen überhaupt Gedanken?«

Weil ich es brauche. Ich muss irgendetwas richtig machen, weil ich ansonsten zusammenbrechen werde.

»Weil wir alle Eventualitäten berücksichtigen müssen«, sagt sie und hasst sich dafür, dass ihre Worte so förmlich klingen.

»Ja, weil die Frontier es einfach ignorieren wird, wenn einer ihrer Außenposten urplötzlich offline geht«, sagt Jack.

»Es sei denn, es gab mehr als nur einen Angriff«, sagt Lorinda, ohne ihn anzusehen.

»Verdammt noch mal!« Jacks Hände hängen zwischen seinen Knien, als wäre er bereit, sich damit abzufangen, wenn er zu Boden stürzt. »Es waren keine Aliens! Okay? Wir wurden nicht von verdammten … *Aliens* angegriffen.«

»Das habe ich auch nicht behauptet.«

»Es waren die gottverdammten Kolonien, die wegen *Ihres* verdammten Abkommens sauer sind.« Er zeigt auf Anita, die empört reagiert. »Wie auch immer«, fährt Jack fort. »Es spielt keine Rolle. Sie werden sehen, schon bald taucht hier eine Flotte von Frontier-Schiffen auf, und dann können wir alle nach Hause fliegen, und dann sollen sie sich um alles Weitere kümmern.«

»Und was ist, wenn sie *nicht* auftauchen?«, fragt Seema und mustert Jack mit einem Blick, den Hannah nicht deuten kann.

Er hebt den Blick und sieht sie an. »Sie werden kommen.«

»Trotzdem müssen wir etwas essen«, sagt Hannah.

»Ja, und? Wir gehen einfach in die Bar und holen uns etwas.«

»*Hören Sie auf, so zu tun, als wäre das hier normal!*« Seema knurrt die Worte fast, und alle auf dem Hauptdeck halten schlagartig inne. Ein paar Sekunden lang rührt sich niemand.

Brendan geht zwei Schritte auf seine Frau zu und legt einen Arm um ihre Schultern. Es ist der aus Metall, aber sie scheint es nicht zu bemerken.

»Meine Cushla«, sagt Brendan und betont jede Silbe. »Beruhige … dich.«

Sie reißt sich von ihm los, ihre geröteten Augen blitzen

auf. »Nein. Tu das nicht. Tu das nie wieder mit mir. Unser Junge wird nicht …«

Seema stockt, dann fallen ihre Gesichtszüge in sich zusammen. Brendan steht unbeholfen neben ihr und scheint sich nicht sicher zu sein, ob er sie berühren soll oder nicht. Er blickt zu den anderen, als wäre es ihm peinlich, ein Publikum zu haben.

»Sie haben einen Sohn?«, fragt Lorinda.

»Ja«, antwortet Brendan irritiert. »Vier Monate alt. Auf der Erde.«

Er geht zögernd einen Schritt auf seine Frau zu – aber es ist Anita Livingstone, die zuerst bei ihr ist. Sie zieht die zitternde Seema in ihre Arme, drückt sie an sich. Hannah sieht, wie sie ihr etwas ins Ohr flüstert. Sie kann es nicht verstehen, aber das muss sie auch gar nicht. Anita ist ebenfalls eine Mutter. Und vor Kurzem hätte sie fast einen ihrer Söhne verloren.

Nach einer ganzen Weile streckt Anita eine Hand nach Brendan aus und zieht ihn heran, zwingt ihn beinahe in die Umarmung. Die drei stehen noch ein paar Sekunden lang zusammen, bevor sie sich voneinander lösen. Niemand sonst hat etwas gesagt.

Seema wischt sich die Tränen aus den Augen. »Tut mir leid«, sagt sie und schaut zu Jack. »Ich wollte nicht …«

»Schon gut.« Jack wirkt viel zu erschöpft, um sich zu beschweren. »Machen Sie sich deswegen keine Sorgen. Sie werden schon bald wieder bei Ihrem Jungen sein.«

»Das ist sicher«, sagt Anita.

Brendan sieht sie mit einem schwachen Lächeln an. Er ist nicht so emotional wie Seema, aber auch er hat dunkle Ringe unter den Augen, und seine Schultern hängen sichtlich.

Hannah räuspert sich. »Die Frontier ist wahrscheinlich in diesem Moment zu uns unterwegs«, sagt sie und ist selbst weniger davon überzeugt, als sie klingt. »Dennoch müssen wir wissen, wie unsere Situation aussieht.«

»Reine Zeitverschwendung, wenn Sie mich fragen«, sagt Jack.

»Nein«, sagt Hannah. »Wir …«

Und plötzlich weiß sie nicht mehr, was sie sagen soll. Es gibt gute Gründe, eine Inventur ihrer Lebensmittel zu machen, aber jetzt haben sie sich aus ihrem Kopf verflüchtigt, als wären sie nie da gewesen.

Lorinda legt eine Hand auf ihren Arm. »Ich habe ein paar Energieriegel in meiner Tasche. Und ich glaube, da ist auch noch ein Trinkpäckchen.«

»Und es könnte sich etwas in der Rettungskapsel befinden.« Everett Livingstone kommt auf die Beine. »Notrationen, etwas in der Art.«

»Nein«, sagt Anita. »Wir müssen auf die Jungen aufpassen.«

Everett wirft ihr einen verärgerten Blick zu. »Nita, würdest du bitte einfach …«

»Weißt du was?«, erwidert sie und wendet sich von ihm ab. »Schon gut. Geh nur.«

Er starrt eine ganze Weile auf ihren Rücken, dann trottet er zur Rettungskapsel hinüber.

»Ich kann die Bar übernehmen.« Hannah wirft Jack einen Blick zu. »Können Sie mir helfen?«

Er sieht sie für einen Moment an, dann zuckt er mit den Schultern und nickt.

»Wenn Sie alles, was Sie finden, nach unten bringen könnten«, sagt Hannah zu den anderen. »Dort sind sowieso die meisten Lebensmittel, glaube ich …«

»Wartet! Moment!« Corey hat sich aus den Armen seiner Mutter gewunden und steht auf wackligen Beinen da. Seine Stimme klingt, als wäre er genauso zigarettenabhängig wie Volkova. »Jemand sollte unbedingt der Pilotin Bescheid sagen, bevor wir die Kapsel öffnen. Sonst könnte sie ausflippen.«

»Ich werde gehen«, sagt Malik. Corey wirft ihm einen ungläubigen Blick zu, doch Malik macht sich mit einem Schulterzucken auf den Weg zum Cockpit. Anita zieht Corey wieder an sich – zuerst wehrt er sich, aber dann lässt er sich in ihre Arme sinken.

Hannah wird bewusst, dass sie zittert.

»An alle Passagiere, bitte bl-bl-bleiben Sie ruhig. Es gibt ein Problem im Maschinenraum …«

Hannah steigt die Treppe hinunter, Jack folgt ihr im Abstand von wenigen Schritten. In der Bar ist es kälter geworden, seit sie das letzte Mal hier war, und die Luft prickelt auf ihren bloßen Armen.

Drei Gläser stehen auf der Theke, eins davon noch zur Hälfte mit JamFizz gefüllt. Sie will gerade sagen, dass sie sparsam mit ihren Vorräten umgehen sollten, als sich ihr Durstgefühl um eine Stufe steigert. Von einem Moment auf den anderen wird der Drang unerträglich.

Sie schnappt sich ein Glas vom Regal und hält es unter den Hahn. Das Wasser ist eiskalt, so kalt, dass es schmerzt, als sie davon trinkt. Es ist das köstlichste Glas Wasser, das sie in ihrem Leben jemals getrunken hat.

»Schenken Sie mir auch eins ein, wenn Sie schon dabei sind«, sagt Jack.

Hannah zuckt zusammen – sie hat vergessen, dass er bei ihr ist. Er lehnt sich auf die Theke, die Arme verschränkt, und sieht sie erwartungsvoll an.

Sie hebt eine Augenbraue. Er starrt sie eine ganze Weile an, dann verdreht er die Augen. »Bitte schenken Sie mir etwas Wasser ein. Verdammt.«

»Hier«, sagt sie, nachdem sie ein Glas für ihn gefüllt hat.

Während er trinkt, fügt sie hinzu: »Sie werden mich doch hoffentlich nicht verklagen, falls Ihnen etwas davon aufs Hemd kleckert.«

Er leert das Glas und wischt sich über den Mund. »Lassen wir das einfach hinter uns.«

Letztendlich gibt es nicht viel zu tun. Hier ist ein Karton mit warmem JamFizz, abzüglich der drei Dosen, die Jack, Brendan und Seema bereits getrunken haben. Hinzu kommen vielleicht zwei Dutzend Packungen mit markenlosen Sojachips, die meisten mit Garam-Masala-Geschmack. *Wenigstens etwas, das ich mag*, denkt Hannah, während sie und Jack die Tüten auf der Theke stapeln. Sie arbeiten schweigend, ohne sich anzusehen.

Malik bringt Lorindas Energieriegel herunter und legt sie zum Haufen.

Everett folgt ihm mit grimmiger Miene. »In der Kapsel ist nichts«, sagt er.

»Sind Sie sich ganz sicher?«, fragt Hannah bestürzt nach.

Er schüttelt den Kopf. »Da ist absolut nichts. Aber dort *sollte* etwas sein. Notrationen, Fertigmahlzeiten, solche Sachen. Aber Fehlanzeige.«

»Haben Sie in den …«

»… Staufächern nachgesehen? Ja. Es gibt drei davon. Die Kühlung ist aktiv, aber sie sind leer.«

»Scheiße.« Jack trommelt mit den Fingern auf der Theke und mustert den plötzlich recht kleinen Stapel mit Chips und Schokoladenriegeln. »Was für ein Reiseunternehmen würde bei der Ausstattung der Rettungskapseln sparen?«

Eines, bei dem ich niemals hätte anfangen sollen. Hannah drückt ihren Handballen gegen die Stirn. Sie kann sich mühelos vorstellen, was passiert ist. Entweder hat Sigma Destination Tours vergessen, die Vorräte der Kapsel zu erneuern, oder man hat sich gar nicht erst die Mühe gemacht. Schließlich sollten sich die *Red Panda* und ihre Schwesternschiffe immer nur in der nächsten Nähe der Station aufhalten – und welcher Inspekteur würde an diesem abgelegenen Ort jemals nach dem Rechten sehen wollen?

Ein weiterer Anfall schlechten Gewissens, den sie sich nicht erklären kann. Immerhin war *sie* nicht dafür verantwortlich, die Vorräte in der Rettungskapsel des Ausflugsschiffs zu überprüfen. Das Schuldgefühl wird durch Wut ersetzt. Wäre die Station intakt, wäre der Start der Rettungskapsel ohne Lebensmittel nur ein geringfügiges Ärgernis gewesen, weswegen vielleicht ein Disziplinarverfahren gegen einen Vertreter von Sigma eröffnet worden wäre. Aber jetzt? Jetzt könnte es den Tod aller Insassen des Schiffs bedeuten.

Nein. So weit wird es nicht kommen. Die Snacks werden für sie reichen, bis die Schiffe der Frontier eintreffen, was nicht länger als ein paar Stunden dauern dürfte. Hannah rechnet schnell nach, dann teilt sie die Chips auf, einen Haufen für jeden Passagier, dazu einen JamFizz.

Sie haben genug für etwa zwei Tage hier draußen – oder drei, wenn sie rationieren. Und schließlich werden sie nicht verdursten, was die viel größere Gefahr wäre, als zu wenig zu essen. Es müsste noch jede Menge Wasser in den Tanks für die Toiletten sein.

Weißt du das mit Sicherheit? Vielleicht war dieselbe Person, die für die Ausstattung der Bar verantwortlich war, auch für den Wasservorrat zuständig …

Everett kratzt an seinen Bartstoppeln. »Könnte es noch Lebensmittel im Cockpit geben? Oder …?«

»Wohl kaum.« Hannah schiebt ihm einen Haufen aus Lebensmitteln und Getränken zu. »Könnten Sie mithelfen, das nach oben zu schaffen? Sie und Malik?«

»Klar. Sicher.« Er und sein Sohn sammeln die Sachen ein und steigen damit die Treppe hinauf.

»Und was jetzt?«, fragt Jack.

Hannah schluckt ihre Verärgerung über ihn hinunter. Jetzt ist es leichter geworden – zum ersten Mal, seit das alles losging, haben sie eine gewisse Kontrolle. Nicht viel, aber genug. Sie ist vielleicht nicht in der Lage, die Vernichtung einer kompletten Raumstation zu verhindern, aber mit der Zuteilung von Sojachips kommt sie zurecht.

»Okay«, sagt sie und legt die Hände an die Hüften. »Etwas Schlaf wäre vielleicht eine gute Idee. Ich denke … ja, hier sollte es irgendwo Decken geben.«

Aber es gibt keine. Eine Durchsuchung der Bar fördert eine einzige starre Wärmedecke zutage, in Plastik versiegelt und im Erste-Hilfe-Kasten verstaut – nützlich bei Unterkühlung, aber nicht gerade hilfreich, wenn zehn Personen Betten benötigen. Hannah durchstöbert die übrigen Sachen im Schrank, in der Hoffnung, eine zweite Decke zu finden. Sie holt Bandagen, Packungen mit Nanopflastern und Nanomed-Kapseln heraus, aber sonst fördert sie nichts Brauchbares zutage.

Hanna seufzt. Damit müssen sie irgendwie zurechtkommen. Sie könnte Volkova bitten, die Temperatur im Schiff ein wenig zu erhöhen – in der Bar ist es inzwischen eisig kalt, und sie kann sich nicht vorstellen, dass es auf dem Hauptdeck erheblich wärmer ist.

»Könnten Sie vielleicht noch ein letztes Mal oben nachsehen?«, bittet sie Jack.

»Wegen Decken?«

»Vielleicht haben wir ja Glück.«

»Warum *wissen* Sie nicht, wo welche sind?«

»Wie meinen Sie das?«

»Sie sind doch eine Angestellte des Reiseunternehmens. Sie sollten wissen, wie es an Bord der Firmenschiffe aussieht und was in einem Notfall zu tun ist. Also, gibt es hier Decken oder nicht?«

»Ich weiß es nicht.«

»Warum …«

»Weil heute mein erster Tag war.«

Er sagt nichts. Er starrt sie einfach nur an.

Zum Teufel damit. Sie muss etwas essen, genauso wie der Captain. Sie ist sich ziemlich sicher, dass Sigma Destination Tours nicht mehr existiert, was bedeutet, dass sie offiziell arbeitslos und deshalb nicht mehr vertraglich verpflichtet ist, nett zu Passagieren zu sein, die nicht nett zu ihr sind.

Gott weiß, was sie ihren Eltern erzählen wird, falls sie sich jemals wiedersehen. *Ja, tut mir leid. Hab den Job verloren. Das Reiseunternehmen wurde in die Luft gejagt.*

Sie schiebt sich am verdutzten Jack vorbei und steigt die Treppe hinauf. Auf halben Weg nach oben dreht sie sich noch einmal zu ihm um. »Und vielleicht sollten Sie Ihre Kotze auf dem Hauptdeck wegmachen. Das Zeug fängt an zu stinken.«

Sein angewiderter Gesichtsausdruck ist die Sache absolut wert. Sie springt die letzten Stufen hinauf und landet auf der oberen Ebene.

Auch im Cockpit stinkt es. Dort ist es sowieso eng, und der Zigarettenrauch hat sich mit Volkovas Schweiß vermischt, sodass es hier wie in einem Sumpf riecht. Der Captain hat sich über eine Kontrollkonsole gebeugt, starrt angestrengt darauf und navigiert blitzschnell durch verschiedene Menüs. Auf einem anderen Bildschirm ist ein Befehlsfenster mit verschiedenen Anweisungen geöffnet. Der Computer wiederholt erneut seine Botschaft, doch während Hannah geduckt eintritt, bricht er mitten im Satz ab.

»Ha!« Volkova schlägt mit der Hand auf die Konsole. Sie bemerkt Hannah und zeigt ihr einen Mund voller gelber Zähne. »Es war nicht leicht, die Stimme des Computers abzuschalten, aber ich habe zwölf Jahre lang für Sigma gearbeitet. Ich kenne alle Tricks.«

»Ist das eine gute Idee?«, fragt Hannah. »Ich meine … brauchen wir ihn vielleicht noch?«

»Wozu? Es ist ein dummer Computer. Er kann uns nicht helfen.«

Hannah ist zu erschöpft, um zu protestieren. Außerdem hat Volkova recht. Das Schiff hat vielleicht eine eigene Stimme, aber es ist keine echte KI. Wer sich nicht die Mühe macht, eine Rettungskapsel mit Notrationen auszurüsten, wird auch kein Geld für eine anständige künstliche Intelligenz ausgeben.

Nicht dass es ihnen jetzt irgendwie helfen würde. Die Nutzung von KIs wurde seit dem Dallas-Zwischenfall erheblich eingeschränkt – diese Scheiße ist lange vor Hannahs Geburt passiert, aber sie hat das Video gesehen, und es war ziemlich übel. Selbst wenn die *Panda* eine echte KI hätte, wäre sie mit starken Fehlersicherungen ausgestattet und würde nichts ohne ausdrücklichen Befehl tun.

Wie auch immer, die Stimme und Persönlichkeit des Schiffs waren offensichtlich von jemandem entworfen worden, der genau wusste, dass er niemals im Alltag damit zu tun haben würde. Volkova hat es geschafft, sie zum Schweigen zu bringen? Damit kann Hannah wunderbar leben.

Der Pappbecher ist nun fast völlig mit feuchten Zigarettenkippen gefüllt, und sie stellt überrascht fest, dass keine mehr zwischen Volkovas Lippen steckt. »Sie sind mir ausgegangen«, sagt die Pilotin, als sie bemerkt, wohin Hannah schaut. »Haben Sie welche? Ich würde sogar einen NicoStick nehmen, falls Sie einen haben.«

»Tut mir leid. Ich rauche nicht.«

Volkova murmelt etwas vor sich hin, doch dann lächelt sie, als Hannah ihr eine Tüte mit Chips und einen JamFizz reicht. Sie wirkt erschöpft, als wäre sie drei Tage lang auf den Beinen gewesen.

Dann kommt Hannah ein Gedanke – einer, der ihr schon vor Stunden hätte kommen sollen. »Warum können wir das Tor von hier aus nicht sehen?«

»Wie meinen Sie das?«

»Das Tor.« Hannah zeigt durch das Cockpitfenster nach draußen. »Müssten wir es nicht sehen können, wenn es noch da wäre? Es ist doch gar nicht so weit entfernt.«

Volkova nimmt einen Schluck vom Softdrink. »Die Albedo ist zu gering.«

»Die Al… was?«

»Albedo. Sie arbeiten im Weltraum und wissen nicht, was das ist? Damit ist das Reflexionsvermögen gemeint. Das Tor hat einen Durchmesser von drei Kilometern – es ist nicht sehr groß, also wirft es nicht viel Licht zurück. Schwer zu erkennen, wenn wir weiter als hundert Kilometer entfernt sind.«

»Und wie finden Raumschiffe es?« Ein anderer Gedanke blitzt in ihrem Kopf auf, und ihre Miene erhellt sich. »Offenbar benutzen sie ein Signal, richtig? Könnten wir es empfangen? Um zu sehen, ob das Tor noch …«

»O ja, es gibt ein Signal. Das heißt, es gab eins. Ich habe bereits versucht, es zu empfangen. Nichts.«

»Was bedeutet das?«

»Das könnte alles Mögliche bedeuten. Auch der Transponder des Schiffs taugt nicht viel. Ich habe ihn noch nie dazu benutzt, das Signal des Tores aufzufangen – weil es sinnlos wäre. Vielleicht habe ich auch gar nicht die richtige Frequenz. Oder das Ding ist einfach durchgebrannt. Wer kann das schon sagen?«

Hannah seufzt. *Mist.*

»Sie sollten etwas schlafen«, sagt sie. »Ich kann wach bleiben und nach Rettungsschiffen Ausschau halten.«

»*Njet*. Ich komme hier klar.«

»Aber …«

»Alles klar. Und ich werde schlafen. Genau hier, und ich werde die Kommunikation so laut aufdrehen, dass ich geweckt werde, falls sich jemand meldet.«

»Hätten wir nicht … ich weiß nicht … längst etwas hören müssen?«

»Noch zu früh«, sagt Volkova. Aber da ist etwas in ihrem Gesichtsausdruck, das Hannah gar nicht gefällt.

Als sie sich entfernt, geben die Lautsprecher an der Decke einen stolzen Piepton von sich, gefolgt von der Stimme der *Panda*, die sie erneut dazu auffordert, all die Annehmlichkeiten zu nutzen, die dieses komfortable, geräumige Ausflugsschiff zu bieten hat. Volkovas Flüche verjagen sie endgültig aus dem Cockpit.

15

Die Sojachips haben fast keinen Geschmack, obwohl der JamFizz ganz in Ordnung und kälter ist, als Hannah erwartet hat. Sie sitzt im Durchgang zur Kabine, während sie isst, den Rücken gegen die Wand gelehnt.

Die anderen Passagiere drängen sich in kleinen Gruppen auf dem Hauptdeck zusammen, und Hannah sieht immer wieder jemanden gähnen. Corey und Malik streiten sich wegen irgendetwas. Anscheinend geht es um die Rettungskapsel, deren Tür am hinteren Ende des Decks weit offen steht. Es handelt sich um ein enges, fensterloses Modul mit dreireihig übereinander angeordneten Notsitzen. Im Gegensatz zu den Sitzen auf dem Hauptdeck hängen dort unbequem wirkende Gurte von den Kopfstützen. Das Ganze ist nur für den Notfall und einen kurzzeitigen Aufenthalt gedacht.

Hannah faltet sorgsam die Chipstüte zusammen und schiebt sie in die JamFizz-Dose. Dann lehnt sie den Kopf gegen die Wand und schließt die Augen. Nur für eine Sekunde.

Sie weiß, dass es ein Traum ist, aber es fühlt sich nicht wie einer an. Es ist eher wie eine Erinnerung. Sie ist wieder auf Titan, im Haus ihrer Eltern, und sitzt an der Kücheninsel. Sie isst Toast – aus richtigem Mehl gebacken, eins der Luxusgüter, auf die ihre Mutter auf keinen Fall verzichten will. Die Scheibe ist dick mit Honig bestrichen, mit dem guten Zeug von den Acidalia-Plantagen auf dem Mars. Nicht allzu süß und zähflüssig wie Karamell.

Bist du dir sicher, dass du alles hast, was du brauchst?, fragt ihre Mutter. Sie ist mit Hannahs Rucksack beschäftigt und versucht gerade, eine versiegelte Sandwich-Box in eine Seitentasche zu schieben, die bereits bis zum Platzen vollgestopft ist.

Ja, ich habe alles, will Hannah sagen. Entweder hat sie zu viel Toast im Mund, oder es ist ein Traum, in dem sie zwar sprechen kann, obwohl ihre Worte nicht zu hören sind. Doch es ist ihr egal. Künstliches Sonnenlicht dringt von den Strahlern ganz oben an der Kuppel durch die Fenster herein, wirft gesprenkelte Schatten auf den Tresen, und Hannah kann irgendwo Vögel zwitschern hören. Zumindest die sind echt. Ein perfekter Morgen auf Titan.

Ihr Vater lächelt. *Zum letzten Mal hat sie alles, was sie braucht. Sie wird im Shuttle etwas zu essen bekommen. Du musst dir …*

Ich weiß, sagt ihre Mutter und gibt den Versuch mit der Seitentasche auf, um das Hauptfach zu öffnen und dort nach genügend Platz zu suchen. Auf der anderen Seite sitzt Callista, zehn Jahre älter als Hannah. Die allerersten grauen Strähnen erscheinen in ihrem pechschwarzen Haar. Sie blinzelt schnell, während sie sich Nachrichten auf ihrer Linse ansieht. Obwohl es Wochenende ist, hat sie sich schick gekleidet – ihre maßgeschneiderte Anzugjacke bildet einen auffälligen Kontrast zu Hannahs grauem Kapuzenpullover.

Ihr Vater sieht sie an, während sich seine Stirn leicht runzelt, wie eine Wolke, die vor der Sonne vorbeizieht. Diesmal hört sie sich sprechen. *Alles in Ordnung mit dir?*

Hmm? Ja, alles gut, Schätzchen.

Sie seufzt. *Was ist los?* Diesen Teil hat sie vergessen – oder eher aus ihrem Bewusstsein verdrängt. Warum durchlebt sie es jetzt noch einmal? Wenn das ein Traum ist, kann sie dann nicht einfach vorspulen oder so?

Er sieht sie für einen Moment an, dann verschränkt er die Hände auf dem Tisch. Innerlich seufzt Hannah erneut. Das macht er immer, wenn er ein *ernstes Gespräch* führen will. Er hat es schon getan, als Hannah noch ein kleines Kind war – und in letzter Zeit hat sie es auch ein paarmal bei Callie beobachtet. Könnten sie vielleicht einmal darauf verzichten? Gerade heute!

Du weißt, wir wollen nur, dass du glücklich bist, sagt er.

Ach, komm schon, Dad. Bitte nicht jetzt!

Wir sind uns nur nicht sicher, ob du die richtige Entscheidung getroffen hast.

Hannah greift nach ihrem Rucksack, ohne ihm in die Augen zu blicken. *Das haben wir doch längst besprochen. Es ist der einzige Job, den ich kriegen konnte.*

Und ich habe dir immer wieder gesagt, dass du über den Tellerrand schauen solltest. Ich weiß, dass du keinen Wirtschaftsabschluss gemacht hast wie deine Schwester, aber …

Und du könntest jederzeit für Callie arbeiten, wirft ihre Mutter ein. *Ihr stellt doch gerade Leute ein, nicht wahr?*

Callistas Blick wechselt von der mittleren Distanz zum Nahbereich. *Was? Ich meine, ja, wir haben ein paar freie Stellen auf der unteren Ebene, falls du dich bewerben möchtest oder so.* Sie sieht Hannah an, und ein mitfühlendes Lächeln breitet sich auf ihrem Gesicht aus. *Aber ich bin mir nicht sicher, ob ich mich für dich einsetzen kann – ich könnte eine Empfehlung abgeben, aber es wäre Vetternwirtschaft, wenn sie dich nur deswegen einstellen, also …*

Ich bitte dich!, sagt Hannahs Vater. *Es ist deine Firma! Du hast das Sagen!*

Callie nimmt einen Schluck Kaffee. *Dann könnt ihr sie ja einstellen.*

Äh, hallo?, sagt Hannah. *Ich bin anwesend!*

Ach, in unserer Firma ist zu viel Politik im Spiel, sagt ihr Vater. *Zu viele Leute*. Er zeigt auf Callie. *Aber du bist noch recht klein. Noch viel agiler. Sie könnte sich mühelos einfügen. Und du könntest ihr etwas über Marketing beibringen, ja? So könnte sie von der Besten lernen!*

Callistas Lächeln strahlt für eine Sekunde heller, dann verblasst es wieder. Sie widmet sich erneut ihren Berichten, und Hannah starrt sie an und fragt sich, was passiert ist. Wo ist die Callie geblieben, die stundenlang mit ihr aufblieb, um sich die Jungs auf Red Heart anzusehen? Die einen beschissenen Musikgeschmack hatte und gern mit lauter Stimme idiotische Slash-Fiction vorlas, wenn sie betrunken war. Wie lange ist es überhaupt her, seit sie das letzte Mal betrunken war?

Es würde uns einfach nur glücklicher machen, wenn du einen Job übernehmen würdest, in dem du aufsteigen kannst. Ihre Mutter legt die Arme um ihren Vater. *Diese Stelle als Reiseführerin … ich sehe nicht, wie du damit weiterkommen könntest. Und die Arbeit ist nicht allzu gut bezahlt.*

Das schon wieder! Sie wusste, dass es kommen musste – sie wusste es bereits in dem Augenblick, als ihr Vater die Hände verschränkte. Das Schlimmste ist, dass sie glauben, sie würden es ihr versüßen, und das nervt. Sie weiß, was sie eigentlich sagen wollen. *Übernimm Verantwortung. Tu etwas Sinnvolles.* Ist es nicht genau das, was sie tut? Hat sie sich nicht mächtig ins Zeug gelegt, um diese Stelle zu bekommen? Zugegebenermaßen hat sie keine Idee, wie sie an einen Job in einem richtigen Museum kommen könnte, aber sie wird auf gar keinen Fall für Callies Marketing-Start-up arbeiten – oder in der Logistikfirma ihres Vaters.

Sie drängt die vertraute Wut zurück, nimmt einen weiteren vorsichtigen Bissen vom Toast, schmeckt kaum den Honig. Ein Schulterzucken windet sich durch ihren Oberkörper.

Ihr Vater sieht sie wieder mit einem traurigen Lächeln an. *Es ist nur so, dass wir dich vermissen werden, Kleine,* sagt er.

Sie weiß, dass etwas nicht stimmt, dass er etwas Falsches

gesagt hat, anders als in ihrer Erinnerung, aber sie kommt nicht darauf, was es ist. Sie versucht ihm zu sagen, dass auch sie sie vermissen wird, aber dann ist sie plötzlich außerhalb des Hauses, um ein Taxi zu besteigen. Sie steht hinter dem Heck und wirft ihren Rucksack in den Gepäckraum. Sie spürt den Rückstoß der Hovergeneratoren heiß und trocken an ihren bloßen Fußknöcheln. Die Straße ist still und leer.

Wir lieben dich!, ruft ihre Mutter. Ihre Eltern stehen auf der Veranda des Giebelhauses, die Arme umeinander gelegt, neben ihnen Callie. Ihr Vater schiebt wieder seine Brille den Nasenrücken hinauf. Hannah hat sich bereits von ihnen verabschiedet, sie alle fest umarmt, und nun winkt sie ihnen zu, als sie in das Taxi steigt. Sie wird sie vermissen, selbst Callie.

Bitte nennen Sie Ihr Fahrtziel, sagt das automatische System des Taxis.

Hannah öffnet den Mund, will antworten, dass es sie zum Shuttleport bringen soll, und in diesem Moment sieht sie die Metallkugel. Sie stürzt aus dem blauen Himmel und hält genau auf das Haus zu. Sie ist so schnell, dass sie kaum mehr als ein verwischter silbriger Schemen ist.

Hannah öffnet den Mund, um eine Warnung zu rufen, aber sie bringt keinen Ton heraus. Dann trifft die Kugel das Haus, und die Welt löst sich in einem grellen Feuerball auf, und Hannah trommelt gegen die Fenster des Taxis, und alles bebt …

»Reiseführerin«, sagt Volkova. Ihre Stimme reißt Hannah aus dem Traum. Sie schaut blinzelnd zur Pilotin auf, und für eine Sekunde kann sie sich nicht mehr erinnern, wo sie ist oder was sie tun sollte. Sie hat geträumt, und sie ist sich dessen bewusst, aber der Traum verblasst bereits.

»Wssmmh«, sagt sie. Es fühlt sich an, als wären ihre Augen mit dem größten Teil des Inhalts einer Tube Klebstoff versiegelt worden, bevor man ihr den Rest in den Mund gedrückt hat. Hat sie getrunken? Dann riecht sie Rauch und Kotze und erinnert sich.

Volkova blickt sich zum Cockpit um. »Wir müssen uns auf den Weg zum Tor machen. Ich werde jetzt losfliegen.«

»Wwwa…« Hannah leckt sich über die Lippen und versucht es noch einmal. »Sind die anderen Schiffe eingetroffen? Von der Frontier?«

»Nein. Deshalb müssen wir zum …«

»Ich dachte, wir hatten entschieden, hier zu warten, bis sie kommen.« Sie hebt den Kopf und zuckt zusammen, als ihr steifer Nacken schmerzt.

»Es dauert zu lange«, murmelt Volkova. »Und immer noch kein Signal.«

Hannah braucht ein paar Sekunden, um zu verarbeiten, was Volkova sagt. Dann reißt sie die Augen auf. »Wie lange habe ich geschlafen?«

»Acht Stunden? Oder neun?«

»Mann!« Sie rappelt sich auf und stützt sich an der Wand ab. Ihr Kopf scheint mit verklumpter Baumwolle vollgestopft zu sein.

»Keine Kommunikation«, erklärt Volkova. »Kein Signal, wie ich gesagt habe. Inzwischen hätten die anderen Schiffe eintreffen müssen. Aber da draußen ist nichts, und das gefällt mir nicht. Ganz und gar nicht.«

Hannah schaut sich auf dem Hauptdeck um. Die Livingstones schlafen im Sitzen, Corey wird von seiner Mutter gehalten, Malik hat den Kopf an die Schulter seines Vaters gelehnt, die Holokamera liegt in seiner Armbeuge. Brendan und Seema liegen aneinandergekuschelt auf dem Boden, benutzen ihre Lederjacken als Kopfkissen. Lorinda ist wach, hat Hannah den Rücken zugekehrt und isst irgendetwas. Jack sitzt mit verschränkten Armen da, den Kopf zurückgelehnt. Sein Mund steht offen, sodass die Zunge gerade noch sichtbar ist.

»Wenn keine Schiffe hier sind ...«, sagt Hannah.

»*Da*. Vielleicht existiert das Tor nicht mehr. Genauso wie die Verteidigungssysteme. Wenn die Frontier kommen würde, wäre sie längst hier. Ich kann das Tor ohne Signal nicht finden – ich weiß, in welchem Quadranten und Sektor es sich befindet, und wenn ich nahe genug herankomme, können wir die Position sehen.«

»Wirklich?«

Volkova kratzt sich am Hals. »Bei zunehmender Beschleunigung mit drei Triebwerksdüsen, unter den herrschenden Schwerkraftbedingungen ... würde ich schätzen ... Es dürfte zwei Stunden dauern, vielleicht zweieinhalb.«

Hannah bewegt den Kopf. Ihre Gedanken zu ordnen fühlt sich an, als würde sie unter einer heißen Dusche nach einem Stück Seife greifen. Das Tor könnte zerstört worden sein, nachdem das Schiff hindurchgesprungen ist und eine Metallkugel zurückgelassen hat, die mit zeitlicher Verzögerung detoniert ist. Andererseits könnte sich das Schiff aber auch am Tor aufhalten, um alle eintreffenden Schiffe der Frontier zu vernichten.

Wäre das tatsächlich möglich? Nein, es wäre zu riskant, selbst für ein so gut ausgerüstetes Schiff. Früher oder später würde die Frontier darauf kommen, was passiert, und dann würde man etwas schicken, das zu schnell oder zu gut gepanzert ist, um sich einfach so abschießen zu lassen.

Trotzdem ...

Wie von einem starken Magneten angezogen blickt sie erneut durch die Kuppel. Ein großes Trümmerstück driftet gerade an der *Panda* vorbei – eine zerfetzte Metallplatte von der Größe eines Autos, mit Brandspuren, die sie wie die Streifen eines Tigers überziehen. Ein Teil der Oberfläche ist unbeschädigt geblieben und glänzt matt. Die *Panda* spiegelt sich leicht verzerrt auf dem Metall, wie sie in einem Ozean aus

Schwärze hängt. Die Platte treibt ein Stück weiter, und das Spiegelbild verschwindet.

Hannah spürt, wie die vertraute Angst wieder in ihrer Magengrube aufflackert. Das Problem ist, dass sie einfach nicht wissen, wie es da draußen aussieht. Nach dem Angriff konnten sie es sich leisten, auf Rettung zu warten. Doch Volkova hat recht – inzwischen ist zu viel Zeit vergangen. Schon jetzt werden ihre Lebensmittelvorräte knapp.

»Lassen Sie mich mit den Passagieren reden«, sagt sie.

16

Coreys Mutter schneidet ihm die Luft ab.

Natürlich tut sie es nicht absichtlich. Er ist an sie gekuschelt eingeschlafen, und während sie eingenickt ist, hat sich ihr Arm fester um seinen Hals gelegt. Als er aufwacht, liegt seine Kehle an ihrer Ellenbeuge, und ihr Kopf drückt von hinten gegen seinen.

Er will nicht, dass Malik ihn so sieht, was idiotisch ist, weil er sich an seine Mutter geschmiegt hat, während sein Bruder noch wach war. Egal, er muss sich befreien, ansonsten wird seine Mutter das mit ihm machen, was der Rauch nicht ganz geschafft hat.

Er versucht sich herauszuwinden, aber er hängt mit dem Kinn an ihrem Arm fest. Er dreht den Kopf zur Seite, behutsam, damit er sie nicht weckt, aber dadurch zieht sie ihn unwillkürlich noch fester an sich heran. Und nun wird sein Mund gegen ihren Arm gequetscht. Toll!

Anita Livingstone seufzt zufrieden im Schlaf.

»Mom, lass mich los«, sagt er, doch es kommt als »Mmmlsmlsm« heraus, weil die Worte vom Stoff verschluckt werden. Sie rührt sich nicht, also versucht er eine Hand zwischen seine Kehle und ihren Arm zu schieben. Doch das macht es nur noch schlimmer. Und nicht nur das, denn nun steckt er auch mit der Hand fest.

Okay, jetzt muss er *wirklich* wieder atmen. Er tippt seiner Mutter aufs Bein. Als nichts geschieht, packt er sie und schüttelt sie. Immer noch nichts. Ist sie bewusstlos? Wie kann es sein, dass sie …?

»Was essen Sie da?«, fragt jemand.

Anita Livingstone schreckt aus dem Schlaf hoch, und Corey entwindet sich ihr, saugt gierig Luft in seine Lunge. Sein Vater und sein Bruder wachen ebenfalls auf und blinzeln im schwachen Licht.

Die Frage kam von Seema O'Hara. Sie hat sich auf einem Ellbogen hochgestemmt und sieht Lorinda an, die sich langsam zu ihr herumdreht.

Das Hauptdeck der *Red Panda* ist ein einziges Chaos. Es gab einen halbherzigen Versuch, den Boden von Chipstüten frei zu halten, aber während der letzten paar Stunden haben sie sich über die ganze Fläche verteilt. Die Verpackung von Lorindas Reptar-Figur liegt aufgerissen mitten im Raum. Es stinkt immer noch, und inzwischen haben sich auch Körpergerüche ausgebreitet, und das Glas der Aussichtskuppel ist noch schmutziger geworden.

»Ich wusste gar nicht, dass alle wach sind«, sagt Lorinda zu Seema.

Seema zeigt auf sie. »Sie können sich nicht einfach etwas nehmen, wenn Sie hungrig sind, oder?«

Corey schaut auf Lorindas Hände, die einen Schokoladenriegel halten, der noch halb in der Hülle steckt. Jetzt erwacht auch sein Magen und knurrt protestierend.

»Das hier?« Lorinda hebt den Riegel. »Der ist für meine Zähne.«

»Spielt keine Rolle. Sie hätten ihn zu den übrigen Lebensmitteln legen müssen. Sie können nicht einfach etwas für sich behalten.«

Lorinda kneift die Augen zusammen. »Wie ich sagte, er ist für meine Zähne. Es ist ein Zahnpflegeriegel.« Sie betrachtet ihn stirnrunzelnd. »Es schmeckt ziemlich beschissen, um ehrlich zu sein. Ich esse es nur, weil mein Zahnarzt gesagt hat …«

»Na und?«, sagt Brendan. Auch er ist wach, hat sich aufgesetzt, und seine Augen sind noch vom Schlaf getrübt.

Jack schreckt auf, blinzelt angestrengt und blickt sich um.

»Du meine Güte!« Lorinda hält Seema den Riegel hin. »Wollen Sie ihn? Bitte.«

»Das habe ich damit nicht …«

»Nein, nehmen Sie ihn. Ich bestehe darauf. Ich habe nur zweimal davon abgebissen. Es ist immer noch genug für Sie da.«

Die Körperwärme seiner Mutter hat Corey von der kühlen Luft auf dem Hauptdeck abgeschirmt. Doch nachdem er sich von ihr entfernt hat, friert er. Sollte es wirklich so kalt sein? Was wäre, wenn die primären Wärmetauscher …?

»Hallo, Leute!« Sein Vater taucht vor ihnen auf und geht in die Hocke. Dabei hätte er beinahe Anitas Tragetasche zerdrückt, doch dann schiebt er sie aus dem Weg. »Wie geht es uns allen?«

»Gut«, sagt Corey, obwohl es gelogen ist. Er würde alles für eine Dusche geben, und sein Mund fühlt sich an, als hätte eine Katze hineingeschissen. Aber er hat gelernt, dass es das Beste ist, so zu antworten, wenn sein Vater danach fragt, wie es *uns* geht.

Außerdem hat er richtig Hunger. Er wird sich eine weitere Tüte Sojachips schnappen müssen, auch wenn ihm gar nicht nach Sojachips ist. Ihm wäre eher nach einem großen, saftigen Hamburger mit viel zähflüssigem Käse und einer Gurkenscheibe. Und mit echtem Fleisch. Diesmal unbedingt echtes Fleisch.

»Bist du dir sicher?«, fragt sein Vater nach.

»Ich will Ihre Schokolade nicht«, sagt Seema. »Ich meinte nur, Sie hätten es uns nicht vorenthalten sollen.«

»Er hat recht«, sagt Jack.

Corey leckt sich über die Lippen. »Eigentlich hätte ich gern einen Schluck Wasser.«

»Gute Idee«, sagt sein Vater. »Ich komme mit.«

»Moment«, sagt Anita. »Wir müssen über das reden, was gerade passiert ist.«

»Ach, *komm schon*, Mom.«

»Nein«, sagt sie und spreizt die Finger auf ihren Knien. »Wir werden darüber reden, und wir werden es als Familie tun.«

»Nita, kann das nicht warten?« Everett legt eine Hand auf die seiner Frau, aber sie zieht sie weg und hebt den Zeigefinger.

»Corey, Schatz, du hättest dich verletzen können. Oder du wärst vielleicht stecken geblieben.«

»Wäre ich da nicht reingegangen, wären die Maschinen vollständig ausgebrannt!«

Hinter ihm ist Jack aufgestanden und starrt auf Lorinda, die Hände in die Hüften gestemmt. Sie erwidert seinen Blick und hält den Schokoladenriegel wie eine Waffe.

Anita spricht weiter, als hätte Corey gar nichts gesagt. »Ich habe dir gesagt, dass du hier oben bleiben sollst. Ich bin nur … enttäuscht, dass du nicht auf mich gehört hast.«

»Was ist mit Malik?«, will Corey wissen. »Er ist vor mir da runtergegangen. Warum weckst du *ihn* nicht, um ihn anzuschreien?«

»Hey!«, sagt sein Vater. »Sprich nicht so mit deiner Mutter, hörst du?«

Anita wirft ihm einen überraschten Blick zu, gefolgt von einem knappen Nicken. »Genau. Danke. Ich werde mit deinem Bruder reden, wenn er aufgewacht ist, und er ist in *genauso* großen Schwierigkeiten wie du. Du musst auch an andere denken, nicht nur an dich selbst. Darüber haben wir doch bereits gesprochen.«

Corey starrt seine Eltern an. Beide sind verrückt geworden. Sie tun, als hätte er bei einem Test in der Schule geschummelt, oder als wäre er zu lange bei Jamie geblieben oder hätte die letzte Tüte Salzstangen im Schrank mit den Knabbersachen aufgegessen. Verstehen sie es nicht? Begreifen sie nicht, in welcher Situation sie alle sich befinden?

Der Job seiner Mutter besteht darin, mit Leuten zu reden. Corey erinnert sich, wie er ihr einmal fasziniert zugehört hat, als sie ihm während eines langen Shuttleflugs nach Washington davon erzählt hat. Malik hat natürlich nicht zugehört, sondern die Kabine gefilmt und die Kamera gelegentlich aufs Fenster gerichtet, um die Krümmung der Erde einzufangen.

Sie hat ihm vom Senat erzählt, von Treffen mit dem designierten Präsidenten und wie man Leute »gewinnt«. Sie hat immer wieder ein Wort benutzt: Kompromiss. Er musste sie fragen, was es bedeutet, und war insgeheim stolz, als ihm klar wurde, dass seine Mutter ihren Lebensunterhalt damit bestreitet, Leute dazu zu bringen, ihr zuzustimmen. Es kam ihm wie eine Superkraft vor.

Aber natürlich hat jede Superkraft ihre Schattenseite. Immer wenn Corey etwas falsch gemacht hat, will seine Mutter darüber reden, sich hinsetzen und ganz ruhig erklären, was er verpatzt hat und was er deswegen tun sollte. Sein Vater versucht gar nicht erst, sie davon abzuhalten. Wie könnte er auch? Fusionsreaktoren widersprechen nicht, also überlässt er meistens Coreys Mutter die Gesprächsführung und verschwindet im Hintergrund. Was für sie vermutlich völlig in Ordnung ist.

Manchmal wäre es vielleicht besser, wenn sie ihn anbrüllen würden. Es würde nicht so lange dauern, und zumindest würden sie es zusammen tun. Und warum kapieren sie es nicht? Es geht ihm gut. Ja, die Sache mit dem Feuer war unheimlich, aber er hat es überstanden. Genauso wie sie es überstanden haben werden, wenn die Scorpion-Kampfjäger der Frontier eintreffen.

Anita schiebt sich eine lose Haarsträhne aus dem Gesicht. »Corey, du muss verstehen … das war für uns beide sehr beängstigend.« Ein schneller Blick zu ihrem Mann. »Wir wollten nicht, dass du dem Feuer so nahe kommst.«

»Was deine Mutter damit sagen will …«, setzt sein Vater an, und dann knallt der Schokoladenriegel gegen seinen Hinterkopf.

Lorinda hat die Hände vor den Mund geschlagen und starrt ihn entsetzt an. »*Dios mío*, das tut mir furchtbar leid!«

Everett reibt sich den Kopf, eher überrascht als wütend. Anita will nach dem Riegel greifen, aber Corey ist schneller und hebt ihn vom Boden auf, dankbar für alles, was ihn vor diesem Gespräch bewahrt. Er geht zu Lorinda hinüber und gibt ihr den Riegel zurück. Er hört, wie Malik hinter ihm erschrocken aufwacht.

»Vielen Dank, mein Lieber«, sagt Lorinda. »In diesem Schiff gibt es also doch noch jemanden mit Manieren.«

Jack tritt vor und streckt die Hand aus. »Geben Sie mir die verdammte Schokolade.«

Diesmal zielt Lorinda besser, und der Riegel prallt von Jacks Brust ab. »Nehmen Sie ihn«, sagt sie. »Ich hoffe, Ihnen bricht davon ein Zahn ab.«

Seemas Augen blitzen auf. »Sie sollten einfach nur …«

»Alles in Ordnung hier?«, sagt Hannah.

Corey zuckt zusammen, genauso wie die meisten anderen. Niemand hat sie kommen sehen. Sie wirkt müde, aber konzentriert, hat die Arme über dem roten T-Shirt verschränkt und die Hände an die Ellbogen gelegt.

Niemand sagt etwas. Sie schauen sich nicht einmal an. Für Corey fühlt es sich an, als hätte ein Lehrer sie alle bei einer schlimmen Sache erwischt. Was seltsam ist, weil er sich absolut nicht vorstellen kann, wie Hannah vor einer Schulklasse steht. Sie hätte nicht die geringste Chance.

Seine Kehle schreit nach Wasser. Er versucht sich hinten um die Plastiksitze herumzuschleichen, um von dort aus zur Toilette zu gehen, doch sein Vater hält ihn mit einem ausgestreckten Arm davon ab. »Wie ist die Lage?«, will er von Hannah wissen.

Sie antwortet nicht sofort. Stattdessen hockt sie sich auf die Kante eines Stuhls, schiebt eine leere Chipstüte zur Seite und reibt sich die bloßen Arme.

»Wir meinen …« Sie hält inne und versucht es noch einmal. »Zumindest der Captain meint, wir sollten zum Tor fliegen.«

Brendan runzelt die Stirn. »Wie bitte?«

»Ich dachte, es wäre das Vernünftigste, hier auf Hilfe zu warten«, sagt Seema.

»Wir sind uns nicht mehr sicher, ob Hilfe kommen wird«, sagt Hannah. Hastig berichtet sie von ihrem Gespräch mit dem Captain.

»Das ist idiotisch«, sagt Jack. »Dass wir nichts von ihnen gehört haben, bedeutet nicht, dass sie nicht da sind. Vielleicht müssen wir nur die Leistungsfähigkeit unseres Empfängers erhöhen.«

»Das wird nicht funktionieren«, sagt Corey. Alle drehen sich zu ihm um, und er zuckt mit den Schultern. »Maverick-Schiffe haben ein ziemlich simples Kommunikationssystem. Das kann man eigentlich nicht verstärken.«

»Woher *weißt* du das überhaupt?«, fragt Jack.

»Wie wäre es, wenn man es direkt an eine Energiequelle anschließt?«, überlegt Seema. »Das Kommunikationssystem, meine ich. Würde es die Reichweite erhöhen, wenn es mehr Saft bekommt?«

Corey verzieht das Gesicht. »Es würde durchbrennen.«

»Vielleicht wissen sie nur nicht, dass wir hier sind«, sagt

Anita. »Sollten wir vielleicht ein eigenes Notrufsignal senden? Auch wenn es nur ein schwaches wäre?«

»Gute Idee«, sagt Brendan. »Dann weiß man an Bord dieses netten Kolonialschiffs, dass wir die Vernichtung des Hotels überlebt haben.«

»Ich will damit nur sagen, dass wir uns verschiedene Optionen offenhalten sollten.«

»Wir werden abstimmen«, sagt Hannah. »Wie gehabt. Alle, die dafür sind, dass wir uns auf den Weg zum Tor machen, heben die Hand.«

»Schon wieder?«, sagt Jack. »Großartig! Warum treffen wir nicht alle paar Stunden neue Entscheidungen?«

Hannah sieht ihn mit finsterer Miene an. »Die Situation hat sich geändert.«

»Nein«, sagt Seema. »Wir sind immer noch an genau derselben Stelle wie vor zehn Stunden.«

»Es gibt neue Informationen. Also ...«

»Einen Moment«, sagt Everett. »Wir setzen uns in Bewegung und fliegen zum Tor, vorausgesetzt, es ist noch da. Und was dann? Versuchen wir hindurchzuspringen? Schaffen wir das überhaupt mit diesem Schiff?«

»Und was ist, wenn die anderen uns finden?«, fragt Malik.

Hannah nimmt einen tiefen Atemzug und bemüht sich, langsam und ruhig zu sprechen. »Wir haben genug für ein paar Tage, aber wahrscheinlich nicht mehr, selbst wenn wir alles rationieren. Natürlich könnten wir hierbleiben, aber wenn niemand kommt, könnten wir Probleme bekommen. Wenn wir jetzt ein Risiko eingehen, gehen uns die Lebensmittel nicht aus. Und dann wüssten wir zumindest mit Sicherheit, wie es um das Tor steht.«

»Nun gut«, sagt Brendan und klatscht in die Hände. »Wie es klingt, haben Sie und der Captain es bereits entschieden. Warum sollen wir dann noch abstimmen?«

Hannah blickt ihm in die Augen. »Weil es uns alle betrifft. Also werden wir es korrekt machen.« Sie hebt eine Hand. »Ich stimme dafür, dass wir losfliegen, genauso wie der Captain. Noch jemand?«

Niemand rührt sich. Dann hebt Lorinda langsam eine Hand. Corey ebenfalls.

Der Rest der Familie Livingstone sieht sich an. Everett hebt die Hand. Anita und Malik nicht.

Kommt schon! Bitte! Corey sucht den Blickkontakt zu den anderen, will sie bewegen, ausnahmsweise eine kluge Entscheidung zu treffen. Zumindest waren sie sich einmal einig, als sie sauer auf ihn waren. Jetzt sieht es aus, als wäre das niemals geschehen.

Hannah schaut sich bestürzt um. Sie räuspert sich. »Und … und alle anderen sind dafür, dass wir bleiben?«

»Nita?« Everett sieht seine Frau erwartungsvoll an.

Langsam hebt Anita Livingstone die Hand. Und nach einem Seitenblick auf Jack auch Malik. Corey schließt die Augen, ballt die Hände zu Fäusten.

»Das war's dann«, sagt Jack, während er die Hand hebt und gleich wieder fallen lässt. Dann bemerkt er, dass Brendan und Seema noch gar nicht abgestimmt haben. Sie schauen ihn nicht einmal an. Sie reden flüsternd miteinander, die Köpfe zusammengesteckt. Corey kann nicht hören, was sie sagen.

»Hallo?«, sagt Jack.

Seema hält einen Finger hoch – *jetzt nicht* – und zischt Brendan etwas zu.

Er starrt sie für einen Moment mit offenem Mund an, als wollte er etwas antworten, dann klappt er den Mund zu und nickt.

»Ich stimme dafür, dass wir losfliegen«, sagt Seema und hält kurz die Hand hoch.

»Wirklich?«, fragt Jack.

Brendan hebt einen Metallfinger. »Tut mir leid, Kumpel. Uns gibt's nur im Doppelpack.«

»Sie werden nicht kommen«, sagt Seema. »Wir müssen zu ihnen fliegen.«

»Also ist es besiegelt«, sagt Hannah und steht auf. »Ich werde dem Captain sagen, dass wir aufbrechen können.«

»Wie lange dauert es, bis wir das Tor erreichen?«, fragt Everett.

Hannah lächelt. »Ihre Reisezeit beträgt heute voraussichtlich zweieinhalb Stunden«, sagt sie mit einem albernen Südstaatenakzent. »Nehmen Sie einfach Platz, lehnen Sie sich zurück und *genießen* Sie den Flug.«

Totenstille folgt ihren Worten. Lorinda bringt ein mattes Lächeln zustande. Hannah dreht sich um, während sich ihre Wangen wieder röten, und verschwindet im Durchgang zum Cockpit.

»Und was jetzt?«, fragt Seema.

»Was meinen Sie mit *was jetzt*?«, fragt Jack zurück. »Sie haben soeben abgestimmt. Das ist, was jetzt kommt.«

Seema legt den Kopf schief, und ein amüsiertes Lächeln blitzt auf ihrem Gesicht auf.

Jack erwidert ihren Blick für einen Moment, dann schüttelt er den Kopf. »Wie auch immer. Ich werde mal nachschauen, ob wir irgendwelchen Kaffee in der Bar übersehen haben.«

Seemas Augen leuchten auf. »O Gott, ja! Für einen Kaffee könnte ich töten.«

»Machen Sie sich keine zu großen Hoffnungen. Aber einen Versuch wäre es wert.«

Sie, Jack und Brendan gehen hinunter und unterhalten sich gedämpft.

Coreys Familie tut, was sie üblicherweise tut. Sein Bruder

beschäftigt sich wieder mit seiner Holokamera, den Kopf gesenkt, und seine Eltern streiten sich erneut über irgendetwas. *Könnten Sie nicht einfach mal nett zueinander sein? Nur für kurze Zeit?*

Der Zahnpflegeriegel liegt immer noch auf dem Boden. Er hebt ihn auf und gibt ihn Lorinda.

»Vielen Dank, mein Lieber«, sagt die alte Frau. »Aber ich glaube, ich habe den Appetit verloren. Möchtest du ihn haben? Oder vielleicht deine Mutter?« Sie grinst. »Hält die Beißerchen gesund und sauber.«

»Nein, danke«, sagte Corey. »Äh, Ma'am, wegen dieser Sache. Es tut mir wirklich, *wirklich* leid. Ich wollte nicht ...« Dann weiß er nicht weiter.

Lorinda wendet für einen Moment den Blick ab, dann sieht sie ihn wieder an. »Schon gut. Versprich mir nur, dass du so etwas nicht noch einmal machen wirst. Ich weiß nicht, ob du zweimal hintereinander so viel Glück haben würdest. Und nenn mich bitte nicht Ma'am, okay? Dann fühle ich mich so alt.«

»Alles klar. Kein Ding.«

»Und noch etwas ...« Sie winkt ihn näher heran und zeigt dann auf seine Eltern. »Pass gut auf sie auf, okay? Auch wenn sie ihre Schwierigkeiten miteinander haben. Sie werden dich und deinen Bruder brauchen, bevor das hier vorbei ist.«

Corey nickt. Unter ihnen zünden die noch funktionierenden Triebwerke der *Red Panda*, und außerhalb der Aussichtskuppel entfernen sich langsam die Überreste der Sigma-Station.

17

Es gibt keinen Kaffee in der Bar. Natürlich nicht. Jack macht sich gar nicht die Mühe, länger als ein paar Sekunden danach zu suchen. Stattdessen schenkt er sich einen weiteren JamFizz ein, nimmt einen Schluck und verzieht das Gesicht. Auf dem unteren Deck der *Panda* ist es kalt geworden, so kalt, dass er seinen Atem sehen kann, aber erstaunlicherweise ist das süße Getränk immer noch warm.

Ach, scheiß drauf! Jack leert das Glas so schnell wie möglich, dann geht er zum Tisch hinüber, an dem Brendan und Seema sitzen. Er fühlt sich high – als wären die Ereignisse des vergangenen Tages eine bizarre Halluzination gewesen, aber zumindest geht es ihm besser als kurz nach dem Aufwachen. Aus dem Schlaf gerissen zu werden, um festzustellen, dass er sich immer noch in diesem gottverdammten Schiff befindet, die dumpfe, bleierne Empfindung in seinem Magen, als ihm bewusst wurde, wo er ist – es hat sich angefühlt, als hätte Gott höchstpersönlich auf ihn geschissen.

Er hat wieder Hunger, nachdem die verdammten Sojachips längst verdaut sind. Wasser dürfte kein Problem sein, selbst wenn ihnen der JamFizz ausgeht, aber trotzdem sollte sich die Frontier beeilen. Was würde er jetzt für ein Steak-Sandwich geben – mit einem echten europäischen Steak und nicht die zähe Schuhsohle, die man ihm in der Station serviert hat. Und ein kaltes Bier, so kalt, dass es fast schmerzt, wenn man die Finger um das Glas legt.

Als er hinter der Bar hervortritt, sieht er Malik Livingstone die Treppe herunterkommen, mit dieser alten tragbaren

Kamera in der Hand. Warum hat der Junge überhaupt eine? Die Eltern kommen ihm nicht wie die Leute vor, die ihren Kindern verbieten, Linsen zu benutzen.

Malik zuckt zusammen, als er sie bemerkt, als hätte er hier wirklich nicht mit ihnen gerechnet. »Hey, ich, ähm … könnte ich etwas zu trinken haben?«

»Klar«, sagt Jack gleichzeitig mit Brendan. »Ja, natürlich.«

Malik schiebt sich an Jack vorbei. Sorgsam stellt er die Holokamera auf der Theke ab, dann verschwindet er hinter der Bar. Kurz darauf hören sie das Klicken einer geöffneten JamFizz-Dose.

»Hätten Sie was dagegen, wenn ich ein paar Aufnahmen von der Bar mache?«, fragt er, immer noch hinter der Theke. »Nur ein Fünf-Sekunden-Schwenk?«

»Äh … okay«, sagt Jack.

Malik taucht wieder auf und lächelt. »Toll! Danke! Bleiben Sie einfach, wo Sie sind, und verhalten Sie sich ganz natürlich. Machen Sie das, was Sie auch vorher getan haben.«

Sie sitzen und stehen in verlegenem Schweigen da, als er die Kamera horizontal durch den Raum schwenkt. Jack rührt sich, als ihm bewusst wird, dass er pissen muss. Es kommt ihm seltsam vor, ein so elementares Bedürfnis ausgerechnet in einem solchen Moment zu haben.

Der Schwenk dauert nicht fünf, sondern etwa fünfzehn Sekunden, was auch Malik zu bemerken scheint. Als er fertig ist, senkt er hastig die Kamera. »Erledigt«, sagt er ein wenig zu laut.

»Hast du gute Aufnahmen gemacht?«, fragt Brendan. Es ist eine beiläufige Frage, wie man sie automatisch stellt, also ist Jack ein wenig überrascht, als Malik mit einem sehr ernsten Nicken antwortet.

»Ja, absolut«, sagt er. »Ich habe fast die ganze Zeit gefilmt, seit wir losgeflogen sind. Ich glaube, ich habe auch das meiste … von dem, was mit der Station passiert ist.«

Die *Panda* meldet sich wieder. »Passagier! Vielen Dank, dass Sie Ihr Abenteuer dokumentieren. Wussten Sie, dass Sie Ihre Bild- und Videoaufnahmen ins Öffentliche Geschichtsarchiv der Frontier hochladen können? Teilen Sie Ihre Erlebnisse mit anderen Reisenden und werden Sie ein Teil der Geschichte, während Sie …«

»Mein Gott!«, murmelt Jack.

»… durch die Galaxis navigieren. Noch viel Vergnügen bei dem Rest Ihrer Reise in diesem Ausflugsschiff von Sigma Destination Tours.«

Keiner von ihnen sagt etwas, bis die Stimme des Schiffs verstummt.

Seema gibt einen leisen, kehligen Laut von sich, als hätte sie einen kleinen Knochen verschluckt. »Das Ding geht mir echt auf die Nerven.«

Malik scheint sie gar nicht gehört zu haben, und er lässt sich auch nicht durch die Unterbrechung beirren. Er zeigt wieder ein flüchtiges Lächeln, dann geht er zur Treppe. Auf halbem Weg dorthin bleibt er stehen und dreht sich noch einmal um. »Kann ich Sie etwas fragen?«

Brendan zuckt mit den Schultern.

»Es ist nur so, dass …« Er hebt die Kamera, als wollte er eine neue Aufnahme machen, doch dann lässt er sie wieder sinken. »Wissen wir, ob das Schiff, das uns angegriffen hat, nicht immer noch da draußen ist?«

»Das wissen wir nicht.« Jack wirft einen Blick zu Brendan und Seema. »Weshalb es klüger gewesen wäre hierzubleiben.«

»Das habe ich mir auch gedacht.« Malik stößt mit der Schuhspitze gegen eine aufgewölbte Bodenplatte. »Ich weiß, dass wir über solche Sachen abstimmen müssen, aber wenn wir abgeschossen werden, wird nie jemand erfahren, was mit uns passiert ist. Ich meine, man wird wohl herausfinden, was hier los war, aber niemand wird wissen, was *danach* passiert ist. Wie wir uns im Hotel versteckt haben, das Feuer und alles andere. Niemand wird es je erfahren.«

»Wie heißt sie?«, fragt Brendan.

Malik blickt auf. »Wer?«

»Deine Freundin. Oder ist es ein Junge?« Er sieht den Ausdruck auf den Gesichtern von Jack und Seema und muss laut lachen. »Na, komm schon. Ihr wollt mir doch nicht ernsthaft erklären, dass es so schwer war, darauf zu kommen.« Er wendet sich wieder Malik zu, die Augenbrauen erwartungsvoll hochgezogen.

Einen Moment lang macht Malik den Eindruck, als würde er am liebsten von einem Schwarzen Loch verschluckt werden, doch dann sagt er: »Shanti.«

»Shanti.« Brendan spricht den Namen aus, als wollte er seinen Geschmack auf der Zunge prüfen. »Hübsch. Ein Mädchen aus deiner Schule?«

»Ja.« Sie können ihn kaum hören. »Eine Klasse unter mir.«

»Wie lange seid ihr schon zusammen?«

»Sie ist nicht meine Freundin«, sagt Malik hastig. »Vielleicht irgendwann. Wir haben uns einmal geküsst. Ich weiß nicht, ich denke nur ... Ich möchte, dass sie erfährt, was passiert ist.«

Zu Jacks Überraschung steht Brendan auf. Die Servos in seinem Arm surren, als er hinübergeht und Malik eine Hand auf die Schulter legt.

»Alle werden erfahren, was passiert ist«, erklärt Brendan ihm. »Willst du wissen, was ich glaube? Wir sagen ständig, wir hätten verdammtes Glück gehabt, und in gewisser Weise stimmt das auch. Immerhin sind wir hier rausgekommen. Ich würde sagen, damit haben wir richtiges Glück gehabt. Ich glaube, unsere Glückssträhne wird anhalten, und irgendwann trifft die Kavallerie hier ein, und dann ist es überstanden. Du wirst schneller wieder zu Hause bei deiner Shanti sein, als du dir vorstellen kannst.«

Er spricht zu Malik, aber Jack ist völlig klar, für wen die Worte eigentlich gedacht sind. Seema sitzt sehr still da, die Hände im Schoß verschränkt, mit ausdrucksloser Miene.

Brendan fasst Maliks Schultern mit beiden Händen. »Und tu dir selbst einen großen Gefallen, Junge. Frag sie einfach. Das war der Fehler, den ich bei Seema gemacht habe. Es hat eine halbe Ewigkeit gedauert, bis ich endlich den Mut zusammengekratzt habe, sie zu fragen, ob sie mich heiraten will. Und sie hat die schrecklichste Mutter der Welt – ich habe ein paarmal überlegt, zu den Kolonien überzulaufen, nur damit ich sie nicht auf der Hochzeit ertragen muss.«

»Ich bitte dich!«, sagt Seema.

Malik nickt, und trotz seiner Erschöpfung stiehlt sich ein Lächeln auf sein Gesicht. Während Jack ihn beobachtet, fühlt er sich auf seltsame Weise nutzlos. Andererseits konnte er noch nie gut mit Kindern umgehen – womit Brendan und Seema offensichtlich kein Problem haben.

»Also filmst du das alles für sie?«, fragt Brendan. »Für diese Shanti?«

Malik schüttelt den Kopf. »Nein. Sie interessiert sich nicht so sehr dafür. Das kommt alles in meine Showreel. Ich brauche ein paar gute Sachen, wenn ich mich für die TFA bewerbe. Das ist die Titan Film Academy. Die beste in allen Frontier-Systemen.«

»Stimmt das?«, fragt Brendan nach.

Malik nickt, und Jack kommt ein sehr seltsamer Gedanke: Sie alle reden, als könnten sie dort mit ihrem Leben weitermachen, wo sie aufgehört haben. Der Junge arbeitet weiter an seiner Showreel fürs College. Die alte Frau kaut diese Riegel, weil es gut für ihre Zähne ist.

Nun, warum auch nicht? Schließlich muss die Frontier irgendwann bemerken, dass plötzlich nichts mehr von Sigma kommt. Sie werden bald hier sein. Es sind nur zehn Stunden vergangen. Was die Leute hier machen, ist eine Überreaktion.

»Film weiter«, sagt er zu Malik. »Vielleicht brauchen wir deine Aufnahmen, bevor das alles vorbei ist.«

Der Gesichtsausdruck des Jungen wechselt schlagartig zu Entsetzen. »Bitte erzählen Sie meinen Eltern nichts von Shanti. Und auch Corey nicht. Mom würde ausrasten, wenn sie davon erfährt. Sie meint, ich wäre noch zu jung für …«

»Kein Wort«, sagt Brendan lächelnd. »Bei unserer Ehre.«

Malik wirkt erleichtert. »Vor allem Corey. Er macht immer wieder Sachen, ohne nachzudenken. Zum Beispiel diese eine Sache. Ein Freund von mir lag im Krankenhaus, mit grauer Lunge – ich weiß nicht, ob Sie es wissen, aber …«

»Wir wissen, was das ist.« Seema lächelt gepresst.

»Wir alle sind von der Erde.« Jack deutet in die Runde.

»Richtig, gut. Ich meine, es ist jetzt heilbar, also wurde er wieder gesund. Aber als er dann von der Klinik nach Hause kam, wollten ein paar von uns bei ihm eine Willkommensparty schmeißen. Irgendwie war auch Corey dabei, und er war so aufgeregt, dass er allen in der Schule davon erzählt hat, und als Ajay dann nach Hause kam, hieß es, oh, ja klar, danke, Leute.«

»Verstehe«, sagt Brendan. »Wir werden nichts über dein Mädchen sagen.«

Malik zeigt ihnen zögernd einen hochgereckten Daumen, dann stürmt er die Treppe hinauf.

Jack wartet einen Moment und geht dann zur Theke hinüber. Mit einem Fuß will er einen Stuhl näher heranziehen, doch er denkt nicht daran, dass alle am Boden befestigt sind, sodass er fast auf die Nase fliegt.

Brendan prustet.

»Freut mich, dass ich zu Ihrer Erheiterung beitrage«, brummt Jack, während er sich setzt.

»Irgendwer muss es ja tun.« Brendan erschaudert und stößt ein knappes »Brr« hervor. »Der arme Kerl.«

Seema wirft ihm einen bösen Blick zu. Sie hat die Hände zwischen den Beinen, den Jackenkragen hochgeschlagen. Jack hat ihr immer noch nicht ganz verziehen, dass sie gegen ihn gestimmt hat, aber es fällt ihm schwer, genügend Energie für eine verärgerte Reaktion aufzubringen.

»Also kein Kaffee«, sagt Brendan. »Wir sollten wieder nach oben gehen. Hier ist es eiskalt.«

»Einen Moment.« Seema beugt sich vor, verschränkt die Finger ineinander und stützt die Ellbogen auf dem Tisch ab. »Wir haben das noch gar nicht zu Ende besprochen. Was hier passiert.«

Beide schauen sie mit verständnisloser Miene an.

»Dass wir das einzige überlebende Schiff sind.«

»Das schon wieder.« Brendan klingt genervt, und er wirft Jack einen wissenden Blick zu.

»Hör auf damit!«, sagt Seema sehr leise.

»Womit?«

»Mich so zu behandeln. Als wäre ich verrückt. Das tust du ständig.«

»Baby, das wollte ich damit nicht sagen.«

»Und was wolltest du damit sagen?«

»Genug.« Jack reibt sich das Gesicht und gräbt die Finger in den Knochenkamm über den Augen. »Okay?«

»Und Sie.« Seema spricht immer noch recht leise, aber ihr verletzter Gesichtsausdruck ist nicht zu übersehen. Sie beugt sich vor und trommelt sanft mit den Fingern auf dem Tisch.

Als wäre dies hier eine Ausschusssitzung mit Protokoll und Tagesordnung. »Sie wollen einfach akzeptieren, was geschieht. Ist es das?«

»Ich akzeptiere n…« Ihm wird bewusst, dass er fast schreit, und muss sich zusammenreißen. »Was sollte ich Ihrer Meinung nach stattdessen tun?«

»Ich möchte, dass Sie die Augen aufmachen. Diese ganze Sache stinkt, und Sie wollen einfach nur hier sitzen und so tun, als würden Sie nichts riechen. Nicht mit mir. Ich werde zu meinem Jungen zurückkehren, und wenn Sie mir dabei nicht helfen wollen, können Sie mich mal. Okay?«

»Wir werden Marcus nicht im Stich lassen«, sagt ihr Ehemann behutsam. »Du bist seine Mutter, und ich bin sein Vater, Punkt. Aber ich sehe hier keine Verschwörung, Seems. Wirklich nicht, und es hilft niemandem, wenn du immer wieder davon anfängst.«

Aber in seinen Augen schimmert etwas. Nicht Ungläubigkeit, sondern eher Eifer. Es erinnert Jack daran, wie Seema vor Kurzem gewirkt hat, als er das Wort *Wunder* benutzte.

Seema nimmt einen tiefen Atemzug. »Okay«, sagt sie und sieht Brendan mit einem langsamen Nicken an. »Okay. Aber ich glaube trotzdem nicht, dass man uns die ganze Geschichte erzählt hat.«

Jacks Magen knurrt erneut. »Wie meinen Sie das?«

»Wir haben die ganze Zeit nur reagiert. Der Angriff, das Feuer, alles. Wir müssen die Initiative übernehmen.«

»Seema …«

»Nein, hör mir zu. Hat irgendwer von euch tatsächlich mit der Pilotin gesprochen? Oder sie auch nur gesehen?«

»Ja«, sagt Jack. »Während des Angriffs war ich kurz im Cockpit. Sie war wirklich da.«

»Für wie lange? Fünf Sekunden? Seitdem hat keiner von uns sie gesehen, und keiner war bei ihr. Wir haben einfach darauf vertraut, dass sie weiß, was sie tut, und sind bereit, ihr wie gute kleine Soldaten zu folgen.«

»Was ist mit den Abstimmungen?«, sagt Brendan. Aber er klingt nicht mehr so sicher und sieht Jack an, als würde er Unterstützung von ihm erwarten.

Seema lächelt erschöpft. »Glaubst du wirklich, dass sich die Pilotin dafür interessiert? Sie war der Meinung, dass wir auf dem Holzweg sind, und sie macht sowieso, was sie will, und keiner von uns könnte sie davon abhalten. Und ich habe das mit der Mittelsperson satt … dass die Reiseführerin immer hin und her rennt. Wir müssen ins Cockpit. Wir müssen wissen, was die Pilotin weiß. Benutz dein Gehirn, Baby.«

»Das tue ich!« Brendans Verärgerung ist unverkennbar.

»Dann hör auf deinen Bauch. Oder wenn du das nicht kannst, vertrau meinem Gefühl. Pooka, erinnerst du dich an diesen Auftrag, der uns auf dem Mars angeboten wurde?« Sie sieht Jack an. »Ein Geschäftsmann in Acidalia wollte ein Triptychon – das ist ein dreiteiliges …«

»Ich weiß, was ein Triptychon ist. Worauf wollen Sie hinaus?«

»Es hat sich nicht richtig angefühlt. Ich ging in sein Büro, und ich … *wusste* es einfach.«

»Cushla, das war aber etwas ganz anderes«, sagt Brendan.

»Ja? Inwiefern? Hätte ich diesen Job angenommen, wären mehrere Monate Arbeit für die Katz gewesen, und am Ende hätten wir nichts in der Hand gehabt. Was glaubst du, warum man etwa zwei Monate später seine Firma dichtgemacht hat?«

Als Jack das Paar betrachtet, kommt eine Erinnerung an Hector hoch. Sie standen auf dem Dach von Hecs Haus in São Paulo, ohne Hemd, die Haut auf dem Rücken klebrig vom Schweiß in der Spätnachmittagssonne. Ein Eimer mit Antarctica Cerveja, das Eis längst geschmolzen. Hec wollte mit etwas angeben, das er in der Polizistenausbildung gelernt hatte.

Jack wandte ein, dass er es gar nicht wissen musste. In Luxushotels und Urlaubsorten trieben sich viele Kriminelle herum, aber sie gehörten normalerweise nicht zu jenen, die aggressiv entwaffnet werden mussten. »Spielt keine Rolle«, erwiderte Hector mit seinem hinreißenden Akzent. »Wenn du nach São Paulo kommst, musst du vorbereitet sein.«

Das war typisch Hector. Manchmal setzte er sich einfach etwas in den Kopf und konnte nicht mehr davon ablassen. Diesmal war es genauso. Also bestand er darauf, Jack zu zeigen, wie man jemanden entwaffnet, der eine Pistole in der Hand hält: Geh langsam auf den Angreifer zu, die Hände erhoben. Und wenn du ihm nahe genug bist, führe die Hände zusammen, als wolltest du klatschen. Schlag von innen gegen das Handgelenk und von außen auf den Handrücken und beweg schnell den Kopf zur Seite. »Dann geht sie wahrscheinlich los«, sagte Hector. »Aber gleichzeitig fliegt sie davon.«

Jack erinnert sich nicht mehr genau an die Technik. Damals hat er sich auf Hecs Körper konzentriert. Anschließend, während die Sonne immer noch vom Himmel brannte, widmete er ihm noch viel mehr Aufmerksamkeit. Die Erinnerung ist so lebhaft, so klar, dass er fast die Sonne auf seinem Rücken spüren kann, während sich Hectors Fingernägel in seine Haut krallten.

Er schüttelt es ab. Auch wenn er Hector vermisst, kann er auf diese nervige, irrationale Unbeirrbarkeit verzichten. Er kann gut ohne Hecs Obsessionen leben – die man nicht einmal richtig als Obsessionen bezeichnen kann, weil sie sich ständig änderten. Sachen, die getan werden *müssen*, um die man sich kümmern *muss*, jetzt gleich, in diesem Moment. Deswegen war er ein guter Polizist gewesen.

Seema erinnert ihn ein wenig an Hector. Aber nicht auf angenehme Weise. Sie verhält sich nicht rational. Sie ist eine Bärenmama, die von ihrem Jungen getrennt wurde, weshalb sie um sich schlägt, um verzweifelt die Gefahr zu beseitigen. So etwas kann er im Moment nicht gebrauchen. Hec kann ihnen nicht helfen. Seema und Brendan sind vielleicht die einzigen Leute in diesem Schiff, mit denen er reden kann, ohne den Wunsch zu verspüren, sich die Ohren zuzuhalten, aber das wird sich ändern, wenn sie nicht mit ihrem Blödsinn aufhört.

Er steht vom Stuhl auf. »Ich geh mal für kleine Jungs.«

»Kleine Jungs?«, fragt Seema.

»Zur Toilette.« Er sieht sie eindringlich an. »Falls das für Sie in Ordnung ist.«

Sie verdreht die Augen, sagt aber nichts.

Ein Unisex-Symbol markiert die Tür zur Toilette, die unter die Treppe gezwängt wurde. Hier ist es so eng, dass Jack sich zur Seite drehen muss, um hineinzukommen. Es gibt ein Klo, ein winziges Waschbecken, eine Miniaturflasche mit Trockenschaum-Handreiniger. Aus einer Öffnung neben dem Waschbecken ragt ein Stück Papierhandtuch. Es gibt keinen Spiegel, aber die Wand über dem Klo ist mit gelben Warnhinweisen tapeziert, die den Benutzer darüber informieren, dass jeder, der in der Toilette raucht, zu einer Geldstrafe von zwanzigtausend Universaldollars oder einer Haftstrafe von fünf Jahren verurteilt wird – oder zu beidem. *Gut zu wissen.*

In der Bar ist es kalt, aber in diesem kleinen Raum ist es saukalt. Sein Atem bildet weiße Wölkchen, und als er den Reißverschluss öffnet, lässt das Gefühl der eisigen Luft auf seiner bloßen Haut ihn leise aufkeuchen.

Das Geräusch, mit dem sein Urin auf die Plastikoberfläche der Kloschüssel trifft, klingt gedämpft. In der Stille kann er das Knirschen und Knarren des Schiffsrumpfs hören, obwohl es fast vom Summen des Triebwerks übertönt wird.

Sie wollen einfach akzeptieren, was geschieht. Ist es das?

Es ist ein Wunder.

Er blickt nach unten und stellt bestürzt fest, dass seine freie Hand den Saum seines Hemds zu einem festen Knoten verdreht hat. Er lässt es los, als hätte er sich daran verbrannt, schlägt gegen das Waschbecken. Schon wieder. Die billige Metallfläche gibt nach. Fast hätte er eine Delle hinterlassen.

Dieses Schiff ist einfach nur ein nutzloses Stück Schrott. Nutzlose, billige Scheiße, die nur den geringsten Anforderungen genügt. Falls sie hier herauskommen – nein, *wenn*, nicht *falls* –, wird er ein ernstes Wörtchen mit den Wirtschaftsjournalisten des Feeds reden. Es ist nicht vorstellbar, dass ein Unternehmen mit so niedrigen Standards völlig legal arbeitet. Das Ganze ist ein sehr dubioser Laden, der von sparwütigen Arschlöchern geführt wird, und er wird sich begeistert auf die Aufgabe stürzen, den Skandal aufzudecken. Angefangen mit den beiden Idiotinnen, die für dieses Schiff verantwortlich sind.

Und danach wird er sich ein Bier gönnen. Eiskalt, in einem sehr großen Glas. Für eine Sekunde kann er es tatsächlich schmecken und spürt, wie der Schaum an seinen Lippen kitzelt.

Er betrachtet die Wand mit den Warnhinweisen, die gerade genug spiegelt, dass er eine verzerrte Version seiner selbst darin erkennen kann. »Hör auf damit«, brummt er leise.

Er schätzt, dass er in seinem Leben noch nie so schnell gepisst hat, zieht den Reißverschluss so hastig hoch, dass er sich fast den Schwanz im eiskalten Metall eingeklemmt hätte. Die Toilette arbeitet chemisch, die dicke pinkfarbene Flüssigkeit verschwindet schnell, das Geräusch dabei ist kaum lauter als ein Murmeln.

Als er den Wasserhahn über dem Becken aufdreht, kommt ein gequältes metallisches Ächzen von der Decke – aber kein Wasser. Er runzelt die Stirn und öffnet den Hahn so weit wie möglich. Ein einziger Tropfen zwängt sich aus der Öffnung und bleibt daran hängen. Sonst nichts.

»Leute?«, sagt Jack.

18

Weltraumreisen sind Hannah nicht fremd. Sie ist schon viele Kurzetappen geflogen: mit ihren Eltern, bei Schulausflügen, selbst ein Wochenende zu den künstlichen Stränden von Io während der Frühlingsferien. Sie weiß, dass sich Sterne nicht zu bewegen scheinen, wenn man unterwegs ist. Doch das hält sie nicht davon ab, voller Sorge auf die weißen Lichtpunkte außerhalb des Cockpitfensters der *Red Panda* zu starren.

Inzwischen haben sie sich vom Trümmerfeld entfernt – hier sind sie nur noch von wenigen Stücken umgeben, die in der Schwärze aufblinken. Hannah hat sich auf diesen Teil gefreut und gehofft, dass es ihre Nerven beruhigt. Aber das passiert nicht. Die schwarze Leere hat alles eher noch schlimmer gemacht. Der Nebel liegt jetzt hinter ihnen, sodass nur noch ein paar blasse Schwaden am Rand des Fensters zu erkennen sind.

Ein Lichtjahr ist eine Entfernung von etwa zehn Billionen Kilometern. Eine bedeutungslose Zahl, die völlig unvorstellbar bleibt. Die Sterne außerhalb des Cockpits sind vielleicht längst tot – sie könnten sich in riesige Supernovae verwandelt haben oder erloschen sein, was zunächst niemand bemerken würde, erst wenn sie bereits seit Jahrtausenden verschwunden sind. Die Vorstellung, dass diese Sterne gar nicht mehr existieren – dass sich vor ihnen nichts außer Dunkelheit ausbreitet –, ist erschreckend.

Angesichts solcher Entfernungen macht es kaum einen Unterschied, ob sie sich vorwärtsbewegen.

»Etwa zwei Stunden«, murmelt Volkova vor sich hin. »Dann werden wir es sehen. Reiseführerin, reichen Sie mir bitte die Flasche.«

»Hmm?«

»Die Flasche. Da drüben neben den Steuerdüsenkontrollen.«

Die Wodkaflasche lehnt an der Kontrollkonsole und ist zu zwei Dritteln leer. Hannah mustert Volkova, ihr zerzaustes Haar und die trüben Augen. »Ist das eine gute Idee?«

»Wie meinen Sie das? Wodka ist immer eine gute Idee. Na los, her damit!«

»Was ist, wenn das andere Schiff zurückkommt?«

»Wenn das andere Schiff zurückkommt, sind wir alle tot. Und in meiner alten Schwadron habe ich den Eid geleistet, dass ich auf gar keinen Fall nüchtern sterben werde.«

Hannah lacht verhalten. »Richtig. Ihre alte Schwadron. Haben auch sie sich Victory Stars verdient?«

»Genau. Ja. *Bitte!*«

Sie streckt eine Hand nach der Flasche aus. Hannah zögert kurz, doch dann setzt sie selbst die Flasche an die Lippen und legt den Kopf in den Nacken, um einen Schluck zu nehmen.

Sie hat nie allzu viel getrunken – hauptsächlich Bier und gelegentlich einen schlecht gemixten Cocktail. Sie hatte schon ein- oder zweimal Wodka, aber der war nicht annähernd so gut wie dieses Zeug. Zuerst schmeckt es wie heißer Zimt, und es tut so gut, dass sie am liebsten weitertrinken würde. Dann brennt der Alkohol plötzlich so intensiv, dass sie husten muss und ein paar Wodkatröpfchen auf die Kontrollkonsole versprüht.

Sie erwartet, dass Volkova sie anschreit, aber stattdessen lacht die Pilotin. »Gut, ja. Und *geben* Sie ihn mir endlich, um Himmels willen!«

Volkova nimmt einen tiefen Schluck, trinkt den Wodka genauso locker wie ein Glas Wasser. Hannah spürt, wie sich ein kleiner Rausch hinter ihren Augäpfeln aufbaut, und nun fällt es ihr etwas leichter, sich mit der Möglichkeit auseinanderzusetzen, dass dieses Kolonialschiff jeden Moment wieder auftauchen könnte.

Bis jetzt war dieser Gedanke wie ein Splitter in ihrem Daumenballen, den sie nicht entfernen kann. Deshalb hält sie sich im Cockpit auf, trotz des Gestanks nach Zigarettenrauch und Schweiß. Hier, wo Volkova das Sagen hat, ist es einfacher, diese Dinge zu ignorieren, und es ist *definitiv* einfacher, sie nach einem Schluck Wodka zu ignorieren.

Volkova gibt ihr die Flasche zurück. Hannah hätte beinahe abgelehnt, doch dann überlegt sie es sich anders. Beim zweiten Mal geht er leichter runter und schmeckt genauso gut. Aber nicht mehr davon – dieses Zeug ist tödlich. Sie kommt fast damit klar, dass sie sich einmal im Cockpit übergeben hat – wenn es ihr ein zweites Mal passiert, wäre das ziemlich rüde.

»Was glauben Sie, was wir vorfinden werden?«, fragt sie. »Wenn wir das Tor erreicht haben.«

»Komm drauf an. Vielleicht ist das Verteidigungssystem noch aktiv, was bedeuten würde, dass es uns beschützen kann. Selbst wenn es zerstört wurde, könnte das Tor noch da sein, und unsere Freunde aus den Kolonien schießen einfach nur jeden ab, der hindurchkommt. Wenn das der Fall ist, ziehen wir uns so weit wie möglich zurück und warten darauf, dass sie ein Schiff schicken, das groß genug ist, um sich gegen sie behaupten zu können. Wenn nicht …«

Volkova zuckt mit den Schultern, dann bemerkt sie Hannahs Gesichtsausdruck. »Tut mir leid. Ich weiß, dass wir in einer blöden Situation sind.«

»Schon gut. Ich … ich muss nur darüber nachdenken, was

ich alles noch tun wollte. Ich meine, als ich diesen Job bekam.«

»Sie wollten gar nicht Reiseführerin werden?«

»Doch. Ich meine … ja, schon, aber es war nur ein erster Job. Es war nicht das Einzige, was ich machen wollte. Ich dachte, ich könnte mir vielleicht etwas anderes suchen, während ich hier draußen bin, falls es mir als Reiseführerin nicht gefällt.«

»*Da?*«, sagt Volkova im Tonfall von jemanden, den es eigentlich gar nicht interessiert. »Und was?«

»Ich dachte mir, ich bekomme vielleicht einen Job in einem Museum. So etwas kriegt man kaum ohne Erfahrung, aber Sie wissen schon, wenn ich es zuerst hier draußen probiere …«

Sie verstummt. Plötzlich hat sie diese Lüge satt, die Geschichte, die sie ihren Eltern und Freunden erzählt hat, wenn sie sie nach ihren Plänen fragten. In Wirklichkeit war dies der einzige Job, den sie bekommen konnte, und sie hat nicht die leiseste Ahnung, wie das Personal des Marsianischen Museums für Naturgeschichte eine vorübergehende Tätigkeit für das billigste Reiseunternehmen der Welt einschätzen würde.

»Was ist mit Ihnen?«, fragt sie. »Was würden Sie jetzt machen, wenn das hier nicht passiert wäre?«

Der Captain antwortet nicht. Wenig überraschend – schließlich ist es eine bescheuerte Frage. *Was würde sie machen? Was glaubst du, was sie machen würde? Sie fliegt seit zwölf Jahren für Sigma Tours. Sie wäre genau hier, auf diesem Sitz, um wie immer mit Passagieren die Station zu umkreisen.*

Nach einer Weile sagt Volkova: »Alles okay mit den Passagieren?«

»Was? Oh, ja, alles gut.«

»Vielleicht sollten Sie mal nachsehen. Ob sie vielleicht

Hilfe brauchen. Außerdem muss ich arbeiten. Kann nicht den ganzen Tag lang plaudern.«

»Äh … okay.« Hannah gibt Volkova die Flasche zurück.

Die Pilotin nimmt sie wortlos entgegen und lässt sie im Fach in der Konsole verschwinden.

Was redet Volkova da? Die Passagiere brauchen ihre Hilfe nicht, und schließlich gibt es nichts, was unbedingt in diesem Moment …

Doch Volkovas Schultern sind viel zu angespannt, und sie hält den Steuerknüppel fest, als würde er ansonsten davonsausen. Natürlich. Wenn man sein Arbeitsleben ausschließlich ganz allein in einem Cockpit verbringt, muss es ziemlich irritierend sein, wenn man auf einmal ständig Gesellschaft hat – zumal hier eigentlich gar nicht genug Platz für zwei Personen ist, und schließlich gibt es im Moment keinen Notfall, um den sie sich kümmern müssten. Dies ist Volkovas Reich, und Hannah hat sich einfach darin einquartiert. Und sich bei ihren Vorräten bedient.

Sie lächelt – was ihr nach dem Wodka leichter fällt, der jetzt an den Innenseiten ihrer Wangen glüht. »Völlig richtig. Wir sehen uns später.«

»*Da*. Vielen Dank.«

Anita und Lorinda sind die Einzigen auf dem Hauptdeck. Die alte Frau hat die Augen geschlossen, ihr Kopf ruht auf einer Jacke, und Anita macht irgendetwas auf ihrer Linse. Hannah bleibt an der Treppe stehen. »Wo sind die Jungen?«, fragt sie und hofft, dass der fröhliche Tonfall ihrer Stimme nicht allzu gezwungen klingt.

»Was?« Anita schaut blinzelnd zu ihr hinüber. »Oh. Sie sind nach unten gegangen.«

»Okay. Danke.« Hannah überlegt, was sie noch sagen könnte, aber ihr fällt nichts ein. Sie dreht sich um. Wahrscheinlich sollte sie sich vergewissern, dass Jack nicht versucht, sich durch die Luftschleusentür zu meißeln, oder etwas in der Art. Doch dann hält sie inne.

»Ähm, könnte ich vielleicht …?« Sie schließt kurz die Augen und fragt sich, wie sie es formulieren soll.

Anita blickt auf. »Ja?«

Ach, scheiß drauf! Hannah stößt sich vom Geländer ab und verschränkt die Arme. »Sie sagten, dass Sie für einen Senator arbeiten.«

»Richtig, für Tom Daniels.«

»Gut. Ja. Das hatte ich mir gedacht. Weil ich … ich meine, ich wollte Sie fragen … glauben Sie wirklich, dass es eine gute Idee war, das Belarus-Abkommen neu zu verhandeln?«

Anita seufzt sehr leise. »Um genau zu sein, ja.«

»Ich verstehe nicht, warum Sie das tun wollen. Haben wir den Kolonien nicht schon genug weggenommen? Sie haben doch bereits den Krieg verloren.«

»Nun, zum einen könnte es ihre Schiffe davon abhalten, uns anzugreifen.« Anitas Stimme hat nun eine Schärfe, die vorher nicht da gewesen ist. Hinter ihr schaut eine verdutzte Lorinda die beiden abwechselnd an.

»Aber der Frontier-Senat macht es die ganze Zeit. Nehmen und nehmen und nehmen. Ich … ich möchte nur verstehen, wie Sie damit einverstanden sein können, dass so etwas passiert. Wie können Sie es vor sich rechtfertigen …?«

»Rechtfertigen?« Anita verschränkt die Hände im Schoß. »Ich muss nichts rechtfertigen. Wir dachten, das Abkommen ist bei der ersten Verhandlungsrunde zu sehr zugunsten der Kolonien ausgefallen, also sind wir noch einmal an den Verhandlungstisch zurückgekehrt. So läuft es ab.«

»Sie können nicht einfach irgendetwas ändern, wenn Sie genug davon haben.«

»Aus Ihrem Mund klingt es, als hätten wir einfach mit den Fingern geschnippt und das Ganze umgeschrieben. Das Hin und Her geht schon seit *zwei Jahren.* Ausschüsse. Unterausschüsse. Inoffizielle diplomatische Kontakte.« Ihr Lachen klingt für Hannah kalt. »Und am Ende? Am Ende haben alle bekommen, was sie wollten. Die Kolonien erhielten größere Hilfslieferungen, und die Sanktionen wurden reduziert, und dafür gaben sie uns ein paar abgelegene Welten ab und stimmten einer Verringerung ihrer Militärausgaben zu. Für mich klingt das alles...« Sie fixiert Hannah mit einem bedeutungsvollen Blick. »... nach einer ziemlich guten Idee.«

»Ja, diese abgelegenen Welten.« Hannah betont die Worte. »Sie wollen dort nur Helium-3 abbauen. Was ist mit den Leuten, die dort wohnen? Hatten sie dabei ein Mitspracherecht?«

»Wir haben ein komplettes Umsiedlungsprogramm für sie vorbereitet. Wir bieten ihnen sogar die Staatsbürgerschaft der Frontier an, wenn sie es möchten.« Sie seufzt. »Ich weiß, dass einige Teile des Abkommens vielleicht etwas ... kontrovers sind, aber letztlich geht es um die Sicherheitsinteressen der Frontier.«

»Ich bitte Sie!«

Anitas Lächeln ist so kalt wie die Luft auf dem Hauptdeck. »Sie haben keine Kinder, nicht wahr?«

Hannah will darauf antworten, als sie hinter sich ein Geräusch hört. Sie dreht sich um und sieht, wie Everett die Treppe heraufkommt. »Hey! Wissen Sie, was mit dem Wasser los ist?«, fragt er sie.

Ihre Antwort auf Anitas Frage liegt ihr immer noch auf der Zunge, und sie muss sich zwingen, sich auf seine Frage zu konzentrieren. »Was meinen Sie damit?«

»Wir konnten nur noch sehr wenig Wasser aus den Hähnen in der Bar und der Toilette herausholen.«

Anita beschäftigt sich wieder mit ihrer Linse, blinzelt sich durch Dokumente, und Hannah kommt sich etwas idiotisch vor. Sie schüttelt den Kopf. Was hat sie sich dabei gedacht, über Politik zu diskutieren? In dieser Situation. Wie viel Wodka hat sie tatsächlich getrunken?

Sie folgt Everett hinunter in die Bar. Brendan, Seema und Jack hocken am anderen Ende zusammen und streiten sich über irgendetwas. Hannah verzichtet darauf, sie zu fragen, was das Problem ist, und geht direkt zur Toilette. Erst auf halbem Weg dorthin wird ihr bewusst, dass die Temperatur in der Bar noch weiter gefallen ist. Hier ist es *eisig*.

Über der dünnen Tür befindet sich eine Klappe, vielleicht einen halben Meter im Quadrat, mit versenktem Griff. Hannah reckt sich auf Zehenspitzen empor und knirscht mit den Zähnen, als sie danach greift und eiskaltes Metall in ihre Haut beißt. Nachdem sie ein paar Sekunden lang ergebnislos daran gezerrt hat, wird ihr klar, dass sie den Griff hochdrücken muss. Danach schwingt die Klappe so unvermittelt zur Seite, dass sie fast rückwärts umgekippt wäre. Der leichte Schwips verstärkt sich und droht sie vollends aus dem Gleichgewicht zu bringen.

Der Wassertank selbst hat die Ausmaße einer großen, umgestülpten Badewanne. Mehrere Rohre führen davon weg. Hannah kann ungefähr die untere Hälfte durch die offene Klappe erkennen. Sie hält sich an der Unterkante der Öffnung fest und zieht sich daran hoch, damit sie eine Hand auf die Plastikoberfläche legen kann. Auch sie ist eiskalt, und als sie mit den Fingerknöcheln dagegenklopft, klingt es irgendwie falsch. Als wäre nicht genug Luft im Tank.

Sie bemerkt ein Ventil an einem Rohr weiter unten. Sie probiert es ohne allzu viel Hoffnung aus – selbst wenn sie es öffnen kann, wird sie nicht in den Tank selbst schauen können. Aber es rührt sich nicht. Es klemmt.

»Können Sie etwas sehen?«

Die Stimme lässt Hannah zusammenzucken. Es ist Everett,

der hinter ihr steht, und sie hört weitere Schritte auf der Treppe über ihnen.

»Ich hab's«, sagt sie nervös. Das Letzte, was sie jetzt braucht, ist ein Haufen Leute, die herumstehen und Ratschläge erteilen wollen.

»Sicher?«

»Ja ... Eis in den Rohren, das ist alles.«

»Eis?« Everett lugt über ihren Kopf hinweg.

»Ist das ein *Ventil*?«, fragt Jack. »Was ist das hier, das neunzehnte Jahrhundert?«

»Das ganze Schiff ist aus dem neunzehnten Jahrhundert«, murmelt Seema.

»Haben wir wirklich kein Wasser mehr?«, fragt Malik hinter ihnen.

Everett schiebt sich neben Hannah. In diesem Moment erkennt sie eine kleine Zugangsluke am Tank, die vermutlich für Reinigungsarbeiten gedacht ist – wobei fraglich ist, ob die Firma diese Möglichkeit jemals genutzt hat.

Die Klappe ist mit einem Drehgriff gesichert. Everett will danach greifen, doch Hannah hält ihn zurück. »Warten Sie. Was ist, wenn wir uns irren?«

»Wie meinen Sie das?«

»Ich habe zwar gesagt, dass Eis in den Rohren ist, aber ...« Sie stellt sich vor, wie die Klappe auffliegt und sich literweise kostbares Wasser über sie ergießt.

»Gibt es vielleicht einen Sensor?«, fragt Anita. »Oder eine Kamera?«

»Ich werde nachfragen.« Corey stürmt davon, bevor seine Mutter irgendetwas sagen kann. Es dauert nicht lange, bis er mit verwirrtem Gesichtsausdruck zurückgekehrt ist. »Der Captain sagt Nein. Und sie hat gesagt, nicht nur die Heizung, sondern das ganze Schiff ist Schrott, und das ist eine blöde Frage, und ich soll aufhören, sie damit zu belästigen.«

»Ja, der Captain hat echt was drauf«, sagt Malik grinsend. Corey schlägt ihm gegen die Schulter, worauf das Grinsen noch breiter wird.

Everett denkt einen Moment nach, dann tippt er auf die Klappe. »Legen Sie Ihre Hand hierhin«, sagt er zu Hannah. Er blickt sich um und ruft auch Jack herüber. »Wir alle halten sie fest, damit ich den Sicherheitsverschluss entriegeln kann. Dann werden wir die Klappe *langsam* öffnen. Wenn Sie auch nur einen leichten Gegendruck von innen spüren, drücken Sie sie zu, worauf ich sie sofort wieder sichern werde.«

»Wird das tatsächlich funktionieren?«, fragt Jack.

»Schließlich wollen wir hier nicht den Ozean zurückhalten oder so«, sagt Everett. Seine Stimme ist ruhig, aber der nervöse Unterton ist nicht zu überhören. »Drei Leute dürften genügen. Vielleicht verlieren wir ein klein wenig Wasser, wenn es noch flüssig ist, mehr aber auch nicht. Und ich bin offen für andere Ideen, falls jemandem etwas einfällt.«

Niemand meldet sich zu Wort. Vorsichtig bringen sich Hannah, Jack und Everett in Stellung und pressen die Hände auf die Klappe.

»Nicht vergessen«, sagt Everett. »Sobald Sie auch nur einen leichten Druck spüren …«

»Ja, legen Sie endlich los«, drängt Jack.

»Sei vorsichtig«, sagt Anita hinter ihnen.

Everett dreht den Griff. Die anderen lehnen sich gegen die Klappe, und Hannah muss sich recken, um genug Kraft aufzubringen. Warum haben sie nicht einfach Brendan geholt? Mit seinem Arm könnte er die Klappe wahrscheinlich ganz allein halten.

»Spüren Sie etwas?«, fragt Everett.

Hannah schüttelt den Kopf. Sehr langsam lockern sie den Druck gegen die Klappe. Hannah rechnet damit – eigentlich hofft sie es sogar –, einen plötzlichen Gegendruck zu spüren, worauf sie, Jack und Everett einen Schwall eiskalten Wassers ins Gesicht bekommen, bevor sie die Klappe wieder zuschlagen können. Das würde bedeuten, dass sie noch genug …

»Scheiße«, sagt Jack.

Das Wasser hinter der Klappe ist gefroren, eine dicke, feste Wand aus Eis.

19

Hannah verliert den Mut. Das ist gar nicht gut. Und wer weiß, in welchem Zustand die Rohre sind? Das Eis könnte sie zum Platzen gebracht haben, an irgendeiner Stelle, die sie nicht einsehen können.

»Okay«, sagt Anita und kratzt sich am Kinn. »Also müssen wir es wieder auftauen. Da muss es doch irgendeine Möglichkeit geben, nicht wahr?«

Hannah atmet schwer aus. »Ich hoffe es.«

»Gibt es noch andere Wassertanks an Bord?« Everett betrachtet stirnrunzelnd das Eis, als hätte es ihn persönlich beleidigt.

»Ein viel größeres Problem«, sagt Brendan. »Was ist, wenn es im ganzen Schiff so wird? So kalt, meine ich.«

Hannah schließt die Augen und versucht nachzudenken. »Wir wissen, dass die Heizsysteme auf dem Hauptdeck noch funktionieren. Selbst wenn sie in der Bar ausgefallen sind, müssten wir etwas dagegen tun können.«

»Vielleicht können wir es selbst reparieren«, sagt Anita. »Wo könnte sich das kaputte Bauteil befinden?«

Aus irgendeinem Grund wenden sich alle Corey zu.

»Was schauen Sie alle mich an?«, sagte er und zuckt hilflos mit den Schultern. »*Ich* weiß es nicht.«

Hannah hat plötzlich die Idee, Corey könnte durch die Öffnung des Wassertanks kriechen, wie er es im Maschinenraum getan hat. Aber für diesen Zugang ist er nicht klein genug, und sie hat auch keine Lust, Ärger mit einer angepissten Anita zu bekommen.

»Vielleicht wurde es während des Angriffs beschädigt«, sagt Everett. Er hat die Hände in die Hüften gestemmt und starrt zur Decke hinauf, die Stirn in tiefe Falten gelegt. »Oder als wir uns ins Hotel geflüchtet haben.«

»Vielleicht könnten wir etwas Eis schmelzen«, schlägt Brendan vor.

»Der Captain hat ein Feuerzeug«, sagt Hannah.

»Eigentlich …« Everett dreht sich zur Bar um. Er tippt sich mit einem Finger an die Lippen, während er angestrengt nachdenkt.

»Eigentlich … was?«, fragt Seema nach.

»Ich hatte eher eine dauerhaftere Lösung im Sinn.« Everett schiebt sich an ihnen vorbei und geht vor einem der Barkühlschränke in die Knie. Er reißt die Tür auf und blickt hinein. »Haben diese Dinger eine Kondensatverdunstung oder einen Entfroster?«

Als niemand ihm antwortet, reckt er den Kopf über die Theke. »Schon gut. Ich werde es herausfinden.«

»Wird das überhaupt funktionieren?«, fragt Jack.

»Schauen wir mal. Aber es wäre wesentlich einfacher, wenn ich das richtige Werkzeug hätte. Und es ist eher eine langfristige Lösung, weil ich eine Weile brauchen werde, es zusammenzubauen. Ich muss die Spule isolieren, damit es keinen Kurzschluss gibt.«

Eine langfristige Lösung. Hannah erschaudert und konzentriert sich wieder auf den Tank.

Sie können nicht auf Wasser verzichten – selbst kurzfristig, selbst mit ihrem Vorrat an JamFizz wäre das gar nicht gut. Es wäre auch unter normalen Umständen nicht gut, ganz zu schweigen von einer Situation, in der sie alle gestresst und erschöpft sind. Andererseits könnte dies eine Aufgabe sein, die diese Leute endlich davon abhält, sich gegenseitig an die Gurgel zu gehen. Und die sie davon ablenkt, dass die einzige

Möglichkeit, von hier wegzukommen, vielleicht längst zerstört ist.

Und ist es nicht genau das, was ihre Eltern immer von ihr erwartet haben? Verantwortung übernehmen? Auch wenn es vielleicht nicht ganz das ist, was sie im Sinn hatten. Andererseits sind sie nicht hier, während Hannah sehr wohl hier ist, und es ist endlich etwas, womit sie klarkommt.

»Also gut.« Sie wendet sich den anderen zu. »Ich möchte, dass alle nach etwas suchen, das wir als Meißel benutzen können. Einen Schraubenzieher, ein … eine Schere. Irgendetwas.«

»Ich fasse es nicht«, sagt Jack. »Sie wollen, dass wir uns durch das Eis graben? Warum?«

»Ja. Um Platz zu schaffen für das … was auch immer Ev zusammenbaut.«

»Wozu die Mühe? Wir können es einfach ans Eis halten, nachdem es fertig ist, um es zu schmelzen. Das wird doch funktionieren, oder?«

»Klar. Aber wenn er es nicht schafft …«

»Oh, ich werde es schaffen. Es wird funktionieren.« Zum ersten Mal, seit Everett an Bord ist, klingt er tatsächlich gut gelaunt.

»Trotzdem.« Hannah blickt Jack in die Augen. »Das ist ein Ersatzplan. Wir hacken etwas Eis heraus und lassen es in Gläsern schmelzen.«

Sie will ihm sagen, dass sie weiß, dass es streng genommen nicht nötig ist, weil Everetts Lösung vermutlich ausreicht. Aber sie weiß nicht, wie sie es formulieren soll. Jack ist keiner von den Leuten, die sich für die Idee begeistern können, dass sie als Gruppe zusammenarbeiten sollten, und Hannah ist sich nicht sicher, ob sie die Kraft für einen Versuch hat, ihn davon zu überzeugen. Wenn eine kleine Lüge ihn dazu bringt, sich auf die Aufgabe zu konzentrieren, kann sie gut damit leben.

Seema kommt ihr zuvor, als sie etwas aus ihrer Tasche zieht und ihr reicht. Es ist ein altmodisches Taschenmesser mit ein wenig Rost auf dem roten Griff. »Geht es damit?«

Hannah triumphiert innerlich, als sie das Messer entgegennimmt und die Klinge ausklappt. »Ja. Genau.« Sie wedelt damit herum. »Alles in dieser Art.«

Behutsam nimmt Seema ihr das Messer ab, drückt die Klinge wieder in die Fassung und klappt den Flaschenöffner mit dem dicken, abgeflachten Ende heraus. »Damit die Schneide nicht stumpf wird.«

Hannah nickt und errötet ein wenig. »Richtig. Tut mir leid.«

Während Everett am Kühlschrank arbeitet, Stromkabel herauszieht, Verkleidungen entfernt und seine Frau losschickt, um eine Rolle Klebeband aus dem Erste-Hilfe-Kasten des Schiffs zu holen, machen sich die anderen an die Meißelarbeit. Doch die Auswahl an Werkzeug ist nicht allzu groß: Seemas Messer und eine alte Nagelschere aus Anitas riesiger Tasche sind die einzigen Dinge, mit denen sie ein Loch ins harte Eis schlagen können. Sie hatten gehofft, hinter der Theke irgendwelches Besteck zu finden, aber natürlich gibt es dort nichts dergleichen. Man braucht kein Messer und keine Gabel, um Sojachips zu essen.

Hannah ist für einen Moment ratlos, als ihr klar wird, wie lange es dauern wird, wenn sie nur mit dem Taschenmesser und der kleinen Schere arbeiten können, aber dann hat Brendan eine Idee. Mit Everetts Einverständnis schlägt er die Glasscheibe des zweiten Kühlschranks ein, indem er seine Metallfaust hineintreibt. Malik zieht sein Hemd aus, wickelt es sich fest um eine Hand und greift sich damit eine größere Scherbe. »Damit ich mich nicht daran schneide«, erklärt er der entsetzten Anita.

Abwechselnd hacken Hannah, Jack, Brendan und Malik auf das Eis ein, während Lorinda und Corey Gläser hochhalten, um die herunterfallenden Stücke aufzufangen. Die Außenseite ist schmuddelig, von Reif überzogen. Doch schon bald lösen sich größere Stücke. Die Reihe der Gläser auf der Theke wird länger, während darin langsam die Eisstücke schmelzen. Schon bald sind alle rund um den Toilettenraum klitschnass und zittern, und der Haufen aus Eismatsch am Boden breitet sich immer weiter aus.

Obwohl sie ihre Hände nicht mehr spüren kann, muss Hannah unwillkürlich lächeln. Zum ersten Mal seit dem Angriff haben sie aufgehört, sich Gedanken zu machen, was mit ihnen passieren wird. *Es funktioniert*. Es wird nicht ewig funktionieren – sie stellt sich vor, wie ein größerer Eisbocken herausbricht und jemandem auf den Arm fällt –, aber es ist ein guter Anfang.

Nachdem sie ein basketballgroßes Loch ins Eis gemeißelt haben, ordnet Hannah eine Pause an. Sie ist erschöpft, und ihre Schultern zittern, aber ihr Lächeln wird immer breiter, als sie zur Theke hinübergeht. Sie klatscht sogar mit Malik ab, spürt kaum den Schlag an ihrer gefrorenen Handfläche. Allen anderen geht es genauso – selbst Jack und Seema machen ausnahmsweise einen glücklichen Eindruck. Hannah gibt der Frau das Messer zurück, dann hebt sie eins der Gläser, in dem sich mehr Flüssigkeit befindet als in den anderen, und prostet den anderen damit zu.

»Sollten wir nicht lieber sparsam damit sein?«, fragt Everett von der anderen Seite der Theke. Er ist immer noch nicht fertig mit seinem improvisierten Eisschmelzer und schwimmt in einem Meer aus Kabeln und Metallplatten und Klebestreifen. Eine Heizspule liegt wie eine zahme Schlange in seinem Schoß.

»Ich denke, das haben wir uns verdient«, erwidert Hannah. Sie nimmt einen kleinen Schluck, bevor sie das Glas an Brendan weiterreicht, der ihr zuzwinkert.

»Einverstanden.« Jack hat sich ein eigenes Glas genommen. »Oh, hallo, Captain! Kommen Sie runter. Möchten Sie einen Drink?«

Hannah dreht sich um und sieht Volkova auf der Treppe, und das Lächeln verschwindet von ihrem Gesicht.

»Captain?«, sagt Anita.

»Kommen Sie rauf«, sagt Volkova. »Das müssen alle sehen.«

20

Das Sprungtor existiert nicht mehr. Es wurde zerstört.

Der Ring, der normalerweise drei Kilometer durchmisst, wurde in Stücke geschossen. Große Teile des Gebildes sind noch vorhanden: riesige gebogene Abschnitte aus poliertem Metall mit gezackten, aufgerissenen Kanten. Die Brocken sind von zahllosen Scherben loser Trümmer umgeben, einschließlich dessen, was noch von den Automatikgeschützen übrig ist.

Jack würde am liebsten den Blick abwenden. Er wünscht sich *verzweifelt*, er müsste nicht hinschauen. Aber weder er noch die anderen Passagiere können sich von der Szene hinter der Aussichtskuppel losreißen.

Ein Teil ist auffällig: der riesige, zylindrische Reaktor des Sprungtors. Zumindest die Hälfte davon. Das Kolonialschiff kann ihn unmöglich aus der Nähe zerstört haben, denn die dabei freigesetzte Energie hätte es zerrissen. Es ist viel zu gut zu erkennen, was geschehen ist. Das Schiff ist gesprungen und hat einige Kugeln zurückgelassen, um das Tor zu schließen.

Jack schaut sich hinter dem Tor um. Vielleicht kann er das Wurmloch erkennen. Aber da ist nichts. Nachdem die Öffnung des Wurmlochs nicht mehr durch das Tor erweitert wird, dürfte es wieder auf seine ursprüngliche Größe geschrumpft sein: eine winzige Delle, die praktisch unsichtbar ist, es sei denn, man weiß genau, wonach man sucht. Ein ungeschulter Beobachter hat keine Chance, es irgendwo in der Schwärze des Weltraums zu finden.

Es würde ihnen ohnehin nicht helfen. Wenn sie versuchen würden, in ein Wurmloch einzudringen, das nicht von einem Tor offen gehalten wird, wäre keine exotische Materie da, die sie abschirmen könnte. Sie würden einfach zu subatomaren Konfetti zerfetzt werden.

Es hat Jahre gedauert, dieses Tor zu errichten, und weniger als einen Tag, es zu zerstören. Weniger als einen Tag, um diesen Sektor der Galaxis auf Dauer zu versperren. Damit sind sie jetzt die einzigen Menschen im Umkreis vieler Lichtjahre.

Auf dem Hauptdeck ist es still. Selbst die Triebwerke der *Panda* klingen gedämpft. Jack blickt auf seine Hand, in der er immer noch ein Glas hält, das halb mit eiskaltem Wasser gefüllt ist. Er starrt darauf, und dann kommt die Wut, kocht aus seinem Innern empor.

Er wirft das Glas quer durch den Raum. Es zersplittert an der Wand, und er hört jemanden aufkeuchen. Er weiß nicht, wer, und es interessiert ihn auch nicht.

»*Scheiße!*«, ruft er. Wie konnte ihm so etwas passieren? Eigentlich sollte er gar nicht hier sein!

Trotz seiner Rage erkennt er die Ironie darin. Sie sind nicht gefangen – sie können sich in jede beliebige Richtung bewegen. Nur dass sie erst nach mehreren Hundert Lichtjahren irgendwo ankommen werden. Als sollte er daran erinnert werden, wie viel Zeit ihnen noch bleibt, sucht sich sein Magen diesen Moment aus, um aufzuwachen und verärgert zu knurren, sodass ihn ein zitternder Schmerz durchfährt.

Er hat kein weiteres Glas, das er werfen könnte, also tritt er mit dem Fuß gegen den nächsten Plastiksitz. Das Material ist zu hart, als dass er darin eine Delle hinterlassen könnte, aber das ist ihm egal. Er tritt noch einmal gegen den Stuhl, als er plötzlich eher auf sich selbst wütend ist, weil er das Wasser im Glas vergeudet hat. Dann sackt er schwer atmend auf dem Sitz zusammen. Der Wutanfall lässt nach, wie eine Welle, die sich wieder zurückzieht, wird durch eine erschreckende Apathie ersetzt. Er will gar nichts mehr tun. Er will nur noch da sitzen und mit niemandem reden, für eine sehr lange Zeit.

Der Durst, der durch die ersten paar Schlucke Wasser gezügelt wurde, kriecht erneut seine Kehle hinauf.

»Also gut«, sagt Seema – viel zu ruhig. »Was machen wir jetzt?«

Niemand sagt etwas. Anita hat Corey an sich gezogen, ihre Hände liegen auf seinen Schultern, während sie nach oben starren. Hannah ist sehr blass.

Seema leckt sich über die Lippen. »Ich sagte …«

»Da können wir nichts machen.« Volkova sitzt auf einem Plastikstuhl, die Arme verschränkt, den Kopf gesenkt.

»Irgendetwas müssen wir tun.« Seema spreizt die Finger, bewegt die Hände auf und ab, als wollte sie den anderen signalisieren, sich zu beruhigen. »Weil wir nicht hier draußen sterben werden. Könnten wir eine Nachricht senden? Ein Notsignal oder …?«

»Das wird nicht funktionieren«, sagt Hannah.

Seema dreht sich herum. Innerhalb einer halben Sekunde wechselt ihre Miene von erzwungener Ruhe zu heftiger Wut. »Sagen Sie das nicht! *Sagen Sie so etwas nicht!*«

Hannah weint nicht, noch nicht, aber ihre geröteten Augen und das Stocken ihrer Stimme sprechen Bände. »Tut mir leid. Ich weiß nicht, was …«

»Überlegen Sie sich etwas. Das ist doch Ihr Job, oder?«

»Niemand wird sterben«, sagt Anita. Jetzt hält sie wieder ihre beiden Söhne an sich gedrückt.

Jack versucht sie auszublenden, weil er nicht denken will, gar nichts tun will. Er dreht den Kopf und bemerkt, dass Volkova ihn ansieht.

Sie blinzelt langsam, als würde sie ihn gar nicht sehen. In diesem Moment wirkt sie zwanzig Jahre älter. Sie kommt wieder auf die Beine, bewegt sich mit quälender Langsamkeit und macht sich auf den Weg zurück zum Cockpit.

Er hätte sie fast aufgehalten. Von ihr verlangt, dass sie etwas tut. Andererseits: Welchen Sinn hätte es? Alle Flugkünste der Welt werden sie nicht hier rausbringen. Er ahnt sogar, was sie vermutlich vorschlagen wird: dass sie in Richtung Bishop's Station losfliegen, auch wenn keine Hoffnung besteht, dass sie dort jemals lebend ankommen werden. Es gibt sonst nichts, was sie tun könnten.

Immerhin haben wir etwas Eis, denkt er verbittert. Sein Blick wandert wieder zur Aussichtskuppel, zu den langsam dahintreibenden Trümmern. Es ist nicht nur das Tor. Da sind auch Teile von Schiffen – mindestens zwei oder drei, wenn er nach der Form der Trümmer geht. Anscheinend waren sie hier, als das Kolonialschiff eintraf – vielleicht waren sie gerade erst durch das Tor gekommen. Der Angriff muss sie völlig überrascht haben.

Waren es Handelsschiffe? Oder Kampfschiffe? Vielleicht sollte er den Jungen fragen, der sich so gut mit Raumschiffen auskennt. Jack beschließt, es später zu tun. Im Moment will er einfach nur hier sitzen bleiben und sein Gehirn von allen Gedanken leeren.

Aber wie? Wie soll er das tun, wenn er sich hier nicht einmal einen Drink genehmigen kann? Wenn er an einen weiteren JamFizz denkt, möchte er am liebsten schreien. Er schließt die Augen, als sich seine Wut erneut aufbaut und sein Geist sich strikt weigert, sich abzuschalten.

So war es die ganze Zeit, seit Hec ihm sagte, dass er gehen soll. Er kann sogar den genauen Moment benennen, als es anfing: im Wartezimmer der Klinik, wo das Sonnenlicht durch die Fenster strömte und die sterilen Kacheln golden tönte.

Er erinnert sich an das Gesicht der Krankenschwester: ihre

dümmlichen Züge, als sie ihm sagte, nein, *Senhor Alarcón não quer visitantes*. Wie sie matt über sein gebrochenes, nutzloses Portugiesisch lächelte und sich weigerte, ihn vorbeizulassen. Es war unmöglich, dass Hector so etwas zu ihr gesagt hatte. Ausgeschlossen. Aber es war so, und Jack konnte überhaupt nichts dagegen tun. Damals nicht und jetzt erst recht nicht mehr.

Er hätte hartnäckig bleiben sollen. Er hätte die gottverdammte Krankenschwester zur Seite drängen und in Hecs Zimmer marschieren sollen, um ihm zu sagen …

Seine Gedanken bewegen sich in vertrauten Bahnen, er schlägt diese Richtung so automatisch ein, dass er nicht einmal bemerkt, wie es geschieht. Normalerweise schafft er es, sie zu verdrängen. Doch diesmal ist es ihm egal. Wen interessiert es? Er wälzt sich darin, lässt sich von ihnen überrollen.

Nach einer Weile – er ist sich nicht sicher, wie lange es dauert – blickt Jack wieder auf. Volkova ist fort. Malik Livingstone hat sich wieder in seine Holokamera versenkt, aber Corey und seine Eltern starren immer noch mit schockierten Mienen durch die Kuppel. Genauso wie Brendan, während seine Frau den Kopf gesenkt hat, die Hände im Schoß, und ihre Schultern von lautlosem Schluchzen geschüttelt werden. Lorina – mein Gott, er hätte sie fast vergessen – sitzt ihm gegenüber und kramt in ihrer Tasche. Hanna steht ein Stück abseits, hat ihm den Rücken zugekehrt, den Kopf geneigt.

Das ist schlimmer als direkt nach dem Angriff – schlimmer als der Moment, in dem er sich übergeben hat, was er immer noch riechen kann. Wenigstens hat er dabei etwas empfunden. Und jetzt? Die Emotion wurde aus dem Raum gesaugt.

Niemand sieht irgendjemanden an. Niemand fragt: *Was jetzt? Wie sehen unsere Optionen aus? Welche sinnlose Abstimmung sollten wir als Nächstes durchführen?* Sogar Seema scheint aufgegeben zu haben. Immerhin glaubt er, dass sie sich geirrt hat. Niemand spielt mit ihnen. Es gibt nichts, was hinter den Kulissen abläuft. Sie wurden angegriffen, sie haben überlebt, und nun sind sie gestrandet. Ende.

Er geht im Kopf ihre Optionen durch, obwohl es sinnlos ist, aber es fühlt sich gut an, es zu tun. In diesem Teil des Weltraums gibt es keine anderen Sprungtore. Die nächste Siedlung ist Lichtjahre entfernt. Sie könnten zur Station zurückkehren, um zu versuchen … Was? Um nach Vorräten zu suchen? Ihre Chancen würden besser stehen, wenn sie sich in einem Gebetskreis an den Händen halten. Könnten Sie die Rettungskapsel nutzen? Nein – auch wenn er es nur ungern zugibt, aber in diesem Punkt hatte Hannah recht. Sie würden damit nicht mehr erreichen, als in einem noch kleineren Fahrzeug mit noch weniger Energie durch die Gegend zu treiben.

»Hat jemand etwas dagegen, wenn ich ein bisschen nach draußen gehe?«, fragt Lorinda.

Jack blinzelt. Niemand sonst reagiert auf ihre Worte, also hat er es sich vielleicht nur eingebildet oder sie missverstanden.

Lorinda räuspert sich. »Ich sagte …«

»Was meinen Sie mit *nach draußen gehen*?«, fragt Everett nach.

Jack hat ein bizarres Bild im Kopf, wie Lorinda ihren Mantel anzieht und hinausgeht, um etwas frische Luft zu schnappen.

»Ich meine, um mir das Tor etwas genauer anzusehen.«

Jetzt drehen sich alle zu ihr herum. Everett und Corey wechseln einen verwirrten Blick.

Lorinda deutet auf die offene Rettungskapsel. »Da drinnen ist ein Anzug – sogar zwei. Wenn jemand von Ihnen mir hineinhilft, könnte ich vielleicht …«

»Warum?«, will Hannah wissen.

»Da draußen ist vielleicht irgendetwas, das wir gebrauchen können. Ein Kommunikationsmodul, ein Notsender. Eventuell sogar Lebensmittel – gefriergetrocknete Sachen halten sich lange, selbst nach einiger Zeit im Vakuum. Ist uns damals in unserem Bergwerk einmal passiert.«

Jack senkt den Kopf und kratzt sich langsam im Nacken. »Sie wollen wirklich … da rausgehen.«

»Nein, ich habe es nur zu Ihrer Belustigung gesagt.« Lorinda steht auf und legt ihre Tasche vorsichtig auf dem Sitz hinter ihr ab.

»Aber Sie können nicht einmal eine Leiter hinuntersteigen«, sagt Corey erstaunt.

Lorinda seufzt. »Richtig. Aber in Nullschwerkraft bin ich gar nicht so schlecht. Oder erinnerst du dich nicht mehr, wie ich dich vor einer Weile aufgefangen habe?«

Sie zwinkert ihm zu und geht zur Rettungskapsel hinüber, benutzt die Rückenlehnen der Plastiksitze, um das Gleichgewicht zu wahren. Jack starrt ihr hinterher. *Sie ist verrückt. Übergeschnappt. Das Ganze war einfach zu viel für ihre Psyche.*

»Ma'am«, sagt Hannah. »Ich glaube wirklich, dass das keine …«

»Erstens«, sagt Lorinda, ohne innezuhalten, »habe ich Sie wiederholt gebeten, mich nicht Ma'am zu nennen. Zweitens denke ich, dass es in unserer Situation nicht den geringsten verdammten Unterschied macht, ob ich nach draußen gehe oder nicht. Drittens finden wir da draußen vielleicht etwas Verwertbares, wie ich bereits sagte, und viertens fühle ich mich in einer schwerelosen Umgebung sehr wohl.«

»Ja, aber …«

»Aber nichts. Ich habe mich mein ganzes Leben mit Asteroidenbergbau beschäftigt. Wie wäre es also, wenn Sie mit diesen sinnlosen Einwänden aufhören und mich einfach tun lassen, was ich tun möchte.«

»Aber Sie werden *sterben*!« Corey Livingstone sieht sie an, als wäre sie nicht nur verrückt geworden, sondern als wäre ihr außerdem ein zweiter Kopf gewachsen.

Sie grinst ihn an. »Unsinn. Ich werde ewig leben, junger Mann.«

»Sie können sich nicht einfach einen Anzug nehmen«, sagt Jack.

»Warum nicht?«

Er öffnet den Mund, um ihr zu erklären, warum sie ihn vielleicht später noch brauchen, aber dann fällt ihm doch kein einziger Grund ein.

»Es freut mich, dass wir das klären konnten«, sagt Lorinda. »Wie sieht es aus? Werden Sie hier nur herumstehen oder einer alten Dame in ihren Raumanzug helfen?«

21

Coreys Freundin Allie ist ziemlich gut mit Zahlen. Falls – *wenn* – sie tatsächlich ihr Raumflugunternehmen starten, wird sie sich um die geschäftlichen Sachen kümmern. Er fand es immer recht seltsam, dass sie das tun will, statt Pilotin zu werden – doch wenn es um 866 Industries geht, war sie bislang immer die Furchtlose.

Als er beobachtet, wie sich Lorinda in den Anzug müht, unterstützt von Hannah und seinem Dad, muss Corey unwillkürlich an das einzige Mal denken, als Allie ein wenig zu weit ging.

Sie waren draußen am ausgetrockneten Bachbett hinter ihrem Haus. Es war eine tiefe, mäandernde Bodensenke, die in der heißen Nachmittagssonne glühte. Allie lebt am Rand einer Vorstadt von Austin. Ihr Haus steht im Schatten des Bergwerks, des dreißig Meter hohen Bergs mit dem Abraum, der aus den Schächten zur Erdoberfläche befördert wurde. Die Halden nehmen eine Fläche von fünfundzwanzig Quadratkilometern ein: Steinbrüche und Schotterstraßen und viele Hektar mit karger, orangefarbener Erde, durchbrochen von den Schatten der riesigen Wolkenkratzer, die den Himmel von Austin dominieren.

Corey, Jamie und Allie sollten sich von den Halden fernhalten, aber sie waren trotzdem mehr als nur einmal dort gewesen, indem sie durch einen Tunnel krochen, den jemand unter dem verrosteten Zaun gegraben hatte.

Angeblich wurde auf dem Gelände jeder registriert, der eine Linse oder einen Neurochip hatte und sich Zugang verschaffte, aber in der Schule hatte Mohammed Al-Mukhtar ihnen erzählt, dass sein Onkel an den Scannern arbeitete und sie schon seit einer Ewigkeit wegen Wartungsarbeiten abgeschaltet waren. Die Erde der riesigen Hügel war weich und körnig, und nachdem man ein paarmal den Abhang hinuntergeglitten war, ließ man es irgendwann sein. Das Bachbett war deutlich aussichtsreicher.

An diesem besonderen Tag hatten sie ihre Hoverboards dabei, und irgendjemand – Corey kann sich nie erinnern, wer von ihnen es war – schlug vor, dass sie am Rand des Bachs eine Rampe, eine Sprungschanze bauen. Es gab eine Diskussion, ob das eine blöde Idee wäre oder nicht, aber sie langweilten sich, die Hitze machte sie unruhig, und sie hatten genug davon, immer nur durch das eigentliche Bachbett zu fahren. Eine Rampe, von der sie abspringen konnten, erklärte Allie ihnen, wäre einfach cool. Und sie könnten mühelos die andere Seite des Bachs erreichen. Immerhin war er gar nicht *so* breit.

Der Bau beanspruchte den größten Teil des Nachmittags. Der Sand am Rand des Bachs war fest zusammengebacken, und Allie musste ein paar Schaufeln aus der Werkstatt ihrer Mutter holen. Doch schließlich hatten sie eine steile Rampe, die sich am Ende wie ein liegender Apostroph aufwölbte. Die Oberkante ragte einen halben Meter in die Höhe, womit sie zweieinhalb Meter über dem ausgetrockneten Bachbett lag, und das war der Moment, als Corey und Jamie darüber nachdachten, ob das Ganze vielleicht doch keine so gute Idee gewesen war.

Aber nicht Allie. Sie hatte nichts gesagt, sondern sie nur mit diesem Blick bedacht, als könnte sie nicht glauben, dass sie solche Loser ertragen musste. Dann aktivierte sie ihr Board, sprang hinauf, die Knie angewinkelt, um den Aufprall abzufedern. »Einer von euch sollte das auf jeden Fall festhalten«, sagte sie und zeigte auf den Bach, während sie in die entgegengesetzte Richtung davonsauste. »Das wird *gut*!«

Er und Jamie hatten eine kurze Runde Schere, Stein, Papier eingelegt, und schließlich landete er auf der anderen Seite des Bachbetts, im grellen Schein der Sonne. Der Schweiß klebte auf seiner Stirn, als er zur Rampe hinüberschaute und die Kamerafunktion seiner Linse einschaltete.

Jamie winkte zu ihm herüber, das Zeichen, dass Allie sich näherte. Er kniff das linke Auge leicht zu und zoomte auf die Rampe, die plötzlich so hoch wie ein zehnstöckiges Gebäude wirkte.

Er hörte das Rumpeln des Boards, bevor er es sah, ein leises Summen mit einem klackernden Unterton vom Sand und den Steinchen, die das Hoverfeld verdrängte. Dann schoss Allie über das Ende der Rampe hinaus, den Arsch ausgestreckt, als wollte sie sich hinhocken, eine Hand an der Kante des Boards. In der ersten Sekunde nach dem Absprung glaubte Corey, dass sie es wirklich zur anderen Seite des Bachs schaffen würde.

Dann sah er ihren panischen Gesichtsausdruck, als ihr hinterer Fuß vom Board abrutschte, und ihm wurde klar, dass sie es nicht schaffen würde. Er sah alles durch die Kamera, wie sie nach hinten wegkippte, während ihr Board weiter vorwärtsraste. Sie krachte so heftig auf den Boden, dass Corey den Aufprall durch seine Schuhe spürte. Eine Sekunde später zerbrach das Board auf der anderen Seite des Bachbetts, und der Generator zerplatzte wie eine Glühbirne. Dann rannten er und Jamie auf Allie zu, und Corey hatte einen eigenartig trockenen Geschmack im Mund.

Allie hatte sich aufgesetzt, bevor sie bei ihr ankamen. An der Stirn hatte sie einen langen Schnitt, aus dem Blut sickerte. Unter ihren Skatershorts waren ihre Knie nur noch rohes Fleisch. Sie sah die beiden blinzelnd mit riesigen Augen an.

»Autsch«, sagte sie, als hätte sie sich nur die Fingerknöchel aufgeschürft.

Dann sackte sie einfach zusammen, und Jamie musste losrennen, um seinen Dad zu holen. Schließlich verbrachte Allie die Nacht im Krankenhaus, und der Schnitt in ihrer Stirn verwandelte sich in eine krasse Narbe. Es dauerte ein paar Wochen, bis sie alle wieder Hoverboard fahren konnten, obwohl es der perfekte Sommer dafür war, aber sie bauten nie wieder eine Rampe.

Corey hatte damit kein Problem. Er dachte nicht allzu oft über Allies Flug nach, wie er es gern nannte, aber tief drinnen war ihm klar, wie viel Glück sie gehabt hatte. Wenn sie eine Sekunde früher oder später vom Board gefallen wäre oder sich festgehalten hätte, hätte sie einige Monate lang durch einen Schlauch ernährt werden müssen, während die Nanobots sie wieder zusammenflickten, statt im Staub zu sitzen und »Autsch« zu sagen.

Wenn Lorinda sich zu weit hinauswagt, kann sie so oft »Autsch« sagen, wie sie will. Die anderen könnten sie nicht hören. Und sie könnten ihr nicht helfen. Corey wendet sich ab und vergräbt die Hände in den Hosentaschen.

Die Reptar-Figur, die Lorinda an Bord gebracht hat, ist jetzt auf der Theke gelandet und hockt neben ein paar Gläsern, die Arme zum Angriff erhoben. Corey hat keine Ahnung, wie sie dorthin gelangt ist – zuletzt hat er sie auf dem Hauptdeck gesehen. Als er das Spielzeug bemerkt, muss er an Jamie denken, dann blickt er wieder zu Lorinda und fühlt sich hilfloser als in der Phase, die sie in Schwerelosigkeit zugebracht haben.

Der Raumanzug ist nicht gerade hochmoderne Frontier-Technologie. Er ist ungelenk und klobig und besteht aus weißem Gewebe mit neongelben Markierungen. An den Schultern und Hüften sind Schubdüsen angebracht. Sie werden von einem Rückentornister gespeist, der mit dem Anzug verschweißt ist und den Treibstoff und die Atemluft enthält. Lorinda muss mit ausgebreiteten Armen dastehen, wie eine dieser Vogelscheuchen, die Corey auf alten Bildern gesehen hat, während Hannah die Handschuhe befestigt.

Sein Vater hantiert mit dem Sauerstoff, murmelt vor sich hin, die Stirn konzentriert in Falten gelegt. Corey weiß nicht, was ihn besorgt.

Der Anzug mag alt aussehen, aber wenn er zur Ausstattung der Rettungskapsel gehört, ist er dafür gedacht, von Menschen benutzt zu werden, die vielleicht noch nie zuvor im Weltraum waren. Es sollte nicht allzu kompliziert sein, ihn zum Funktionieren zu bringen.

Sie sind in der Bar, nur wenige Schritte von der Luftschleuse der *Red Panda* entfernt. Trotz der frostigen Temperatur drängen sich die übrigen Passagiere auf der Treppe und beobachten das Geschehen. Corey wünscht sich, sie würden es nicht tun. Es erinnert ihn daran, dass niemand auf dem oberen Deck ist – und dass auch draußen nichts ist. Es erinnert ihn daran, wie schlimm es für sie aussieht, eine Million Mal schlimmer als der Brand oder der gefrorene Wassertank. Und was stellt sich Lorinda überhaupt vor, was sie da draußen finden könnte? Ein anderes Tor?

»Also«, sagt sein Vater. »Da drin haben Sie für etwa zwei Stunden Atemluft. Zumindest wenn ich nach der Anzeige …«

»Ja, ja«, sagt Lorinda und tippt auf die übergroße Kontrolleinheit am Handgelenk des Anzugs. Sie klingt entspannt – und sogar ein bisschen aufgeregt. »Als Nächstes wollen Sie mir noch erklären, dass ich für die Dekompression eine Stunde in der Luftschleuse verbringen muss. Ich weiß, wie ein Raumanzug funktioniert, Everett. Außerdem werde ich nicht annähernd so lange draußen sein. Ich werde mich nur ein wenig umschauen.«

»Trotzdem wäre es mir angenehmer, wenn Sie das jemand anderem überlassen würden«, sagt Hannah. Sie sieht aus, als müsste sie sich jeden Moment übergeben.

»Ich werde es schon hinkriegen, meine Liebe. Ich habe mehr Zeit im Weltraum verbracht als Sie.«

»Ich verstehe nur nicht, was Sie da draußen finden wollen«, sagt Hannah zu ihr.

Lorinda zuckt mit den Schultern. »Vielleicht gefriergetrocknete Rationen. So etwas schmeckt grässlich, aber ich habe allmählich genug von Sojachips. Könnten Sie mir jetzt vielleicht mit dem Helm helfen?«

»Was? Oh! Na klar.«

Aber Sie werden sterben! Corey erinnert sich wieder an seine ursprüngliche Idee, dass das Kolonialschiff während eines Sprungs verschwunden und nun wieder aufgetaucht ist, weshalb die Besatzung denkt, der Krieg wäre noch im Gange. Plötzlich fühlen sich seine Lippen trocken an. Sie haben nicht die leiseste Ahnung, was sich da draußen befindet, und jetzt will sich Lorinda mitten hineinwagen.

»Passen Sie auf die Reaktoren auf«, sagt er und stößt sich von der Theke ab.

Lorinda blickt auf. »Wie bitte?«

»Die Reaktoren der zerstörten Schiffe. Wahrscheinlich sind es Fusionsreaktoren, also könnten sie immer noch sehr heiß sein, auch wenn sie sich im Vakuum befinden. Sie würden sich daran verbrennen, wenn Sie zu nahe herangehen.«

Sie wird sich nicht verbrennen, die Temperatur da draußen ist fast am absoluten Nullpunkt, also hör auf, den Klugscheißer zu spielen.

»Verstanden«, sagt Lorinda. »Sonst noch etwas?«

»Was?«

»Gibt es noch etwas anderes, worauf ich achtgeben sollte?«

»Äh … kommen Sie heil zurück, okay?«

Sie lächelt. »Das werde ich tun, mein Junge. Danke.«

Hannah stülpt ihr den Helm über den Kopf, dreht ihn mit einem Klicken nach links, um ihn einrasten zu lassen. Corey hört das leise Zischen, als sich der Anzug versiegelt, trotz des Rumorens der Triebwerke.

22

Lorinda Anna Maria Esteban treibt auf das zerstörte Tor zu.

Sie dreht sich langsam, als sie mit der Handsteuerung ein wenig Schub auf die Düsen gibt und sich um ein Trümmerstück herumnavigiert. Es ist faszinierend, wie gut sie immer noch mit der Handhabung vertraut ist. Ihr letzter Weltraumspaziergang ist schon Jahre her, aber es fühlt sich an, als hätte sie nie damit aufgehört.

Die Düsen des Anzugs werden mit einem hoch komprimierten Treibstoff betrieben. Ihren Kurs steuert sie mit einem Joystick, der aus einem Modul an ihrem linken Handgelenk ragt, sodass sie ihn mit den Fingern bewegen kann. Sie richtet den Stick vorsichtig aus, um den Schub der Düsen zu regulieren. Ihre Bewegungen werden von den Servos in den Handschuhen des Anzugs unterstützt. Ihre Linse, die sich automatisch mit dem Anzugprozessor verlinkt hat, zeigt alle notwendigen Daten an. Die Darstellung entspricht immer noch ihren altgewohnten Einstellungen.

Sie hat sich schon seit einer Ewigkeit nicht mehr so lebendig gefühlt.

Lorinda ist jetzt fünfundsechzig Jahre alt, und sie fühlt sich auch so. O ja, es gibt jede Menge Anti-Aging-Mittel oder Nanobots, die morsche Knochen reparieren können, aber keine Versicherung übernimmt die Kosten für so etwas – und sie und ihr Ehemann hatten definitiv nicht genug Geld dafür. Es stört sie nicht allzu sehr, auch wenn sie jede Nacht dreimal aufwacht und zur Toilette gehen muss.

Treppensteigen fällt ihr schwer, und Leitern kommen gar

nicht mehr infrage. Aber im Weltraum? Der Weltraum meint es gut mit ihren Knochen. Im Weltraum fühlt sie sich wieder wie mit dreißig, als sie mehr Zeit außerhalb ihres Habitats verbracht hat als innerhalb. Mit dem Weltraum kommt sie klar.

Nicht dass sie ein Problem mit normaler Schwerkraft hätte. Es ist viel einfacher, sich auf den alltäglichen Betrieb einer Bergbaufirma zu konzentrieren, wenn einem der Kaffeebecher nicht alle fünf Sekunden davonfliegt und man sich tatsächlich an einen Schreibtisch setzen kann, statt sich daran anketten zu müssen. Deshalb hatte das Firmenbüro auf dem Asteroiden ZX5-B73K im Kuiper-Quadranten 25 eine eigene Gravitationssenke. Dort konnten sie und Craig ihre Arbeit erledigen und relativ bequem ihre Mahlzeiten einnehmen. Und miteinander schlafen – im Gegensatz zu dem, was man in der Biologiestunde an der Highschool lernt, kann man in Schwerelosigkeit tatsächlich Sex haben. Es ist nur viel besser, es auf die übliche Weise zu machen.

Abgesehen vom Sex war es für sie immer wesentlich angenehmer, sich in Nullschwerkraft zu bewegen, als an einem Schreibtisch zu hocken. Craig hielt sich viel lieber in der Zentrale auf, bediente die Kontrollen, kümmerte sich um die alltäglichen Sachen und die Kommunikation, nahm die Anrufe ihrer Kunden entgegen, während sie für die Ausrüstung zuständig war und die Außeneinsätze überwachte. Selbst nach Jahrzehnten im Kuiper-Gürtel war ihre Sehkraft immer noch in Ordnung. Vor ein paar Jahren gab es einen beängstigenden Vorfall mit einem Katarakt, aber ihre Versicherung (die nicht für Anti-Aging-Medikamente aufkam) musste die Behandlung des grauen Stars übernehmen. Keine Möglichkeit, sich da irgendwie herauszuwinden.

Die Hale Mining Company – nach Craigs Großmutter benannt, die ihnen mit etwas Startkapital ausgeholfen hatte –

war vielleicht nicht das bedeutendste Unternehmen im Kuiper-Gürtel, aber am Ende war es doch recht groß geworden. Sieben Angestellte, ein Dutzend Asteroidenbergwerke und mehrere Verträge in sechsstelliger Höhe, was bedeutete, dass sie ihren Arbeitern jedes Jahr einen anständigen Bonus zahlen konnten.

»Du bist zu freundlich zu unseren Kunden«, hatte sie einmal zu Craig gesagt. »Wir könnten jährlich das Doppelte von Calomar bekommen, aber du lässt dich ab und zu von ihm auf ein Bier einladen und glaubst, er wäre dein Kumpel.«

Craig hatte mit den Schultern gezuckt. »Also wirst du das nächste Mal mit ihm reden, wenn er hier draußen ist.«

»Vielleicht werde ich das tun.«

Er hatte gelächelt und sich wieder seiner Mahlzeit gewidmet. Sie beide wussten, dass sie es nicht tun würde – sie klemmte sich lieber im Vakuum die Hand zwischen Steinen ein, als einen Vertrag auszuhandeln. Und es störte sie gar nicht so sehr. Solange sie in der Lage waren, ihre Arbeiter zu bezahlen, und sie sich nach dem Abendessen im Bett an Craig kuscheln konnte, mit der beruhigenden Gewissheit, dass die Europa Bank kein Schiff mit einem Gerichtsvollzieher durch das nächste Tor schickte, war sie glücklich.

Und dann ließ Craig sie eines Tages allein. Er hatte wie immer in der Zentrale gesessen, sich über Komm mit ihr unterhalten – irgendetwas mit dem Risotto, das er zum Abendessen machen wollte –, als die Verbindung plötzlich abbrach. Sie war von einer Störung ausgegangen, nervig, aber nicht dramatisch. Schließlich brauchte sie ihn nicht, um irgendeine durchgebrannte Sicherung auszutauschen.

Sie kehrte zurück, stieg aus dem Anzug und fand ihn dann an seinem Arbeitstisch. Ein Blutgerinnsel, erklärte der Arzt ihr später. Niemand hätte etwas dagegen unternehmen können. Schnell und schmerzlos.

Vielleicht für Craig. Aber nicht für sie.

Überhaupt nicht.

Sie hatten nie Kinder gehabt. Das war das Problem bei einem Leben im Weltraum. Sie bezweifelte nicht, dass die Zentrale und ihre Anzüge gut genug gegen Strahlung abgeschirmt waren, aber vierzig Jahre im Kuiper-Gürtel zu leben, hatte seinen Preis – den nicht einmal Craigs Großmutter hätte übernehmen können.

Der Verkauf der Firma war verblüffend einfach – nicht nur die Entscheidung, sondern auch die ganze Aktion. Was sonst hätte sie machen sollen? Im Büro sitzen, während Mitchell Cheng mit den Arbeitern draußen war? Sie hätte es tun können – ihr Claim war vertraglich abgesichert, also konnte ihr niemand etwas wegnehmen. Andere Unternehmen hatten es versucht, Firmen, die größer als Hale waren, und ein kurzer Besuch in der Bergbauverwaltung der Frontier hatte ihnen die Tour vermasselt. Doch nach einer Woche als neue Chefin in der Zentrale wusste Lorinda, dass sie damit fertig war.

Calomar, der inzwischen einer ihrer größten Kunden war, kam sogar zum Trauergottesdienst in den Kuiper-Gürtel – und diesmal war es Lorinda, die ihm ein Bier ausgab. Die Bezahlung – nur in bar, vielen Dank – war hoch genug gewesen, um ihre Arbeiter mit zwei Jahresgehältern abzufinden, während sie sich neue Jobs suchten. Cheng hatte wahrscheinlich das meiste davon in der ersten Bar verprasst, die er finden konnte, aber das war sein Problem und nicht ihres. Und das Geld reichte aus, die Reise zu finanzieren, von der sie und Craig immer wieder gesprochen hatten. Erster Zwischenstopp: die berühmte Sigma-Station mit dem besten Ausblick auf den Pferdekopfnebel im gesamten Frontier-Territorium.

Sie konnte fast Craigs sarkastischen, schleppenden Texas-Tonfall hören. *Ist ja wirklich toll gelaufen, was?*

»Still, mein Freund«, sagt sie zu sich selbst, während sie

einem anderen rotierenden Trümmerteil ausweicht. »Mama muss arbeiten.«

»Wie bitte?« Volkovas Stimme dringt blechern aus dem Helmlautsprecher.

Verflixt! Sie hat vergessen, dass der Kommunikationskanal offen ist. »Nichts. Entschuldigung.«

»Alles klar da draußen?«, meldet sich dann Hannahs Stimme.

Die *Red Panda* ist ein winziger Punkt hinter Lorinda. Sie hat ihr den Rücken zugekehrt, aber sie hat ein hilfreiches Display in ihrem Helm, eine Verbindung zu einer Kamera an ihrem Sauerstofftank. Sie drückt den Joystick nach unten, richtet sich auf das Zentrum des ehemaligen Sprungtors aus. »Alles gut. Ich gehe näher ran, um einen besseren Blick zu haben.«

Die meisten Trümmer wurden hinauskatapultiert. Lorinda sieht, wie die Brocken davonwirbeln. Sie werden bis ans Ende der Zeit weiterdriften. Aber viele Teile sind immer noch hier, drehen sich träge, berühren sich gelegentlich in einem lautlosen Tanz, der kleinere Splitter abreißt. Das Trümmerfeld breitet sich über viele Kilometer aus, genauso wie bei der Station.

Lorinda wendet sich einer größeren Ansammlung zu. Der Nebel ist hinter ihr und wirft sanftes Licht auf die Überreste des Tors, lässt sie vor der Schwärze schimmern. Sie erkennt Teile, die nach einer Robotsonde aussehen – mehr als eine, wenn sie nach der Menge geht. Passt. Das Erste, was die Frontier getan hätte, nachdem die Verbindung zum Sigma-Tor abgerissen war, wäre die Entsendung von Sonden gewesen, die herausfinden sollen, was geschehen ist. Kein Problem für das Kolonialschiff, das sie in aller Ruhe abschießen konnte.

Das Kolonialschiff. Es *muss* durch das Tor geflogen sein – immerhin war es die einzige Möglichkeit, von hier wegzukommen. Oder könnte es ein anderes Tor in der Nähe geben? Eins, von dem sie nichts wissen? Doch das ergibt keinen Sinn. Es dauert sehr lange, ein Tor zu konstruieren, also konnten die Kolonien nicht einfach eins herbeizaubern, ohne dass irgendjemand etwas bemerkt.

Aber wenn das Kolonialschiff tatsächlich das existierende Sigma-Tor benutzt hat, wie wollte es dann den Einheiten der Frontier am anderen Ende entkommen? Was zum Teufel geht hier vor sich?

Die Frontier muss die Sonden geschickt haben, als das Tor ausfiel, aber Lorinda sieht keine aktiven herumfliegen. Andererseits hat man inzwischen vermutlich bemerkt, dass etwas ganz und gar nicht stimmt, was bedeutet, dass man etwas Wirkungsvolleres als eine simple Reparatursonde vorbereitet. Das dürfte eine Weile dauern, wie sie die Frontier kennt. Nicht dass es eine Rolle spielen würde. Sofern sie keine Möglichkeit finden, das Tor innerhalb der nächsten paar Tage neu aufzubauen, wird niemand an Bord der *Red Panda* rechtzeitig nach Hause kommen.

Vielleicht findet sie trotzdem irgendwas hier draußen …

Sie fühlt sich zwar sehr wohl im Weltraum, aber sie kann nicht abstreiten, dass es ihr schwerer fällt als in jungen Jahren. Sie spürt Schmerzen in den Knien, ein sanftes Pulsieren, und sie weiß, dass sie sich später darum kümmern muss. Auch in den Fingern. Wenigstens tun ihre Füße nicht weh. Sie tun es, wenn die Schwerkraft dem irdischen Normalwert entspricht – sie hat viel weniger Zeit in einer solchen Umgebung verbracht als außerhalb, und ihre Fußsohlen sind weich und empfindlich wie Babyhaut. Inzwischen hat sie sich daran gewöhnt, aber wenn es nach ihren Gliedmaßen geht, würde sie jederzeit Nullschwerkraft vorziehen.

Sie blickt auf den Sauerstoffvorrat im Head-up-Display ihrer Linse. Er ist geringer, als er sein sollte. Sie atmet zu schnell, beansprucht ihre Muskeln stärker als während der Zeit, seit sie den Kuiper-Gürtel verlassen hat. Ein Schmierfleck bildet sich auf der Helmscheibe: ein winziger Schweißtropfen, der sich in der Schwerelosigkeit gelöst hat. Die Systeme moderner Anzüge schaffen es normalerweise, die Haut trocken zu halten, was anscheinend bedeutet, dass sie eimerweise schwitzt.

»Sehen Sie irgendetwas?«, fragt Volkova. Ihre Stimme ist jetzt schwächer.

»Noch nicht.«

Nicht dass sie wüsste, wonach sie eigentlich sucht. Das ist der Haken, nicht wahr? Nachdem das Tor zerstört ist, gibt es nicht einmal eine Möglichkeit, eine Nachricht an irgendwen zu schicken. Sie kann nur näher herangehen und nachschauen. Man kann nie wissen.

Blödsinn. Mit ziemlicher Sicherheit fliegen hier keine gefriergetrockneten Lebensmittel herum, und die Elektronik in jedem Kommunikationsmodul wurde wahrscheinlich im Vakuum unbrauchbar. Aber hier draußen zu sein ist besser, als sich das endlose Gezänk in diesem verdammten Schiff anhören zu müssen.

Vielleicht kehrt sie einfach nicht mehr zurück. Das wäre ein gutes Ende – den Sauerstoff abdrehen und einfach davondriften.

»Das gefällt mir nicht«, sagt Volkova.

»Alles in Ordnung mit mir.« Lorinda dreht an ihren Schulterdüsen, sodass sie einen sehr langsamen Purzelbaum schlägt.

»*Da,* mit Ihnen ist jetzt alles gut. Aber wenn wir gerettet werden, muss ich meinen Chefs vielleicht erklären, warum ich einem Passagier einen Weltraumspaziergang erlaubt habe. Kein gutes Gesprächsthema.«

Trotz allem muss Lorinda lächeln. Bislang hat sie sich kaum mit dem Captain unterhalten, aber es fällt schwer, diese Frau nicht zu mögen. Plötzlich hat sie ein schlechtes Gewissen, weil sie sich wünscht, hier draußen zu bleiben.

»Und falls Sie sterben«, fährt Volkova fort, »habe ich nur noch die Reiseführerin als Gesellschaft. Sie und einen Haufen Passagiere, die sich wie kleine Kinder benehmen. Sie sind die einzige Person, die das nicht tut. Eigentlich hätte ich Ihnen niemals gestatten dürfen …«

Stille.

»Captain, bitte melden.« Lorinda kann die *Red Panda* nicht mehr sehen – weder auf dem Bild ihrer Tornisterkamera noch irgendwo sonst in ihrem Sichtfeld. Hier ist nichts außer den lautlos rotierenden Trümmern. Ihr Herz schlägt ein wenig schneller. Der abgebrochene Kommkontakt erinnert sie an den Tag, als sie Craig verlor. Das ist etwas zu nah an ihrer Schmerzgrenze.

Sie versucht es erneut, lässt sich nichts von ihrer Nervosität anmerken. »*Panda*, können Sie mich hören?«

Ein leises *Ding-Dong* antwortet ihr, gefolgt von einer gut gelaunten männlichen Stimme. »Hallo, und vielen Dank für Ihren Versuch, die *Red Panda* zu kontaktieren, Identifikationsnummer XT560 Bindestrich T1, ein Ausflugsschiff von Sigma Destination Tours. Wir haben Probleme, Ihre Sendung weiterzuleiten, aber wir arbeiten daran. Vielen Dank für Ihre Geduld.«

Grässliche blecherne Jazzmusik erfüllt ihren Helm. Lorinda seufzt erleichtert auf. Zumindest bedeutet die Stimme, dass die *Red Panda* noch da ist. Aber warum sollte sie es nicht mehr sein? Wahrscheinlich gibt es nur ein Problem mit dem Signal.

»Musik deaktivieren«, sagt sie.

Ein Saxofonsolo setzt ein, dringt ihr kreischend ins Ohr.

Sie zuckt zusammen. »*Red Panda*, deaktiviere …«

Etwas stößt gegen ihr rechtes Bein.

Es ist ein Trümmerstück. Ein großes. Sie weiß nicht, wie sie es übersehen konnte, doch es versetzt sie in wilde Rotation. Eine Sekunde lang ist ein böses Zischen zu hören, und sie ist davon überzeugt, dass sie ein Leck hat, dass sich ihr Anzug jeden Moment dekomprimieren wird. Dann stoppt das Zischen und wird durch ein gedämpftes Piepen ersetzt. Sie erkennt nicht, woher es kommt. Übelkeit steigt von ihrem Magen auf, drückt auf ihre Eingeweide. Jetzt atmet sie noch schneller, und Schweißtropfen schweben vor ihren Augen.

Sie blinzelt, und ihre Wimpern fangen einen auf, zerteilen ihn in kleinere Tröpfchen, die auf ihrer Hornhaut brennen. Das Trümmerfeld wirbelt um sie herum. Sie weiß nicht, wo die *Red Panda* ist, und sie findet auch die Stelle nicht mehr wieder, die sie angesteuert hat.

Sie arbeitet mit den Düsen, sehr behutsam, mit abwechselnden Schüben an Hüften und Schultern, bis sie sich allmählich stabilisieren kann. Das verdammte Saxofon spielt immer noch, doch dann hat sie plötzlich eine Eingebung. »Verbindung schließen«, sagt sie, und die Musik verstummt.

Sie stößt zitternd einen Seufzer aus. Das war nicht gut. Sie muss vorsichtiger sein.

Ein paar Hundert Meter entfernt erkennt sie ein Trümmerstück, das wie der Bug eines Handelsschiffs aussieht. Vielleicht kann sie in die Kontrollzentrale eindringen und ein paar Daten aus dem Computer holen. Gott weiß, wozu sie nütze sein könnten, aber es wäre immer noch besser als gar nichts. Sie versucht erneut die *Red Panda* zu rufen, doch als sie die gleiche Nachricht wie zuvor hört, unterbricht sie die Verbindung wieder. Sie ist besorgt, aber nur ein wenig. Die Kommunikation wird erst dann zu einem Problem, wenn sie wieder zum Schiff zurückkehren will. Diese Brücke kann sie nicht hinter sich abbrechen.

Lorinda lächelt voller Erstaunen, wie ihr plötzlich wieder einer von Craigs Lieblingssprüchen in den Sinn kommt.

Jetzt hält sie genau auf das Schiffswrack zu. Sie gibt Vollschub auf alle Düsen, doch ihre Schultern schmerzen, als sie beschleunigt. Der O_2-Wert in ihrer Linse steht bei knapp fünfundsiebzig Prozent – mehr als genug für das, was sie beabsichtigt.

Sie hat das Schiff fast erreicht, als ihr klar wird, dass sie ein wenig überkompensiert hat. Durch den letzten Schub wurde sie leicht nach vorn geneigt, als würde sie sich über einen Abhang beugen. Sie will es korrigieren, als sie nach unten blickt und plötzlich alles andere vergisst. Ihr Mund klappt auf, und sie stößt ein entsetztes Keuchen aus.

Die *Red Panda* ist vielleicht einen knappen Kilometer unter ihr. Das Schiff liegt auf der Seite, die Aussichtskuppel zeigt in Richtung drei Uhr. Und darunter nähert sich wie ein Hai, der aus trübem Wasser auftaucht, der riesige Klotz des Kolonialschiffs.

23

»Können wir sie noch einmal anfunken?«, fragt Hannah.

»Wir haben es schon dreimal versucht.« Volkova blickt stirnrunzelnd auf die Bildschirme, als hätten sie sie persönlich gekränkt. »Nichts. Die Kommunikation ist ausgefallen, genauso wie das Heizsystem für den Wassertank.«

»Könnten wir dann näher herangehen?«

Volkova seufzt. »Dort sind zu viele Trümmer. Ich will keine Beschädigung des Schiffs riskieren. Auch wenn wir im Grunde schon alle tot sind, möchte ich nicht, dass das früher als absolut notwendig passiert.«

Hannah weiß nicht recht, was sie dazu sagen soll. Es überrascht sie ein wenig, wie ruhig sie ist. Sie hatte weder einen Blackout noch eine Panikattacke. Volkova musste ihr keine weitere Geschichte erzählen, um ihr Mut zu machen. Stattdessen fühlt sie sich einfach nur benommen. Die Vorstellung, dass dieses Schiff der letzte Ort ist, den sie sehen wird, ist zu abstrakt und unbegreiflich. Es fühlt sich wie ein Film an. Als würde jeden Moment der Abspann beginnen, und sie könnte sich mit ihrer Linse ausklinken und woanders sein. Irgendwo in Sicherheit.

Wo es etwas zu *essen* gibt. Sie hat versucht, ihre zweite Tüte Sojachips zu rationieren, sich jeweils nur einen zu nehmen, doch es fällt ihr immer schwerer, sich zu beherrschen. Sie kann nicht mehr aufhören, daran zu denken. Vor allem kann sie nicht aufhören, an Lasagne zu denken – wie ihr Vater sie zubereitet hat, vielleicht ein- oder zweimal pro Jahr, mit Fleisch, das von der Erde importiert sein musste. Es ist wie eine kleine Verletzung am Gaumen, die man immer wieder mit der Zunge berühren will.

Und sie hat schon wieder Durst, was ihr Sorgen macht. Vorläufig haben sie mehr als genug Trinkwasser – sie müssen nur etwas Eis heraushacken und warten, bis es geschmolzen ist –, aber es ist, als würde ihr Körper die doppelte Menge als sonst brauchen, nur um zu funktionieren. Nicht allzu überraschend, wenn man bedenkt, was sie durchgemacht haben.

Die Lautsprecher im Cockpit erwachen mit einer Abfolge von Klickgeräuschen zum Leben. Volkova stöhnt, und eine Sekunde später spricht der Computer der *Panda*. »Ca-Ca-Captain. Wir sind außer Reichweite der Sigma-Station-Komm…«

Die Stimme bricht abrupt ab. Zwei Sekunden später ist sie wieder da, nur dass es diesmal eine andere ist, nicht mehr die fröhliche männliche Stimme, sondern die einer sinnlichen Frau mit australischem Akzent. »Konfiguration zwei. Wir sind außer Reichweite der Sigma-Station-Kommunikationssysteme. Möchten Sie einen Notruf absetzen?«

»Die blöde Stimme ist defekt«, murmelt Volkova und tippt auf verschiedene Kontrollen. »Ich dachte, ich hätte sie schon beim ersten Mal abgeschaltet.«

Die Cockpittür öffnet sich klickend, und Jack tritt ein, duckt sich unter dem Türrahmen hindurch. Hannah zuckt zusammen. Sie ist jetzt einfach nicht in der richtigen Stimmung.

»Hat sie etwas gefunden?«, fragt Jack und stützt sich auf der Rückenlehne des Pilotensitzes ab. Für drei Personen ist es hier eigentlich viel zu eng.

Volkova sieht Hannah an, als wollte sie sagen: *Kümmern Sie sich um ihn.*

»Wir können sie nicht mehr erreichen«, sagt Hannah. »Sie scheint außer Reichweite zu sein.« Das ist sie nicht, aber es ist einfacher, als ihm zu erklären, dass die Kommunikation vielleicht gestört ist.

»Außer Reichweite?« Er blickt durch das Fenster. »Das ist verrückt. So weit kann sie noch gar nicht gekommen sein.«

»Captain«, sagt die *Panda* und klingt, als wolle sie vorschlagen, dass sie alle etwas Bequemeres anziehen sollten. »Ich registriere mehrere P-P-Passagiere im Cockpitbereich. Ich registriere die Entnahme eines Va-a-akuumsicherheitsanzugs für Passagiere aus dem Rettungsmodul. Das sind keine …« Wieder stockt die Stimme und hat im nächsten Moment einen leichten schottischen Akzent. »… optimalen Bedingungen für einen sicheren Betrieb dieses Schiffs. Möchten Sie ein Notruf absetzen?«

»Lieber fress' ich 'ne Kakerlake!«, murmelt Volkova und drückt auf eine Bildschirm-Schaltfläche.

Ein Alarmsignal ertönt. Ein dreifaches, eindringliches Piepen, das hohl und erschreckend klingt. Hannah reißt den Kopf herum, blickt zu den Bildschirmen, versucht die Ursache zu erkennen. Dieses Alarmsignal fühlt sich irgendwie ganz anders an, es hat etwas Gutturales und Drängendes, etwas sehr, sehr Schlimmes. Kurz darauf sagt das Schiff: »Angriffswarnung. Angriffswarnung.«

»*Wljad!*« Volkova packt den Steuerknüppel, und das Trümmerfeld bewegt sich zur Seite.

»Was zum Teufel?«, sagt Jack, doch seine Worte werden fast vom Piepen übertönt.

Dann sehen sie es.

Das Kolonialschiff kommt plötzlich in Sicht, wie eine Spinne, die reibungslos an einem Seidenfaden hinabgleitet. Es nähert sich schnell, das spitzwinklige Cockpit ist genau auf sie gerichtet. Vor dem Nebel wirken die Finnen wie lange Nadeln. Es ist vielleicht drei Kilometer entfernt, vielleicht weniger, und als Hannah darauf starrt, stockt ihr der Atem, bis ihre Kehle fest zugeschnürt ist.

Das ergibt keinen Sinn. Wie kann es noch hier sein? Nachdem das Tor zerstört ist, kommt es nicht mehr von hier weg, genauso wie die *Panda*.

Hannah kann nicht sprechen. Sie kann sich nicht einmal rühren. Dann tauchen die Metallkugeln auf, winzige weiße Punkte, die sich vom größeren Schiff lösen. Jack ist kreidebleich geworden.

»Können wir mit ihnen reden?«, fragt Hannah, als sie plötzlich ihre Stimme wiedergefunden hat. »Kapitulieren? Irgendetwas?«

»Keine Kapitulation«, sagt Volkova. »*Niemals aufgeben.*«

Dann schwingt sie die *Panda* herum, und das Kolonialschiff verschwindet aus ihrem Sichtfeld. Sie drückt den Knüppel nach vorn, und das Triebwerk erwacht dröhnend zum Leben. Auf dem Hauptdeck schreit Malik Livingstone. Jeden Augenblick werden sie den Aufprall und Knall einer Kugel hören, gefolgt von der eiskalt siedenden Dunkelheit der Dekompression.

»Angriffswarnung«, sagt die schottische Männerstimme. »Angriffswwwww…« Sie bricht mit einem verzerrten Jaulen ab.

Sie fliegen genau auf das Trümmerfeld zu, das langsam näher kommt.

»Was tun Sie da?«, stößt Hannah hervor.

»Was glauben Sie, was ich tue?«, fragt Volkova zurück.

»Sie haben doch gesagt, dass wir nicht zu nahe herangehen sollten!«

Der Captain gibt einen wütenden Wortschwall auf Russisch von sich, die eine Hand fest am Steuerknüppel, während die andere über die Kontrollkonsolen tanzt. Sie sind den Trümmern jetzt *sehr* nahe – ein größeres Stück, das wie ein Teil des Tors aussieht, ragt vor dem Cockpitfenster auf.

»Tun Sie etwas!«, brüllt Jack.

»*Still!*«, brüllt Volkova zurück. »Halten Sie einfach die Klappe!«

Sie haben die Trümmer fast erreicht. Jeden Augenblick wird der Brocken durch die Glasscheibe des Cockpits krachen. Hannah presst die Augenlider zusammen und wendet das Gesicht ab.

Der Einschlag kommt nicht. Sie öffnet die Augen und wünscht sich dann, sie hätte es nicht getan. Immer mehr Trümmerstücke tauchen aus allen möglichen Richtungen auf.

»Was passiert hier?« Brendan steht im Türrahmen, hält sich mit beiden Händen daran fest. Everett und Seema sind hinter ihm, die Augen weit aufgerissen.

Volkova betätigt irgendwelche Kontrollen, es gibt einen heftigen Ruck, und das Schiff sackt ab, als würde es einen Liftschacht hinunterstürzen. Die Trägheitsdämpfung erwacht surrend, kämpft gegen die Bewegung, kann sie aber nicht ganz abfangen. Hannahs Füße erheben sich vom Boden, und ihr Magen droht bis in die Kehle hochzusteigen. Plötzlich ist sie wieder in Sigma und beobachtet, wie die historische Sim in der VR abläuft, wie Omen, Blackbird und Rainmaker durch das Schlachtfeld kurven. *Den Faden durchs Nadelöhr.*

Es schien fast unmöglich zu sein, als Rainmaker es versuchte, und sie hatte einen Scorpion-Kampfjäger, der dazu konstruiert ist, durch das Vakuum zu flitzen. Wie zum Teufel wollen sie es mit einem Ausflugsschiff schaffen?

Die Stimme des Computers meldet sich zurück. Jetzt ist sie männlich mit indischem Akzent, sanft und singend. »Aktiviere Abwehrmaßnahmen. Aktiviere Abwehrmaßnahmen. Entschuldigung, Abwehrmaßnahmen sind in diesem Schiffstyp nicht installiert. Möchten Sie den Kundendienst kontaktieren, um diese Funktion nachzurüsten?«

»Mein Gott …«, stößt Seema hervor. Aber ihre Worte gehen in einem lauten Rumpeln unter, das die *Panda* durchschüttelt. Es verebbt, gefolgt von weiteren Alarmtönen und Volkovas wütenden Flüchen. Einer der Bildschirme neben Hannah blinkt, während er einen Grundriss des Schiffs zeigt, dessen Heck in einem hässlichen Rot leuchtet. Der Anblick lässt ihr das Blut in den Adern gefrieren.

»Wurden wir getroffen?«, ruft sie.

»Sie haben die Trümmer hinter uns getroffen«, gibt Volkova über die Schulter zurück. Sie kämpft weiter mit den Kontrollen, fädelt das Schiff durch die dicht gepackten Trümmer. Sie versucht, die Kugeln auszumanövrieren, bringt die Reste des Tors zwischen sie und die *Panda*. Hannah starrt in benommener Bewunderung auf Volkova. *Himmel, diese Frau kann fliegen!*

Trotzdem genügt es vielleicht nicht. Ein weiterer Brocken füllt das Cockpitfenster aus. Es ist kein großer, aber sie rasen sehr schnell darauf zu. Volkova knurrt, reißt am Knüppel und bemüht sich, dem Ding mit der *Red Panda* auszuweichen.

24

Lorinda hängt im Trümmerfeld und beobachtet in stummem Entsetzen, wie sich die Kugeln der *Red Panda* nähern. Zwei setzen die Verfolgung fort – anfangs waren es drei, aber Volkova konnte eine austricksen, die daraufhin gegen ein Trümmerstück krachte. Lorinda hat noch nie ein so gutes Flugmanöver gesehen, und sie hätte nie gedacht, dass so etwas mit einem Schiff wie der *Panda* überhaupt möglich ist.

»*Red Panda*, bitte melden«, presst sie hervor. Die Antwort kommt wieder nur von der gleichen ahnungslosen Stimme, die ihr für den Kontaktversuch dankt. Fluchend trennt sie die Verbindung. Sie hat seit Jahren nicht mehr geflucht, und im engen Helm klingt es viel zu laut.

Die Luft vor ihrem Gesicht ist voll schwebender Schweißtropfen. Das Kühlsystem des Anzugs ist überfordert und schafft es nicht, mehr Feuchtigkeit zu absorbieren. Die Scheibe ist ein verschmierter Albtraum, durch den sie nur noch stellenweise etwas erkennen kann. Sie beobachtet, wie die *Panda* unter ihr vorbeizieht und langsam außer Sichtweite gerät, verfolgt von den Kugeln, die schnell näher kommen.

Das Schlimmste daran ist die Stille. Es ist wieder genauso wie bei der Station – all die Zerstörung und kein einziger Laut.

Sie kann sich nicht schnell genug bewegen, um die Kugeln abzufangen – und selbst wenn sie es könnte, was zum Teufel würde sie dann tun? Trotzdem bedient sie die Düsensteuerung. Sie hat keinen Plan, hat nichts, was einem Plan auch nur entfernt *ähnelt*, aber es ist immer noch besser, als gar nichts zu tun.

Außerdem lässt sich nicht einschätzen, wie lange sie noch weitermachen kann. Auch wenn sich ein Weltraumspaziergang wie Radfahren anfühlt, hat sie sich noch nie so müde gefühlt. Die schmerzende Taubheit hat sich von ihren Fingerspitzen bis in die Unterarme ausgebreitet, strahlt in ihr Ellbogengelenk aus und droht sich in ihren Knien einzunisten.

Sie entdeckt die *Panda* unter sich, in Richtung sieben Uhr. Die Kugeln haben sie fast erreicht, aber das Schiff schlängelt sich zwischen den Trümmern hindurch, so nahe, dass es ein Wunder ist, dass es nicht in Stücke gerissen wird. Nicht dass es eine Rolle spielen würde. Früher oder später wird Volkova einen Fehler begehen. Die Kugeln nicht.

Lorinda blickt zurück zum Kolonialschiff. Es hängt bewegungslos da, driftet in der Schwärze. Überraschend kocht frische und heftige Wut in ihr hoch. Wer zum Teufel sind diese Leute? Warum tun sie so etwas?

Sie dreht den Kopf, um noch einmal nach der *Panda* zu schauen, und hält plötzlich inne.

Sie haben keine Kugeln in ihre Richtung geschickt. Lorinda wird von ihnen komplett ignoriert. Entweder wissen sie gar nicht, dass sie hier ist, oder es interessiert sie nicht. Warum auch? Sobald die *Red Panda* zerstört ist, können sie einfach abdrehen und verschwinden.

Sie hat noch nie so schreckliche Angst empfunden. Es ist eine Sache, in der *Panda* mit dem Tod konfrontiert zu werden, aber hier draußen ist es etwas ganz anderes, wo eine einzige falsche Bewegung ihr Ende bedeuten könnte. Diese Tatsache lässt sie für einen Moment erstarren, während das Blut in ihren Ohren rauscht. Sie zwingt sich, an die *Red Panda* zu denken, an Corey Livingstone und seine Familie.

Sie denkt an den Enkel ihrer Schwester, ihren Großneffen oder Neffen zweiten Grades oder was auch immer er sein mag, dem sie dieses Echsenspielzeug schenken wollte. Sie wird nie seine Reaktion miterleben, nie erfahren, ob es ihm gefällt oder ob er genauso reagiert wie Corey und Malik. Es ist genau das – diese winzig kleine Tatsache –, was schließlich die Furcht zurückdrängt. Sie kann nichts gegen die Kugeln unternehmen …

Aber vielleicht kann sie irgendetwas gegen dieses verdammte Schiff tun.

Sie beißt sich auf die Lippe und konzentriert sich auf die grelle Empfindung, benutzt sie, um die Schmerzen in ihren Armen und Beinen auszublenden. Könnte sie das Cockpit des Schiffs zertrümmern? Für eine Dekompression sorgen? Keine Chance. Selbst das Glas ihres Zentralmoduls im Kuiper-Gürtel war verstärkt: primäre und sekundäre Schichten, druckfest und mit Kratzschutz. Das Kolonialschiff ist wahrscheinlich doppelt so gut gesichert – sie würde einfach von der Scheibe abprallen.

Und wenn sie die Triebwerke irgendwie ausschalten könnte? Wenn sie an eine der Düsen herankommen würde …

… aber das würde die KI und die übrigen Systeme nicht beeinträchtigen, was bedeutet, dass sich die Kugeln dadurch nicht aufhalten lassen.

Könnte sie die Kugeln gegen das Schiff einsetzen? Sie könnte sie nicht steuern oder sie irgendwie dazu bringen, sich gegen ihr Kontrollsystem zu wenden. Aber vielleicht ist das gar nicht nötig.

Sie überprüft die Idee und sucht nach möglichen Problemen. Davon gibt es viele, aber nicht so viele wie bei ihren anderen Überlegungen, was bedeutet, dass es bisher ihre beste Idee ist.

»Also gut, mein Freund«, murmelt sie. »Es geht los.«

Lorinda Anna Maria Esteban sammelt alle Kräfte, die ihr noch verblieben sind, und drückt den Kontrollhebel durch, katapultiert sich auf das Schiff zu. Relativ zu ihr steht es auf dem Kopf, was die Sache schwieriger macht. Lorinda schluckt und überlässt es ihrem Muskelgedächtnis, über die Trümmer hinwegzufliegen, während sie nach den Öffnungen sucht, durch die die Kugeln ausgeschleust werden. Es kommt ihr wie eine halbe Ewigkeit vor, bis sie sie findet, zwei schwarze Löcher links und rechts im aufgewölbten Bauch des Schiffs.

Die *Panda* hat sie völlig aus den Augen verloren – was Lorinda betrifft, könnte sie längst zerstört worden sein. Sie wagt es nicht, sich umzuschauen. Und sie hat keine Ahnung, ob ihr Plan überhaupt funktionieren wird. Wenn man sie ins Visier nimmt, bevor sie dort ankommt …

»*Dios mío*«, sagt Lorinda. Sie ist sich ihres geflüsterten Gebets kaum bewusst. »Lass nicht zu, dass sie mich bemerken. Lass mich klein sein. Herr, lass mich ein Staubkorn hier draußen sein. Nur ein winzig kleines Staubkorn.«

Sie gibt noch mehr Schub, verbrennt ihren Treibstoff und ignoriert die Warnungen, die in ihrem Helm aufblitzen. Das Schiff ist jetzt weniger als einen Kilometer entfernt. Sie kann mehr Details in den Hangars erkennen, aus denen die Kugeln starten. Sie sind in einer langen Reihe angeordnet, gehalten von einer festen Schiene, die tiefer ins Schiff hineinführt.

Aus der Ferne lässt es den Hangar, auf den sie zuhält, wie ein Auge aussehen. Die Kugel ist die Pupille, die von einer dunklen Iris umgeben ist. Lorinda muss sehr vorsichtig sein, und sie muss sehr schnell sein.

Die Angst kehrt zurück. Sie zwingt sich, an Craig zu denken, stellt sich seine Stimme vor, seinen beruhigenden schleppenden Tonfall, forsch und amüsiert. *Hast dich ja ganz schön in die Klemme manövriert, Schätzchen. Aber keine Panik. Nichts, womit du nicht klarkommen würdest.*

Jetzt noch hundert Meter. Sie erkennt immer mehr Details des Starthangars, sieht mehr aufgereihte Kugeln. Im Moment hat sie dem Schiff den Rücken zugekehrt. Sie muss mit den Füßen voran landen und den Aufprall mit durchgebeugten Knien abfangen. Es wird höllisch wehtun – es fällt schwer, nicht an brechende Knochen und Gelenke zu denken, die wie Glas zersplittern – aber es geht nicht anders.

Vorsichtig, sehr vorsichtig gibt sie immer wieder ein wenig Schub auf die Düsen. Sie neigt sich rückwärts in Relation zum Kolonialschiff. In diesem Moment wird Lorinda bewusst, dass alle in diesem Schiff sterben, wenn ihr Plan funktioniert. Sie werden keine Chance haben, sich rechtzeitig abzuschotten. Dieser Gedanke lässt sie fast erstarren.

Zu spät. Jetzt geht es nur noch darum: das Kolonialschiff oder die *Panda*.

Lorinda landet auf dem Rumpf. Ihre Knie schreien, ein stechender Schmerz jagt durch die Gelenke. Aber sie hat es überstanden. Vorläufig. Ihr Anzug ist nicht beschädigt, und ihre Beine sind nicht in tausend Stücke zersplittert. Sie arbeitet mit den Düsen und bewegt sich langsam auf die Reihe der Kugeln zu.

Der Hangar, aus dem sie abgefeuert werden, ist größer, als sie anfangs vermutet hat, ein kreisrundes Loch von mindestens fünf Metern Durchmesser, wie der Lauf einer riesigen Kanone, deren Mündung bündig mit dem Schiffsrumpf abschließt. Drinnen sind die Kugeln in einer langen Reihe an einer dicken Schiene befestigt, gehalten von stabilen Klammern. Während sie zuschaut, öffnet sich die vorderste Klammer, die Düsen der Kugel zünden, und sie schießt explosionsartig davon.

Die Schiene schiebt die Reihe der Kugeln vorwärts, bis die

nächste den Platz der ersten einnimmt. Bei vollem Einsatz muss dieses Ding die Kugeln mit irrsinnigem Tempo abfeuern können, wie beim Angriff auf die Station. Kaum ist ihr dieser Gedanke gekommen, werden zwei weitere abgefeuert, bewegen sich fast zu schnell, als dass sie sie verfolgen könnte.

Wissen die Leute, dass sie hier ist? Gibt es Kameras in den Hangars? Sie verdrängt diese Überlegung. Wenn sie nicht ganz schnell loslegt, wird es nicht mehr die geringste Rolle spielen, ob man sie erwischt oder nicht.

25

Im Cockpit der *Red Panda* ist kein Platz mehr. Alle Passagiere haben sich hineingedrängt, die Livingstones werden gegen Brendan und Seema gequetscht, und Jack muss den Kopf einziehen, während er neben einer kreidebleichen Hannah gegen die Wand gedrückt wird. In jeder Sekunde blitzt wieder eine der Kugeln auf, ein anderes Trümmerstück rast genau auf sie zu, und das Schiff macht einen weiteren heftigen Satz, wenn Volkova den Knüppel hin und her reißt.

Everett murmelt: »Vorsicht, links. Vorsicht, links.«

»Wie wäre es, wenn wir …«, sagt Brendan. Ein Schrei von Anita schneidet ihm das Wort ab, als ein Bruchstück des Tors direkt vor der Sichtscheibe explodiert. Volkova dreht im allerletzten Moment ab. Ihre Finger klammern sich mit blutleeren Knöcheln um den Steuerknüppel.

Das Ganze erinnert Jack an das letzte Footballspiel, das er sich angesehen hat, auf einer Party im Haus von jemandem, an den er sich nicht erinnert. Es war die Art von Party, auf der jeder aus Plastikbechern trinkt und Chips aus klebrigen Schüsseln isst. Alle drängten sich um ein altmodisches Wandholo, sie brüllten und schlugen auf Armlehnen. Jack erinnert sich, dass er dachte, wie idiotisch das alles war, weil nichts, was sie riefen oder taten, irgendeinen Einfluss auf das Spiel hatte.

»Angriffswarnung«, sagt die *Panda*. »Angriffswwww…« Sie wechselt wieder zu ihrer ursprünglichen männlichen Stimme. »Aktiviere Playlist: Urban und R&B.«

»Nein!«, schreit Volkova. Ihre Halsmuskeln treten hart wie Stahl hervor. »Befehl widerrufen.«

Diesmal reagiert das Schiff. »Playlist gestoppt, Captain.«

»Wie wäre es, wenn wir zurückschießen?«, ruft Corey Livingstone.

»*Womit?*«, brüllt sein Bruder.

»Wir könnten etwas in die Luftschleuse packen und nach der Dekompression …«

»Das ist völliger Schwachsinn.« Malik sieht aus, als müsste er sich übergeben.

»Es ist immer noch besser, als hier einfach nur herumzustehen!«

»Ihr beiden.« Es ist schwer zu sagen, ob Anitas Gesichtsausdruck Schrecken oder Wut ist. »Geht in die Rettungskapsel.«

»Nein, Mom! Wir gehen nicht!«

Das Schiff schüttelt sich, dann schlingert es zur Seite. Normalerweise würde die Gravitationssenke sie aufrecht halten, aber ihre Trägheitssysteme werden zu stark belastet. Sie sind nicht für die Beanspruchungen gedacht, denen Volkova sie aussetzt. Jack wird plötzlich gegen Brendan und Anita geworfen, die in einem Gewirr aus Gliedmaßen zusammenbrechen. Er hat die Finger von jemandem im Mund, sein Auge wird gegen eine Schulter gepresst. Er rappelt sich auf und löst sich von den anderen und sieht in diesem Moment einen Feuerball, der irgendwo über ihnen aufblüht.

»Ha!«, ruft Volkova. »Zwei erledigt! *Eto tebja totschno nautschit!*«

»Was sagt sie?«, schreit Seema.

Jack beachtet sie nicht weiter, streckt eine Hand aus, um Brendan aufzuhelfen. Hannah klammert sich an die Wand, als würde sie auf einem Sims stehen, während der Wind an ihr zerrt. Als Jack an ihr vorbeischaut, erkennt er etwas, das sein Herz stocken lässt.

Eine dritte Kugel kommt direkt auf sie zu. Sie ist jetzt gut zu sehen, schlängelt sich durch das Trümmerfeld und weicht den größeren Brocken aus. Sie wendet sich wieder dem Schiff zu, und zwischen ihnen sind nur noch sehr wenige Trümmer. Jack überlegt, ob die Kugeln vielleicht eine lernfähige Maschinenintelligenz besitzen – wenn eine scheitert, könnten die anderen die Daten analysieren und eine bessere Lösung finden. Entweder das, oder sie werden von Menschen gesteuert, und die Besatzung des Kolonialschiffs hat jetzt genug von diesem Spiel.

»Okay, *gondoni*, ich sehe dich«, murmelt Volkova. Ihre Hände schießen vor und betätigen die Kontrollen schneller, als Jack es mitverfolgen kann. Er ist sich nicht sicher, aber es fühlt sich an, als würde die *Red Panda* mit einem Ruck anhalten, während die Kugel genau auf sie zukommt, immer schneller, nur noch etwas mehr als einen Kilometer entfernt.

»Captain, ich registriere Gegenschub«, sagt die *Panda*. »Sie sollten … *Fehlfunktion … Befehl nicht verstanden.*«

»Was machen Sie da?«, fragt Jack. Plötzlich verspürt er den Drang, Volkova von ihrem Stuhl zu werfen, die Kontrollen zu übernehmen und sie *hier rauszuschmeißen*.

»Vollschub. Das bringt uns zurück zu den Trümmern.«

Eine Sekunde lang deutet nichts darauf hin, dass sie sich bewegen. Dann tauchen erste Trümmerstücke auf, schieben sich in ihr Sichtfeld. Die Kugel steht genau in der Mitte des Cockpitfensters.

»Kann irgendjemand Lorinda sehen?«, fragt Hannah.

»Vergessen Sie Lorinda«, sagt Seema. »Warum haben Sie das Schiff nicht gewendet?«

»Das Wrack ist zu nahe.« Volkova lehnt sich zur Seite, ihre Finger huschen über Schaltungen. »Wenn wir uns jetzt drehen, wird es krachen. Wir müssen geradeaus rückwärts fliegen.«

»Wie können Sie überhaupt steuern?«

Volkova tippt sich an den Kopf, ohne den Blick von der näher kommenden Kugel abzuwenden.

»Ist das Ihr Ernst?«, fragt Jack. »Sie machen das aus dem *Gedächtnis*?«

»Gibt es eine Kamera?«, fragt Anita. »Einen Rückspiegel? Etwas in der Art?«

»Keine Heckkamera«, stößt Volkova zischend zwischen zusammengebissenen Zähnen hervor. »Kameras an den Seiten und unten, aber nicht hinten.«

»Wie können wir dann …?«

»*Ich weiß, wo die Trümmer sind.* Ich kann uns hindurchsteuern.«

Zum ersten Mal seit langer Zeit sagt niemand etwas. Niemand kann die Kugel aus den Augen lassen. Jetzt ist sie nur noch einen halben Kilometer entfernt, ein weißer Punkt vor dem schwarzen Hintergrund, der von Sekunde zu Sekunde größer wird. Volkova murmelt vor sich hin, und Jack bekommt einen Schreck, als er bemerkt, dass sie die Augen geschlossen hat. Sie bewegt den Knüppel ganz leicht hin und her.

Hannahs Gesicht ist blutleer. »Captain, sie kommt näher.«

»Wir müssen umdrehen«, sagt Brendan. »Können Sie nicht schneller fliegen?«

»Noch nicht«, sagt Volkova.

»Aber …«

»Noch. Nicht.«

26

Lorinda ist nur wenige Meter von der Reihe der Kugeln entfernt, als ihre Anwesenheit von denen bemerkt wird, die sie steuern.

Vor ihr schiebt sich das Tor zum Hangar zu, während sich die ein Stück herausragende Schiene mit den Kugeln zurückzieht. Sie verschwendet keine Zeit damit, draußen nach etwas zu suchen, womit sie das Tor offenhalten könnte – weil sie ohnehin nichts finden würde. Mit einer Sicherheit, die sie mehreren Tausend Stunden im Weltraum verdankt, stößt sie sich ab und zündet die Düsen genau im richtigen Moment, um genügend Schub zu bekommen. Sie macht einen langen, trägen Salto vorwärts, packt die Kante einer der sich schließenden Torhälften und nutzt ihren Bewegungsimpuls, um sich in den Hangar zu schwingen.

Eine Sekunde später schlägt sie gegen die Innenwand. Sie atmet keuchend, und ihr alter Körper schreit sie an. Das Tor schließt sich nicht sehr schnell, aber sie hat vielleicht noch fünfzehn Sekunden, bis man sie hier drinnen eingesperrt hat.

Lorinda befindet sich weiterhin in Schwerelosigkeit, außerhalb der Reichweite der Gravitationssenke des Schiffs. Nachdem sie jetzt drinnen ist, sieht sie, dass es kein simpler Starthangar ist, wie sie gedacht hat, sondern eher eine lange Röhre, die tief ins Kolonialschiff hineinreicht. Irgendwo verliert sich die Schiene mit den Kugeln in der Dunkelheit.

Hier muss irgendetwas sein, das sie benutzen kann. Sie blickt sich um und zuckt zusammen, als sie bemerkt, wie viel Anstrengung es sie kostet, den Kopf zu drehen. Dann sieht sie eine Klappe in der Wand. Sie hat keine Ahnung, ob die Elektronik dahinter mit dem Tor verbunden ist oder ob sie thermisch abgeschirmt ist, und sie macht sich nicht die Mühe, genauer darüber nachzudenken. Sie packt die Griffe an der Klappe – wie alle Zugänge im Außenbereich eines Raumschiffs sind sie so konstruiert, dass sie sich mit Handschuhen bedienen lassen. Dann stemmt sie die Füße gegen die Wand und zieht.

Die Klappe löst sich. Lorinda stabilisiert sich mit einem kurzen Schub aus den Düsen und macht sich an die Arbeit, schiebt die Hände in die Öffnung. Es gibt eine thermische Abschirmung, okay. Sie soll die Elektronik vor dem Vakuum schützen und kann entfernt werden, wenn sich das Schiff im Raumdock befindet, damit die Techniker an das Innenleben des Schiffs herankommen.

Wie oft hat Lorinda ihren Arbeitern schon gesagt, dass sie mit freiliegenden thermischen Abschirmungen vorsichtig sein sollen. Sie sind bestens geeignet, die interne Temperatur konstant zu halten, aber ein falscher Handgriff, und sie sind hinüber. Sie hat es schon ein Dutzend Mal miterlebt. Trotz der hoch entwickelten Technik an Bord dieses Schiffs – und sie stammt definitiv nicht von Aliens, da ist sie sich inzwischen ganz sicher – haben sich die Idioten, die es gebaut haben, nicht die Mühe gemacht, die grundlegenden Dinge zu verbessern. Lorinda gestattet sich ein leichtes Lächeln, als sie mit den Fingern hineingreift und das Schaltelement herausreißt.

Das Vakuum erledigt den Rest. Es gibt keine Funken, keine sichtbaren Effekte, aber die Torhälften bewegen sich nicht mehr. Zwischen ihnen ist vielleicht noch zwei Meter Platz, als hätte sich das Auge nur halb geschlossen. Die letzte Kugel liegt immer noch knapp vor der Öffnung. Dahinter glitzern kalte Sterne in der Schwärze.

Der Starthangar flimmert vor ihren Augen, und ein paar Sekunden lang hat sie das Gefühl, dass sie ohnmächtig wird. Gestern war sie noch im Urlaub. Sie war in ihrem Zimmer, hat die Schuhe ausgezogen, auf dem Bett sitzend, und fragte sich, ob sie zum Abendessen in ein Restaurant gehen oder sich einfach den flauschigen Bademantel greifen und etwas beim Zimmerservice bestellen sollte.

Lorinda muss ihre gesamte Willenskraft aufbringen, um sich zurückzuholen. Es hat keinen Sinn, den gleichen Trick mit der Elektronik bei irgendeiner der Kugeln durchzuziehen – wenn sie deaktiviert ist, hat sie keinen Nutzen mehr für sie. Entweder das, oder sie explodiert, wenn sie es versucht. Sie hat Schmerzen und viel mehr Angst als je zuvor in ihrem Leben, aber sie verspürt nicht den Wunsch, heute zu sterben.

Die meisten Kugeln sind inaktiv, die Lämpchen an der Oberfläche sind schwarz und tot. Das ergibt Sinn. Mit einer Waffenplattform wie dieser stürzt man sich nicht in den Kampf gegen einen Feind, während man tausend Bomben geladen hat, die beim leisesten Schubs hochgehen könnten. Man macht sie erst kurz vor dem Start scharf.

Doch die zwei vordersten Kugeln auf der Schiene sind aktiviert. Die Lichter an der Außenseite schimmern im Halbdunkel. Offenbar wurden sie auf den Abschuss vorbereitet, und wer auch immer versucht hat, das Startsystem abzuschalten, hat sie entweder vergessen oder kann sie jetzt nicht mehr deaktivieren. Mit so etwas kann sie weiterarbeiten. Aber wenn sie die Finger von der Elektronik lassen sollte, was könnte sie stattdessen …?

Die Kollisionssensoren. Jede Kugel hat welche, kleine schwarze Knöpfchen, die über die Oberfläche verstreut sind. Lorinda hat schon mit genug Sensoren gearbeitet, um sie zu erkennen. Alle Bergwerke, in denen sie sich aufgehalten hat, waren mit einer Sensorenphalanx ausgestattet, um Schwärme von Mikrometeoriten zu registrieren, und sie hat schon viele davon repariert.

Sie bewegt sich zur Reihe der Kugeln hinüber. Sie kann es immer noch nicht fassen, wie fremdartig sie wirken. Sie erinnern sie an Nahaufnahmen von Viren: unförmig, tot, bösartig. Winzige Bomben mit gerade genug Intelligenz, um zu jagen und gleichzeitig sich selbst und das Ziel zu zerstören. Ihr Durchmesser beträgt etwa zwei Meter, und der Anblick lässt sie in ihrem Anzug erschaudern. Sie hat im Laufe der Jahre viele verschiedene Raumfahrzeuge kennengelernt und mit sehr unterschiedlicher Technik zu tun gehabt, aber so etwas wie diese Kugeln hat sie noch nie gesehen. Sie bewegen sich durch den Weltraum, als wären sie lebendig.

Bitte mach, dass mit der Panda *alles in Ordnung ist. Bitte, Herr, lass nicht zu, dass ich hier drinnen festsitze.*

So schnell sie kann, bewegt sie sich zur vordersten aktiven Kugel und achtet darauf, nicht die Sensoren zu berühren. Sie bringt sich darüber in Position, gleich neben der Klammer, die sie auf der Startschiene festhält, sodass sie halb auf der Metalloberfläche der Kugel kniet. Ohne Sicherungsleine findet sie nur Halt, indem sie einen Arm um die Schiene legt.

Durch die schweißverschmierte Helmscheibe mustert Lorinda die Klammer. Es ist ein dreißig Zentimeter langer Metallzylinder mit vier schweren Klauen, die in Schlitze an der Oberseite der Kugel greifen. Die Klammer selbst ist wie eine Kabelbahn an der Transportschiene befestigt.

Es muss irgendeine Möglichkeit geben. Irgendetwas …

Dann sieht sie es.

Den Schwachpunkt.

Die Klammern dürften gegen Vorwärtsbewegungen gesichert sein – der leichte Ruck, wenn die Kugeln auf der Schiene in die Starposition rollen. Das, wogegen sie *nicht* geschützt sind, ist ein seitlicher Stoß, rechtwinklig zur

Schiene. Wenn sie nur eine Kugel aus der Verankerung lösen kann …

Sie hat keine Zeit, die Idee gründlich zu überdenken. Im Moment hat sie keine bessere. Sie setzt ihre Düsen ein, um sich mit dem Rücken zur Hangarwand in Stellung zu bringen. Sie weiß nicht, wie viel Kraft ein einziger Tritt erzeugen wird, aber ihr fällt keine andere Lösung ein. Sie konzentriert sich auf die Stelle gleich über den Greifern, die die Kugeln halten. Wenn sie dort ansetzen kann, bekommt sie vielleicht genau die Hebelwirkung, die sie braucht.

Sie zieht die Beine an – und hält inne.

Ich schaffe das nicht.

Jetzt sind die Schmerzen überall. Sie hat schon seit Jahren nicht mehr so hart gearbeitet – selbst als Craig noch lebte und sie mit den Arbeitern draußen war, hat sie sich immer mehr darauf verlassen, dass Maschinen ihr die meiste Arbeit abnehmen. Dieser Kick, selbst wenn er funktioniert, wird sie umbringen.

Ach was! Sie ist zwar alt, aber sie ist hier hereingekommen, nicht wahr? Und es wäre wirklich zu schade, in letzter Sekunde schlappzumachen, wenn sie die Türen bereits daran gehindert hat, sich zu schließen.

Mit einem Ächzen zündet sie eine Düse, die sie zurück an die Wand drückt, und tritt zu.

Hätte sie sich nicht abgestützt, wäre sie davongeflogen. Eigentlich ist es ein Wunder, dass sie es schafft sich festzuhalten. Die Nullschwerkraft lässt einen Teil ihrer Kraft verpuffen – es kostet sie große Mühe, genügend Wucht aufzubringen. Aber sie trifft die Klammer, wodurch die Kugel leicht ins Schwanken gerät. Die Schmerzen sind unbeschreiblich. Lorinda schreit in ihrem Helm.

Noch einmal. Nur noch einmal.

Sie zieht das Bein zurück, presst die Augenlider zusammen

und tritt erneut zu. Der Stoß lässt die Kugel erzittern, aber sie rührt sich nicht, weil die Klammer sie festhält. *Bitte, Gott, es reicht.*

Aber sie muss es tun. Weinend schlägt sie ein drittes Mal zu, treibt alle Kraft in ihre Ferse. Im letzten Moment bewegen sich ihre Finger aus eigenem Antrieb und zünden sämtliche Rückendüsen. Sie löst sich von der Wand, und der Schub verstärkt den Druck ihres Fußes.

Die Klammer bricht ab, wird aus der Führung gehebelt. Die Kugel driftet mit blinkenden LEDs auf die gegenüberliegende Wand zu.

Instinktiv lässt sie die Düsen weiter feuern und folgt der Kugel. Nur knapp kann sie einem Zusammenstoß mit der Schiene ausweichen. Dann führt sie einen weiteren tadellosen Salto vorwärts aus, wie ein Schwimmer, der das Ende der Bahn erreicht hat, und setzt beide Füße genau auf die Oberseite der Kugel.

Sie weiß nicht, wie sie es geschafft hat, einen Kontakt mit den Kollisionssensoren zu vermeiden, oder wie ihre erschöpften Beine überhaupt die Kraft für ihr nächstes Manöver aufbringen. Sie beugt die Knie und wird fast ohnmächtig vom Schmerz, dann stößt sie sich ab und hinaus.

Jede Handlung führt zu zwei entgegengesetzten Reaktionen. Die Kugel schießt tiefer in die Startröhre hinein, verschwindet in der Dunkelheit, und nur noch ihre blinkenden Lämpchen werfen etwas Licht auf die Metallwände. Lorinda bewegt sich in die andere Richtung, durch die Toröffnung des Hangars nach draußen.

Sie hat keine Ahnung, wie viel Treibstoff sie noch im Tank hat. Die Tränen verwischen die Anzeigen ihrer Linse, aber das ist ihr in diesem Moment egal. Sie verbrennt alles, was sie hat, lässt sämtliche Düsen feuern, entfernt sich immer schneller vom Kolonialschiff.

Sie ist nicht allein. Von unten nähert sich eine Gestalt, in einen dunkelgrauen Raumanzug gehüllt, rast in einer Wolke aus dem komprimiertem Gas der Anzugdüsen auf sie zu.

Irgendwo tief in der Startröhre findet die tödliche Kugel ihr Ziel.

Es gibt keine Atmosphäre, durch die sich die Schockwelle ausbreiten könnte, aber Lorindas Linse spielt verrückt. Hitze versengt ihren Rücken, ihr Anzug verwandelt sich in einen Ofen, überall blinken Warnmeldungen …

Craig!

27

»Mehr!«, sagt Jack, ohne den Blick von der Kugel losreißen zu können. »Mehr Schub!«

»Ich gebe längst Vollschub!«, brüllt Volkova.

»Da!« Anita zeigt auf etwas, das über ihnen vorbeitreibt und vielleicht einmal ein Teil eines Schiffs war. »Gehen Sie dahinter.«

»Zu groß«, sagt Brendan. »Wir sind immer noch darunter.«

»Wir müssen es tun!«

Die Kugel kommt weiterhin genau auf sie zu, ist jetzt nur noch ein paar Hundert Meter entfernt. Volkova bewegt das Schiff ein wenig nach oben, aber die Kugel passt einfach ihren Kurs an, behält sie in der Zielerfassung.

Jack wendet sich ab, schließt die Augen.

Das war's. So sieht das Ende aus.

Volkova mag es gelungen sein, sie für ein paar Minuten vor dem Schlimmsten zu bewahren, aber es ist klar, dass sie es niemals schaffen werden. Es ist nur eine Frage der Zeit. Sie sind in einer Spirale aus Trümmern gefangen, von allen Seiten eingeschlossen. Wenn irgendjemand diese Kugel steuert, kann er dieses Schiff als leichte Beute verbuchen. Für ihn war es wahrscheinlich ein großer Spaß.

Sein nächster Gedanke überrascht ihn. Er wird den Blick nicht abwenden. Wenn diese Arschlöcher ihn töten wollen, wird er ihnen dabei in die Augen schauen – oder zumindest wird er auf diese Kugel starren. Ihnen bleiben nur noch Sekunden.

Eine einzige Bewegung, eine einzige kleine Kurskorrektur, und die Kugel wird genau in die *Panda* krachen.

Als er das tut, schießt ein klarer Gedanke durch seinen Kopf: *Seema hatte recht.*

Es kann nicht sein, dass dieses Kolonialschiff ebenfalls hier gestrandet ist. Hier läuft etwas ganz anderes ab. Jemand zieht ein Spiel durch, und sie sind Teil davon, und jetzt werden sie sterben, ohne je zu erfahren, was eigentlich los war.

»Moment mal …«, sagt Brendan.

Die Kugel verschwindet unter dem Cockpit. Anita stößt ein entsetztes Keuchen aus. Jack zuckt zusammen, erwartet jeden Moment eine Explosion, die aber nicht kommt.

Das Ding ist einfach an ihnen vorbeigeschossen.

»Wo ist sie?«, fragt Everett und starrt durch die Cockpitscheibe nach draußen. »Sieht irgendwer etwas?«

Niemand antwortet. Jack blickt zu Brendan und Seema, und Brendan zuckt mit den Schultern, während sein Gesicht Verwirrung zeigt. Das kann nicht sein. Die Kugel kam genau auf sie zu.

Sekunden vergehen. Eine halbe Minute. Volkova murmelt immer noch vor sich hin und wendet nun das Schiff – sie haben die Trümmerspirale verlassen, in der sie gefangen waren, und alle versuchen, durch das Fenster etwas zu erkennen.

»Da!«, ruft Corey.

In der Ferne, ganz rechts, sehen sie einen Feuerball. Er breitet sich langsam aus, während die Explosion im Vakuum verpufft. Kleinere Trümmerstücke werden von der detonierten Kugel fortgeschleudert.

»Das verstehe ich nicht«, sagt Malik.

»Sind hier noch mehr?« Hannah beugt sich über die Kontrollkonsole und blickt durch die Scheibe nach oben.

»*Njet.*« Volkova klingt genauso verdutzt wie alle anderen.

Jack will nichts sagen. Will sich nicht rühren, nicht einmal atmen. Er kann das Gefühl nicht abschütteln, dass es nur eine List ist. Da muss noch eine weitere Kugel sein, knapp außer Sichtweite, die nur darauf wartet, sich auf sie zu stürzen, sobald sie glauben, in Sicherheit zu sein.

Volkova dreht das Schiff weiter, fast um dreihundertsechzig Grad, und dann kommt auf einmal das Kolonialschiff in Sicht.

Oder das, was noch davon übrig ist.

Relativ zu ihnen steht es auf dem Kopf und ist leicht zur Seite geneigt. Es ist noch nicht ganz in zwei Hälften zerrissen, aber fast. Ein lautloser Feuerball brennt in seinen Eingeweiden. Jacks Mund klappt auf, als sich weitere Brandherde ausbreiten, deren Widerschein das Schiff sprenkeln. Eine glitzernde Wolke aus Glasscherben umgibt das Cockpit. Es sieht aus wie das Glitzern, wenn sich die aufgehende Sonne im Meer spiegelt.

»Ich verstehe nicht«, sagt Seema verblüfft. »Hatten sie einen Unfall oder etwas in der Art?«

»Kein Unfall«, sagt Volkova. Aber sie klingt, als wäre sie sich nicht ganz sicher.

»Aber was ist …?«

»Vielleicht sind sie mit einem Trümmerstück zusammengestoßen«, sagt Everett.

»Wen interessiert es, was es war?«, sagt Jack. »Wir müssen von hier verschwinden.«

»Nicht ohne Lorinda«, sagt Hannah.

Brendan runzelt die Stirn. »Sie glauben, dass sie tatsächlich …? *Heilige Scheiße!*«

Eine Gestalt im Raumanzug taucht über dem Cockpitfenster auf, schockierend nahe. Lorinda. Sie hat ihnen den Rücken zugekehrt, und sie hält etwas in den Armen. Etwas Großes, das sie nicht erkennen können.

»O Gott«, sagt Hannah. »Hat sie …?«

Lorinda dreht sich herum, und Hannah verstummt. Genauso wie alle anderen im Cockpit starrt sie völlig verdutzt nach draußen.

Lorinda hält nicht etwas in den Armen.

Sondern jemanden.

Eine andere Person in einem Raumanzug.

28

Zum zweiten Mal binnen kurzer Zeit kann sich keiner von ihnen rühren.

Corey starrt verwirrt auf die zweite Gestalt. Der Raumanzug sieht anders aus, stromlinienförmiger, dunkelgrau, mit einem diagonalen orangefarbenen Streifen auf der Brust. Auch der Helm ist schlanker, nicht so rund wie der von Lorinda, selbst wenn an der Seite ein klobiges Kommunikationsmodul angebracht ist. Die Person bewegt sich nicht.

Das ergibt keinen Sinn. Wie wurde das Kolonialschiff zerstört? Stammt die Person in Lorindas Armen von dort? Wie hat diese Person es geschafft, einen Raumanzug anzulegen, bevor das Schiff explodierte? Was hat Lorinda *getan*?

Oder … hat es die Person im zweiten Raumanzug getan? Hat sie ihre Mission sabotiert? Warum?

Egal. Sie müssen sie hereinlassen. Und zwar sofort.

Corey geht zwei Schritte zurück, dreht sich halb um und streift seine Mutter. Sie will nach ihm greifen, aber er ist bereits weg, an ihr vorbeigesaust. Er schiebt sich zwischen Malik und Seema hindurch, wendet sich zur Seite und rennt dann auf das Hauptdeck.

Die Treppe zur Bar ist links von ihm. Er greift nach dem Geländer, benutzt es, um sich herumzuschwingen, dann stürmt er die Stufen hinunter. Kalte Luft leckt an seiner Haut, aber er bemerkt es kaum, während er zur Luftschleuse sprintet.

Aber … wo war noch gleich die Schalttafel? Corey schaut nach links und rechts, sucht die Wand zu beiden Seiten der klobigen Innentür der Luftschleuse ab. Er hat gesehen, wie Lorinda hinausgegangen ist, wie sie in die Luftschleuse getreten ist. Warum kann er sich also nicht erinnern?

Da! Corey macht einen Satz nach vorn und streckt sich nach oben, um eine eingerastete Klappe in der Wand aufzuziehen. Sie befindet sich rechts von der Tür, mit sechs beschrifteten Knöpfen unter einer Digitalanzeige, die jedoch nur tote Pixel zeigt. Während er nach dem richtigen Knopf sucht, wird ihm klar, dass er versehentlich beide Türen gleichzeitig öffnen könnte. Das wäre richtig schlimm.

Lorinda. Von ihnen allen die einzige Person, die nicht verrückt ist. Er wird sie auf keinen Fall da draußen sterben lassen. Und wer würde eine Luftschleuse so konstruieren, dass sich beide Türen gleichzeitig öffnen lassen? Richtig?

Seine Finger wollen gerade den Knopf mit der Aufschrift AUSSENTÜR ÖFFNEN drücken, als er zurückgerissen wird. Es ist Jack, der sich zwischen ihn und die Schalttafel drängt. »Warte einen Moment …«

»Was tun Sie da?« Corey versucht an ihm vorbeizukommen, schafft es aber nicht. »Sie ist noch da draußen!«

»Ich weiß, aber *hör mir einfach zu.*«

»Corey?« Seine Mutter ruft seinen Namen. Sie und alle anderen kommen die Treppe herunter und rennen durch die Bar.

Corey zeigt auf Jack. »Er will sie nicht hereinlassen.«

Jack hebt die Hände. »Ich glaube nur …«

»Aus dem Weg.« Hannah macht einen erschrockenen, aber auch entschlossenen Eindruck. Jack will ihr den Weg versperren, doch dann wird er abgelenkt, als Everett Livingstone ihm eine Hand auf die Schulter legt. Er fährt wütend herum, wodurch Hannah gerade genug Freiraum erhält, um sich an ihm vorbeizuschieben. Corey triumphiert, als sie den richtigen Knopf drückt, und es stört ihn auch nicht, als seine

Mutter ihn am Arm zurückzieht. Es folgt ein gedämpftes Zischen, als sich die Luftschleuse dekomprimiert, dann das Summen, mit dem sich die Außentür öffnet.

»Wir wissen nicht, was da draußen ist«, sagt Jack.

»*Lorinda* ist da draußen.« Corey kann nicht fassen, dass sie überhaupt darüber diskutieren.

»Ja, und noch jemand, den sie mitgebracht hat.«

»Und? Meinen Sie, wir sollten sie einfach sich selbst überlassen?«

Er hebt die Hände, als würde jemand eine Waffe auf ihn richten. »Ich sage nur, dass wir darüber reden sollten.«

Anita öffnet den Mund, um etwas zu sagen, als Volkovas Stimme aus den Lautsprechern über ihnen dringt. »Beide sind drinnen. Sie können die Tür jetzt öffnen.«

»Alle Passagiere bitte von der Luftschleusentür zurücktreten«, sagt das Schiff.

Hannah verliert keine Zeit und sucht hektisch nach dem richtigen Knopf. Als sie ihn drückt, wirft Jack die Arme hoch und murmelt etwas, während er sich abwendet.

»Du bist so ein Arschloch, Corey«, sagt Malik, aber leise genug, dass ihre Mutter es nicht hört.

Corey sieht ihn blinzelnd an. »Was ist dein Problem?« Die Wirkung des Adrenalins lässt nach. Seine Haut fühlt sich gleichzeitig heiß und kalt an, seine Hände zittern leicht.

»Wir wissen nicht, wer dieser andere Typ ist.«

»Es spielt *keine Rolle*, wer er ist. Wir können ihn nicht einfach da draußen lassen.« Dann kommt ihm ein seltsamer Gedanke: Vielleicht ist es gar kein *Er*. Es war unmöglich zu erkennen, ob die Person im anderen Raumanzug ein Mann oder eine Frau ist.

Zumindest wissen sie jetzt, dass dieses andere Schiff von Menschen und nicht von künstlichen Intelligenzen gesteuert wurde. Aber das ergibt keinen Sinn. Wie wollten sie wieder von hier wegkommen, nachdem sie das Tor gesprengt haben, mit dem sie das Wurmloch hätten passieren können, ohne in Zillionen Stücke zerrissen zu werden?

Malik will gerade etwas sagen, als die Innentür aufgleitet. Alle drängen sich vor der Luftschleuse, und Corey wird für ein paar Sekunden die Sicht versperrt. Als er sich endlich nach vorn schieben kann, sieht er Lorinda auf dem Boden liegen, mit dem Gesicht nach unten. Die andere Gestalt liegt auf ihr.

An beiden Raumanzügen sind Brandspuren zu erkennen, schwarze Striemen auf dem Gewebe. Und da ist noch etwas anderes: Einer der beiden dünnen Schläuche, die zum Sauerstofftank des Fremden führen, wurde entfernt, aus der Helmverbindung gerissen. Er ragt aufrecht empor, wie eine Antenne, leicht schwankend.

Weder Lorinda noch die andere Person rühren sich.

»Helfen Sie mir«, sagt Hannah. Sie zerrt Lorinda aus der Luftschleuse. Der Helm des Fremden fällt mit einem hörbaren Klacken auf den Boden. Corey springt hinein, um zu helfen, und packt Lorinda unter einem Arm. Mit dem Anzug ist sie erheblich schwerer, und erst als Brendan und Seema die Beine übernehmen, können sie sie in die Bar schaffen. Coreys Eltern und sein Bruder sowie ein widerstrebender Jack bringen die andere Gestalt herein, legen sie neben der Theke ab.

Corey ist als Erster an Lorindas Helm und sucht nach der Verriegelung. Hannah hilft ihm. Gemeinsam drehen sie den Helm zur Seite, bis es klickt und zischend Luft entweicht. Sie brauchen noch ein paar Sekunden, um den Helm zu lösen. Lorindas Augen sind geschlossen, und auf Corey wirkt sie sehr, sehr klein.

Hannah legt einen Finger an ihren Hals. »Da ist ein Puls«, sagt sie mit zitternder Stimme. »Ich habe hier einen Puls!«

Es ist, als wäre Coreys Brustkorb von einem rotierenden Football getroffen worden. Mit einem dumpfen Geräusch bricht er auf dem Boden zusammen. Seine Arme liegen auf den Knien, er keucht vor Erleichterung. Hinter ihm hantieren Malik und Jack mit dem Helm des fremden Raumfahrers. Oder der Raumfahrerin. Wie auch immer. Der Mechanismus ist anders als bei Lorindas Anzug, weshalb sie sich eine ganze Weile damit abmühen.

Lorinda öffnet die Augen. Die alte Frau starrt mit unfokussierten Pupillen in die Ferne. Sie blinzelt – einmal, zweimal –, dann sieht sie Corey an.

Ihre Mundwinkel ziehen sich nach oben. Corey legt eine Hand auf ihre Schulter, obwohl er weiß, dass sie es durch den Anzug nicht spüren kann.

»Hier … alles in Ordnung?«, stößt Lorinda hervor und verzieht ihre Lippen zu einem Lächeln.

Corey wischt sich das Gesicht ab, stellt überrascht fest, dass es feucht ist. »Ja. Alles in Ordnung mit uns.«

Hinter ihm stöhnt Malik, als sich der Helm endlich löst. Hannah schaut hinüber, und auch Corey dreht sich um.

Der Kopf im Helm gehört einem Mann. Hellhäutig, mit einem dünnen Mund und einer markanten Hakennase. Sein Kurzhaarschnitt ist militärisch, und sein Kinn ist mit Bartstoppeln überzogen. Er ist bewusstlos, die Augen sind geschlossen, sein Mund ist leicht geöffnet. Dann bemerkt Corey etwas, das er bislang übersehen hat: einen Aufnäher am Arm des Raumanzugs. Zwei gekreuzte Dolche vor einem Schild in Schwarz und Rot. Ansonsten ist das Abzeichen unbeschriftet.

Hannah legt eine Hand auf Coreys Arm. »Hey. Könntest du Lorinda etwas Wasser bringen?«

»Hm? Oh! Klar.« Er kommt unsicher auf die Beine, dann geht er zur Theke hinüber. Es gibt noch genug volle Gläser und andere Behälter, obwohl einige umgefallen sind, als der Captain versuchte, den Kugeln zu entkommen. An Bord eines größeren Schiffs wäre das wahrscheinlich nicht passiert, aber die Trägheitsdämpfung der *Panda* scheint nicht sehr leistungsfähig zu sein. Überall in der Bar sind Eiswasserpfützen.

Dahinter sieht er das aufgegebene Projekt seines Vaters – den Heizapparat, den er aus Teilen des Barkühlschranks zusammenbasteln wollte. Sie sind nie dazu gekommen, das Ding in das Loch im Eis zu stecken. Sein Vater hat den Kühlschrank rausgezogen und gekippt, um an die Unterseite heranzukommen.

Der zweite Kühlschrank steht noch an Ort und Stelle, doch die Glasscheibe in der offenen Tür ist zertrümmert. Scherben und winzige Stücke aus schmutzigem Eis liegen davor auf dem Boden. Der Erste-Hilfe-Kasten, aus dem sein Dad das Klebeband genommen hat, das er für seinen Apparat brauchte, lehnt an einem aufgeweichten Pappkarton und wirkt auf seltsame Weise verloren.

»Wie ist er überhaupt hierhergekommen?«, fragt Malik.

»Keine Ahnung, Kumpel«, sagt Brendan, während er auf den bewusstlosen Mann starrt und Jack auf die Beine hilft.

Corey nimmt sich ein Glas, läuft zurück und geht vor Lorinda in die Knie. Sie trinkt vorsichtig. Hannah stützt ihren Kopf, und Corey kippt das Glas etwas zu schnell, sodass Wasser über ihr Kinn rinnt.

»Tut mir leid«, sagt er und zieht sich zurück.

»Schon gut«, sagt sie.

Im Glas ist nur noch ein kleiner Rest. »Ich hole Ihnen noch mehr«, sagt Corey und steht auf. Dabei wirft er einen Blick auf den Mann mit der Igelfrisur.

Der Mann ist wach. Und er sieht ihn an. Seine Augen sind tiefblau, kühl und klar.

Niemand außer Corey hat bemerkt, dass der Mann nicht mehr bewusstlos ist. Jack, Brendan und Seema stehen zusammen und reden miteinander, und Malik macht etwas mit seiner Holokamera.

Corey schafft es noch, ein verdutztes »Hey …« auszustoßen, dann springt der Mann plötzlich auf.

29

Brendan ist ihm am nächsten. Er dreht sich halb zu der Bewegung herum, die er bemerkt, dann kracht die Faust des Mannes gegen sein Kinn.

Brendan ist groß, viel größer als alle anderen an Bord der *Panda* und sogar größer als sein Angreifer. Aber der Schlag ist kräftig. Brendan geht zu Boden, sein Gesicht zeigt den Ausdruck benommener Fassungslosigkeit. Seema reagiert. Sie springt auf, will dem Mann an die Kehle gegen, doch sie wird zur Seite geworfen, als wäre sie nicht mehr als eine Pappfigur.

Coreys Vater ist ein kleines Stück weiter von dem Mann entfernt als Brendan. Ihm bleibt gerade noch genug Zeit, um auszuweichen und den Kopf zurückzureißen, als der Mann zu einem weiteren Hieb ansetzt. Er stößt ein verblüfftes »Verdammt!« aus, während die Faust vor seinem Gesicht durch die Luft saust.

Jack zieht sich wankend einen Schritt zurück, die Arme erhoben, um sich zu schützen.

Tu etwas! Corey stellt fest, dass er sich nicht rühren kann, dass er nicht einmal atmen kann.

»Passagiere!«, sagt die *Panda*, während der Mann Everetts Schultern packt und mit ihm ringt. »Vielen Dank, dass Sie sich aus Anlass Ihres Hochzeitsempfangs für Sigma De-De-De-Destination Tours entschieden haben. Bitte genießen Sie diese speziell zusammengestellte Playlist, und *sumangalī bhava* dem glücklichen Paar!«

Laute, kreischende Bhangra-Musik dröhnt aus den Lautsprechern, lebhaft und fröhlich, mit stampfenden Trommeln.

Malik wirft sich auf den Rücken des Mannes und schlingt die Arme um seinen Hals. Der Mann reagiert sofort. Mit einem Grunzen hebelt er Malik in einem mächtigen Salto über seinen Kopf und stößt dabei Everett zur Seite. Malik heult auf, als er auf das Deck kracht, so heftig, dass er tatsächlich davon abprallt.

Hannah springt hierhin und dorthin, sucht nach einer Öffnung. »Musik ausschalten!«, ruft sie. Der Schiffscomputer reagiert nicht darauf.

Nachdem er Malik geworfen hat, hockt der Mann zusammengekrümmt da. Würde er keinen Raumanzug tragen, wäre es ein Leichtes für ihn, sich wieder aufzurichten, aber der Stoff an seinem Oberkörper wurde zusammengedrückt, und er braucht eine zusätzliche Sekunde, ihn zu entfalten. Gerade genug Zeit für Anita Livingstone, um ihm so heftig in den Bauch zu treten, dass auch sie selbst davon zu Boden gerissen wird.

Der Raumanzug schützt ihn halbwegs vor dem Schlag, aber nicht vollständig. Der Mann taumelt, und dann sind Jack und Everett auf ihm und drücken ihn zu Boden. Endlich setzt sich Corey in Bewegung und wirft sich auf die strampelnden Beine des Mannes. Es ist, als würde er versuchen, sich auf einem bockenden Pferd zu halten. Doch dann ist auch Seema da, Hannah ebenfalls, und nun sitzen sie alle auf ihm. Brendan, an dessen Kinn bereits eine hässliche Prellung erblüht, rammt seinen Metallarm gegen die Kehle des Mannes. Der Soldat – falls er tatsächlich einer ist – gibt den einzigen Laut von sich, den Corey bislang von ihm gehört hat, ein verärgertes, ersticktes Grunzen. Aber er *macht immer noch weiter*. Er versucht aufzustehen und hält erst inne, als Seema ein Knie auf sein Schlüsselbein setzt, ihr Taschenmesser aufklappt und ihm die kleine Klinge an den Hals hält.

»Du solltest dich jetzt nicht mehr bewegen, Kumpel«, sagt sie mit rauer Stimme.

Der Mann wird plötzlich ruhig und starrt zu ihr hinauf.

»Verdammt!«, sagt Everett ein zweites Mal. Er sucht nach seiner Familie, und sein Blick huscht von Corey zu Anita und dann zu Malik. Sein ältester Sohn blinzelt überrascht, hat sich auf den Ellbogen hochgestemmt, als wäre er gerade aus einem Nickerchen erwacht. Diese blöde Musik spielt immer noch – jetzt sogar in noch schnellerem Rhythmus, indische Saiteninstrumente zu einem wummernden Bass.

»Scheiße«, sagt Jack. Ein seltsamer Gedanke taucht in Coreys Kopf auf: Die Leute sprechen immer nur in kurzen Kraftausdrücken, nachdem etwas Schlimmes passiert ist. Das versteht er nicht. Wenn man schon flucht, könnte man es doch mit so vielen Wörtern wie möglich tun.

Auf diesen Gedanken folgt ein anderer, der jedoch wesentlich praktischer ist. »Wir müssen ihn fesseln«, sagt er.

»Womit?« Brendan bewegt sein Kinn und massiert es.

Sie alle schauen sich gegenseitig an, und niemand sagt etwas. Nachdem er den Vorschlag gemacht hat, ist Coreys Kopf leer. Was könnten sie benutzen, um jemanden zu fesseln? Man könnte ein Hemd in Streifen schneiden, aber …

Hannah schnippt mit den Fingern. »Klebeband.« Sie sieht Seema und Corey an. »Lassen Sie ihn nicht los, bis ich zurück bin.«

»Äh … *jaaa*.« Seema mustert sie, als wäre sie verrückt geworden. Alle atmen schwer, und ihre Gesichter sind gerötet, als wären sie gerade unversehrt aus einem verunglückten Auto gestiegen.

»Ist überhaupt noch etwas davon übrig?«, fragt Anita. Sie hat sich erhoben, steht wankend und zitternd da.

Hannah antwortet nicht. Sie rennt zu den Kühlschränken, greift sich den Erste-Hilfe-Kasten und hebt ihn auf die Theke. Sie kramt darin herum, mit zunehmender Hektik.

»Schnell«, knurrt Jack.

»Hier ist nichts«, sagt sie. »Hat jemand es herausgenommen?«

»Es müsste im Kasten sein«, ruft Everett zurück.

»Vergesst das Klebeband.« Seema hält weiter das Messer an die Kehle des Mannes. »Holt Kabelbinder. Irgendwas.«

Corey blickt zufällig zu seiner Mutter, während Seema spricht, und sieht, wie sie etwas sehr Seltsames macht. Sie reißt die Augen auf, als hätte sie eine geniale Idee. Eine Sekunde später presst sie die Lider zusammen und krümmt sich, als hätte ihr jemand einen Schlag in die Magengrube verpasst.

»Mom?«, sagt Corey.

»Einen Moment.« Anita Livingstone stürmt zur Treppe, nimmt zwei Stufen auf einmal. »Ich bin in einer Sekunde zurück.«

»Anita?«, sagt Everett. Doch dann hält er inne, als der Mann erneut versucht, sich zu winden. Er bewegt sich immer noch ohne einen Ton und schafft es fast, Jack abzuwerfen. Seema muss die Messerspitze in seinen Hals drücken, fest genug, dass es ein wenig blutet, damit er aufhört.

Anita kommt zurückgerannt. In einer Hand hält sie Handschellen aus Metall.

Corey ist so erstaunt, dass er vergisst, was sie hier gerade tun. Wo zum Teufel hat seine Mutter *Handschellen* gefunden?

»Hier«, sagt sie und wirft sie Hannah zu. Instinktiv fängt die Reiseführerin sie auf. Sie sieht Anita an, dann die Handschellen und schließlich wieder Anita.

»Was ist das?«, fragt sie verdutzt.

Everett starrt seine Frau mit weit aufgerissenen Augen an.

»Was glauben Sie, was das ist?« Coreys Mom macht den Eindruck, als würde sie sich am liebsten von einem Loch im Boden verschlucken lassen. »Schnell. Ich habe sie bereits geöffnet.«

Der Mann bewegt sich wieder, aber jetzt sind einfach zu viele Leute auf ihm, und seine Zwangslage verschlimmert sich, als Hannah sie auffordert, ihn herumzudrehen. Sie kniet auf seinem Rücken, als hätte sie ihn auf eine Ringermatte geworfen.

»Seine Hände«, sagt sie und klingt immer noch so, als würde sie glauben, dies alles wäre nur ein Traum.

Malik bewegt sich zuerst. Er ist immer noch benommen, aber er reißt sich zusammen und zieht die Arme des Mannes nach hinten. Corey und sein Vater helfen ihm, die Handschuhe auszuziehen und halten die Arme fest, als der Mann sich erneut wehrt.

»Sind die auch stabil genug?«, fragt Seema.

Anita schließt die Augen, bevor sie antwortet. »Oh, glauben Sie mir. Sie sind bestens geeignet.«

»Anita«, sagt Everett. »Erklär mir, dass es nicht die sind, die wir …«

»Ich habe sie in meine Tasche getan, als wir alles für die Reise gepackt haben«, sagt Anita. »Sie waren die ganze Zeit da drin. Ich dachte … ich meine, ich hatte mir überlegt, dass wir vielleicht …«

»Aber wir haben sie seit Jahren nicht mehr benutzt! Und die Kinder! Was hast du dir dabei gedacht?«

»Nun, wenn du mir etwas mehr Aufmerksamkeit gewidmet hättest, würdest du vielleicht wissen, was ich gedacht habe!«

Coreys Blick wechselt völlig verwirrt zwischen den beiden hin und her. Wovon reden sie? Warum waren diese Handschellen in der *Handtasche* seiner Mutter?

»O Gott«, sagt Malik und schlägt sich eine Hand vors Gesicht. »O Gott, nein! *Mom!* Das ist so widerlich!«

»Ich …«, sagt Anita und räuspert sich. »Nun, du weißt, wenn zwei Erwachsene …«

»Hör auf«, sagt Malik. »Einfach nur … nein. Ich will es nicht wissen.«

Corey öffnet den Mund und schließt ihn wieder. Hat es etwas mit S-e-x zu tun? Aber wozu würde man dann Handschellen brauchen? Wahrscheinlich nicht der beste Moment, um danach zu fragen. Und ganz gleich, woher die Handschellen kommen, sie erfüllen ihren Zweck.

Sein Dad sieht etwas, geht zur Theke hinüber und bückt sich. »Ich habe das Klebeband gefunden«, sagt er, als er sich wieder aufrichtet. Die Musik dröhnt immer noch.

Die blauen Augen des Gefangenen fixieren sich erneut auf Corey. Als wäre er gebrandmarkt. Corey erschaudert, aber er wendet den Blick nicht von ihm ab.

Seema wischt sich mit dem Handrücken über den Mund. Es ist eine langsame, bedächtige Bewegung, und die Augen über ihrer Hand sind von glühendem, qualvollem Zorn erfüllt.

»Also«, sagt sie, als sie über dem Mann steht und versucht, den Bhangra zu übertönen. »Wie wäre es, wenn Sie uns verraten, was zum Henker hier los ist?«

30

Sie brauchen eine Weile, um zu entscheiden, wo sie den Mann unterbringen wollen. Brendan und Jack – und überraschenderweise auch Everett – wollen, dass er in der Bar bleibt, um ihn auf der Stelle zu befragen. Hannah und Volkova argumentieren, dass er irgendwo sein sollte, wo man ihn nötigenfalls einsperren kann. Anita versichert, dass es Stahlhandschellen sind, die den Polizeistandards entsprechen, eine Formulierung, bei der sich Malik mit einem angewiderten Stöhnen erneut die Hände vors Gesicht schlägt und Jack verächtlich schnauft. Selbst Hannah wird bewusst, dass sie ein wenig lächelt. Wie auch immer, sie dürfen kein Risiko eingehen.

Schließlich befördern sie ihn aufs obere Deck und dann irgendwie die Leiter hinunter in die Astronautik. Dort hält Seema ihm erneut das Messer an die Kehle, während sie ihm die Handschellen abnehmen – sehr vorsichtig – und ihn an ein Metallrohr fesseln, das in Kniehöhe an der Wand befestigt ist.

Mit den Armen auf dem Rücken ist es eine unbequeme Position, aber Hannah ist zu müde, um sich deswegen Sorgen zu machen. Und der Mann lässt nicht erkennen, dass er damit ein besonderes Problem hat.

Und er hat immer noch kein Wort gesagt.

Sie kehren auf das Hauptdeck zurück, während Everett den Gefangenen bewacht. Volkova schafft es endlich, die Stimme der *Panda* und die Musik abzuschalten. Sie heult ein letztes Mal ohrenbetäubend laut auf, bevor sie verstummt –

Hannah stellt sich unwillkürlich vor, wie der Captain die Kontrollkonsole aufreißt und wütend Kabel herauszerrt.

Jacks Kotze wurde immer noch nicht beseitigt. Hannah bemerkt, dass sie darauf starrt, erstaunt, wie ärgerlich es sich anfühlt. Es riecht nicht mehr so schlimm, nachdem alles eingetrocknet ist, aber sie versteht nicht, warum er sich nicht die Mühe gemacht hat, die Bescherung zu entfernen. Dann fragt sie sich, warum es sie so sehr stört, nach dem, was gerade geschehen ist.

Ihre linke Hand tut weh – ein hartnäckiger, pulsierender Schmerz. Sie weiß nicht, wie es passiert ist. Und sie hat sich nicht als Einzige verletzt: Ein Passagier hat sich das Kinn geprellt, eine Person wurde vor Erschöpfung fast bewusstlos, und …

Erschöpfung. *Lorinda*. Hannah wirbelt herum und sucht nach ihr. Sie ist auf einem der Sitze, in die Wärmedecke gehüllt, die Augen geschlossen. Ein Glas Wasser ragt zwischen den Falten der Decke hervor, wie die Spitze eines Eisbergs. Während Hannah zu ihr hinüberschaut, erwacht sie ruckhaft und blickt sich um, als wäre sie sich nicht sicher, wo sie ist. Sie trägt immer noch den dicken Raumanzug.

»Was ist da draußen passiert?«, fragt Corey, die Augen weit aufgerissen.

Lorinda kann kaum sprechen. »Schmerzen«, sagt sie und wedelt mit den Händen über ihrem Bein.

Hannah stürmt zurück in die Bar, um den Erste-Hilfe-Kasten zu holen. Er enthält nur das Allernotwendigste, wie bei allem an Bord der *Panda*, also hätte sie fast laut gejubelt, als sie eine kleine Schachtel mit Nanomedikamenten findet. Die Packung enthält drei Blister mit je vier Tabletten.

Das Medikament ist von SoftMed, eine Marke, von der sie noch nie gehört hat – ein Billigprodukt, wenn sie nach dem Aussehen geht. Aber es dürfte seinen Zweck erfüllen. Die winzigen Gelkapseln werden Lorindas Schmerzen ein paar Stunden lang lindern, und es wird ihr besser gehen, während sich die Bots an die Arbeit machen und ihr konzentrierte Entzündungshemmer verabreichen.

Hannah schnappt sich eine Blisterpackung und hetzt wieder die Treppe hinauf, während sie bereits eine der weichen Kapseln durch die Folie drückt.

Lorinda reißt sie ihr fast aus der Hand und schluckt sie trocken. Dann lehnt sie sich zurück und wartet darauf, dass die Bots ihre Wirkung entfalten.

Hannah steckt sich die restlichen Pillen in die Tasche. Falls Lorindas Verletzung ernster ist, als sie aussieht – etwas, das man nicht sehen kann, ein Knochenbruch oder ein Muskelriss –, können die Bots es nicht in Ordnung bringen. Aber sie werden eine Zeit lang die Schmerzen unterdrücken, auch wenn sie das eigentliche Problem nicht lösen können. Wie auch immer. Mehr können sie im Moment ohnehin nicht tun.

Die Geschichte kommt stückweise. Lorinda erzählt ihnen, wie sie das Schiff von unten kommen sah, wie sie die *Panda* nicht mehr erreichen konnte. Als sie schildert, wie sie eine der Kugeln gegen das Schiff selbst eingesetzt hat, tauschen Corey und Malik einen erstaunten Blick aus.

»Nie im Leben«, sagt Malik.

»Das ist krass«, sagt Corey.

»Nein, ich meine, das kann sie nie im Leben gemacht haben.«

»Du hast das Schiff *gesehen*, Malik. Das ganze Ding war …«

»Jungs.« Hannah deutet auf Lorinda, die sie mit einem matten Lächeln ansieht. Corey und Malik reißen sich zusammen, auch wenn Malik weiterhin zeigt, dass er ihr kein Wort glaubt.

Nachdem das Kolonialschiff explodiert war, erzählt sie dann, war es harte Arbeit für sie, ihre Rotation zu stoppen.

Überall waren Leichen – Leichen und Trümmer. Sie hatte es gerade geschafft, ihre Bewegung zu stoppen, als jemand sie packte.

»Einer der ... Leute von diesem Schiff«, sagt sie und nimmt einen weiteren Schluck Wasser. »Scheint versucht zu haben ... mich zu erwischen ... nachdem ich den Hangar mit den Kugeln zerstört hatte.«

»Sie sind verrückt«, sagt Volkova. Aber sie grinst. »Völlig verrückt.« Sie lässt einen Finger neben ihrem Kopf kreisen.

Lorinda nimmt einen tiefen Atemzug, dann spricht sie hastig weiter, als hätte sie die Worte schon viel zu lange zurückgehalten. »Wir haben uns ineinander verheddert – ich konnte nicht in seinen Helm sehen, aber ich wusste, dass er es ernst meinte. Also packte ich ... seinen Sauerstoffschlauch und riss einmal kräftig daran. Ich hatte nicht damit gerechnet, dass ich ihn einfach herausziehen kann, ich dachte nur, ich könnte ihn vielleicht irgendwie beschädigen, doch dann löste er sich. Simple ... Technik. Daran haben sie nichts verbessert.«

Alle, selbst Malik, starren sie nun mit so etwas wie Ehrfurcht an. Lorinda dreht den Kopf zur Seite und räuspert sich mit einem Geräusch, das an eine startende Kettensäge erinnert, bevor sie fortfährt. »Inzwischen hatte ich gesehen, dass mit Ihnen hier alles in Ordnung ist, also wollte ich mich so weit wie möglich von ihm entfernen. Er hatte sich nicht mehr bewegt, und zuerst wollte ich ihn ... einfach zurücklassen, bist mir in den Sinn kam, dass wir vielleicht mehr über diese Leute herausfinden, wenn ich ihn an Bord bringe.«

Sie sieht Brendan an. »Das tut mir leid. Ich wusste nicht, dass er so schnell aufwachen würde.«

Anita Livingstone erhebt sich, kommt auf wackligen Beinen herüber und drückt Lorinda einen Kuss auf die Stirn. »Danke«, sagt sie leise. »Dass Sie meine Jungs gerettet haben.«

Die betreffenden Jungen schauen sich verlegen an, aber auch sie bedanken sich mit einem Nicken.

Lorinda lehnt sich mit dem Rücken gegen die Wand und schließt die Augen.

Alle sind erschöpft. Ausgelaugt. Der Kampf, den sie soeben überstanden haben, hätte sie auch an einem normalen Tag entkräftet, aber er kam nach einem vierundzwanzigstündigen Wahnsinn, und Hannah kann gar nicht erklären, wie sie so etwas überleben konnten.

Wie lange wird das noch so weitergehen? Selbst Volkova – die sie inzwischen nicht nur einmal, sondern zweimal gerettet hat – kann nicht die ganze Zeit auf Hochtouren laufen. Niemand kann das. Ganz zu schweigen von der Tatsache, dass ihnen schon bald die Lebensmittel ausgehen werden. Es war bereits knapp, bevor sie einen zusätzlichen Passagier an Bord genommen haben. Und wie wollen sie ihn füttern? Sollten sie es überhaupt tun? Nein, sie müssen es tun, aber was wäre, wenn …

»Okay«, sagt Volkova. »Wir versuchen, mit ihm zu reden. Um herauszufinden, was er weiß.«

»Auf jeden Fall.« Jack ist sichtlich wütend. Er wirft Seema einen Blick zu. »Nehmen Sie Ihr Messer mit.«

»Kein Problem«, sagt Seema.

»*Nein.*« Volkovas Hemd ist aus der Hose gerutscht, einzelne Haarsträhnen hängen aus ihrem straffen Dutt. »Nicht auf meinem Schiff«, sagt sie, stößt die Worte zischend hervor. »Dieser Mann ist ein Kriegsgefangener. Wir reden mit ihm, aber wir tun ihm *nicht* weh.«

»Er ist einer von ihnen«, sagt Seema. »Aus den Kolonien. Er war in diesem Schiff. Und wir befinden uns nicht im Krieg.«

»Außerdem«, sagt Jack, »haben die sich auch nicht gerade an die Regeln gehalten, als sie Sigma plattgemacht haben. Warum sollten *wir* jetzt nett zu ihm sein?«

Hannah atmet einmal tief durch. Es fühlt sich an, als würde ihr Herz in einem unregelmäßigen Rhythmus schlagen. »Der Captain hat recht. Wir werden es ordentlich machen. Wir werden ihn gemeinsam befragen, und wir werden keine …«

»Haben Sie *gesehen*, was er vorhin getan hat?«, wirft Brendan ein.

»Das bedeutet nicht …«

»Nein.« Seema strahlt eine tödliche Ruhe aus, als sie den Kopf schüttelt.

Volkova legt einen Finger auf Seemas Brust. »Und was genau wollen Sie tun?«, fragt sie. »Wenn Sie ihn verletzen, wird er nur irgendwelchen Unsinn erzählen, damit Sie aufhören.«

»Ja«, sagt Brendan. »Aber wenn wir es *nicht* tun, wird er uns gar nichts erzählen.«

»Oh doch, er wird«, sagt Seema. Hannah beobachtet, wie sie die Klinge ihres Taschenmessers mit dem Daumen ausklappt.

Bis jetzt war Jack die einzige Person, wegen der sich Hannah große Sorgen gemacht hat. Von ihm hat sie erwartet, dass er ihnen die größten Probleme bereiten wird. Sie dachte, sie könnte Brendan und Seema einschätzen. Seema war sehr verunsichert, und in ihrer Bestürzung und Wut, dass sie von ihrem Sohn getrennt ist, hat sie um sich geschlagen, aber mehr auch nicht. Brendan hat sie immer wieder beruhigt, auch wenn seine gut gelaunte Fassade erste Risse bekommen hat.

Jetzt ist es anders. Beide haben diesen Blick in den Augen: konzentriert, entschlossen. Als wüssten sie ganz genau, was zu tun ist.

Seema sieht Jack an. »Glauben Sie immer noch, dass sie ehrlich zu Ihnen sind?«

Jack erwidert Seemas Blick. Er scheint angestrengt nachzudenken, eine schwierige Überlegung anzustellen.

»Wir werden ihm nichts antun.« Volkova verschränkt die Arme. »Das steht nicht zur Diskussion.«

Jack lacht – jedoch ohne eine Spur von Humor. »Wissen Sie«, sagt er und lehnt sich gegen eine Reihe von Plastiksitzen, »ich weiß nicht, wie es Ihnen geht, aber wir …« Er deutet auf Brendan und Seema. »… haben das Ganze hier ziemlich satt. Es wird Zeit, dass Sie uns *ganz genau* erklären, was hier eigentlich los ist.«

»Sie sind genauso verrückt.« Volkova verzieht das Gesicht zu einer angewiderten Grimasse.

»Nein«, sagt Jack. »Wissen Sie, was verrückt ist? Unser kleines Ausflugsschiff übersteht einen Angriff, wie es ihn nie zuvor gegeben hat. Das Kolonialschiff hat seinen eigenen Fluchtweg zerstört. Kommt Ihnen das Ganze nicht ein wenig seltsam vor?« Er nickt in Richtung Seema, deren Gesicht grimmige Befriedigung zeigt. »Sie hat es von Anfang richtig erkannt. Ich habe es für Schwachsinn gehalten, aber vielleicht hat sie nicht ganz unrecht. Hier geht etwas ganz anderes vor sich, und ich habe es *satt*, im Unklaren gelassen zu werden.«

»*Im Unklaren?*« Volkova spricht die Worte aus, als hätte sie etwas Verfaultes im Mund.

Hannah ist der Schweiß ausgebrochen. Ihre Stirn ist heiß und klamm, als hätte sie auf eine Chilischote gebissen. »Sie sollten sich selbst hören«, sagt sie.

Jack geht nicht auf sie ein. »Und dann bekommen wir tatsächlich jemanden aus diesem Schiff zu fassen …« Er stößt sich von der Plastiklehne ab und richtet den Zeigefinger auf Volkova. »… und Sie erzählen uns, dass wir keine Antworten aus ihm herausbekommen werden. Nach allem, was passiert ist.«

Er zeigt auf Seema. »Also, ja, zu Anfang habe ich ihr nicht recht geglaubt. Ich dachte, wir hätten wirklich nur Glück gehabt, dass wir überlebt haben. Ich war bereit, die Tatsache anzuerkennen, dass es keine Verschwörung gibt … oder was auch immer.« Seine Stimme wird tiefer und düsterer. »Aber ich würde sagen, nach all diesen Sachen liegt das Problem wieder auf dem Tisch.«

Auf dem Hauptdeck wird es still. Volkova sieht Jack an, als hätte er ihr gerade erklärt, er könnte ohne Anzug im Weltraum atmen. Hinter Hannah murmelt Corey etwas Unverständliches.

»Nein«, sagt Hannah ruhig und entschieden. »Nein. Nichts liegt auf dem Tisch. Es gibt überhaupt keinen Tisch.«

»Ich bitte Sie …«

»*Es gibt keinen Tisch*.« Es klingt albern, aber das ist ihr egal. »Wir haben erlebt, wie zehntausend Menschen in einer einzigen Raumstation in Stücke geschossen wurden.« Sie zeigt auf Lorinda. »Sie hat ihr Leben riskiert, um uns zu retten. Auch Ihres. Der Captain hat uns nicht nur einmal, sondern zweimal aus der Gefahrenzone manövriert, und …«

»Das ist etwas ganz anderes«, sagt Brendan, der jeden Anschein von Fröhlichkeit verloren hat. »Erklären Sie mir, wie die Pilotin eines Ausflugsschiffs es schaffen kann, zweimal hintereinander diese Kugelwaffen auszumanövrieren, und das mit einem Schiff wie diesem. Das ist wirklich schwer nachzuvollziehen, nicht wahr?«

Er sieht Volkova mit vorgerecktem Kinn an. »Wer genau sind Sie? Weil Sie auf keinen Fall nur eine normale Pilotin sind.«

Hannah öffnet den Mund, um Brendan zu sagen, dass Volkova früher bei der Kriegsflotte war, aber die Pilotin kommt ihr zuvor. Sie reckt die Schultern und blickt Brendan in die Augen.

»Wer ich bin?«, sagt sie. »Ich bin Captain Jana Magdalena Volkova. Schwadronskommandantin, achtundzwanzigstes Scorpion-Bataillon der Frontier-Flotte.« Sie sieht Jack und dann Seema an. »Während meiner Dienstzeit absolvierte ich zwanzigtausend Flugstunden und acht Kampfmissionen. Und dies ist mein Schiff, und Sie werden nicht mehr so mit mir sprechen.«

»Genau«, sagt Hannah. »Danke.«

Diesmal lacht Jack lauter. »Ich bitte Sie! Eine Frontier-Pilotin mit so langer Dienstzeit, die jetzt so weit ab vom Schuss arbeitet?«

»Ach, als könnten Sie das beurteilen!«, faucht Hannah ihn an.

Er breitet die Arme aus. »Ihre Geschichte stinkt. Eine Pilotin mit so viel Erfahrung … ich meine, das wäre die oberste Liga. Dann sollte sie an einer Akademie sein oder als Zivilistin durch Wurmlöcher fliegen oder etwas in der Art. Was macht eine Frontier-Pilotin in einer solchen Schrottkiste? So etwas würde man ihr gar nicht *erlauben*.« Er sieht Hannah lächelnd an. »Oder sind Sie beide noch nicht dazu gekommen, darüber zu sprechen?«

Hannah will gerade darauf antworten, als sie innehält. Hat Volkova ihr jemals erklärt, warum sie ausgerechnet diesen Job macht? Hannah kann sich nicht erinnern. In ihrem Kopf herrscht ein einziges Durcheinander. Aber zweifellos …

Volkovas Schultern sind nicht mehr gereckt. Sie sieht keinen von ihnen an, dann beobachtet Hannah, wie sie sich umdreht und in Richtung Cockpit losmarschiert.

»Hey!«, ruft Seema. »Wir sind noch nicht fertig.«

Volkova geht weiter. Seema springt ihr hinterher und will ihr eine Hand auf die Schulter legen. Bevor sie dazu kommt, wirbelt Volkova zu Seema herum.

»Sie wollen den Grund wissen?«, brüllt sie ihr ins Gesicht.

Seema erstarrt, immer noch die Hand erhoben.

»Weil ich unehrenhaft entlassen wurde. Ich habe eine schlechte Entscheidung getroffen, und deshalb starben meine

Flügelmänner.« Ihre Stimme wird ein wenig leiser. »Marikit Santos, Lieutenant. John Smythe, Lieutenant Junior Grade. Wir führten bei Bellatrix einen Angriff auf eine Koloniefregatte aus. Ich überlebte. Sie nicht.«

»Heilige Scheiße«, sagt Corey hinter ihr. Seine Mutter verzichtet darauf, ihn zu ermahnen, nicht zu fluchen.

»Sie haben mich gefragt, warum ich bei Sigma arbeite.« Volkova sieht jetzt Jack an, und nun ist ihre Stimme so leise, dass Hannah sich konzentrieren muss, um sie unter dem Summen der Maschinen zu verstehen. »Weil es der einzige Job war, den ich kriegen konnte. Wenn Krieg wäre, würden sie mich vielleicht – *vielleicht* – in die Flotte zurückholen. Aber der Krieg ist zu Ende. Also fliege ich die *Red Panda* und sorge dafür, dass Sie am Leben bleiben. Sie alle.«

Niemand sagt etwas. Brendan und Seema tauschen schweigend einen bedeutungsvollen Blick aus. Selbst Jack ist still geworden.

Volkovas Blick richtet sich auf Hannah. Auch sie sagt kein Wort.

Hannahs Mund klappt auf. *Das* war es, was sie gestört hat, als Volkova ihr zum ersten Mal die Geschichte der Schlacht von Bellatrix erzählte. Die Frontier verlor diesen Kampf – nur knapp und ohne allzu viele Opfer, aber sie musste sich trotzdem zurückziehen. Die *Xi Jinping*, die Fregatte, die Volkova angeblich zusammen mit ihren Flügelmännern außer Gefecht setzte, war weiterhin im Dienst. Und nicht nur das: Sie wurde im Zuge des Belarus-Abkommens von der Frontier-Kriegsflotte übernommen. Darüber hatten sie in einem Seminar gesprochen, damals am College.

Sie erinnert sich, wie locker Volkova die Geschichte erzählte – wie lebhaft der Bericht war und wie Volkova sie zu sich ins Cockpit des Kampfjägers geholt hat. Als wäre sie in einer Sim.

Wie lange hat sich Volkova diese Geschichte schon erzählt? Wie oft ist sie sie im Kopf durchgegangen? Wann hat sie daraus eine alternative Version gestaltet, während sie ihre Tage damit verbrachte, mit Touristen die Sigma-Station zu umkreisen? Hannah möchte wütend auf sie sein – aber wie könnte sie? Was hat sich Volkova davon versprochen, ihr nicht die Wahrheit zu erzählen?

»Und jetzt können Sie den Gefangenen befragen«, sagt Volkova zu ihnen. »Aber wenn Sie ihm etwas antun, werfe ich Sie durch die Luftschleuse raus.«

Ohne ein weiteres Wort dreht sie sich um und kehrt ins Cockpit zurück.

31

»Er hat keinen Ton von sich gegeben«, sagt Everett zu Hannah, als sie den letzten Meter in die Astronautik hinunterspringt. »Hat sich nicht einmal gerührt. Hey, was war da oben los? Es wurde recht laut.«

Hannah will es ihm erklären, doch dann gibt sie auf. Dazu ist sie viel zu müde. Über ihr steigt Jack gerade durch die Falltür. Oben wartet Brendan darauf, ihm folgen zu können.

Der Gefangene sitzt an die Wand gelehnt da. Er ist an ein waagerecht verlaufendes Rohr gefesselt, sodass seine Arme mit den Handschellen hinter seinem Rücken hochgezogen sind. Als sie sich ihm nähert, verspürt Hannah den überwältigenden Drang, mit ihrer Schwester zu reden. Jetzt gleich. Sie würde alles geben, wirklich alles, damit Callista ihr eine Hand auf die Schulter legt und sie behutsam zur Seite drängt. Callie wüsste genau, was jetzt zu tun ist. Sie hätte es bereits *einprogrammiert*.

Aber Callie ist nicht hier. Sie muss allein zurechtkommen.

Hannah geht zu Boden und hockt sich im Schneidersitz vor den Gefangenen. Jede ihrer Bewegungen wirkt wohlüberlegt, mit Bedeutung geladen. Sie verschränkt die Hände im Schoß und zwingt sich, in diese kalten blauen Augen zu blicken.

»Was soll das?«, sagt Seema hinter ihr. Sie und ihr Ehemann stehen neben Jack, sodass es im kleinen Raum recht eng geworden ist. Sie scheint immer noch wütend zu sein. »Sie wissen doch, dass er nichts sagen wird, wenn wir ihn einfach so fragen. Warum sollte er auch?«

»Völlig richtig«, sagt Jack.

Hannah geht nicht auf sie ein. »Mein Name ist Hannah Elliot«, erklärt sie dem Mann. »Ich bin die Reiseführerin an Bord dieses Schiffs. Das heißt, ich war es. Wir waren auf einem Rundflug um die Sigma-Station, als Sie …«

Sie stockt, ist sich nicht sicher, wie sie es formulieren soll. *Als Sie alles zerstört haben? Als Sie hier alle getötet haben?* Das Gesicht des Mannes verrät ihr gar nichts. Sie könnte sich genauso gut mit einer Statue unterhalten.

»Wie ist Ihr Name?«, fragt sie.

Keine Antwort.

»Sie hat dir eine Frage gestellt, Bruder«, sagt Brendan.

Hannah wirft ihm einen warnenden Blick zu. Hinter ihm kommt Anita gerade die Leiter herunter. Jetzt wird es richtig eng, was nicht unbedingt hilfreich ist.

»Okay, gut«, versucht sie es mit einem neuen Ansatz. »Wenn Sie mir Ihren Namen nicht nennen wollen, ist das in Ordnung. Aber vielleicht können Sie mir sagen, warum Sie … nun ja, warum Sie getan haben, was Sie getan haben. Das ist hier kein Gerichtsprozess, und wir wollen nicht über Schuld oder Unschuld urteilen …«

»Ist das Ihr Ernst?«, wirft Jack ein.

Hannah blickt sich über die Schulter zu ihm um. »Raus hier.«

»Was?«

»Sie haben mich verstanden.« Sie kann selbst nicht fassen, wie wütend sie ist. Vielleicht liegt es an dem, was Volkova gesagt hat, oder vielleicht hat sie auch nur den Schwachsinn gründlich satt, der ständig von Jack kommt. Sie zeigt auf ihn, dann auf Brendan und Seema. »Sie alle. Raus hier. Ich werde das erledigen.«

»Wir gehen nicht«, sagt Brendan. »Was ist, wenn er sich losreißt? Wollen Sie ihn dann ganz allein überwältigen?«

»So ein Blödsinn«, murmelt Jack.

»Nein«, sagt Hannah. »Es ist Blödsinn, wenn Sie so tun, als würden Sie ihn foltern wollen. Aber das wird nicht passieren.«

Seemas Augen blitzen auf, aber sie sagt nichts.

»Nein, Hannah hat recht«, sagt Everett, worauf sich alle zu ihm umdrehen. »Wir sollten zumindest *versuchen*, wie mit einem normalen Menschen mit ihm zu reden, und wenn wir das tun, sollten sich hier drinnen nicht so viele Leute drängen.«

»Sie tun so, als wäre er ein verwundetes Tier«, sagt Seema und richtet den Zeigefinger auf den Gefangenen. »Er und seine Besatzung haben etwa zehntausend Menschen ermordet, ohne …«

»Lass es.« Brendan legt eine Hand auf Seemas Schulter. Er klingt erschöpft. »Sie sollen es versuchen, wenn sie es unbedingt wollen. Letztlich wird es sowieso keinen Unterschied machen.«

Sie schüttelt seine Hand ab, schaut sich aber nicht mehr zu Hannah um. Stattdessen steigen die beiden die Leiter hinauf. Jack bleibt am längsten, als wollte er noch mehr sagen. Doch dann geht auch er zur Leiter und zieht sich auf das Hauptdeck zurück.

»Ich würde gern bleiben, wenn das in Ordnung ist«, sagt Anita.

»Ich weiß nicht, ob das eine gute Idee ist.«

»Aber ich. Sie erinnern sich, dass ich für die Frontier arbeite? Das könnte hilfreich sein.«

Hannah blickt zu Everett, der sich gegen die Wand lehnt. »Ich bleibe auch«, sagt er. »Aber keine Sorge, ich werde mich nicht einmischen. Und Nita hat recht – sie sollte hier sein.«

Anita sieht ihn mit einem überraschten Lächeln an.

Hannah wendet sich wieder dem Gefangenen zu. Keine Veränderung. Sie betrachtet seinen Raumanzug, hofft, ein Namensschild oder auch nur eine Nummer zu erkennen. Nichts. Nur dieser seltsame Aufnäher mit den Dolchen. Vielleicht sollten sie versuchen, ihm den Anzug abzunehmen, um zu sehen, ob er darunter eine Uniform trägt …

Er starrt sie immer noch an. »Ich möchte es nur verstehen«, sagt sie. »Wir waren auf einem Ausflug rund um die Station, also … also haben wir gesehen, was Ihr Schiff getan hat. Vielleicht können Sie mir sagen, warum.«

Immer noch nichts. Sein Gesichtsausdruck ist unverändert. Natürlich wäre es durchaus möglich, dass er kein Englisch spricht. Es ist vielleicht die am weitesten verbreitete Sprache, aber das muss nicht allzu viel heißen. Es gibt – wie viele? – etwas über fünfhundert Sprachen in der Frontier und den Kolonien. Und die Passagiere der *Panda* sprechen Englisch, Russisch und … Das war es schon. Nein, Moment, sie hat ein paarmal gehört, wie Lorinda etwas auf Spanisch gesagt hat. Ganze drei Sprachen. Toll! Wenn er doch nur irgendetwas sagen würde …

»Was ist mit dem Tor?«, fragt sie. »Warum haben Sie es zerstört? Sie wollten doch bestimmt wieder von hier verschwinden, oder?«

Hinter ihr rührt sich Everett, als wollte er etwas einwerfen. Doch er tut es nicht. In der Astronautik ist es kalt – nicht so kalt wie in der Bar, aber trotzdem –, und Hannah zittert, ihre bloßen Arme überziehen sich mit einer Gänsehaut.

Sie versucht es auf andere Weise. »Ich weiß, dass es sich für Sie anfühlt, als hätten Sie nichts mehr zu verlieren«, sagt sie. »Aber wir werden Ihnen nichts antun. Wir alle wollen nur wieder nach Hause, also würde ich gern verstehen, wie Sie mit Ihrem Schiff von hier wegkommen wollten.«

»Falls ich an dieser Stelle einspringen kann?«, sagt Anita.

Doch sie wartet gar nicht, bis Hannah ihr Einverständnis gibt. »Hallo. Ich bin Anita Livingstone. Ich bin als Lobby-Beraterin für die Frontier tätig. Ich arbeite für Senator Daniels. Tom Daniels?«

Nichts.

»Vielleicht kennen Sie den Namen nicht – wie ich hörte, werden die Feeds in den Kolonien manchmal zensiert. Er ist an den Verhandlungen mit Ihrer Regierung über das Belarus-Abkommen beteiligt. Klingelt da etwas?«

Anita hält für einen Moment inne, als würde sie nach den richtigen Worten suchen. Hannah wirft einen Blick zu Everett, der hilflos mit den Schultern zuckt.

»Ich würde gern verstehen«, fährt Anita fort, »warum die Kolonien ausgerechnet jetzt angreifen. Man steht kurz vor einer Einigung über das Abkommen. Ich meine, ich weiß, dass Sie vielleicht ein paar Außenposten an die Frontier abgeben müssen, aber das kann doch nicht so schlimm sein, dass man deswegen einen neuen Krieg beginnt, nicht wahr? Also, warum haben Sie uns angegriffen?«

Zum ersten Mal reagiert der Gefangene. Er hebt das Kinn, als er Anita mit einem flüchtigen, amüsierten Lächeln ansieht. Es verschwindet genauso schnell, wie es gekommen ist.

»Hören Sie«, sagt Anita. »Wenn Sie mit uns reden, kann ich für Sie einen Deal mit der Frontier machen. Sie könnten überlaufen. Sie …«

»Ich kann Ihnen erklären, wie das hier ablaufen wird«, sagt der Gefangene.

Anita stutzt überrascht. Die Stimme des Mannes ist monoton und rau, sein Tonfall klingt träge. Hannah kann seinen Akzent nicht einordnen – es ist amerikanisches Englisch, was in den Kolonien durchaus nicht ungewöhnlich ist, aber auch andere Nationalitäten von verschiedenen Planeten haben ihre Spuren hinterlassen, die an den Rändern flimmern. Zumindest spricht er Englisch. Es besteht immer noch die Chance, dass sie …

»Der einzige Grund, warum ich diese Handschellen trage«, fährt er fort, »ist die Tatsache, dass Sie Glück gehabt haben. Sie waren mir zahlenmäßig überlegen, ich steckte noch in meinem Anzug, und ich litt unter Sauerstoffmangel.«

Er wendet sich Anita zu, und sein Blick bohrt sich in ihre Augen. Als er wieder spricht, klingt er fast gelangweilt. »Sie werden weiter versuchen, mich dazu zu bringen, Ihnen Informationen zu geben. Und ich werde mich nicht darauf einlassen. Wir alle wissen, dass Sie mich nicht foltern werden, dank der kleinen Show, die Sie mit Ihren Freunden abgezogen haben.«

Er deutet mit dem Kinn auf die Luke. »Außerdem hätten Sie nicht den Mumm dazu. Keiner von Ihnen. Und früher oder später werden Sie einen Fehler machen. Einer von Ihnen wird es vermasseln, und ich komme frei. Bis dahin sollte ich in besserer Verfassung sein, weil sie mir zu essen und zu trinken geben werden und mich schlafen lassen. Was bedeutet, dass alles, was als Nächstes geschieht, bereits vorherbestimmt ist. Es würde schneller für Sie gehen, wenn sie mich einfach jetzt freilassen.«

»Also würden Sie einfach alle töten?« Hannahs Stimme zittert. »Wir haben Kinder an Bord.«

»Was würden Sie damit erreichen?«, fragt Everett. Er klingt ruhig, aber es ist nicht zu übersehen, wie er die Hände ringt. »Selbst wenn Sie … selbst wenn Sie uns alle töten würden, wären Sie ganz auf sich allein gestellt …«

Er verstummt plötzlich und reißt die Augen auf.

»Ev?«, sagt Anita.

»Er glaubt, dass er gerettet wird.«

»Aber hier ist …«

»Verstehst du nicht?« Er zeigt auf den Gefangenen. »Er

rechnet mit irgendeiner Unterstützung oder so. Ein weiteres Schiff da draußen. Eine Station, von der wir nichts wissen. Vielleicht sogar ein anderes Sprungtor.«

»Wir hätten es gesehen«, sagt Hannah. Sie versucht zu verarbeiten, was Everett sagt, ist sich bewusst, dass sie es vor dem Gefangenen tun, der sie mit einem leicht amüsierten Gesichtsausdruck beobachtet. »Sie hätten uns gefunden, oder der Captain hätte sie auf dem Radar gehabt oder etwas in der Art. Das ergibt keinen Sinn.«

»*Das alles ergibt keinen Sinn.*« Everett brüllt, worauf Anita zusammenzuckt, als hätte sie einen Stromschlag erhalten. »Nenn mir einen anderen Grund, warum er uns töten …«

»Sie wollen übers Töten sprechen?« Die Stimme des Gefangenen ist ruhig und so kalt wie der Weltraum. »Sie haben soeben elf der besten Soldaten getötet, mit denen ich jemals gedient habe. Ich weiß nicht, wie, aber sie haben es geschafft. Meinen Glückwunsch. Und jetzt sagen Sie mir: Ist Ihnen irgendwann in den Sinn gekommen, dass ich vielleicht gar nicht mehr daran interessiert bin, gerettet zu werden?«

In der folgenden Stille muss sich Hannah körperlich dazu überwinden, etwas zu erwidern. »Sie haben *Tausende* von Menschen getötet«, sagt sie schließlich.

Er zuckt mit den Schultern. Er zuckt tatsächlich mit den Schultern! »Kannten Sie all diese Tausende von Menschen?« Er blickt mit unveränderter Miene von ihr zu Everett. »Und Sie? Nein? Nun ja, das ist der Unterschied, und diese Information bekommen Sie gratis von mir. Keine Folter nötig. Ich kannte jeden einzelnen dieser elf Soldaten. Jeden Einzelnen von ihnen.«

Einhundert Erwiderungen drängen sich in Hannahs Kopf. Doch keine davon passt. Ihre Zunge ist ein totes Stück Fleisch in ihrem Mund. Sie will sagen, dass sie einige Menschen in der Sigma-Station kannte – dass sie Donnie kannte, den Reiseführer mit dem albernen Irokesenschnitt, und Atsuke, die Supervisorin, die nett zu ihr war. Aber sie kannte sie gar nicht. Nicht so richtig. Sie weiß nicht, was Donnie in seiner Freizeit machte oder welches Bier Atsuke am besten schmeckte.

Aus irgendeinem Grund denkt sie an den Reiseführer, der in ihre VR-Sim geplatzt ist, der ihr sagte, dass sie ihren Dienst an Bord eines Ausflugsschiffs antreten soll. Sie weiß nicht einmal seinen Namen.

»Wir könnten Sie einfach töten«, sagt sie nach einer Weile. Doch es klingt in ihren eigenen Ohren mickrig.

»Aber das werden Sie nicht tun«, sagt der Mann. Dann, ohne den Tonfall zu ändern: »Ich brauche Nahrung und Wasser. Und ich muss in der Lage sein, eine Toilette zu benutzen.«

Sonst nichts. Er führt es nicht weiter aus. Er sagt es, als würde er in einem Restaurant eine Mahlzeit bestellen.

»Wir versuchen, Ihnen zu helfen«, sagt Hannah und schluckt ihre Verärgerung hinunter. »Und wir werden Ihnen etwas zu essen geben, sobald Sie unsere Fragen beantworten.«

Der Mann grinst. Es wirkt seltsam, als wäre sein Gesicht es nicht gewohnt, irgendeinen Ausdruck zu zeigen. »Das ist das Problem mit Leuten wie Ihnen. Sie glauben immer, Sie würden das Richtige tun. Sie glauben immer, Sie könnten helfen.«

»Wie meinen Sie das?«, fragt Anita nach.

Keine Antwort.

Hannah kommt auf die Beine, aber langsam, als wäre sie gelangweilt. »Gut«, sagt sie. »Ich werde den anderen sagen, dass es nicht funktioniert. Mal sehen, wie Ihnen das gefällt. Kommen Sie, Anita.«

Mal sehen, wie Ihnen das gefällt? Sie hätte genauso gut mit dem Fuß aufstampfen können. Der Gefangene lacht leise, und es klingt, als würde sich ein starker Raucher räuspern. »Tun Sie, was Sie tun müssen. Aber wie ich bereits sagte, einer von Ihnen wird früher oder später einen Fehler machen.«

Hannah öffnet den Mund und schließt ihn wieder. Was soll sie dazu sagen? Hier geht es nicht darum, eine Gruppe von verängstigten Passagieren zusammenzuhalten oder sich zu überlegen, was man mit einem gefrorenen Wassertank anstellen könnte. Hier geht es nicht darum, sich mit Jack oder Seema auseinanderzusetzen – sie sind zwar Arschlöcher, aber sie stehen trotzdem auf derselben Seite.

Aber so etwas? Darauf ist sie nicht vorbereitet. Sie hat nicht die leiseste Ahnung, wie man eine Befragung durchführt, und selbst wenn sie es wüsste, welchen Grund sollte der Mann haben, ihr Antworten zu geben? Sein Schiff ist zerstört, seine Besatzungskameraden sind tot. Er hat nichts mehr zu verlieren.

Vielleicht sollte Jack es doch einmal versuchen. Vielleicht …

Nein. So etwas tun wir nicht. Niemals.

»Bitte«, sagt Anita, und zum ersten Mal schleicht sich ein verzweifelter Unterton in ihre Stimme. »Meine Kinder sind an Bord dieses Schiffs. Wir können Ihnen *helfen*.«

»Essen und Trinken«, wiederholt der Mann in dem Moment, als Hannah die Leiter erreicht hat.

»Passen Sie auf ihn auf«, sagt Hannah zu Everett und steigt auf die erste Sprosse, während sie sich bemüht, Tränen der Verzweiflung und Angst zurückzuhalten. Hinter ihr stößt Anita einen zitternden Seufzer aus und folgt ihr.

32

Jack hat einmal eine Menge Geld für einen Heimkurs in Meditation ausgegeben.

Es war eins dieser Angebote, die mit einer hübsch designten Linsen-App kommen, mit einer maßgeschneiderten Sprechstimme und individueller Datenerfassung und Geld-zurück-Garantie. Es versprach einen Geist, der so klar und leer wie der Morgenhimmel ist – genau das waren die Worte im Werbeclip, in einer Schriftart mit sanft gerundeten Rändern angepriesen.

Er blechte die Summe etwa sechs Monate, nachdem er São Paulo verlassen hatte, während dieser verwirrten, harten Zeit, nachdem Hector ihm gesagt hatte, dass er gehen sollte. Er wollte unbedingt weitermachen. Wieder klar werden. Ein neues Ich aufbauen, ein neues *Leben*, eins mit einem Job, den er verdient hat, und Nächten, in denen er wie ein Baby schlief, statt stundenlang wachzuliegen, während seine Gedanken vom einen Thema zum nächsten hin und her jagten, bis er schließlich aufstand und sie in Bier oder Whisky ertränkte. Oder in billigem Wodka, wenn der nächste Zahltag zu weit in der Zukunft lag.

Die Grundidee war, sich auf die eigene Atmung zu konzentrieren. Man sitzt da, mit geschlossenen Augen, und zählt die Atemzüge. Bei zehn fängt man noch einmal von vorn an. Das war schon alles – Jack machte ein Dutzend praktisch identische Sitzungen mit nichts weiter als einer gelegentlichen monotonen Aufforderung, sich zu entspannen.

Er entspannte sich nicht. Er schaffte es nicht. Er zählte

seine Atemzüge, tat alles, was er konnte, um seinen Geist zu leeren, und dann dachte er plötzlich an die Arbeit oder Alkohol oder Hector oder seinen verdammten Kredit. Er setzte sich gereizt auf dem Stuhl zurecht und widmete sich erneut der anstrengenden Aufgabe, seinen Geist zu klären.

Er hielt das Programm keine Woche lang durch. Als er versuchte, sein Geld zurückzubekommen, sagte der Mitarbeiter des Kundendienstes, dass er noch fünf Monate und drei Wochen warten musste, bis die Geld-zurück-Garantie gültig wurde, was ihn so wütend machte, dass er sich fast die Linse herausgerissen hätte. Er versuchte es wieder mit Schnaps, um abzuschalten. Wenigstens wirkte der genauso, wie in der Werbung versprochen wurde.

Eins, denkt er. *Zwei*. Bevor er überhaupt ein zweites Mal ausatmen kann, denkt er mit neurotischer Unvermeidlichkeit wieder an Hector.

Hec ist – *war* – ein Bulle, und sogar ein ziemlich klischeemäßiger: Muskeln, Tattoos, militärischer Kurzhaarschnitt. Das volle Programm. Jack hat ihn bei einem Auftrag in Brasilien kennengelernt, bei irgendeiner Vergnügungsreise für eine Firma, an deren Namen er sich nicht einmal erinnert. Damals arbeitete er für einen Feed in Venezuela, als Leiter der armseligen Lifestyle-Redaktion.

Er war draußen vor einem der furchtbaren Restaurants gewesen, zu denen man ihn mitgeschleppt hat, und hat eine Zigarette von einem Polizisten geschnorrt. Der Polizist machte einen Witz über das Restaurant, und da Jack kein Bedürfnis hatte, früher als unbedingt nötig wieder hineinzugehen, kamen sie miteinander ins Gespräch. Das Englisch des Polizisten war ziemlich gut.

Später an diesem Abend, nach ein paar Drinks in Jacks Hotelbar, hatte er festgestellt, dass Hector Alarcón auch ziemlich gut im Bett war.

Sie hatten immer wieder gescherzt – normalerweise, wenn sie im Bett lagen, Hec rauchend, Jacks Bein über seins gelegt –, dass sie nur zusammen waren, weil Jack auf Männer in Uniform abfuhr. In Wirklichkeit war es so, dass es mit ihnen lief auf eine Weise, wie noch keine von Jacks vorherigen Beziehungen – ganz gleich, mit welchem Geschlecht – funktioniert hatte. Jack weiß nicht, ob sie sich geliebt haben – darüber haben sie nie gesprochen, nicht in diesen Begriffen. Aber sie taten sich gegenseitig so gut.

Beide hatten die gleiche sarkastische Sicht auf die Welt und genauso wenig Verständnis für Bullshit. Beide hatten Schwierigkeiten, mit anderen Leuten klarzukommen, und beide waren überrascht, dass sie so gut miteinander klarkamen. Genauso wie er war auch Hec nicht oft mit seiner Familie zusammen – Jack sah seine Eltern einmal im Jahr, wenn er wieder in DC war, falls überhaupt –, und er hatte nicht allzu viele enge Freunde. Sie hatten sich, und das genügte ihnen. Scheiß auf alle anderen.

Und sie hatten die gleichen moralischen Prinzipien, worauf Jack besonders stolz war. Es gab jede Menge korrupte Polizisten in Brasilien, mehr als früher, seit die Küsten evakuiert wurden, aber Hector Alarcón gehörte nicht dazu. Das hatte Jack sehr früh herausgefunden, als er einen Kontaktmann bei einem der lokalen Feeds nach irgendwelchem Tratsch über seinen neuen Macker fragte. Aber da war nichts.

Also fuhr er bei jeder sich bietenden Gelegenheit in den Süden, saß auf dem Ultraloop und träumte von Hectors Brust unter seiner Hand, vom *pastel*, mit dem sie sich bald vollstopfen würden, von leuchtendem Öl, das an Hecs Kinn hinunterlief.

Er hätte wissen müssen, dass er keine zu enge Bindung eingehen sollte. Das Drogendezernat war überall ein gefährliches Terrain, aber ganz besonders in São Paulo. Das Roses-Kartell agiert heutzutage hauptsächlich vom Mars und von Proxima aus, aber das Ganze begann in Brasilien, und dort waren sie immer noch geschäftlich tätig.

Hec war an einer Razzia in einer der konspirativen Wohnungen der Roses beteiligt (den *Blumenbeeten*, wie die Polizeireporter sie nannten, die entweder nicht ahnten, wie geschmacklos das klang, oder denen es egal war). Das fragliche Blumenbeet war ein Apartmentblock in Alemão. Normalerweise übernahmen Droiden das Anklopfen, aber Hecs Vorgesetzter witterte einen Triumph und wollte, dass seine Polizisten den Sieg persönlich errangen. Das würde Jack ihm nie verzeihen.

Hec wurde von drei Kugeln erwischt. Verletzung des C4-Halswirbels. Die volle Ladung. Jack war zurück in Caracas, als es passierte, und es dauerte drei Tage, bevor irgendjemand auch nur daran dachte, ihn zu benachrichtigen. Er war mit Volldampf hinuntergedüst, nachdem er fünfundvierzig Minuten vor einer Deadline aus seinem Feed-Büro verschwunden war. Er erinnert sich nicht mehr an die Ultraloop-Fahrt, aber er wird nie vergessen, wie er Hec in diesem Krankenhausbett liegen sah.

Er wurde behandelt. Nanoinjektionen und künstliche Gliedmaßen, sogar eine komplette neue Wirbelsäule. Aber Hecs Dezernat war so bürokratisch, dass Jack schließlich jeden einzelnen Mitarbeiter persönlich strangulieren wollte. Es mochte noch so viele wissenschaftliche und medizinische Fortschritte geben, aber sie bedeuteten gar nichts, wenn der Papierkram nicht in Ordnung war.

Aus einem Monat wurden zwei, dann drei. Zum Glück musste Hec nicht beatmet werden, und Jack war so oft wie möglich zu ihm gefahren. Aber … Hec war nicht mehr Hec.

Sie fingen an, sich zu streiten – zuerst wegen Kleinigkeiten, die sich wie Feuerwerkskracher schnell verausgabten. Doch dann wurden sie größer und hielten länger an, und das Schlimmste daran war zu beobachten, wie Hec sich bewegen wollte, wie er seinen ganzen Willen einsetzte, um sich bewegen zu können, obwohl es ihm nicht möglich war. Er wollte nicht, dass Jack ihn so sah, und konnte – oder wollte – nicht verstehen, warum Jack immer wieder zu ihm kam.

Die Situation spitzte sich an einem hellen Frühlingsmorgen zu, an dem das Sonnenlicht durch das Fenster strömte. Jack erwähnte, dass er Hec vielleicht zu einem Ausflug mitnehmen wollte, vielleicht zu dieser Bar, die sie mochten, die in Lapa. Daraufhin hatte Hec ihm vorgeworfen, unsensibel zu sein. Dass ihm sein Zustand völlig gleichgültig war.

In diesem Moment hatte Jack rotgesehen. Unsensibel? Hatte er nicht alles getan, was er konnte, um ihn zu unterstützen? Hatte er nicht sein Leben auf Pause geschaltet, um helfen zu können? Das hatte er gesagt, und dann wurde es *richtig* aufregend.

Am Ende hatte Hec ihm weitere Besuche verboten. Jack erinnert sich immer noch an das letzte Mal, als er es versucht hat, als er die Krankenschwester mit seinem nutzlosen, unbeholfenen Portugiesisch anflehte.

Er kehrte zu seiner Arbeit zurück. Zumindest versuchte er es. Damals verspürte er noch nicht das Bedürfnis zu trinken, hauptsächlich, weil er gar nichts spürte. Erst nachdem bei seinem Job alles in die Hose gegangen war, wurde aus dem Bedürfnis zu trinken ein schrecklicher, brennender Drang.

Er war nie naiv oder dumm genug, um zu erwarten, dass die Welt anhielt. Seine Kollegen im Feed mussten ihre Jobs erledigen, ob Hector nun ein Teil seines Lebens war oder nicht. Was ihn fertigmachte – was ihn wirklich und wahrhaftig fertigmachte –, war das Mitleid. Die leicht nervöse Pause, bevor jemand zu ihm sprach. Das kaum hörbare Geflüster in der Kantine.

Seine Redakteure waren am schlimmsten. Sie sagten, dass sie ihm aus Respekt vor dem, was geschehen war, ein paar leichte Jobs zuteilen würden, damit er sich langsam wieder an die Arbeit gewöhnen konnte. Aus den leichten Jobs wurden dann allmählich jene, die sonst niemand machen wollte – und das Verrückte war, dass seine Chefs zweifellos glaubten, dass sie einfach nur nett zu ihm waren, dass sie ihm einen Gefallen taten. Eine leitende Position, auf die er es abgesehen hatte, war plötzlich auf mysteriöse Weise verschwunden. Zu früh, sagten sie. Vielleicht im nächsten Jahr. Liefern Sie einfach nur ihre kleinen Hotelbewertungen ab. Was soll's, genießen Sie das Leben. Nehmen Sie einen Tag frei. Geht auf uns.

Am Ende beschloss er, so weit wie möglich fortzuziehen. Europa klang nach einer guten Idee. In der dortigen Kuppelkolonie gab es einen neuen Feed, im Zuge eines großen Nachkriegsbooms in diesem Teil der Frontier, und dort suchte man einen Reiseexperten. Europa war kalt, langweilig und weit von allem entfernt, doch damit konnte Jack sehr gut leben.

Er kann nicht den genauen Zeitpunkt benennen, als die Trinkerei außer Kontrolle geriet. Wann daraus ein Zuviel wurde. Aber mit einem Mal war es zu viel, und er sah keinen Sinn mehr darin, damit aufzuhören.

Es half ihm, die eisige Scham zu dämpfen, die er empfand: dass nicht die Zurückweisung durch Hector ihn der Flasche ausgeliefert hat, sondern der absteigende Ast seiner Karriere. Dass er nicht durchgehalten hat – trotz Hectors Depressionen hätte er nicht lockerlassen dürfen, er hätte sich ins Gedächtnis rufen sollen, dass sie beide elende Arschlöcher waren und dass elende Arschlöcher um jeden Preis zusammenhalten mussten. Die Scham löste eine Rückkopplungsschleife aus, und irgendwann beschloss er, nicht mehr dagegen anzukämpfen.

Er sagte sich ständig, dass er zurückkehren würde. Um Hector wiederzusehen und alles in Ordnung zu bringen. Doch das wird nicht mehr geschehen.

Es ist etwa acht Stunden her, seit ihr Gefangener an Bord kam, und Jacks Kopf ist ein wimmelndes Hornissennest. Die Wahrscheinlichkeit, dass er aus dem Nichts Whisky hervorzaubern kann, ist höher als die, dass er einschlafen wird. Es hilft ihm nicht, dass er Hunger hat und ihm eiskalt ist. Er hat sich unter der Bartheke zusammengerollt, auf der Seite liegend, mit einem leeren Karton als Kopfkissen. Er ist hier heruntergekommen, weil er so weit wie möglich weg von allen anderen sein wollte. Als ihm irgendwann klar wird, dass er zu sehr friert, um schlafen zu können, hat er nicht mehr das Bedürfnis, wieder nach oben zu gehen.

Im Schiff ist es dunkel. Volkova hat nach dem Abendessen die Beleuchtung ausgeschaltet, als alle entschieden haben, sich hinzulegen. Abendessen! Was für ein Witz! Ein JamFizz und eine halbe Tüte schaler Sojachips, die er sich mit Malik Livingstone teilen musste. Jacks Magen fühlt sich gleichzeitig leer und widerwärtig aufgequollen an, und jedes Geräusch, das die *Red Panda* erzeugt, klingt verstärkt.

Das Knacken des Metallrumpfs und das Rumoren der Maschinen bohren sich in sein Gehirn. Er zittert, drückt die Beine gegen die Brust und zieht sich die Jackenärmel über die Finger.

Und die Hornissen schwirren und schwirren.

In der Dunkelheit blähen sich seine Gedanken auf, mutieren, schwellen zu grotesken Monstrositäten an. Jack spielt im Kopf immer wieder den vergangenen Tag durch. Wie konnten diese Leute – diese *Scheißer* – nicht nur einmal, sondern zweimal versuchen, sie zu töten? Als wäre das nicht schon schlimm genug gewesen, landet einer von ihnen irgendwie in der *Red Panda* und wird wie ein Fürst behandelt. Bekommt sein eigenes Privatzimmer, einen Vollzeitbetreuer, wird von der Hälfte der Passagiere beschützt …

Jacks Hände zittern, und es fällt ihm immer schwerer, sich nicht auf einen Drink zu fixieren. Irgendeinen Drink. Whisky, Wodka, Bier, eine verdammte eiskalte Margarita …

Jack rollt sich herum, zieht den Kopf tiefer in den Kragen seiner Jacke und stößt leise einen Laut aus, der irgendwo zwischen einem Stöhnen und einem Knurren liegt. Er muss schlafen. Er braucht den Schlaf. Er zählt, atmet dabei weißen Dampf aus. *Eins. Zwei. Drei. Nichts zu verlieren, lacht uns wahrscheinlich aus, lacht mich aus, hat mich einfach gepackt und aus dem Weg geschubst …*

Jack öffnet die Augen.

Er starrt gute zehn Sekunden lang auf die Innenseite der Theke. Dann kommt er mit schmerzenden Gliedmaßen langsam auf die Beine.

33

In der Bar ist es dunkel, aber Jack bewegt sich mit größerer Entschlossenheit als in den letzten Monaten. Jahren.

Er arbeitet sich an der Theke entlang, hält sich mit einer Hand fest, um das Gleichgewicht zu wahren, ignoriert eine klebrige Stelle, die von einer Pfütze aus verschüttetem Jam-Fizz hinterlassen wurde. Er hält kurz vor der Toilette inne und wartet ab, ob sich jemand darin befindet. Als er nichts hört, geht er weiter, nähert sich leise der Treppe. Oben schnarcht jemand.

Er steigt zum Hauptdeck hinauf. Dort ist es nicht ganz so dunkel wie in der Bar – ein wenig Licht kommt vom Nebel, der am Rand der Aussichtskuppel gerade noch zu erkennen ist. Der dunkle Klotz des Kolonialschiffs, in dem die Feuer längst ausgebrannt sind. Dahinter Milliarden Kilometer weit nichts.

Niemand kommt zu ihnen. Keine Patrouillenschiffe. Keine Frontier-Kreuzer. Niemand außerhalb dieses Schiffs wird je erfahren, was er beabsichtigt.

Auf den Sitzen am hinteren Ende des Decks sind zusammengekauerte Gestalten zu erkennen. Jack bleibt auf der letzten Stufe stehen, ohne sich zu rühren, ohne einen Laut von sich zu geben. Er wartet, ob sich irgendwer aufsetzt und auf ihn konzentriert. Aber niemand tut es. Sein Blick wandert zur Seite, wo Brendan und Seema vor der Wand schlafen. Brendan hat ihm den Rücken zugekehrt, die zusammengeknüllte Jacke unter dem Kopf. Seema hat ihr leuchtendes Tattoo deaktiviert, sodass die Farbe in der Dunkelheit unsichtbar ist.

Es stinkt. Jack dachte, er hätte sich inzwischen an den

Geruch gewöhnt, aber nein. Etwas Penetrantes dringt durch die Mischung aus Körper- und Essensgerüchen. Er ist nie dazu gekommen, seine Kotze aufzuwischen. Scheiß drauf. Darüber kann er sich später Gedanken machen.

Er bewegt sich auf das schlafende Pärchen zu – und stockt, als er auf eine leere Sojachipstüte tritt. Das Knistern und Knirschen klingt lauter als eine hochgehende Bombe.

Er erstarrt und weiß gar nicht, warum er so vorsichtig ist – schließlich wurde er keineswegs vom Hauptdeck verbannt. Trotzdem wartet er ein paar Sekunden, bis er davon überzeugt ist, dass niemand aufgewacht ist.

Als er Brendan erreicht, geht er in die Knie und blickt sich noch einmal über die Schulter um. Als er sich wieder umdreht, blickt Brendan zu ihm auf.

Jack legt einen Finger an die Lippen.

Einen Moment später nickt Brendan.

»Wenn ich da runtergehe«, sagt Jack so leise wie möglich. »Habe ich dann Ihre Rückendeckung?«

Halb erwartet er, dass Brendan verneint, dass er vielleicht sogar Alarm schlägt. Doch der Mann sieht ihn nur an, mit hellen und wachen Augen.

»Was wollen Sie tun?« Brendans Lippen bewegen sich kaum.

»Was glauben Sie?« Jack blickt zu der Stelle, an der sich die Falltür befindet.

»Wir sind dabei«, sagt Seema und lässt Jack zusammenzucken. Ihre Augen glitzern im Dunkeln, als sie Licht vom Nebel reflektieren.

»Okay.« Jack legt eine Hand auf den Boden, bereit, sich zu erheben. Zum ersten Mal hat er eine Ahnung, wie es sein könnte, wenn der Geist so klar und leer wie der Morgenhimmel ist. »Wir gehen leise rein. Kein Laut. Sobald wir drin sind, schauen wir, wie sich die Falltür verriegeln lässt.«

»Was ist mit dem lieben Daddy?«, murmelt Brendan. »Er ist immer noch da unten.«

»Wir sind drei, er ist einer. Gehen wir.«

Langsam und vorsichtig bewegen sie sich über das Hauptdeck. Jack geht mental die Liste der übrigen Passagiere durch und hakt sie ab. Everett ist unten. Anita und ihre beiden Jungen sind auf der anderen Seite, und Hannah schläft weit hinter ihnen im Durchgang zum Cockpit. Lorinda ist ihnen näher, als Jack lieb ist, in Richtung zwei Uhr, aber sie ist völlig weggetreten, in eine Decke gehüllt. Natürlich schläft sie. Und hat es schön warm und bequem.

Von Volkova sieht er nichts – sie muss ins Cockpit zurückgekehrt sein. Gibt es hier Überwachungskameras? Kann sie sie sehen? Vielleicht, aber er ist sich ziemlich sicher, dass es in dieser Schrottkiste keine Geräte mit Nachtsichtfähigkeit gibt. Und wenn sie schließlich darauf gekommen ist, was sie machen, werden sie längst durch die Falltür und in Sicherheit sein.

Dann werden sie ein paar Antworten bekommen.

Bis zur Falltür ist es nicht mehr weit. Sie werden sehr, sehr vorsichtig sein müssen, wenn sie sie öffnen. Ein einziges Geräusch könnte … Mist, haben die Scharniere beim letzten Mal gequietscht? Jack kann sich nicht erinnern. Er schaut zu Seema, die neben ihm geht. Auch sie blickt zur Falltür, lässt sie keinen Moment aus den Augen. Trotz der Kälte trägt sie keine Jacke, und ihre Muskeln spielen unter ihrem Top.

Ein paar Sekunden später hocken sie rund um die Falltür. Brendan packt den Griff, als Seema eine Hand hebt. *Warte.*

Die drei horchen angestrengt. Nichts – nur das Rumpeln und Zischen der *Red Panda*, nichtssagend wie der Weltraum selbst. Seema nickt, und Brendan wappnet sich. Langsam, ganz langsam zieht er die Falltür auf.

Er braucht eine volle Minute, um sie zu öffnen. Mehrere

Male fangen die Scharniere an zu knarren, und Brendan muss innehalten, weil er jedes Geräusch vermeiden will. Doch schließlich lässt er die Falltür auf den Boden sinken, und die Leiter zur Astronautik liegt frei. Von unten kommt Licht, das ein wenig das Hauptdeck erhellt.

»Hallo?«, sagt eine Stimme unter ihnen. Everett. Jack verkneift sich einen Fluch und setzt sich in Bewegung, bevor der Mann …

Er ist mit beiden Füßen auf der Leiter, als jemand ihn am Kragen packt, hochzieht und quer über das Deck wirft. Brendan und Seema rappeln sich auf, und als Jack sich mit einem Arm hochstemmt, sieht er, wie Volkova über ihm aufragt.

»Was ist da oben los?«, ruft Everett. Jack hört, wie sich hinter ihm die Familie rührt. Lorinda setzt sich auf und blinzelt verwirrt.

»Sie«, sagt Volkova und richtet einen Finger auf ihn. Sie schwenkt ihn herum, um Brendan und Seema einzuschließen. »Sie halten mich für dumm, *da*? Sie glauben, ich würde nicht beobachten, was Sie tun?«

»Wir wollen nur mit ihm reden«, sagt Jack mit ruhiger Stimme.

»Ach, mit ihm reden, ich verstehe, okay.« Volkova schüttelt angewidert den Kopf und beugt sich zur Falltür vor. Sie hält inne, als Seema nach ihrem Handgelenk greift. Volkova starrt sie erstaunt an.

»Er wird uns nichts sagen«, sagt Seema. »Nicht, wenn wir es wie bisher machen.«

»Hey!«, ruft Everett. Seine Stimme dringt mit einem leichten Echo durch die Öffnung im Boden. »Was ist los?«

»Alles in Ordnung, Schatz«, ruft Anita zurück. Corey und Malik tauschen einen besorgten Blick aus, während der ältere Bruder verschlafen blinzelt.

»Dies ist mein Schiff«, erklärt Volkova mit Entschiedenheit. »Und in meinem Schiff gibt es keine Folter, sage ich. Niemals.«

»Wir werden ihn nicht foltern, verdammt noch mal«, sagt Brendan. »Nur ein bisschen herumschubsen.«

»Das ist Folter. Sie würden einen Kriegsgefangenen schlecht behandeln. Dies ist mein Schiff, also nein.«

»Es ist Ihr Schiff?«, fragt Jack und kommt wieder auf die Beine. »Und es ist unser Leben. Warum beschränken Sie sich nicht darauf, Pilotin zu sein, und überlassen uns den Rest?«

Volkova richtet ihren glühenden Blick auf ihn. Im Halbdunkel sieht sie mit dem zerzausten Haar und den hochgezogenen Schultern wie ein Monster aus einem Albtraum aus. »Ohne mich wären Sie gar nicht mehr am Leben. Also gehen Sie wieder schlafen, und *lassen Sie das sein.*«

Hannahs helle Stimme meldet sich hinter Jack zu Wort. »Was ist passiert?«

»Sie wollen dem Typ da unten wehtun«, sagt Corey. Anita wirft ihm einen warnenden Blick zu.

»Aber wir hatten uns doch geeinigt«, sagt Hannah. Sie klingt, als wäre sie sich nicht ganz sicher, ob sie immer noch träumt.

»Wir haben uns auf gar nichts geeinigt.« Seema hat Volkovas Hand noch nicht losgelassen. Sie stehen neben der Falltür, Everett hat sich halb durch die Öffnung geschoben und blickt sich verwirrt um.

Jack hat die Schnauze voll. Er erreicht den Captain mit zwei Schritten, greift nach Volkovas Schulter. »Wir gehen da rein, ob es Ihnen passt oder …«

Volkova reißt sich von ihm los. Dabei bringt sie Seema aus dem Gleichgewicht. Doch die Frau stürzt nicht, sondern zerrt mit einem heftigen Ruck an Volkovas Arm. Der Captain verliert das Gleichgewicht, findet es wieder und schlägt dann mit der flachen Hand nach Seemas Gesicht.

»Seema, nein!« Brendan stürmt vor, doch seine Frau reagiert, bevor er sie erreicht hat.

Sie weicht Volkovas Hieb aus, indem sie sich zurückbeugt, sodass die Hand des Captains an ihrem Gesicht vorbeizischt. Dann schwingt sie wieder nach vorn, und mit einer blitzschnellen Bewegung zieht sie die Hand hoch und quer über Volkovas Kehle.

Volkova gibt ein ersticktes, qualvolles Keuchen von sich. Sie taumelt ein Stück zurück, von Seema weg, dann fällt sie auf die Knie. Ihre Hände legen sich an ihren Hals, die Finger zu Klauen gekrümmt.

Zum ersten Mal seit einer scheinbaren Ewigkeit rührt sich niemand. Alle starren auf Volkova, auf den Blutfleck in ihrem Hemd, der trotz des matten Lichts von der Astronautik nicht zu übersehen ist. Jack nimmt den schwachen, leicht metallischen Blutgeruch wahr.

Seemas Taschenmesser. Es steckt bis zum Heft in Volkovas Hals, genau über ihrem Brustbein.

Während Jack sie ansieht, treffen sich ihre Blicke. Ihre Augen zeigen den Ausdruck totaler Überraschung. Eine Sekunde später werden sie dunkel.

34

Corey versteht nicht ganz, was als Nächstes geschieht.

Er starrt auf Volkova, auf ihre leeren Augen und das viele – nein, das *massenhafte* Blut an ihrem Hals. Seema steht über ihr, mit dem Ausdruck erstaunter Wut auf dem Gesicht, ohne auf Brendan zu achten, der immer wieder »Was zum Teufel hast du gerade getan?« brüllt.

Dann kommt sein Vater durch die Falltür herauf, drängt Malik zurück, eilt zu seiner Frau und greift nach Corey. Hannah schubst Jack. Er bekommt die Kante eines Stuhls in die Kniekehlen und landet abrupt auf der Sitzfläche.

Alle schreien sich gegenseitig an, und Corey sieht überall nur aufgerissene Münder und Augen.

Brendan versucht, Hannah wegzuzerren. Corey kann nicht alles erkennen – seine Eltern ziehen sich weiter zurück, stellen sich zwischen ihre Kinder und den Kampf. Die Falltür ist genau hinter seinem Vater. Corey kann den Blick nicht von Volkova losreißen. Das Messer muss eine Arterie getroffen haben – oder ist es eine Vene? Corey kann sich nicht erinnern. Vielleicht ist sie noch gar nicht tot, aber sie wird es bald sein, wenn …

»Bleibt hier«, ruft Everett über die Schulter zurück.

»Aber Dad …«, sagt Malik.

Everett beachtet ihn nicht. Er macht einen Schritt vorwärts – und stolpert dabei über Volkovas ausgestrecktes Bein. Anita greift nach ihm, und in diesem Moment schubst Jack Hannah zurück.

Sie verliert das Gleichgewicht und stößt mit Everett zusammen. Corey bleibt nur noch genug Zeit für den Gedanken, dass er vielleicht aus dem Weg gehen sollte, als sein Vater gegen ihn prallt und er rückwärts hinfällt.

Malik packt ihn, erwischt den Ärmel seines T-Shirts. Eine Sekunde lang hat er ihn, aber dann nicht mehr, und in diesem Moment erinnert sich Corey, dass die Falltür genau hinter ihm ist.

Als die Schwerkraft ihn übernimmt und sein Körper bemerkt, dass kein Boden da ist, der ihn auffangen könnte, gibt Corey einen erstickten Schrei von sich. Dann stürzt er, und die Falltür über ihm rahmt sein Blickfeld ein. Sein Dad hat die Augen in Panik weit aufgerissen. Die Hände seines Bruders, die immer noch versuchen, nach ihm zu greifen. Die Spitze des Schuhs seiner Mutter.

Oh, denkt Corey. Dann löscht der Aufschlag sein Bewusstsein aus.

Er ist nur für einen Sekundenbruchteil weggetreten. Oder zumindest *fühlt* es sich wie ein Sekundenbruchteil an. Er kann nichts sehen. Der Metallboden drückt kalt gegen seine Wange, und die Leute reden mit lauten und erschrockenen Stimmen.

Seine Mom: »Scheiße, ach du Scheiße, o Gott, Corey, rede mit …«

Hannah: »… sie schließen! Schließen Sie die …«

Dad: »… hab doch gleich gesagt, wir hätten …«

Corey blinzelt und ist wieder eine Zeit lang weg.

Es ist Maliks Stimme, die ihn zurückholt. Sein Bruder sagt seinen Namen, immer wieder, und es klingt so leise und ängstlich, das Corey fast gelacht hätte. Weswegen macht sich Malik solche Sorgen? Es geht ihm gut. Er hat nur ein kleines Nickerchen gemacht. Er hat nicht …

Er öffnet die Augen. Er sitzt an eine Wand gelehnt in einem seltsamen Raum, den er nicht wiedererkennt. Nein, das stimmt nicht, er weiß, wo er ist. In der Astronautik. Seine Mutter und Malik knien vor ihm, die Augen weit aufgerissen. Hannah ist hinter ihnen, sie geht auf und ab und blickt zur Decke. Sein Vater steht über ihnen auf der Leiter, die Wangen gerötet und erhitzt. Die Falltür ist geschlossen, und sein Vater hält sie zu, während der Schweiß auf seiner Stirn schimmert.

Von oben ist dumpfes Pochen zu hören, als jemand gegen die Tür schlägt und versucht, sie aufzuhebeln.

Ich muss helfen. Das ist der erste klare Gedanke, den Corey seit einer Weile hat. Er zieht die Füße an den Körper, um aufzustehen, doch es geht nicht. Sein Knie beugt sich durch, aber die untere Hälfte des Beins fühlt sich tausendmal schwerer an als sonst.

Er blickt an sich herab, zuerst verärgert, dann verwirrt. Die Form stimmt überhaupt nicht. Der Stoff seiner Jeans ist unter dem Knie straff gespannt und wölbt sich nach oben. Und ist das … *Blut*? Ja, natürlich ist es Blut, du Blödmann. Blut von dem, was mit der Pilotin passiert ist. Ist das wirklich passiert? Es fühlt sich wie ein Traum an …

Nur … wenn es das Blut der Pilotin ist, warum breitet sich der Fleck dann aus? Er sickert durch seine Jeans, ein dunkler, ungleichmäßiger Klecks, der von Sekunde zu Sekunde größer wird.

»Urgh«, sagt Corey.

Seine Mutter legt eine Hand auf seine Schulter. »Corey? Corey, alles wird wieder gut, Schatz, es ist nur …«

»*Urgh!*« Er muss sich übergeben. Er wird schreien. Er wird beides tun, und er wird nicht damit aufhören können. Wie kann es sein, dass er den Schmerz nicht bemerkt hat? Es fühlt sich an, als würde die untere Hälfte seines Beins in Flammen stehen.

Könnte er die Knochen zurechtrücken? Sie einfach wieder

einrasten lassen? Aber dann müsste er sie berühren, würde die scharfen, spröden Ränder durch den Stoff spüren, und bei dieser Vorstellung will er sich wirklich übergeben.

Seine Mutter greift nach Maliks Arm, packt ihn so fest, dass sein Bruder vor Schmerz zusammenzuckt. Ihre Stimme ist viel zu ruhig. »Malik, Baby, such für mich nach einem Tourniquet.«

»Einem … was?«

»Ein Tourniquet, Malik.« Ihr Tonfall ist geduldig, ihre Stimme zittert nur ganz leicht.

Sein Bruder zögert. »Mom, ich weiß nicht, was das …«

»Ein Tourniquet!«, ruft sie. »Etwas, um sein Bein abzubinden! Ein Strick oder …« Sie nimmt die Hände ihres älteren Sohns und drückt sie auf Coreys Bein, knapp über dem Knie, wodurch sich das Feuer zu einem Inferno steigert.

»Einfach hier festhalten«, sagt Anita zu Malik. »*Nicht* loslassen. Ev? *Ev!*«

»Einen Moment.« Everett hängt praktisch an der Falltür, um sie mit einer Hand geschlossen zu halten, während er mit der anderen nach dem Verschlussmechanismus sucht.

»Ev, ich brauche dich hier unten!«

»Mom.« Maliks dunkle Haut ist grau geworden. »Mom, er blutet ziemlich *stark*.«

»Drück fester. *Everett!*«

»Eine Sekunde«, ruft Hannah ihr über die Schulter zu. Im kleinen Raum bekommt ihre Stimme einen hässlichen metallischen Klang. Sie klettert die Leiter hinauf, bis sie knapp über Coreys Dad ist, und zeigt mit einem zitternden Finger. »Das müssen Sie zurückschieben«, sagt sie.

Everett stöhnt. »Das hier?«

»Ja, genau.«

»Es rührt sich nicht.«

»Drücken Sie fester.«

»Ich sagte, es rührt sich nicht.«

Malik presst so fest, dass es sich für Corey anfühlt, als würden sich die Finger seines Bruders in sein Bein graben, um ihm das Fleisch von den Knochen zu reißen. Es ist ein Ring aus rasendem Schmerz, unabhängig vom Höllenfeuer, das seinen Unterschenkel zerfrisst. Seine Mutter zieht ihr Hemd aus, müht sich mit den Knöpfen ab, gibt es auf, zerrt es sich mit einem frustrierten Knurren über den Kopf. Ihr Unterhemd darunter ist schweißgetränkt.

»Benutzen Sie kein Tourniquet«, sagt der Gefangene.

Anita hört ihn entweder nicht, oder es interessiert sie nicht. Sie wickelt das Hemd um Coreys Bein, so schnell, dass sie fast den Ärmel abreißt. Das Blut macht aus dem Grün des Stoffs ein übles Braun.

»Mom«, sagt Malik mit einem Blick auf den Gefangenen. »Hast du gehört …?«

»Nicht jetzt«, sagt Anita.

Der Soldat hebt die Stimme. »Wenn Sie ein Tourniquet anlegen, wird er das Bein verlieren.«

Anita hält inne. Ihre Schultern zittern. Sie sieht den Mann nicht an.

Corey erlebt eine neue Schmerzwelle, so schlimm, dass die Welt an den Rändern grau wird.

»Warum sollten wir auf Sie hören?«, erwidert Anita. Sie sieht ihn immer noch nicht an.

»Eigentlich ist mir egal, ob Sie es tun. Aber ein Tourniquet würde die Nerven schädigen. Tote Haut. Sehr schmerzhaft. Und wenn Sie die Aderpresse später lockern, wird er trotzdem verbluten. Geben Sie lediglich Druck auf beide Seiten der Wunde. Viel Druck.«

Ein paar Sekunden lang rühren sich weder Coreys Mom noch sein Bruder. Doch dann, auch jetzt ohne einen Blick auf den Gefangenen, legt seine Mutter das Hemd um den hervorstehenden Knochen, bevor sie und Malik gegen das Bein drücken.

»Hab's!«, ruft sein Vater. Ein Klacken, dann noch eins. Das Gehämmer auf der anderen Seite der Falltür geht weiter, aber Everett kommt nun die Leiter herunter. Seine Arme zittern. Hannah hat die Hände auf dem Kopf verschränkt und murmelt leise etwas Wütendes.

Die untere Hälfte von Coreys Bein brennt, doch die obere Hälfte ist eisig taub. Beide Empfindungen kämpfen um die Vorherrschaft. Vielleicht sollte er das Bein ganz loswerden. Wie schlimm kann es sein, nur ein Bein zu haben? Er würde sich an eine Robotprothese gewöhnen, und das wäre cool. Jamie und Allie könnten sie vielleicht programmieren oder öffnen und darin Geheimfächer anlegen. Er könnte zu einem Droiden-Kämpfer werden. Mensch gegen Maschine.

Robotprothese. Brendan. Coreys Magen hebt sich in einem weiteren Übelkeitsanfall.

»Corey.« Die Finger seiner Mutter legen sich um seinen Hinterkopf. »Bleib bci mir.«

Sein Vater hockt sich neben sie. Im kränklichen gelben Licht sieht sein Gesicht wie das eines Gespensts aus.

»Ja.« Sein Dad wischt sich mit einer Hand über den Mund und nickt, als würde er ein schwieriges technisches Problem begutachten. »Wir brauchen Nanomeds. Irgendetwas. Hannah, könnten Sie …?«

»Äh …« Hannah schließt die Augen, kramt in ihrer Tasche. Dann zieht sie eine kleine Blisterpackung mit Tabletten hervor. Eins der vier Fächer wurde bereits geöffnet. Die Gelkapsel, die sie Lorinda nach ihrem Weltraumspaziergang gegeben hat.

Sie drückt eine Tablette heraus, und Anita nimmt sie ihr ab, schiebt sie Corey in den Mund. Er braucht eine ganze Weile, um sie zu schlucken.

»Das dürfte eine Zeit lang gegen die Schmerzen helfen«, sagt Hannah.

Anita sieht sie nicht an. »Wie lange?«

Hannah betastet die Verpackung, betrachtet die zwei noch übrigen Tabletten. »Ich weiß es nicht … MicroNal habe ich schon einmal benutzt. Diese Marke kenne ich nicht. Ein paar Stunden? Vielleicht.«

»Verdammt«, murmelt Everett. Corey versteht nicht, weswegen sie so ausrasten. Ein paar Stunden? Ein paar Stunden ohne Schmerzen sind ein halbes Leben. Seine Gedanken sind verschwommen, als würde er die Welt durch eine fehlerhafte Linse betrachten.

»Okay«, sagt Anita mit zitternder Stimme. »Was ist mit dem …?« Sie zeigt auf den Knochen, der sich immer noch unter dem Jeansstoff wölbt.

»Ich weiß es nicht«, sagt Hannah.

»Werden die Nanobots das in Ordnung bringen?«

»Ich weiß es nicht. Das … Ich glaube nicht, dass die Bots leistungsfähig genug für einen solchen Bruch sind.«

»Warum wissen Sie das nicht? Und es muss noch etwas Stärkeres im Erste-Hilfe-Kasten geben. Oder zumindest mehr Nanomeds. Dies ist ein Ausflugsschiff. Laut Gesetz muss es so etwas an Bord haben.«

Hannah zeigt auf die Wand, hinter der die Bar liegt. »Der Kasten ist da drüben.«

Coreys Mom geht nicht auf sie ein, sondern nickt ihrem älteren Sohn zu. »Schau dich um. Auch hier unten muss es irgendetwas geben.«

»Nita«, sagt Ev.

»Nein. Nein, Ev. Diesmal nicht. Du wirst es nicht tun. Du wirst nicht einfach … einfach aufgeben und so tun, als wäre alles in Ordnung.«

»Hier geht es nicht um uns!« Everett richtet sich so schnell

auf, dass er mit dem Knie gegen Coreys Bein stößt und Corey einen Schmerzensschrei unterdrücken muss. »Wenn sie sagt, dass der Kasten in der Bar ist, dann ist er in der Bar. Hör ausnahmsweise einfach mal nur zu.«

»Oh, okay«, schießt Anita zurück. »Ich werde einfach nur zuhören, während …«

Maliks Stimme dringt durch den Lärm. *»Leute!«*

Aus irgendeinem Grund funktioniert es. Anita und Everett starren ihn an, überrascht blinzelnd. Hinter ihnen gleitet Hannah an der Wand herab, stößt mit dem Kopf dagegen und schließt die Augen. Auf ihrer Wange ist ein winziger angetrockneter Blutfleck.

Eine Bewegung links von Corey – ein leises Rascheln von Kleidung. Er hebt den Kopf und blickt genau in die kalten blauen Augen des gefangenen Kolonialsoldaten. Der Mann starrt auf das blutgetränkte Hemd, und sein Gesicht zeigt einen Ausdruck, den Corey nicht einordnen kann. Als wäre er … zufrieden.

In weniger als einer Sekunde ist es wieder weg. Dann beobachtet Corey, wie der Soldat zu Hannah schaut, während sich ein amüsiertes Lächeln auf seinem Gesicht ausbreitet.

»Läuft nicht mehr alles nach Plan?«, sagt er.

Corey blinzelt, schaut weg. Das Eis scheint den Sieg zu erringen, drängt sich gegen das heiße Feuer in seinem Schienbein. Sein Kopf wird etwas klarer, nur ein klein wenig.

Sie sind gefangen, alle fünf, zusammen mit dem Feind in diesem winzigen Raum eingesperrt. Sie haben nichts zu essen oder zu trinken. Bald werden die kleinen magischen Pillen aufgebraucht sein, und das Feuer wird zurückkehren. Die *Red Panda* hat keine Pilotin mehr. Die einzige Person, die dieses Schiff fliegen kann, lebt nicht mehr.

Sie sind erledigt.

35

Es pfeift in Jacks Ohren.

Er blinzelt heftig, schüttelt leicht den Kopf. Aber der Tinnitus verschwindet nicht. War es das Geschrei? Der Knall, mit dem die Falltür zuschlug? Schwer zu sagen. Er ist auf einem Sitz zusammengebrochen, liegt quer darüber, während er beobachtet, wie Seema mit einer wütenden Lorinda ringt. Es lässt sich kaum als Kampf bezeichnen. Seema hat den Arm der alten Frau auf den Rücken gedreht und hält sie fest. Jack blickt kurz zu Volkovas Leiche und dann zu Brendan. Der Mann beugt sich über die Falltür, hat die Finger in den Spalt gedrückt und zieht mit aller Kraft. Aber es nützt nichts. Selbst mit dem Metallarm bekommt er die Luke nicht auf.

Im ersten Moment kann sich Jack nicht einmal daran erinnern, warum Brendan überhaupt versucht, sie zu öffnen. Als es ihm wieder einfällt, fühlt es sich so banal an. Unangemessen. Sie wollten Antworten vom Gefangenen haben, wollten erfahren, warum und wie und wer … Aber nachdem der Captain jetzt tot ist, scheint all das keine Rolle mehr zu spielen. Es wird nicht den winzigsten Unterschied machen – falls jemals die Aussicht darauf bestanden hat. Warum versucht Brendan es immer noch? Als Jack seinen Namen sagt, dringt nur ein papiernes Krächzen aus seinem Mund.

Brendan ruft Seema etwas zu. Jack kann die Worte nicht verstehen, weil sie durch das schrille Heulen in seinen Ohren übertönt werden. Der Ton ist gigantisch und bohrt sich in sein Gehirn. Etwas muss geschehen sein, vielleicht ein Druckverlust, ein geplatztes Ventil oder eine aufgerissene Versiegelung. Das ist die einzige Erklärung für diesen grässlichen *Lärm …*

»Lassen Sie mich *los*!«, ruft Lorinda, und mit einem Mal ist Jacks Tinnitus verschwunden. Die alte Frau versucht, Seema einen Tritt zu verpassen, und hätte damit fast sie beide zu Boden geworfen.

»Mensch, bring sie unter Kontrolle!«, brüllt Brendan seine Frau an.

Jack stemmt sich vom Stuhl hoch und will ihr helfen, Lorinda festzuhalten, doch seine Hand rutscht auf etwas Warmem und Glitschigem ab, sodass er wieder auf dem Sitz landet. Er hebt die Hand und starrt verwundert darauf. Seine Haut ist blutverschmiert.

»Halt endlich die Klappe!«, zischt Seema die schluchzende Lorinda an. Sie zerrt sie fort, in Richtung Treppe. Als Jack ihr nachblickt, streift sein Blick wieder Volkovas Leiche. Es ist wie etwas, das man durch das Fenster eines schnell fahrenden Autos sieht – im nächsten Moment schon wieder verschwunden, bevor man Einzelheiten erkennen kann.

»Sie haben sie getötet!«, sagt Lorinda mit krächzender Stimme.

»Halt die …« Seema spricht nicht weiter. Sie setzt noch einmal neu an. »Ihr beiden übernehmt die Falltür. Kriegt sie auf.«

Wieder hat Jack dieses seltsame unwirkliche Gefühl, dass es keinen guten Grund gibt, warum sie nach unten gehen sollten, dass es wahrscheinlich nie einen guten Grund gab. Während Seema die protestierende Lorinda über das Hauptdeck zerrt, schafft Jack es endlich, auf die Beine zu kommen. Er steht unsicher da, das Pfeifen kommt jetzt in sanften Wellen. Die rechte Seite seiner Jacke ist feucht von Blut – nein, nicht nur feucht, *klitschnass*. Es kann nicht alles vom Captain sein. Auf keinen Fall. In einer Person kann gar nicht so viel Blut sein.

Brendan wischt sich über das Gesicht. Er geht wieder in die Hocke und blickt zu Jack auf, als er zu ihm herüberkommt. »Sie nehmen dieses Ende, ich das andere.«

Wie im Traum tut er, wozu er aufgefordert wurde. Auf dem Weg zu Brendan fällt sein Blick erneut auf Volkova, und ein Schwall Übelkeit schießt von seinem Magen empor. *Du hast schon Leichen gesehen. Mein Gott, du arbeitest für einen Feed! Jede Menge Videos aus der Nachrichtenredaktion, jede Menge Fotos, Verbrechen, Kriegsschauplätze …*

Er zwingt sich, noch einmal hinzusehen. Volkova liegt mit dem Gesicht nach unten, den Kopf in einem hässlichen Winkel verrenkt, sodass ein großer Teil der Blutlache für ihn unsichtbar ist. Jack erkennt den Griff von Seemas Taschenmesser, und die Übelkeit steigt erneut seine Kehle hoch.

Er zieht seine Jacke aus, legt sie über Volkovas Oberkörper. Der Rücken der Jacke ist tadellos sauber, und sie ist groß genug, um das Blut komplett zu bedecken. So. Jetzt geht es ihm besser. Kein Problem.

Seema stürmt über die Treppe wieder nach oben und verschwindet im Cockpit. Eine Sekunde später geht die Beleuchtung auf dem Hauptdeck wieder an. Jack blickt sich um und bemerkt schockiert, wie groß die Unordnung inzwischen geworden ist. Die Blutlache reicht nicht weiter als bis zu den nächsten Sitzen, aber überall liegt Müll herum, Sojachipstüten und leere Getränkedosen.

»Toilette«, sagt Seema, als sie aus dem Cockpit zurückkommt. Sie nimmt einen tiefen, gierigen Atemzug. »Hab sie darin eingesperrt.«

»Seema«, sagt Brendan, ohne sie anzusehen.

»Fang jetzt nicht an.«

»Fang jetzt nicht an, sagt sie. Dürfte ich dich daran erinnern, dass der Auftrag fast vollständig erfüllt war? Wir hätten nur noch mit unserem Mann da unten ein Gespräch führen müssen, und dann wären wir vielleicht doch noch hier herausgekommen. Du hast es für uns gründlich vermasselt.«

Auftrag? Jack starrt sie benommen an und denkt: *Flitterwochen. Sie sagten, sie wären in den Flitterwochen.*

Brendan spricht weiter. »Es ist schon wieder wie auf Centauri …«

»Musst du mir das ausgerechnet jetzt vorhalten?«

Er kommt auf die Beine und baut sich vor Seema auf. *»Ja, genau das muss ich tun«*, brüllt er. »Das ist der eigentliche Grund, warum wir nach Sigma gereist sind, statt unseren Scheiß in einen Shuttle zu packen und nach Titan zu fliegen, wie es geplant war. Verstehst du, was mit Marcus passieren wird, wenn wir nicht zurückkehren? Was sie mit ihm machen werden? Hast du jemals daran gedacht?«

»Jeden einzelnen Tag.« Seemas Augen schimmern mit heißen Tränen der Wut.

»Warum hast du es dann getan?« Brendan zeigt auf die Leiche des Captains. »Weißt du was? Nein. Geh einfach nach unten. Ich bringe es in Ordnung. Ich räume deinen verdammten Dreck weg, wie ich es immer tue.«

Seema sieht aus, als wolle sie mit ihm dasselbe tun wie mit Volkova. Stattdessen dreht sie sich um und macht sich auf den Weg zur Bar.

»Jetzt liegt es an uns, Kumpel«, sagt Brendan leise.

Jack sieht ihn blinzelnd an. »Was?«

Als Brendan wieder spricht, ist der Zorn immer noch da. Aber es ist, als hätte er ihn gewaltsam zurückgedrängt, als hätte er verstanden, dass es nur funktionieren kann, wenn er die Kontrolle übernimmt. »Ich weiß, dass die Sache etwas aus dem Ruder gelaufen ist«, sagt er, »aber du musst mir glauben, dass so etwas nicht passieren sollte. Seema hat wohl etwas … überreagiert.«

»Überreagiert.« Jack stellt fest, dass er nickt, als würde er zustimmen.

»Genau. Ich muss zugeben, das macht es etwas schwieriger. Viel schwieriger. Aber was geschehen ist, ist geschehen. Unsere Mission – deine und meine, in diesem Moment, ohne Seema – besteht darin, die Leute da unten zu überzeugen, dass wir ihnen nichts Böses antun wollen. Das mit dem Captain war ein Unfall …«

»Unfall.« Mehr scheint für ihn nicht möglich zu sein; er kann nur wiederholen, was zu ihm gesagt wird.

»*Ja.*« Brendan beugt sich vor, blickt in Jacks Augen, als wollte er es ihm verzweifelt begreiflich machen. »Es war ein schlimmer Fehler, das ist alles. Im Eifer des Gefechts. Jetzt stehen wir alle auf derselben Seite, wir alle wollen nach Hause, und wir können es immer noch schaffen. Wir müssen nur logisch denken. Einen Plan machen.«

Er klopft gegen die Falltür. »Wenn wir hier rauskommen wollen, wenn wir überhaupt eine Chance haben wollen, müssen wir erfahren, was dieser Mann weiß. Ich habe solche Typen schon kennengelernt. Er wird nicht auf eine verdammte zivilisierte Befragung reagieren. Glaub mir, es wäre mir lieber, wenn wir ihm nichts antun müssten, aber du würdest staunen, wie viel Menschen preisgeben, wenn man einmal damit anfängt. Also reden wir zuerst mit unseren Leuten da unten. Wir erklären ihnen, was auf dem Spiel steht.«

»Und wenn sie es nicht einsehen?«

Die Worte kommen, bevor er sie zurückhalten kann, dann folgt lähmendes Entsetzen. Er spannt sich an, als würde sich Brendan gleich auf ihn stürzen, ihm die Metallfinger um die Kehle legen und seine Luftröhre zerquetschen. Er sieht immer wieder, wie Seemas Hand hochschießt. Die Bewegung war so unglaublich schnell. Aber nicht nur schnell, sondern mühelos. Geübt. Als hätte sie es nicht zum ersten Mal getan.

Wer zum Teufel sind diese Leute?

Brendan tötet ihn nicht. Stattdessen lächelt er. »Sie werden es verstehen. Es war dunkel, und der Captain hat Seema zuerst angegriffen. Und wenn sie trotzdem nicht an Bord kommen, nun ja … sagen wir einfach, ich habe ein wenig Erfahrung darin, Leute davon zu überzeugen, was das Beste für sie ist. Dann machen wir weiter wie geplant. Ein nettes Gespräch mit dem Mann in den Handschellen.«

Er sieht Jack an. »Du hast mich verstanden? Ist jetzt alles klar?«

Jack hat einen weiteren Tinnitusanfall und zuckt zusammen. Er wendet den Blick ab und wartet, bis es vorübergeht. Dann widmet er sich wieder der Falltür – an mehr kann er im Moment nicht denken. Diesmal gelingt es ihm, sie ganze fünf Zentimeter hochzuheben, bevor sie von unten wieder zugezogen wird.

Jack reißt die Finger zurück, vermeidet nur knapp, dass sie eingeklemmt werden. Er gräbt die Finger wieder in den Spalt. Wer auch immer die Tür festhält – vielleicht Everett? Hannah? –, muss irgendwann müde werden, und dann können sie …

Von der Unterseite kommt ein lautes Klacken. Als Jack es noch einmal versucht, gibt die Falltür überhaupt nicht mehr nach.

»Scheiße«, sagt Brendan und schlägt mit der Hand auf die Falltür. »Na gut. Nur weil sie sich eingeschlossen haben, heißt das nicht, dass es keinen Weg hinein gibt. Irgendeine Idee?«

»Äh …« Als Brendans Augen aufblitzen, reißt sich Jack zusammen und ringt sich zu einer Antwort durch. »Wir könnten … ich meine, es gibt vielleicht eine Möglichkeit, das

Schloss außer Kraft zu setzen. Oder es könnte einen Weg durch die Bar geben. Eine Tür, die wir übersehen haben, oder etwas in der Art.« Er weiß, dass es keine gibt, aber es scheint, als könnte er jetzt gar nicht mehr mit dem Reden aufhören. Er sieht immer wieder den Griff von Seemas Messer, das vom Boden in einem schrägen Winkel zur Seite gedrückt wurde.

Brendan nickt. »Gute Überlegung«, sagt er und wirft einen Blick zu Volkova. »Schau im Cockpit nach. Geh die Systeme durch und such nach etwas, das wir übersehen haben. Ich werde versuchen, von hier aus mit ihnen zu reden. Vielleicht kann ich sie überzeugen, uns reinzulassen.«

Benommen macht sich Jack auf den Weg durch das Hauptdeck. Der Tinnitus ist mal stärker, mal schwächer, wie Wellen, die sich an einer Küste brechen. Es ist weniger als fünfzehn Minuten her, seit er aufgestanden ist, seit er Brendan und Seema geweckt hat, um zu sehen, ob sie ihn unterstützen. Es fühlt sich an, als wäre das alles jemand anderem passiert, vor sehr langer Zeit – jemandem, der einen Plan hatte und genau wusste, wie er sich in die Tat umsetzen lässt.

Das alles hätte gar nicht passieren sollen. Der Captain hätte gar nicht dabei sein sollen. Und falls doch, dann hätte Volkova niemals …

Er wirft einen letzten Blick zurück. Von Volkova ist kaum noch etwas zu sehen, Jack kann nur noch einen Fuß erkennen, der hinter einem Sitz hervorragt.

36

Hannah lehnt sich gegen die Wand, den Kopf gesenkt, und kämpft mit aller Kraft gegen ihren Brechreiz an.

Nachdem sie Corey Nanomeds verabreicht hatten und die Blutung etwas zurückgegangen war, gab es einen Moment, als sie dachte, ihr würde es besser gehen. Er dauerte weniger als fünf Sekunden, dann wandte sie sich taumelnd von den anderen ab, um Anita und Everett mit ihrem Sohn allein zu lassen. Sie muss nachdenken. Nur für einen Moment.

Das Wasser in Volkovas Kaffeebecher, schwarz geworden von einem Dutzend Zigarettenkippen. Die kettenrauchende Pilotin, die einen aufgerauchten Stummel ausdrückt …

Sie reibt sich die Augen mit den Handballen, und ein Laut, halb ein Stöhnen, halb ein Schluchzen, drängt aus ihr hervor. Was mit Volkova passiert ist, sollte ihr nicht so heftig zusetzen. Am vergangenen Tag sind Tausende – nein, *Zehn*tausende – gestorben, aus der Frontier und den Kolonien, und die meisten hatten nicht die leiseste Vorstellung, weshalb. Warum sollte es mit Jana Volkova also anders sein?

Weil sie die Erste war, die an Bord dieses Schiffs starb. Weil sie getötet wurde, als sie versuchte, jemanden zu beschützen. Weil sie hier die einzige Person war, mit der du reden konntest, und sie als Einzige die Möglichkeit hatte, euch jemals von hier wegzubringen, und jetzt …

Hannah drückt ihre Handballen so fest gegen die Augen, dass die Dunkelheit von tausend blitzenden Lichtpunkten erfüllt wird.

»Eins nach dem anderen«, murmelt sie. Nur was wäre als

Erstes zu tun? Was sollen sie jetzt überhaupt machen? Einen Ausweg finden, vielleicht, aber dann müssten sie sich trotzdem mit Brendan und Seema und mit Jack auseinandersetzen. Und was ist, wenn sie einfach hier unten bleiben?

»Alles in Ordnung?«

Everett. Er steht über ihr, die Arme an den Seiten. Bevor sie antworten kann, sagt er: »Wir brauchen etwas Stärkeres als diese Nanomeds.«

»Ich weiß, aber …«

»Sie helfen gegen die Schmerzen.« Er selbst sieht kränklich aus. »Sie stabilisieren ihn. Aber selbst wenn wir ihn weiter damit behandeln, können sie sein Bein nicht richten.«

»Ev, es tut mir leid.« Hannah deutet auf den Raum mit den Maschinen. »Ich weiß nicht, was ich Ihnen sagen soll.«

»Überlegen Sie sich etwas!« Er schnauzt sie fast an, während die Blisterpackung in seiner geballten Faust verschwindet.

»Was soll ich tun?«, fragt sie und fühlt sich hilfloser als je zuvor. »Diese Tabletten sind alles, was wir noch haben.«

Er sackt in sich zusammen. »Entschuldigung.«

»Schon gut.«

»Hatten Sie jemals eine ausgerenkte Schulter?«, fragt er. »Etwas in der Art?«

Sie schüttelt den Kopf.

»Ich hatte es einmal. Beim Footballspiel am College. Der Coach renkte sie mir wieder ein …« Er deutet mit einer Handbewegung an, wie etwas in seiner Schulter zurechtgerückt wird. »… und dabei bin ich fast bewusstlos geworden. Musste ein paar Tage lang Nanos nehmen. Irgendwann hatte ich eine Dosis vergessen, und der Schmerz war sofort wieder da, als hätte er sich nur verborgen. Er kam sehr schnell. Können Sie sich ungefähr vorstellen, wie viele Nanos er brauchen wird, nachdem wir diesen Knochen wieder an die richtige Stelle gedrückt haben?«

Es kostet Hannah fast körperliche Anstrengung, die Verzweiflung zurückzudrängen. »Ich verstehe, Ev. Aber ich weiß nicht, was ich Ihnen sagen könnte.«

Ev fährt sich mit einer Hand durchs Haar. In diesem Moment dringt eine andere Stimme gedämpft von der Falltür herab.

Brendan.

»Hallo, ihr da unten?« Er klopft dreimal gegen die Luke, als würde er vor einer Türschwelle stehen. »Hört mal, wir müssen reden. Wäre es möglich, dass ihr die Klappe aufmacht?«

Stille. Anita blickt Hannah in die Augen. Ihr Gesicht zeigt blankes Entsetzen.

»Tut mir leid wegen vorhin«, fährt Brendan fort. Er klingt völlig ruhig. »Das hätte nicht passieren sollen. Aber wir sitzen hier alle im selben Boot, und ich denke, wir sollten uns einfach mal unterhalten. Ich denke, dann können wir zu irgendeinem Einverständnis gelangen. Okay?«

Everett macht den Eindruck, als wollte er darauf antworten. Hannah rappelt sich auf, packt seine Schultern, zwingt ihn, sie anzusehen und schüttelt entschieden den Kopf. Sie werden kein Wort sagen, bis sie über ihren Standpunkt entschieden haben. Aber was ist eigentlich ihr Standpunkt? Was zum Teufel sollen sie jetzt machen?

»Wir wollen Ihnen nichts antun«, sagt Brendan. »Sie müssen auch gar nicht heraufkommen. Machen Sie nur die Falltür auf, damit wir reden können.«

Hinter ihnen spricht der Gefangene. Seine Stimme ist kaum mehr als ein Flüstern. »Sie könnten mich gehen lassen.«

»Was?«, haucht Hannah.

»Sie wollen diese Leute erledigen?« Der Mann rührt sich, der Stoff seines Raumanzugs raschelt. »Machen Sie mich los. Warten Sie, bis ich den Anzug abgelegt haben. Diese Leute haben nicht die geringste Chance.«

Hannah knirscht mit den Zähnen. »Genauso wenig wie wir.«

Er gluckst. »Dann haben Sie anscheinend ein kleines Problem. Ich werde ein Nickerchen machen. Wecken Sie mich, wenn Sie sich entschieden haben.«

Brendan redet immer noch, versucht sie zu überzeugen. Seine Stimme erinnert Hannah an ihre Schwester, wenn Callie versucht, am Telefon ein Geschäft abzuschließen. Warm. Ermunternd. Sie kann fast das zufriedene Lächeln auf seinem Gesicht sehen. Plötzlich hat sie wieder das Bedürfnis, sich zu übergeben.

»Gehen wir in den anderen Raum«, sagt sie und wirft einen nervösen Blick zum Gefangenen.

Everett und Anita nicken. »Malik, bleib bei deinem Bruder«, sagt Anita.

»Was?«

»Kümmere dich um Corey. Und sag *kein Wort* zu Brendan.«

»Ich will bei euch bleiben«, sagt Malik mit ängstlichem Gesichtsausdruck, und Hannah kann es ihm nicht verübeln. Hat er nicht genauso viel durchgemacht wie sie? »Außerdem werde ich sowieso nicht hören können …«

»Du wirst bei deinem Bruder bleiben«, sagt Everett verärgert. »Tu, was deine Mutter sagt.«

»Aber, *Dad* …«

»Schon gut, Malik«, sagt Corey. Alle drehen sich zu ihm um. Er sitzt auf der anderen Seite des Raums gegen die Wand gelehnt. Sein Gesicht ist immer noch grau, aber er ist wach und bringt sogar ein kleines Lächeln zustande. Die Nanomeds zeigen Wirkung. Sein Bein sieht schlimm aus, aber wie es scheint, wurden die Schmerzen gelindert. Vorläufig.

Hannah muss unwillkürlich an die Blisterpackung denken, die Everett in der Hand zusammengepresst hat. *Nur noch zwei übrig.*

Malik sagt nichts, schaut von seinen Eltern zu seinem Bruder und zurück.

»Komm schon«, sagt Corey. »Du kannst mir … von deinen Filmen erzählen … oder so.«

Widerstrebend geht Malik zu seinem Bruder hinüber. Er blickt sich immer wieder um und sieht Hannah an, als wollte er sie anflehen, es sich noch einmal zu überlegen. Doch kurz darauf sitzt er neben Corey, die Augen niedergeschlagen.

Sie marschieren in den Nachbarraum. Die Luft ist vom Feuer immer noch etwas rauchig, und Hannah brennen die Augen. Sie kann das Summen der Maschinen in ihrer Magengrube spüren. Bewegen sie sich überhaupt noch? Sie kann sich nicht erinnern. Und wer ist gerade im Cockpit, wenn nicht Volkova? Jack? Seema?

Sie überlegt, ob sie noch einmal jeden Zentimeter der Astronautik absuchen sollten. Vielleicht haben sie etwas übersehen … aber natürlich weiß sie, dass sie nichts finden werden. Die gesamten Vorräte des Schiffs befinden sich auf dem Hauptdeck oder in der Bar.

»Und was jetzt?«, fragt Everett. Er lehnt sich mit verschränkten Armen gegen die Wand.

Hannah stößt einen langen Atemzug aus. »Wir können nicht allzu lange hier unten bleiben. Nicht ohne Nahrung oder Wasser.« Sie sieht, dass Everett etwas sagen will, und fügt hastig hinzu: »Und Medikamente. Ich weiß.«

»Sie sind sich hundertprozentig sicher, dass hier unten nichts ist?«, fragt Everett.

»Nur Elektronik.«

»Tja, dann müssen wir hier raus«, sagt Everett und sieht die beiden abwechselnd an. »Richtig?«

»Auf jeden Fall«, sagt Anita. »Aber rate mal, wer auf uns warten wird?«

»Und? Was werden sie tun?«

»Das ist das Problem«, sagt Hannah leise. »Ich glaube, dass nicht einmal *sie* es wissen.«

Anita starrt sie an. »Wollen Sie damit sagen, dass ... das mit dem Captain ein *Unfall* war?«

»Vielleicht geben wir ihr einfach die Chance, darüber zu reden.«

»Und was dann? Je länger wir hier herumstehen, desto länger haben die Psychos das Ruder in der Hand.«

»Wir können nicht einfach ...«

»Haben Sie gesehen«, sagt Anita, presst die Worte durch zusammengebissene Zähne hervor, in kurzen, verbitterten Stößen, »was sie mit Corey gemacht haben?«

»*Genug* jetzt. Sie beide. Vielleicht ...« Hannah fährt sich mit den Fingern durchs Haar, weiß nicht mehr, was sie eigentlich sagen wollte, nur dass sie ihre Streitereien nicht länger ertragen kann. Mein Gott, was würde sie dafür geben, jetzt mit einer vernünftigen Person reden zu können. Lorinda wäre ...

Sie reißt die Augen auf. »Ach du Scheiße«, sagt sie.

Everett sieht sie erstaunt an. »Was?«

»Lorinda. Sie ist immer noch da oben. Bei den anderen.«

Anita stößt ein tiefes Stöhnen aus, und alle drei blicken zur Decke hoch. Für einen Moment kann Hannah nicht fassen, warum sie so große Schuldgefühle hat – die Art von Schuld, die jemanden auf einen langen Pfahl spießt und dann hochhält, um ihn einer gründlichen Musterung zu unterziehen. Wie lange ist es schon her? Und keiner von ihnen hat überhaupt bemerkt, dass sie nicht bei ihnen ist?

»Ich würde mir keine Sorgen um sie machen«, sagt Everett, jedoch ohne große Überzeugung. »Sie ist zäh.«

»Aber was wäre, wenn ...?«, setzt Anita an.

»Nein. Im Moment können wir nichts für sie tun. Wir müssen uns auf das konzentrieren, was vor uns liegt.« Plötzlich hellt sich seine Miene auf. »Hey, was ist mit den Luftschächten?«

»Da drinnen ist nichts«, antwortet Hannah mit dumpfer Stimme.

»Das meinte ich nicht. Wir könnten doch einfach selbst hineinsteigen. Dann müssten wir irgendwo anders im Schiff herauskommen, nicht wahr?«

»Das wird nicht funktionieren.«

»Warum nicht?«

Anita gibt einen angewiderten Seufzer von sich. »Weil Corey *gerade so* hineingepasst hat. Wir sind zu groß. Und wenn du glaubst, dass ich meinen Sohn in seinem Zustand da hineinschicke ...«

»Er ist auch *mein* Sohn. Und ich würde *niemals* ...«

Hannah unterbricht sie. »Wie wäre es mit einer ... beaufsichtigten Befragung?«

»Hatten wir das nicht schon?«, erwidert Everett. »Die Beaufsichtigung ist nicht das Problem. Sie wollen diesem Kerl wehtun.«

»*Ich* will diesem Kerl wehtun«, sagt Anita.

Sie alle verstummen, und die Geräusche der Maschinen füllen die Leere aus.

»Und wenn wir es tun?«, sagt Anita.

Hannah reibt sich einen Rußkrümel aus dem Auge. »Was tun?«

»Wie er gesagt hat. Wir lassen ihn herein, damit er die Sache in die Hand nimmt ... Sie wissen schon.«

Everett starrt sie erstaunt an.

Hannah lässt die Hand sinken, hat den Ruß im Auge vergessen. »Auf gar keinen Fall.«

»Aber wenn wir ...«

»Nita, das ist verrückt.«

»*Hör einfach zu.*« Anita reckt die Schultern und spricht

nicht ihren Ehemann, sondern Hannah an. »Ich sage nicht, dass es die beste Option ist, aber man sollte sie nicht sofort von der Hand weisen.«

»Haben Sie nicht gehört, was er gesagt hat?«

Anita geht nicht darauf ein. »Wir machen einen Deal«, sagt sie und tippt mit den Fingerknöcheln gegen ihre Handfläche. »Wir handeln Bedingungen aus. Ziehen ihn auf unsere Seite, damit …«

»Nita …«

»Das steht nicht zur Debatte.« Hannah wendet sich ab. »Tut mir leid. Überlegen Sie sich etwas anderes.«

»Ach, seien Sie nicht so gottverdammt naiv«, sagt Anita und bleckt die Zähne.

»Wie bitte?«

»Jeder hat etwas, das er will. Wir müssen nur herausfinden, was er will. So machen wir es im Senat, wenn wir Stimmen gewinnen wollen. Dann …«

»Unglaublich.« Hannah starrt sie mit offenem Mund an. »Sie wollen Politik spielen. Hier und jetzt.«

»Ich höre keine bessere Idee.«

»Kühlt euch ab, alle beide«, sagt Everett zu ihnen.

Hannah ignoriert ihn. »Wir sind hier nicht im Senat. Hier geht es nicht um einen idiotischen Gesetzentwurf. Wir müssen keine *Stimmen gewinnen*, und Sie wissen genau, was der Kerl da drüben will.«

»Vielleicht lassen Sie es mich einfach *versuchen*.«

»Nein. Kommt nicht infrage. Politik hat uns überhaupt erst in diese Lage gebracht.«

»Wir konnten nicht vorhersehen …«

»Und Sie glauben immer noch, Sie könnten verhandeln. Als würde es hier wieder nur um dieses Abkommen gehen. Als gäbe es einen … einen Kompromiss, zu dem wir gelangen könnten.« Hannah ist sich vage bewusst, dass sie weint.

Heiße Tränen bahnen sich ihren Weg durch den Schmutz auf ihren Wangen.

Anita lässt nicht locker. »Lassen Sie uns eins klarstellen. Sie sind – wie alt? – zwanzig? Einundzwanzig? Ich vermute, bis jetzt haben Sie nur als Reiseführerin gearbeitet. Sie haben gar nicht die nötige Erfahrung, um solche Entscheidungen zu treffen.«

»Aber Sie haben sie?«

»Ja.«

Hannah kann nicht fassen, wie wütend sie ist. Und mit einem Mal hat sie nicht Anita vor sich, sondern Callie. Callie und das unausgesprochene Urteil, dass Hannah irgendwie weniger wert ist als sie. Dass sie einen Plan hat und Hannah nicht, dass sie niemals einen haben wird.

»Ich werde jetzt wieder hineingehen«, sagt Anita, »und ich werde es in Ordnung bringen. Ich nehme keine Befehle von einer Person an, die …«

»Vielleicht ist es jetzt an der Zeit, sie einfach hereinzulassen«, sagt Everett.

Beide sehen ihn an. Als er sich ihnen zuwendet, zeigt sein Gesicht eine überraschende Besorgnis und Abscheu.

»Was meinen Sie damit?«, flüstert sie.

»Sollen sie einfach tun, was sie wollen. Ihn foltern. Was auch immer. Ich glaube nicht, dass sie uns etwas antun. Der Captain … das war etwas, das in der Hitze des Gefechts passiert ist …«

»Sie haben sie getötet«, sagt Hannah.

»Sie haben …«

»… *sie getötet*. Ihr ein gottverdammtes …« Sie muss innehalten, als ein glühender Atemzug aus ihrer Brust hervorbricht. Jetzt weint sie ungehemmt, ist nicht mehr in der Lage, es zu unterdrücken.

»Ja.« Everett nickt. »Das haben sie getan. Aber wenn es

um Corey oder diesen Kerl geht, wer auch immer er ist, dann würde ich mich immer für Corey entscheiden.«

Selbst Anita scheint darüber nachzudenken. Hannah will zu einem Protest ansetzen, will ihnen sagen, dass sie völlig verrückt geworden sind, doch dann stockt sie. Es ist ein Ausweg. Sollten sie nicht zumindest in Erwägung ziehen … nein. Nein. Volkova ist gestorben, weil sie nicht wollte, dass an Bord ihres Schiffs irgendjemand misshandelt wird – nicht einmal der Feind. Wenn Hannah es zulässt, wäre sie für nichts gestorben.

Sie dreht sich um, lehnt die Stirn gegen die schmutzige, klebrige Wand. Jede Entscheidung ist schlecht, eine wie die andere, und sie hat nicht die leiseste Ahnung, was sie als Nächstes tun soll.

37

Der Pilotensitz der *Red Panda* ist der unbequemste Stuhl, auf dem Jack jemals gesessen hat.

Er dachte, die Sitze auf dem Hauptdeck wären eine Katastrophe. Wenigstens haben sie abgerundete Kanten und bieten genügend Beinfreiheit. Doch Volkovas Sitz, der ins Zentrum der hufeisenförmigen Kontrollkonsolen gezwängt wurde, fühlt sich wie irgendein seltsames Folterwerkzeug an. Er ist in einem idiotischen Winkel zurückgekippt, woran Jack nichts ändern kann, ganz gleich, wie heftig er am Sitz zerrt. Die Polsterung hat ihren Namen nicht verdient, ist an mehreren Stellen durchgewetzt, sodass der Metallrahmen frei liegt.

Er erinnert sich nicht, wie lang Volkovas Beine waren oder wie groß sie war. Eine Vision, wie ihre Leiche unter seiner Jacke liegt, steigt in ihm hoch, und er muss die Augen schließen und sie abschütteln. Er weiß nur, dass unter der Kontrollkonsole kaum genug Platz für seine Beine ist. Seine Knie stoßen dagegen, und dazwischen ragt der Steuerknüppel auf.

Die Konsole und die Bildschirme darüber bieten eine verwirrende Fülle an Informationen. Wie muss es erst in einem größeren Schiff sein? Zum Beispiel im Cockpit dieses Kolonialschiffs?

Jack richtet sich auf, zuckt zusammen, als kaltes Metall von hinten durch den dünnen Stoff seiner Hose gegen seine Oberschenkel drückt, und greift nach dem Steuerknüppel.

Die *Red Panda* reagiert nicht. Er zieht den Knüppel rauf und runter, nach links und rechts, aber nichts ändert sich an den Maschinengeräuschen. Das Schiff rührt sich nicht von der Stelle. Der Blick durch das Cockpitfenster zeigt keinerlei Veränderung: das zertrümmerte Tor, das zerfetzte Wrack des Kolonialschiffs, die unendlich fernen Sterne, das geisterhafte Licht des Nebels. Die *Red Panda* ist in den letzten paar Stunden ein wenig weitergedriftet, mehr aber auch nicht.

Okay, kein Ding. Das bedeutet nur, dass das Schiff auf Autopilot geschaltet wurde. Also muss er den einfach ausschalten.

Er betrachtet die Bildschirme – zwei riesige in der Mitte, direkt nebeneinander, und vier kleinere auf beiden Seiten. Drei der Schirme sind leer, und die übrigen präsentieren eine Kombination aus farbigen Diagrammen, Sternkarten und etwas, das an die Audiometer erinnert, die Jack einmal in einem Musikstudio gesehen hat.

Das einzige Display, das er versteht, ist eine schematische Seitenansicht der *Red Panda*. Cockpit, Hauptdeck, Kombüse – vermutlich die Bar. Maschinenraum. Nichts, was er nicht bereits weiß. Die Sektion mit der Rettungskapsel blinkt in mattem Rot.

»Systemneustart«, sagt eine Stimme. Vor Überraschung wäre er fast vom Sitz gefallen. Diesmal klingt die Stimme des Schiffs weiblich und australisch, die Worte sind klar und knapp. »Systemneustart des Com-Com-Com-Com-Com… Warnung: Systemkernschock. Systemneustart. Bitte warten Sie.«

Jack wartet eine ganze Minute. Schließlich sagt er: »Hallo?«

Die *Red Panda* schweigt.

Was auch immer er tun will, offensichtlich kann er sich nicht darauf verlassen, dass das Schiff ihm hilft. Gut. *Fang ganz klein an*. Er beugt sich vor und tippt auf die Cockpit-Sektion des Diagramms.

Mit einem Klicken schaltet sich die Beleuchtung aus, sodass nur noch die Bildschirme einen schwachen Schimmer verbreiten. Jack tippt erneut auf die Darstellung, und das Licht geht wieder an. Dabei bemerkt er, dass er eine kleine Blutspur auf dem Glas hinterlassen hat. Der Fleck läuft spitz zu, wie eine Träne, sieht im Gegenlicht schwarz aus. *Volkovas Blut*. Jack erschaudert, wischt sich die Hand an der Hose ab. Das Pfeifen in seinen Ohren ist wieder da.

Über der schematischen Darstellung erkennt er eine Menü-Option: das Wort INNENBELEUCHTUNG mit zwei kleinen Pfeilen daneben, die nach oben und unten zeigen. *Hab dich*. Er vergewissert sich, dass sein Finger sauber ist, und berührt dann das Wort.

Eine Liste von weiteren Optionen klappt auf: TEMPERATUR, LAUTSPRECHERSYSTEM, ATEMLUFTMISCHUNG. Nichts, was auch nur entfernt mit der Steuerung des Schiffs zu tun hat.

Jack schließt das Menü, lehnt sich zurück, betrachtet die anderen Bildschirme. Er bewegt die Hand zu einem mit einer Kurve, die möglicherweise die Reaktortemperatur anzeigt, dann hält er inne. Seine Hand hängt in der Luft und fällt dann in seinen Schoß zurück.

»Scheiße«, sagt er. »Verdammte *Scheiße*.«

So geht das nicht. Er hat keine Ahnung, was er hier ausrichten könnte. Er sollte lieber auf dem Hauptdeck sein, wo er … irgendetwas tun kann. Um das hier wird er sich später kümmern. Er erhebt sich vom Pilotensitz, doch sein linkes Knie ist unter der Konsole eingeklemmt. Er muss es anwinkeln, um es herauszuziehen, und dann …

»Bist du hier, Kumpel?«

Brendans Stimme kommt aus dem Durchgang. Jack zwängt sich wieder auf den Stuhl, so hastig, dass er mit der rechten Kniescheibe gegen die Kante der Konsole stößt. Er packt den Knüppel mit beiden Händen und sagt sich, dass er ruhig bleiben muss, während er sich gleichzeitig fragt, warum er sich das sagt.

Hinter ihm betritt Brendan geduckt das Cockpit. »Kein Piepser von unten. Vielleicht brauchen sie etwas Zeit, um darüber nachzudenken. Wie läuft es hier? Hast du irgendwas gefunden?«

Jack schaut blinzelnd zu ihm auf. Brendans Gesicht ist entspannt, sein Mund zu einem freundlichen Lächeln verzogen. Seine Stimme klingt völlig neutral – als wäre alles unter Kontrolle, abgesehen von einem kleinen Schluckauf. Er macht den gleichen Eindruck wie in der Bar, zu einem früheren Zeitpunkt dieses völlig aberwitzigen Ausflugs, als er und Seema ihm von ihrem Kind erzählten.

Brendans Stirn legt sich in Falten. Jack zwingt sich, ihm zu antworten. »Ja, nein, noch nicht. Ich versuche noch, mit dem System klarzukommen.« Er gluckst amüsiert, ohne zu wissen, warum. Er sieht immer wieder, wie Seema ihr Messer in Volkovas Hals stößt, und hört Brendans Worte: *Dürfte ich dich daran erinnern, dass der Auftrag fast vollständig erfüllt war?*

»Ich habe nachgedacht«, sagt Brendan und beugt sich näher heran. »Vielleicht können wir sie unter Druck setzen.«

»Unter Druck?«

»Die Leute im Maschinenraum. Wie wäre es, wenn wir die Atemluft abdrehen? Nicht komplett, nur so weit, dass es für sie unangenehm wird.«

»Ich bin dir schon ein Stück voraus«, sagt Jack, und die kleine Lüge geht ihm mit bemerkenswerter Leichtigkeit über die Lippen. »Ich habe bereits nachgeschaut. Man kann den Wert nur ein wenig herunterregulieren. Es scheint eine Sicherung zu geben. Etwas in der Art. Vom System bekomme ich dann nur eine Fehlermeldung.«

Eine Sekunde lang denkt er, dass Brendan ihm vielleicht

nicht glaubt, dass er einen Beweis sehen will oder Jack aus dem Sitz zerrt. Doch bevor er den Gedanken weiter verarbeiten kann, zieht Brendan eine Grimasse. »Klingt vernünftig. Vielleicht lässt es sich irgendwie umgehen.«

Jack nickt. Er hat wieder eine Hand am Hemdsaum, muss sich zwingen, damit aufzuhören.

»Wir sollten uns auch nach irgendeinem Ziel umschauen«, sagt Brendan. »Seema meint, dass es hier vielleicht noch etwas anderes gibt. Wovon man uns nichts erzählt hat. Vielleicht ein anderes Tor.«

Er beugt sich über Jack und berührt den Bildschirm mit der Sternkarte, dreht sie mit dem Finger, tippt auf einen grünen Punkt. Dadurch wird er vergrößert, und daneben klappt ein Infofenster auf. BISHOP'S STATION steht dort, mit einer langen Liste von Daten: Kommfrequenzen, Handelsstatus, letzte bekannte Dock-Kapazität.

»Da«, sagt Brendan. »Können wir dort hinfliegen?«

»Ähm …« Jack versucht sich zu konzentrieren. »Das ist … ziemlich weit weg.«

»Aha?«

»So ungefähr einhundert Lichtjahre.«

Brendan bläst die Wangen auf. »Okay, Mann, such weiter. Seems und ich arbeiten immer noch an der Falltür. Keine Sorge, wir werden sie aufkriegen. Dann können wir mit diesem Drecksack reden.«

Er schlägt Jack auf die Schulter. »Das Entscheidende ist: Niemals aufgeben! Egal, wie schlimm es aussieht, man muss einfach weitermachen.« Er dreht sich um und zieht den Kopf ein, bevor er in den Durchgang tritt.

»Was ist das für ein *Auftrag*?«, fragt Jack.

Brendan wendet sich ihm noch einmal zu, hat einen gequälten Gesichtsausdruck. »Ha! Ja. Da hab ich irgendwie die Katze aus dem Sack gelassen, was?«

»Du und Seema … ihr seid gar nicht verheiratet?«

Brendan lächelt, und es wirkt so warm, dass Jack es beinahe auf sich hätte beruhen lassen. »Natürlich sind wir verheiratet. Wir arbeiten als Profis zusammen, die sich zufällig so gut miteinander verstehen, dass sie den Bund fürs Leben geschlossen haben.«

Er kommt zurück und hockt sich auf die Kante der Kontrollkonsole. Er ist viel zu groß für diesen Raum, und er muss sich herabbeugen, während er Jack tief in die Augen blickt. Sein Metallarm glänzt im Licht des Cockpits. »Zugegebenermaßen passiert es selten, dass Leute in unserem Metier *heiraten*, aber es kommt gelegentlich vor. Wenn man lange Zeit so eng mit jemandem zusammenarbeitet, stellt man für gewöhnlich fest, dass man zumindest ein paar Gemeinsamkeiten hat. Ich weiß, dass Seema etwas heftig reagieren kann, aber sie ist eine wirklich liebe Frau, wenn man sie näher kennenlernt.«

»… Metier?«

»Ja.« Brendan kratzt sich im Nacken, während er immer noch lächelt. »In diesem Fall brachte unsere Arbeit uns in Kontakt mit jemandem in der Sigma-Station, einem gewissen Barrington Wallace.«

Jack blinzelt. Barrington Wallace. Er hat diesen Namen schon einmal gehört. Aber wo …?

»Der Barkeeper«, sagt er, mehr zu sich selbst als zu Brendan. Er hört wieder Volkovas Stimme, als sie zum ersten Mal über die Lautsprecher der *Red Panda* zu ihnen sprach, bevor die ganze Scheiße losging.

Nachdem unsere Tour begonnen hat, wird unser Mitarbeiter Barrington Ihnen gern verschiedene Getr… – oh, Entschuldigung, ich habe mir gerade den Dienstplan angesehen. Er ist heute nicht zur Arbeit gekommen.

»Mr. Wallace schuldete etlichen Leuten sehr viel Geld, aus der Zeit, als er noch nicht Mr. Wallace war. Ich kann mich nie an seinen richtigen Namen erinnern – Simon irgendwas. Jedenfalls hat er damals auf dem Mars versucht, sich als Geschäftsmann zu betätigen. Viele Bars, Restaurants, mehrere Geschäfte. Sogar Franchises auf Proxima, glaube ich. Hat sein Geschäft stark vergrößert, und natürlich leihen einem die Banken nicht unbegrenzt Geld, sondern fragen berechtigterweise irgendwann nach, wann sie mit der Rückzahlung ihrer Investitionen rechnen können.

Unser Mr. Wallace konnte sich keine geschäftlichen Rückschläge erlauben, weshalb er sich Geld von Leuten lieh, denen er besser aus dem Weg gegangen wäre. Auch dort stand er irgendwann tief in der Kreide. Seema und ich wurden beauftragt, ihm ein paar berechtigte Fragen zu stellen. Unsere Auftraggeber sind Leute, die … sagen wir einfach, dass sie bei einem Bankrott nicht so ohne Weiteres auf einen guten Ausgang des Insolvenzverfahrens hoffen.«

Jack spürt, wie sich seine Eingeweide zusammenziehen. »Du hast ihn getötet.«

»Ha!«, bellt Brendan.

Seine Lautstärke lässt Jack auf dem Sitz zusammenzucken, und ein Stück Metall sticht ihm in die Seite.

»Ich habe überhaupt nichts getan«, erklärt Brendan. »Es ist, wie ich sagte – ich recherchiere nur. Ich finde heraus, wo und wann, übernehme die Lauferei, kümmere mich um alles Nötige und um die Logistik und so weiter. Alles, worin ich gut bin. Seema …« Er grinst voller Stolz. »Nun ja, wie ich sagte. Sie ist eine Künstlerin.«

Jack erinnert sich an ihre niedlichen Spitznamen. *Pooka. Cushla.* Haben sie sich bei der Arbeit so genannt? Während sie …

Seemas Hand, die ausschlägt, fast zu schnell, als dass er die Bewegung hätte erkennen können. Das spritzende Blut, das Messer in Volkovas Hals.

Brendan hebt den Metallarm. »Das würde man nicht erwarten, nicht wahr? In unserem Metier müsste doch der große Kerl mit der Cyborgprothese die Handarbeit übernehmen, nicht wahr?«

Er beugt sich vor, als wolle er Jack ein Geheimnis anvertrauen. »Um ehrlich zu sein, das verdammte Ding ist in einem Kampf ziemlich nutzlos. Viel zu langsam. Seema ist die viel Geschicktere von uns beiden. Versteh mich nicht falsch, ich kann mich bei einer Schlägerei behaupten. Aber in Wirklichkeit habe ich ihn bei einem Bike-Unfall auf dem Mars verloren, mehr eine Verfolgungsjagd als ein Wettrennen. Jedenfalls stellte sich heraus, dass ich viel besser bin, wenn es um, sagen wir, gezielte Überzeugungsarbeit geht. Wie wir es mit unserem Mann da unten vorhatten.«

Er lässt den Arm sinken. »Wie auch immer, wir hatten eigentlich nicht geplant, ins selbe Boot zu steigen, in dem Mr. Wallace für den Thekendienst eingeteilt war. Eigentlich wollten wir in der Sekunde durchs Tor zurückkehren, als Mr. Wallace das Zeitliche segnete, hätten wir die freie Wahl gehabt. Aber der nächste Shuttle sollte erst viel später starten, und so stellte sich die Frage, ob wir unsere Zeit irgendwie nutzen oder einfach nur in einer Bar sitzen und uns volllaufen lassen. Aber *das* ging nicht, so sehr es mir gefallen hätte. Der Job ist erst dann erledigt, wenn die Erfolgsprämie auf unserem Konto eingegangen ist, und das wollte ich auf keinen Fall vermasseln. Nicht bei diesem Auftrag.«

Jack kann nicht mehr tun, als der Geschichte zu folgen. Er hat ein sehr seltsames Gefühl: Würde er versuchen, Brendan zu berühren, würde seine Hand einfach durch ihn hindurchgehen. Als würde all dies nur in seinem Kopf stattfinden.

»Also«, fährt Brendan fort. »Wir sahen, dass es diesen Rundflug um die Station gibt, und dachten uns, dass wir ein bisschen die Sehenswürdigkeiten genießen sollten. Um uns ein wenig abzulenken. Nachdem wir mit ihm fertig waren, würde es eine Weile dauern, bis jemand Mr. Wallace gefunden hätte. Und als ich dann seinen Namen über die Lautsprecher hörte, wäre mir fast das verdammte Herz stehen geblieben.«

Er legt eine riesige Metallhand auf die Rückenlehne von Jacks Sitz. »Ich hatte gehofft, wir könnten bei dieser Sache einfach den Deckel draufhalten, bis alles vorbei ist. Schließlich sind jetzt nicht mehr allzu viele Beweise für das übrig, was mit unserem armen Mr. Wallace passiert ist, nicht wahr?«

Jack nickt unwillkürlich. Brendans Finger schließen sich fester um die Lehne und lassen den Sitz knarren. Jack starrt darauf und fragt sich, ob Brendan seine Schulter packen will. Er hofft, dass er es nicht tut. Wenn es passiert, wenn diese langen Finger ihn berühren, könnte er durchdrehen.

»Ich schätze, in Wirklichkeit habt ihr gar kein Kind, richtig?«, sagt er und versucht, es wie einen Witz klingen zu lassen. Als hätte er alles akzeptiert, was Brendan ihm erzählt hat.

Ein sehr dunkler Ausdruck erscheint auf dem Gesicht des Mannes. »Was ist los mit dir? Nur weil wir nicht *ganz genau* erklärt haben, in welchem Bereich wir arbeiten, glaubst du jetzt, wir hätten auch in allen anderen Punkten gelogen? Du glaubst, Auftragsarbeiter wie wir können keine Familie haben? Ja, wir sind verheiratet, und ja, wir haben einen Sohn. Das ist nichts als die reine Wahrheit. Ich habe dir von unserem Sohn erzählt, nicht wahr?« Er runzelt die Stirn. »Auch wenn wir gesagt haben, dass er bei Seemas Familie ist. Das stimmt nicht, sorry, Kumpel. Ich würde meinen Jungen niemals seiner Großmutter überlassen, selbst wenn die Existenz des Universums davon abhängen würde.«

Er beugt sich wieder vor, damit er Jack genau in die Augen blicken kann.

»Es sieht folgendermaßen aus«, sagt er. »Und ich möchte, dass du es richtig verstehst. Unser letzter Job lief nicht so gut. Seema ist verdammt gut, aber selbst sie ist nur ein Mensch. Wir hatten einen Auftrag auf Centauri-7 übernommen – einfache Sache, schnell rein und wieder raus. Doch wir wurden bei der Arbeit bemerkt, von einem Sicherheitsmann, der aus irgendeinem Grund seine Runde geändert hatte. Weil er pissen musste, oder was weiß ich. Bevor ich die Situation entspannen konnte, hat Seema ... nun ja, dir ist wahrscheinlich klar geworden, dass sie manchmal Sachen macht, ohne darüber nachzudenken.

Jedenfalls wurden nach Centauri Fragen gestellt. Eine Spur führte zu uns. Unsere Bosse mussten sich anstrengen, es zu vertuschen, und sie waren gar nicht begeistert.«

Er packt den Stuhl noch fester. »Sie ... kümmern sich um Marcus. Sogar recht gut, wenn die Fotos, die sie geschickt haben, nicht gefälscht waren. Wir bekommen ihn nur zurück, wenn unser nächster Job glatt läuft; dann ist der Vertrag erfüllt, und wir können zu dritt nach Titan abhauen. Endgültig aus dem Spiel aussteigen. Gott weiß, wir haben genug zur Seite gelegt, um eine Weile nicht arbeiten zu müssen. Aber wenn wir verhaftet werden, wenn sonst irgendetwas schiefgeht, ist es vorbei.«

Seine Stimme wird noch tiefer. »Wir werden hier herauskommen, wir werden unseren Auftrag abschließen, und wir werden unseren Jungen zurückbekommen. Das ist das Einzige, was zählt. Hast du mich verstanden?«

Jack versucht zu atmen und stellt fest, dass er es nicht kann. In Brendans Augen steht der Glanz eines verzweifelten Wahnsinns – es ist viel mehr als die Sorge eines Vaters, der von seinem Sohn getrennt wurde. Es ist der Wahnsinn von jemandem, der weiß, dass seine Chancen immer schlechter werden, und der absolut alles tun wird, um das zu verhindern. Wie konnte Jack das bislang übersehen? War er wirklich so blind?

Wieder nickt er automatisch, und Brendan klopft ihm auf die Schulter, benutzt zum Glück seine richtige Hand. »Guter Mann. Das weiß ich zu schätzen. Die Roses können ziemlich hartnäckig werden, wenn es um ihre Aufträge geht. Frag Mr. Barrington Wallace, er kann es dir bestätigen.«

Dann ist er fort, im Durchgang verschwunden.

Jack starrt ihm hinterher. Sein Geist ist wie leergefegt.

Die Roses.

Das Roses-Kartell.

Die Leute, die drei Kugeln in Hector Alarcóns Rückgrat gejagt haben, die ihn verkrüppelt und in eine so tiefe Depression gestürzt haben, dass er nie wieder herausgekommen ist. Die Leute, die den einzigen Menschen zerstört haben, den Jack jemals wirklich geliebt hat.

Brendan und Seema arbeiten für sie.

38

»Welches Jahr haben wir?«, fragt Corey.

Malik, der sich gerade neben seinem kleinen Bruder auf den Boden setzt, sieht ihn erschrocken an. »Corey, du weißt nicht, welches Jahr wir haben?«

»Ich frage ihn.« Corey zeigt auf den Soldaten. Seine Hand zittert nur ein wenig.

Die Schmerzen sind immer noch da, aber die Tablette, die sie ihm gegeben haben, hat sie ein wenig zurückgedrängt. Corey muss an eine große Katze denken, einen Tiger oder einen Puma, vielleicht eine der Hybriden, die sie damals im Austin GeneZoo gesehen haben. Für einen kurzen Moment hatte die Katze ihn, riss mit den Zähnen an ihm. Doch nun liegt sie im hohen Gras, verborgen, aber immer noch sehr präsent, und wartet auf den richtigen Augenblick.

Es geht ihm nicht richtig gut – er wird jetzt auf keinen Fall Mathe-Aufgaben lösen oder so –, aber wenigstens kann er wieder denken und verstehen, was los ist. Einigermaßen. Auch wenn er es nicht wagt, einen Blick auf die blutige, zertrümmerte Masse seines Beins zu werfen.

Der Gefangene kneift leicht die Augen zusammen, als er Coreys Frage hört. Doch er sagt nichts.

»Ich habe Sie gefragt, welches Jahr wir haben.«

»Er weiß, welches Datum wir schreiben.« Malik aktiviert seine Holokamera, und das Display erwacht zum Leben. »Nun komm schon. Lass uns einfach ein paar Filme anschauen.«

Corey geht nicht auf ihn ein. »Ich verstehe, dass Sie uns

nichts über sich selbst sagen wollen. Aber was glauben Sie, welches Jahr wir gerade haben?«

Die Stimme des Mannes klingt hart. »Warum?«

»Weil ...« Corey denkt nach. Zumindest versucht er es. Die Katze schleicht herum, wartet auf eine Gelegenheit. Es wird immer schwerer, sich zu konzentrieren. »Weil ich überlege, ob Ihr Schiff vielleicht in einer Zeitschleife gefangen war. Während eines Sprungs. Sie sind eins von diesen Schiffen, die spurlos verschwunden sind, und jetzt sind Sie zurückgekommen und denken, es wäre immer noch Krieg. Deshalb haben Sie die Station vernichtet.«

»Hör auf mit dem Schwachsinn.« Malik wirft einen nervösen Blick zum Soldaten.

»Du erzählst selber Schwachsinn.«

»Du bist derjenige, der ...«

»Zweitausendeinhundertzweiundsiebzig«, sagt der Mann. Er spricht sehr leise, ohne Corey aus den Augen zu lassen. »Der Krieg ist vorbei. Er ging vor zehn Jahren zu Ende.« Ein leichtes Zucken umspielt seine Mundwinkel. »Wir waren in keiner Zeitschleife gefangen.«

In der folgenden Stille kann Corey hören, wie Hannah und seine Eltern im Nebenraum leise miteinander diskutieren.

»Sind Sie sich sicher?«, fragt Corey.

»Lass es einfach, Corey«, murmelt Malik.

»Vielleicht spielt er einfach nur mit. Ich weiß nicht, vielleicht haben sie es später gemerkt, und jetzt will er uns täuschen.«

»Es war 2172, als wir zu unserer Mission aufbrachen«, sagt der Mann. »Und jetzt ist immer noch 2172.«

»Siehst du?« Malik schlägt ihm auf die Schulter, und zieht sofort entsetzt die Hand zurück. »Scheiße, tut mir leid, ich wollte dir nicht ...«

»Alles in Ordnung.« Aber das ist es nicht. Der Schlag war

nicht besonders fest, aber er lässt die große Katze knurren. Corey beißt sich auf die Unterlippe, drückt die Zähne zusammen, bis es vorbeigeht.

Malik ruft seine Filmdateien auf, wählt eine aus. Das Holo zeigt ein schlankes, dunkelhaariges Mädchen, vielleicht sechzehn Jahre alt. Sie sitzt mit gesenktem Kopf in einem Raum, der nach einer Cafeteria aussieht.

»Wer ist das?«, fragt Corey.

»Ach, nichts.« Malik versucht, die Datei zu schließen. Doch er hält nur das Bild an, während er weiter mit der Bedienung hantiert.

Corey runzelt die Stirn. »Ist das Shanti Evans?«

»Nein.«

»Doch, das ist sie. Du hast sie gefilmt?«

»Nein. Vielleicht. Sie ist meine Freundin, okay?«

»Ist sie nicht.«

»Woher willst du das wissen?«

Corey will darauf antworten, doch dann fehlt ihm die Kraft dazu. Er blickt wieder zum Soldaten hinüber, als ihm ein anderer Gedanke kommt. »Beweisen Sie, dass Sie ein Mensch sind.«

»Wie bitte?«

»Was redest du da?«, flüstert Malik ihm zu.

»Er könnte ein Alien sein, das sich als Mensch ausgibt. Wir wissen nicht, ob er die Wahrheit sagt.«

»Ich werde Mom holen.« Malik erhebt sich. »Ich glaube, das Medikament ist nicht …«

»Nein.« Corey hält seinen Bruder frustriert fest. Sollte man nicht genau das tun? Das Unmögliche eliminieren? Haben sie das nicht im naturwissenschaftlichen Unterricht gelernt? Andererseits war Malik nie besonders gut in Naturwissenschaften. Möglicherweise versteht er es einfach nicht.

»Ich bin ein Mensch.« Der Gefangene klingt leicht verwirrt, als könnte er nicht fassen, dass sie ein solches Gespräch führen.

Corey wankt, dann sackt er an der Wand zusammen. Die Katze kommt näher, und wie könnte man so etwas überhaupt beweisen? Sie müssten ihn schon aufschneiden oder so, und das wäre genau genommen Folter, und die Erwachsenen haben gesagt, dass so etwas nicht infrage kommt.

»Ist wirklich alles in Ordnung mit dir?«, fragt Malik nach.

»Alles gut, Malik. Versprochen.«

»Okay.« Malik setzt sich wieder. »Aber jetzt lass uns ein paar Filme anschauen. Einverstanden? Red überhaupt nicht mit ihm.«

»Ich glaube, ich kann beweisen, dass ich kein Alien bin«, sagt der Mann.

Für ein paar Sekunden reagieren weder Malik noch Corey.

»Wie?«, fragt Corey.

Der Mann rührt sich, als würde er eine etwas bequemere Position einnehmen. »Ich bin in menschlicher Gestalt. Wenn ich ein Alien wäre, müsste ich so etwas wie ein Gestaltwandler sein. Dann wäre ich in der Lage, mich so umzuwandeln, dass ich mich aus diesen Handschellen herauswinden könnte.«

Corey starrt ihn an. Nach einer Weile sagt er: »Hm.«

Der Mann zuckt mit den Schultern. »Oder ich könnte mir Tentakel wachsen lassen und Leute packen. Oder ihren Geist übernehmen. Ich glaube, ich habe das mal in einer Serie gesehen.«

»*Vicious*«, sagt Corey automatisch.

»Genau die.«

»Die gibt es auch in den Kolonien?«

»Klar. Ziemlich gute Serie.«

»Ja, aber sie wurde eingestellt.« Corey wird munter. »Ich habe gehört, dass sie so etwas wie ein großes Finale drehen wollen. Nur um die Story zum Abschluss zu bringen. Das würde ich wirklich gern sehen.«

Wieder zucken die Mundwinkel des Mannes. »Freut mich, das zu hören.«

Malik sieht aus, als würde er gleich explodieren. »Was machst du da?«, zischt er und packt Corey an der Schulter. Diesmal achtet er nicht auf das schmerzverzerrte Gesicht seines Bruders. »Wir sollen nicht mit ihm reden!«

»Warum nicht?« Der Tonfall des Gefangenen klingt beinahe lässig. »Wir plaudern doch nur. Ansonsten können wir sowieso kaum etwas anderes machen.« Er sieht Corey nachdenklich an. »Übrigens, das mit deinem Bein tut mir leid. Nicht so ideal.«

»Er hätte das Problem gar nicht, wenn Sie nicht gewesen wären«, erwidert Malik mürrisch.

Wieder ein Schulterzucken. »Ich war hier unten. Hab nicht mal gesehen, was da oben passiert ist.«

»Das spielt keine Rolle.«

»Malik, hör jetzt auf damit.«

»Nein, Corey.« Malik umklammert seine Holokamera so fest, dass Corey befürchtet, er könnte sie zerbrechen. »Er ist der Grund, warum wir überhaupt in dieser Scheiße stecken. Alles nur wegen ihm. Dein Bein ist im Arsch, und es ist seine Schuld.«

Der Soldat wendet sich Malik zu. Es ist eine sehr langsame, sehr bedächtige Bewegung. Sein Gesicht hat jede Spur von Belustigung verloren.

»Ich möchte, dass du mir sehr genau zuhörst«, sagt der Mann. »Er ist vielleicht noch nicht alt genug, um es zu verstehen …« Er deutet mit dem Kinn auf Corey. »Aber du bist es zweifellos. Ihr könnt mir nicht einfach die Schuld an dem hier geben. Jeder will immer nur den Leuten die Schuld geben, die den Auslöser drücken, wenn es in Wirklichkeit eine ganze Kette von Ereignissen gibt, die dazu geführt haben, dass der Auslöser gedrückt wurde. Und in Wirklichkeit gibt es immer sehr viele Leute, die dafür verantwortlich sind.

Ja, der Soldat erledigt seinen Job, aber *er* wäre überhaupt nicht da, wenn es nicht all die anderen Leute geben würde, die ihm Befehle erteilen. Ich habe deinem Bruder nicht das Bein gebrochen. Ich kann nichts dafür, dass eure Pilotin tot ist. Ihr wollt mir die Schuld geben? Na gut, macht es, wenn ihr euch damit besser fühlt. Aber vergesst nicht, dass ich nicht der einzige Mensch in diesem Schiff bin.«

In diesem Moment wird Corey alles klar.

Er kann die Hände des Gefangenen nicht sehen.

Der Mann blickt ihm in die Augen. Nur für eine Sekunde. Und dann, bevor er reagieren kann, bewegt sich der gefesselte Soldat mit einem Ruck nach vorn. In seinem Anzug spannen sich seine Arme an. Das Knirschen von Metall auf Metall. Er hat es geschafft, das Rohr von der Wand zu lösen, an das er mit den Handschellen gefesselt wurde. An einem Ende sind die Schrauben locker, und mit erschreckender Klarheit versteht Corey, dass der Soldat sie anscheinend selbst gelockert hat.

Er hat sie abgelenkt, mit ihnen geredet, damit sie nicht merken, dass er sich bewegt. Er hat langsam weitergearbeitet, sich mit jeder Schraube beschäftigt, während er Corey erzählt hat, wie gut ihm diese idiotische Serie gefällt. Er hat es fast geschafft, die gefesselten Hände zu befreien, die Handschellen um das gebogene Rohr herumzuziehen, als es an die Wand zurückspringt.

»Mom!« Malik ist im nächsten Moment auf den Beinen. *»Mom! Dad!«*

Everett, Anita und Hannah kommen aus dem Maschinenraum herbeigestürmt. Everett reagiert zuerst. Er wirft sich auf den Mann, wie der Footballspieler, der er früher einmal war. Auch Malik ist dabei und versucht, die Beine des Mannes festzuhalten. Der Gefangene will sie abschütteln, die blauen Augen kalt und entschlossen, den Mund zusammengepresst. Corey starrt ihn mit schockiertem, schuldbewusstem Entsetzen an.

»Helft mir hier!«, ruft Everett über die Schulter. Der Gefangene rammt ihm das Knie in den Bauch, und er ächzt. Hannah kommt dazu, vergisst offenbar jede Furcht und treibt ihren Unterarm gegen die Kehle des Mannes, um ihn an die Wand zurückzudrängen.

»Die Schrauben!«, hört Corey sich rufen. Der Gefangene nimmt Blickkontakt mit ihm auf, und Corey muss sich dazu zwingen, ihm in die Augen zu schauen.

Mit Mühe gelingt es ihnen, das Rohr und den Gefangenen an der Wand festzuhalten. Anita macht sich schwer keuchend daran, die Schrauben wieder festzudrehen. Während Corey zusieht, schleicht sich die große Katze an und versenkt langsam einen scharfen Zahn in seinem Bein.

39

Lorindas Kehle schmerzt.

Es gibt kein Wasser in der winzigen Kammer. Es gibt jede Menge Eis im Tank über ihr, aber sie kommt nicht heran, weil sich die Zugangsklappe auf der Außenseite befindet. Sie hat bereits versucht, an der Deckenverkleidung zu zerren, aber es ist stabiler Kunststoff. Was sie betrifft, könnte der Tank genauso gut aus Stahl sein.

Sie hat es geschafft, mit den Händen ein wenig Eis von der schmutzigen Raureifkruste an den Wänden aufzutauen, aber jetzt ist nicht mehr viel davon übrig. Und in der Toilette ist es so kalt, dass ihre Knochen schmerzen. Ihre Nanomeds wirken schon lange nicht mehr. Sie glaubt nicht, dass sie einen dauerhaften Schaden davongetragen hat, aber es wird keine Rolle mehr spielen, wenn sie nicht bald hier herauskommt.

Mit ihrem gesunden Bein verpasst sie der Tür erneut einen schwachen Tritt. Sie gibt kaum nach. Man kann die Toilette nicht von außen verriegeln, also hat Seema irgendetwas davorgestellt. Lorinda weiß nicht, was es ist – vielleicht die Kisten, die unter der Theke standen. Sie hat gehört, wie das Miststück irgendetwas durch die Bar geschoben hat.

Die Lampe erzeugt ein unerträgliches Flackern, ein altmodisches Ding mit Glühfaden, der ein fast hörbares Summen von sich gibt. Lorinda hat sich auf dem Toilettensitz zusammengekauert, die Hände in den Achselhöhlen vergraben, den Kopf eingezogen. Ihr Atem wirbelt sichtbar vor ihrem Mund durch die Luft.

Sie hat den größten Teil ihres Lebens im Weltraum verbracht, und sie hat viele Male die Kälte des Vakuums gespürt, aber sie hat sich noch nie zuvor so erschöpft gefühlt. Der Weltraumspaziergang, der Kampf mit Seema, die Kälte – die Kombination von all dem hat ihre Kräfte ausgelaugt. Trotz ihrer Wut nickt sie immer wieder ein. Doch jedes Mal schreckt sie kurz darauf mit einem Ruck wieder auf, und ihr Mund öffnet und schließt sich wie bei einem Fisch auf dem Trockenen.

Zum tausendsten Mal kreisen ihre Gedanken wieder darum, wie es im übrigen Schiff aussehen könnte. Sie hofft, dass die anderen es geschafft haben, sich in der Astronautik in Sicherheit zu bringen. Aber früher oder später werden Brendan und Seema und dieses selbstgefällige Arschloch Jack eine Möglichkeit finden, sich Zugang zu verschaffen. Und dann …

Sie tritt wieder weg. Es dauert weniger als eine Minute, aber sie zittert die ganze Zeit, und ihre Schultern stoßen immer wieder gegen die Plastikwand. Als sie aufwacht, sitzt Craig vor ihr.

Er ist genauso gekleidet wie am Tag, als sie ihn das letzte Mal gesehen hat. Arbeitshemd aus Jeansstoff, verdreckte Chinohose. Er trägt sogar diese albernen Cowboystiefel, die sie ihm aus Spaß zu seinem Sechzigsten geschenkt hat und auf die er übertrieben stolz war. Im winzigen Raum ist es viel zu eng für zwei Leute – der Platz reicht kaum für eine Person –, aber es fühlt sich überhaupt nicht seltsam an, dass er hier ist. Er sitzt auf dem Schreibtischstuhl, auf dem sie ihn gefunden hat, nachdem das Blutgerinnsel ihn erwischte, die Ellbogen auf den Knien, die Hände verschränkt, und schaut sie erwartungsvoll an.

»Bin ich tot?« Sie ist sich nicht sicher, ob sie die Worte sagt oder nur denkt. Zu ihrer Überraschung ist sie angesichts dieser Möglichkeit gar nicht beunruhigt. Sie will nicht sterben, will die Leute an Bord der *Red Panda* nicht sich selbst überlassen, aber wenn es bedeutet, dass sie Craig wiedersehen kann …

Er grinst und zeigt seine leicht schiefen Zähne. *Du? Nö.*

Lorinda blinzelt angestrengt. Als sie die Augen öffnet, ist der Toilettenraum verschwunden. Hinter Craig schimmert der Pferdekopfnebel, umfließt die Silhouette seines Körpers. Sie stirbt wirklich. Er hat immer versucht, den Dingen etwas Positives zu geben, was der Grund ist, warum sie ihn geliebt hat. Einer der vielen Gründe.

»Du fehlst mir«, sagt sie.

Ich weiß.

»Ich war draußen.«

Ich habe es gesehen. Hast ein komplettes Raumschiff erledigt. Bin ein bisschen erstaunt, dass du es nicht schon früher gemacht hast.

Darüber muss sie lächeln. Speichel rinnt an ihrem Kinn herunter.

Warum hast du alles verkauft?

»Was?«

Nachdem ich gestorben bin.

»Ich …«

Du hättest weitermachen können, weißt du. Die Arbeiter haben dich respektiert, viel mehr, als sie mich respektiert haben. Du hättest es wahrscheinlich geschafft, dass unser Unternehmen doppelt so viel wie vorher produziert.

»… ich wollte nicht ohne dich weitermachen. Das weißt du.«

Aber du hättest es tun können. Er hat leichtes Nasenbluten, ein Tropfen läuft an seiner Oberlippe hinunter. Vor dem hellen Hintergrund des Nebels ist sein Gesicht dunkel geworden. *Wir haben hart daran gearbeitet, den Claim zu behalten.*

Und du hast ihn aufgegeben. Hast alles an Calomar verkauft und bist davonspaziert.

Tränen brennen in ihren Augen. »Das ist nicht fair.«

Dazu sagt er nichts mehr, sieht sie nur wieder mit diesem seltsamen Lächeln an. Obwohl er nur ein Schattenriss vor den Sternen ist, kann sie jedes Detail seines Gesichts erkennen. Er hebt eine Hand, fast geistesabwesend, und wischt das Blut weg.

»Was soll ich tun?«, fragt sie. Aber Craig ist fort. Genauso wie der Nebel. Hier ist nur das flackernde Licht und die enge Kammer.

»Komm zurück«, sagt sie und hasst sich gleichzeitig dafür, hasst ihn dafür, dass sie sich so sehr nach ihm sehnt. Der Craig, den sie kannte, hätte niemals solche Sachen gesagt. Er hätte ihr niemals vorgeworfen, dass sie endlich den Nebel sehen wollte, nachdem sie immer wieder darüber gesprochen haben. Trotzdem hallen seine Worte in ihrem Kopf nach. *Alles verkauft. Davonspaziert.*

Egal. Sie ist zwar noch nicht tot, aber es könnte schon bald so weit sein. Wenn sie ihn wiedersieht, wird sie ihm die Hölle heiß machen.

40

Die Roses.

Der Name geht Jack immer wieder durch den Kopf. Seema und Brendan hatten wahrscheinlich nichts mit dem zu tun, was in São Paulo geschehen ist – sie waren nicht dort, als Hec angeschossen wurde. Oder falls doch, wäre es ein wahnsinniger Zufall. Und wie soll er die Frage überhaupt formulieren? *Hey, mal so ganz nebenbei, wart ihr zufällig mal in Brasilien? Habt ihr da mal auf einen Bullen geschossen? Ihm vielleicht drei Kugeln in den Rücken gejagt?*

Er wendet sich wieder den Bildschirmen zu und wischt sich den Schweiß vom Gesicht. *Ich habe es getan. Ich habe es ihnen erlaubt. Ich habe vielleicht nicht das Messer geführt, das den Captain tötete, aber ich habe auch nichts getan, um es zu verhindern.*

»Hör auf damit«, sagt er in einem zitternden Flüstern zu sich selbst. Brendan und Seema waren schon vorher labil. Ausgebildete Killer. Früher oder später hätten sie irgendetwas getan, irgendetwas durchgezogen, ob er nun dabei wäre oder nicht.

Doch der Gedanke will nicht verschwinden, wie sehr er sich auch bemüht. Seema und Brendan mögen Killer sein, aber sie hätten diese Grenze nicht aus eigenem Antrieb überschritten – nicht wenn ihr Sohn in Gefahr ist, nicht wenn sie dieses Chaos als unbeteiligte Zuschauer überstehen müssen. Nein, Jack war der Funke, der dieses spezielle Inferno entfacht hat.

Es ist nicht meine Schuld. Ich hätte es nicht getan. Wenn ich gewusst hätte, wer sie sind … Seine Überlegung gelangt zu dem einen Wort, auf das er sich immer verlassen konnte, das schon sein ganzes Leben lang sein Rettungsring war. *Es wäre unmoralisch gewesen.*

Unmoralisch? Wen will er eigentlich auf den Arm nehmen? Sie wollten jemanden foltern. Volkova ist tot. Er hat sich mit den Leuten verbündet, die versucht haben, Hector zu töten. Das ist absurd. Das ist *falsch*. Alles.

Er dreht sich zum Durchgang um, wirft einen Blick zum Hauptdeck. Er kann Brendan und Seema nicht sehen, aber er kann sie gerade noch hören, wie sie sich leise unterhalten.

Das alles ist Wahnsinn. Hier draußen ist nichts. Absolut nichts. Sie sind das letzte intakte Raumschiff im Umkreis von einhundert Lichtjahren. Niemand wird kommen, um sie zu retten. Niemand weiß, wo sie überhaupt sind. Und wenn er nicht den Hungertod stirbt, wird es ihn wahrscheinlich erwischen, wenn einer der zwei ausgebildeten Killer an Bord beschließt, dass Jack zu einem Ärgernis geworden ist. Und selbst wenn sie es irgendwie schaffen sollten, aus diesem Schlamassel herauszukommen, was könnte Brendan und Seema zurückhalten, wenn sie entscheiden, dass alle an Bord potenzielle Zeugen sind?

Verzweiflung überkommt ihn. Was soll er nur tun? Sie irgendwie ausschalten? Mit Brendans Idee, den Sauerstoffgehalt der Luft herunterzuregulieren? Das mit der Sicherung war gelogen, also könnte es durchaus klappen. Aber wie soll er es überhaupt bewerkstelligen?

Allmählich schmerzen seine Schenkel in dieser Position. Er rückt sich auf dem Pilotensitz zurecht, stellt die Füße flach auf den Boden, zwängt seine Beine unter die Kontrollkonsole. Dabei stößt er mit dem Fuß gegen etwas, vielleicht ein Scharnier, und er stöhnt verärgert, während er sich erneut zurechtrückt. Wenn er also …

Plötzlich erstarrt er. Dann beugt er sich vor, so weit wie möglich, um zu sehen, was sich unter seinen Füßen befindet.

Scharniere.

Und nicht nur Scharniere, sondern eine Luke. Es gibt eine Luke unter dem Pilotensitz.

Na und? Sie dürfte zu einem Luftschacht oder zur Schiffselektronik führen. Selbst wenn dort etwas wäre, würde er nicht hineinpassen. Vielleicht der Livingstone-Junge, aber er ist mit den anderen in der Astronautik.

Jack blickt wieder auf die Bildschirme, schaut sich noch einmal den Plan des Schiffs an. Er starrt ein paar Sekunden darauf, die Unterlippe zwischen den Zähnen.

Laut Plan existiert keine Elektronik oder Lüftung direkt unter dem Cockpit. *Darüber* gibt es jede Menge, im knollenförmigen Bereich genau über seinem Kopf, aber die Grenze zwischen dem Cockpit und der Bar darunter ist eine einzige gerade Linie. Jack zoomt die Stelle heran – das gelingt selbst ihm, indem er Daumen und Zeigefinger auf dem Bildschirm auseinanderbewegt –, doch an der Linie ändert sich nichts.

Lorinda. Seema sagte, sie hätte sie in der Toilette eingesperrt. Jack hat es kaum mitbekommen, aber jetzt denkt er darüber nach. Sie ist genau unter ihm. Wenn er zu ihr gelangen könnte, um sie zu befreien und zu überzeugen, dass er helfen will … das macht es nicht wieder gut, aber es könnte ihm ein paar Pluspunkte verschaffen. Selbst wenn sie zu schwach zum Kämpfen ist, könnte sie die anderen ablenken oder …

Nein. Sie ist zweihundert Jahre alt und bereits von diesem aberwitzigen Weltraumspaziergang erschöpft, und sie hat die letzten fünfundvierzig Minuten oder so eingesperrt in einer eiskalten Kammer von der Größe des Schranks in Jacks Wohnung zugebracht. Und für sie gehört er zu den Leuten, die sie dort hineingesteckt haben. Sie wird ihm niemals helfen.

Doch bevor es ihm überhaupt bewusst wird, geschieht es

bereits. Jack windet sich aus dem Sitz, zerrt seine Beine unter der Kontrollkonsole hervor. Neben dem Stuhl geht er in die Hocke, und seine Finger tasten den Boden ab.

Ja, da ist es. Zwei Scharniere an einer Seite der Luke. Der größte Teil befindet sich unter dem Pilotensitz, und als er genauer hinschaut, erkennt Jack zwei Rillen, die von der Rückseite des Sitzes nach hinten verlaufen.

Also lässt sich das Ding doch bewegen! Wenn er den Sitz zurückschieben kann, müsste er an die Luke herankommen.

Es wäre wesentlich einfacher, über die Treppe in die Bar zu gelangen. Ihm fällt doch bestimmt irgendeine Geschichte ein, irgendein Vorwand, warum er hinuntergehen muss. Aber dann wüssten sie, wo er ist. Und sie könnten auf die Idee kommen, ihn zu begleiten. Nein, sein Plan kann nur funktionieren, wenn er das Überraschungselement auf seiner Seite hat.

Er kann Brendans oder Seemas Stimme nicht mehr hören. Ein panikerfüllter Blick in den Durchgang, doch da ist nichts. Sie könnten sonst wo sein. Wenn er es tun will, muss er es jetzt tun.

Er untersucht den Stuhl, was er zuvor nur mit oberflächlicher Aufmerksamkeit getan hat. Ganz hinten streifen seine Finger etwas. Einen Hebel, einige Zentimeter lang, von hartem, geriffeltem Gummi überzogen und etwa fünfzehn Zentimeter über dem Boden.

»Hab dich«, murmelt er und zieht den Hebel zu sich heran. Er gibt ein wenig nach und springt dann in die ursprüngliche Position zurück. Er versucht es noch einmal, stemmt sich mit der Schulter gegen den Stuhl, drückt, so fest er kann, während er den Hebel zurückzieht. Nichts.

Er will zu einem neuen Versuch ansetzen, als er Brendans Stimme hört. Ein Schrei, wütend, ein kurzer Ausbruch, der im nächsten Moment schon wieder vorbei ist. Jack erstarrt, ist bereit, wieder auf den Stuhl zu springen, sobald er noch etwas hört.

Doch es kommt nichts mehr. Nachdem er eine ganze Weile gewartet hat, rührt er sich wieder. Ein Schweißtropfen läuft ihm ins Auge, und er blinzelt ihn leise fluchend weg.

So kommt er nicht weiter. Er bewegt sich zur Rückseite des Stuhls und sieht sofort den Grund. Der Hebel steckt in einem kurzen horizontalen Spalt im Metallrahmen des Stuhls. Ein zweiter Spalt zweigt im rechten Winkel davon ab.

Das erinnert Jack an ein Bauteil der alten manuellen Autos, die sein Vater so gern repariert hat. Sie standen viele Monate lang in der Werkstatt, mit einer Plane zugedeckt – und diese Maschinen waren *wirklich* zweihundert Jahre alt –, während sein Vater darauf wartete, dass ein wichtiges Ersatzteil von der Erde geliefert wurde. Jacks Mutter nörgelte ständig und fragte, warum er das Teil nicht einfach vor Ort fabrizieren ließ, aber sein Dad antwortete nur, dass alles authentisch sein sollte.

Der Hebel an der Rückseite des Stuhls sieht wie eine Gangschaltung aus, genauer gesagt, wie die Position für den Rückwärtsgang, für den man den Hebel in einen versetzten Spalt schieben muss. Jack drückt noch einmal dagegen und grunzt vor Anstrengung.

Er braucht ein paar Versuche, bis er ihn in den abzweigenden Spalt schieben kann, doch dann springt er fast von selbst hinein. Es klickt, und mit einem Mal löst sich der Stuhl, gleitet mühelos in der Führung hin und her. Jack stößt einen keuchenden Atemzug aus, dann schiebt er ihn ganz zurück und legt die Luke frei.

Sie ist nicht ganz so groß wie die andere, die vom Hauptdeck in die Astronautik führt, aber sie sieht ungefähr genauso aus. Er zwängt die Finger in die Rille und macht sich bereit, die Luke hochzuziehen.

Seine Gedanken, die im Moment auf Hochtouren laufen, schalten plötzlich in den ersten Gang runter. Seine Emotionen übernehmen, Angst blendet alles andere aus, lässt ihn reglos erstarren. Was tut er da? Hat er den Verstand verloren? Sie werden ihn finden, sie werden ihn schnappen, und sie werden mit ihm machen, was sie mit Volkova gemacht haben. Seine Beine verkrampfen sich, als er sich zum Aufstehen zwingt. Er muss damit aufhören, solange es noch geht.

Nur dass es nicht geht. Nicht, nachdem er angefangen hat. Das wäre das Schlimmste.

Er wendet sich wieder der Luke zu, zuckt zusammen, als die Metallkante in seine Fingerspitzen schneidet. Die Luke öffnet sich mit einem hörbaren Knarren. Für Jack klingt es so laut wie ein Baby, das in einem ansonsten stillen Haus schreit. Er lehnt die Klappe vorsichtig gegen die Kontrollkonsole und lugt in die Öffnung.

Er stöhnt. Es ist ein Luftschacht, gesäumt von aufgerollten Kabeln und blinkenden Lichtern – so eng, dass vermutlich nicht einmal Corey Livingstone hineinkriechen könnte. Jack fährt sich mit der Hand durchs Haar und hat für einen Moment seine Panik vergessen. Natürlich kann man sich nicht auf den Plan des Schiffs verlassen. Er ist genauso miserabel ausgeführt wie alles andere in dieser …

Moment.

Er schaut genauer hin, und als er es erkennt, stößt er vor Freude ein leises Keuchen aus. Da ist eine weitere Falltür im Boden des Luftschachts. Zuerst hat er sie nicht gesehen, aber sie muss direkt in die Bar führen.

Zumindest hofft er es.

Er ist immer noch in der Hocke, als er sich hinunterbeugt, doch so kommt er nicht heran. Während sein Herz in seiner Brust hämmert, legt er sich auf den Bauch und greift hinunter zur zweiten Luke. Ihre Scharniere sind in besserem

Zustand als die der oberen Klappe. Diese hier gleitet lautlos auf, reicht gerade bis zur Oberkante des Luftschachts. Und ja – unter ihm ist die Bar. Er befindet sich genau über der Tür zur Luftschleuse. Es wird ein tiefer Sturz, aber wenn er vorsichtig ist, kann er es schaffen.

Er holt gerade die Füße nach vorn, als er Brendan hört. »Ich werde mal nach ihm sehen«, kommt seine Stimme von außerhalb des Durchgangs auf dem Hauptdeck.

Jack hat keine Möglichkeit mehr, seine Aktion zu vertuschen, also ist es ihm jetzt egal. Er dreht sich herum, schiebt die Beine durch die Öffnung, in den Luftschacht und durch die untere Luke.

Nun hört er Brendans Schritte, die schnell näher kommen. Seema sagt etwas Unverständliches, und die Schritte halten inne.

»Ach, Cushla, ich weiß es nicht«, sagt Brendan mit leichter Verärgerung. »Schau selbst nach.«

Jacks Beine baumeln über der Bar, die kalte Luft leckt an seiner Haut. Er schiebt sich hinunter, sein Hemd rutscht hoch, das Ende eines Kabels verfängt sich in seinem Mundwinkel, Staub knirscht an seinen Zähnen. Er spuckt ihn aus, klettert so schnell wie möglich hinunter, hängt dann am Rahmen der unteren Falltür.

Wenn Brendan jetzt hereinkommt, wird er sehen, dass Jack verschwunden ist. Er und Seema würden in die Bar stürmen, ihn abfangen, und dann wäre alles vorbei. Aber wenn er die obere Luke schließt, könnte er dadurch ein klein wenig Zeit gewinnen, die er braucht, um zu Lorinda zu gelangen.

Er greift nach oben, seine Finger streifen die Luke, sein Gesicht verzerrt sich, als seine Muskeln schmerzhaft protestieren. Es ist zu viel. Er sackt hinunter, hängt nur noch an einem Arm, und Schweiß läuft ihm über das Gesicht.

»Na los«, zischt er und versucht es erneut. Er hebelt einen Ellbogen hoch, stützt sich damit ab. Diesmal kommt er weit genug hinauf, um die Luke packen zu können.

»Jack?« Brendan klingt verdutzt. Er ist sehr nahe.

Jack zieht die Luke zu. Es wäre ideal, wenn er sie verriegeln könnte, aber von innen dürfte das unmöglich sein, nicht in einem so engen Schacht. Er muss zu Lorinda. Er blickt nach unten, schätzt seine Entfernung vom Boden ab und lässt sich fallen.

41

Irgendwie schaffen es die drei Erwachsenen, das Rohr wieder an der Wand zu befestigen – was den Gefangenen mächtig ärgert. Er hat versucht, Coreys Dad mit den Zähnen anzugreifen, worauf seine Mom ihm einen Schlag in die Magengrube verpasst hat. Der schockierte Ausdruck auf den Gesichtern der beiden lässt erkennen, dass keiner von ihnen mit so etwas gerechnet hat.

Jetzt bewacht Hannah ihn, aus der Nähe, aber nicht zu nahe. Er ist völlig ruhig geworden, den Blick ins Unbestimmte gerichtet, als wäre er ganz woanders. Auf Corey wirkt es etwas unheimlich.

Seine Eltern haben ihm verboten, mit dem Soldaten zu sprechen. Auch Malik. Was schade ist, weil es ihn wirklich langweilt, Malik zuzuhören.

Nicht dass seine Filme blöd wären. Eigentlich sind sie sogar cool. Das Problem ist, dass Malik nie über irgendetwas anderes spricht. Wenn sie zu Hause sind, kann Corey ihn einfach ignorieren oder sich mit Jamie und Allie treffen. Hier geht das nicht.

Malik bemüht sich, ihn abzulenken, aber Corey wünscht sich inzwischen nur noch, er könnte abhauen. Sie haben ihm eine weitere Nanomed-Kapsel gegeben, woraufhin sich die Katze wieder ins hohe Gras zurückgezogen hat … doch Corey spürt genau, dass sie immer noch herumschleicht. Und er weiß, dass jetzt nur noch eine Kapsel übrig ist.

Sein Bruder hat die gleiche Haltung wie Corey an der Wand eingenommen, die Beine ausgestreckt. »Und hier …«, sagt Malik gerade und zeigt auf die Projektion der Holokamera. »Hier wird der große Teil der Station abgesprengt. Siehst du?«

»Hmm.« Corey wirft nur einen kurzen Blick darauf.

»Und da ist das Schiff. Von den Kolonien. Für eine Sekunde hatte ich es richtig gut im Bild.«

In diesem Moment beißt der Schmerz zu, setzt sich über die Nanobots hinweg. Es fühlt sich an, als würden die Knochen in seinem Schienbein in einem Schraubstock stecken und unter dem Druck zersplittern. Er beißt die Zähne zusammen und versucht durchzuhalten.

Malik tippt auf das Kolonialschiff, zoomt es heran, scrollt sich mit den Fingern durch die Aufnahmen. Er lässt sie jetzt in Zeitlupe ablaufen, und Corey sieht, wie die Metallkugeln aus der Unterseite des Schiffs hervorschießen.

Einen Sekundenbruchteil später wird das Bild von einem grellen Linsenreflex überblendet, der alle Details verschwinden lässt. Malik runzelt die Stirn. »Das passiert recht oft. Ich habe schon versucht, für eine bessere Kamera zu sparen. Kennst du die Red Flex? Eine ganz neue. So etwas hätte ich gern.«

»Mrghk.«

»Vielleicht kann ich es herausfiltern, aber nur wenn ich …«

Plötzlich ist die Wut da und überschattet die Schmerzen. Corey wendet sich seinem Bruder zu, die Worte platzen aus ihm heraus, steigern sich zu einem zornigen Geschrei.

»Das ist kein Spielfilm«, ruft er. »Menschen sind gestorben, Malik. Sie sind tot. Du kannst nicht so tun, als hätten sie alles nur gespielt oder so.«

Sein Bruder schreckt vor ihm zurück, die Augen weit aufgerissen. Aus dem Augenwinkel sieht Corey, wie seine Mom den Kopf durch die Tür zum Maschinenraum steckt.

»Ich dachte nur …«, sagt Malik.

»Das ist mir egal!« Corey dreht sich zur Seite, blickt Malik an, ohne auf das kreischende Geheul des Schmerzes in seinem Bein zu achten. Es fühlt sich gut an zu brüllen, Malik endlich die Wahrheit sagen zu können. »Das machst du ständig. Du … du tust so, als wären alle nur da, um in deinen Filmen mitspielen zu können. Ich will das nicht mehr. Wenn du mich noch einmal filmst, werde ich dieses Ding *kaputtschlagen*!«

»Corey.« Sein Vater kniet vor ihm, und in seinen Augen ringen Wut und Besorgnis miteinander. Seine Mom ist genau hinter ihm, zusammen mit Hannah, die abwechselnd Corey und Malik ansieht. Und Corey spürt auch den Blick des Gefangenen.

Er rechnet damit, dass sein Bruder zurückschreit und genauso wütend wird. Das passiert normalerweise. Aber Malik tut es nicht. Er starrt auf seine Kamera, sieht niemanden an.

»Tut mir leid«, murmelt er.

Corey wendet sich von ihm ab. »Ja, gut, das will ich auch hoffen.« Die Wut ist verschwunden. Sie ist verflogen, und jetzt ist nur noch Schmerz übrig geblieben.

Everett schüttelt den Kopf. »Ihr beide müsst erwachsen werden«, sagt er und erhebt sich wieder. Doch in seinen Worten ist keine Kraft. Er legt eine Hand auf Anitas Schulter und schiebt sie auf Hannah zu. Corey beachtet ihre besorgten Blicke nicht weiter und starrt auf den Boden.

Malik rührt sich neben ihm, steht auf. Mit einem Mal empfindet Corey Scham. Malik hat nur versucht, nett zu ihm zu sein. Er hat es nicht verdient, angeschrien zu werden. Es ist nicht seine Schuld, das Coreys Bein in Zillionen Stücke zerbrochen ist.

Er schafft es, Malik eine Hand auf die Schulter zu legen, obwohl die Bewegung ihm neue Schmerzen verursacht, die kaum zu ertragen sind. »Hey. Nein. *Mir* tut es leid, okay. *Mir* tut es leid.«

Malik sieht ihn an. Er bemüht sich um einen neutralen Gesichtsausdruck, aber der verletzte Blick seiner Augen ist nicht zu übersehen.

Corey weiß nicht, was er sonst noch sagen soll. Er ist es gewohnt, dass sein Bruder wütend auf ihn wird und ihm sagt, dass er sich verpissen soll. Meistens tut er, als wäre Corey nur ein nerviges kleines Arschloch. Wie es ältere Brüder normalerweise machen. Er hat noch nie erlebt, dass Malik … *Angst* vor ihm hat.

»Tut mir leid, dass ich ausgeflippt bin«, versucht er es noch einmal. »Ich weiß nicht … du redest immer nur über deine Filme und diese Schule, auf die du gehen willst. Das wird irgendwann langweilig.«

»Ja, schon gut, aber du hörst nie mit deinen Raumschiffen auf.«

»Weil sie krass sind!«

»Genauso wie Filme.« Malik sieht ihn an, und langsam ziehen sich seine Mundwinkel nach oben. »Wie damals, als ich deine Freundin bei ihrem Sprung über den Bach gefilmt habe. Wie hieß sie noch gleich? Allie. Sie musste ins Krankenhaus, aber danach habe ich ihr den Film gezeigt, und sie fand ihn geil.«

Corey blinzelt. War Malik an diesem Tag *dabei*? Er selbst hat die Szene damals mit seiner Linse gefilmt, aber in der folgenden Aufregung dachte er nicht mehr daran, die Videodatei zu sichern. Es ist schon eine Weile her, und die meisten Erinnerungen werden von Allies Sprung mit ihrem Hoverboard über die Rampe überlagert. Aber als er jetzt darüber nachdenkt, ist er sich fast sicher, dass sein Bruder recht hat. Er *war* dabei, obwohl er sich im Hintergrund gehalten hat, auch wenn er Corey nie die Filmaufnahmen gezeigt hat.

»Schon gut«, sagt Malik. »Ich werde zu Mom und Dad gehen.«

»Nein, tu es nicht.« Und er will es wirklich nicht. »Komm schon.«

Malik lächelt ein wenig und setzt sich wieder, aber nicht mehr so nahe wie vorher.

Eine Weile sagt keiner von ihnen etwas. Maliks Holokamera ist abgeschaltet, der Bildschirm dunkel. Der Mann ihnen gegenüber beobachtet sie. Und zum zweiten Mal bemerkt Corey diesen Blick. Den er nicht richtig einordnen kann, der den Ausdruck des Mannes um einen Bruchteil verändert und leichte Fältchen in den Augenwinkeln entstehen lässt. Es ist eine unbewusste Reaktion, die im nächsten Moment verschwunden ist.

»Ich weiß, dass das keine Schauspieler waren«, sagt Malik mit monotoner Stimme. »Ich weiß, dass Menschen gestorben sind.«

»Ja.«

»Und ich mache daraus keinen Film. Das heißt, ich mache es schon, aber nicht *so* einen Film. Die Leute wollen wissen, was geschehen ist. Und so können wir es ihnen zeigen.«

Corey öffnet den Mund, um etwas zu sagen, aber Malik redet weiter. »Und ich will ihn so gut wie möglich machen. Ich möchte, dass alle, die ihn sehen, das Gefühl haben, sie wären dabei gewesen.«

Wieder Schweigen. Auch die Erwachsenen sagen nichts mehr. Ihr Dad lehnt sich gegen die Wand, die Hände an den Hinterkopf gelegt, und blickt ins Leere.

»Zeig mir noch mehr«, sagt Corey. Sein Bein fühlt sich immer noch an, als würde es langsam aufgefressen, aber er ist fest entschlossen, sich davon nicht überwältigen zu lassen. Er wird … einfach so tun, als wäre es gar nicht da. Genau.

»Okay«, sagt Malik nach einem Moment. Er rutscht herüber, schaltet die Holokamera wieder ein. Die Bilder zeigen, wie alle über das Hauptdeck kriechen, sich gegenseitig Anweisungen zubrüllen und nach den Wandstreben greifen.

Malik spult im Schnelldurchlauf vor. Das Kolonialschiff taucht auf, in seitlicher Ansicht, leicht verschwommen. Die Kamera schwenkt weiter, und Jacks erschrockenes Gesicht ist riesengroß zu sehen, gefolgt von Lorinda, die an einer Strebe hängt und versucht, sich mit dem Fuß darin zu verankern.

»Das war, als die Schwerkraft ausfiel«, sagt Malik. »Als wir …«

»Geh noch mal zurück«, sagt Corey.

»Hm?«

»Spul ein Stück zurück.« Sein Mund fühlt sich plötzlich trocken an. Er kann nicht gesehen haben, was er glaubt, gerade gesehen zu haben. So etwas ist unmöglich.

»Ähm …« Maliks Finger rühren sich nicht.

Corey greift nach der Kamera. »Gib her!«

Sein Bruder hält sie überrascht fest, während seine Verwirrung zu Verärgerung wird. »Hey, du kannst doch nicht einfach …«

»Malik! *Spul zurück!*«

»Ich kann es machen, wenn du mich lässt!«

Corey knurrt und reißt Malik die Holokamera aus der Hand. Sein Herz hämmert, und zum ersten Mal seit Stunden bemerkt er seine Schmerzen kaum noch. Er tippt auf das Holo, berührt es versehentlich zweimal, ruft damit das Menü auf und lässt es wieder verschwinden.

»Du kannst mir nicht einfach meinen Scheiß wegnehmen«, sagt Malik und versucht, sich die Kamera zurückzuholen. Corey weicht ihm aus, und jetzt gelingt es ihm nicht mehr, den stechenden Schmerz in seinem Bein zu ignorieren. Er ruft erneut das Menü auf und lässt das Video zurücklaufen, bis das Kolonialschiff wieder zu sehen ist.

Hat er es sich nur eingebildet? Ganz bestimmt. Seine Verletzung bringt ihn dazu, Dinge zu sehen …

Dann sieht er es erneut und hört auf zu atmen.

»Was ist los mit dir, Corey?«, fragt Malik.

Corey zoomt die Stelle heran. Das Schiff füllt den ganzen Bildschirm aus, wird pixelig. Er registriert es kaum. Er scrollt weiter, wechselt immer wieder zwischen zwei Segmenten des Schiffs hin und her: das eine am Heck, das andere genau über dem Cockpit.

»Unmöglich«, keucht er.

Malik starrt ihn an, als hätte er nun völlig den Verstand verloren. Corey sieht seinen Bruder mit riesigen Augen an.

Er schafft es gerade noch, den Mund zu öffnen, als es einen lauten Knall auf der anderen Seite der Wand gibt, gefolgt von mehreren dumpfen Schlägen. Hannah und Anita kommen aus dem Maschinenraum herbeigestürmt. Malik steht auf und hat Corey und die Holokamera vergessen.

42

Lorinda hört eine Bewegung. Auf der anderen Seite der Tür. Die Kisten oder was auch immer davorsteht, werden verschoben.

Ihre erste Idee ist, sich an der Wand abzustützen, die Beine anzuwinkeln und sich auf einen Kampf vorzubereiten. Doch dann stockt sie. Schließlich könnten sie ihr etwas zu essen bringen oder – *por favor, dios mío* – etwas Wasser. Neben den scharrenden Geräuschen hört sie … Schreie?

Was passiert da draußen?

Es rummst, dann schwingt die Tür auf. Jack steht vor ihr, er hat die Augen aufgerissen, ihm ist das Hemd aus der Hose gerutscht. Ein Dreckstreifen zieht sich von der Stirn bis zum Unterkiefer.

Glühende Wut verdrängt Lorindas Verlangen nach Wasser. *»Sie!«* Sie hebt ein Bein, ist bereit, ihm einen Tritt zu verpassen.

»Hören Sie mir zu«, sagt er und hebt die Hände. Er spricht so schnell, dass sie seine Worte kaum aufnehmen kann. »Wenn wir die beiden ausschalten wollen, brauche ich Ihre Hilfe.«

Aus der Ferne hört Lorinda, wie Brendan seiner Frau zuruft, dass sie nach unten gehen soll. Sie sieht Jack erstaunt blinzelnd an, ohne zu verstehen.

»Bitte.« Er blickt nach oben, mit unverkennbarer Furcht in den Augen. »Sie müssen mir helfen.«

Lorinda war ihr ganzes Leben lang stolz auf ihr schnelles Reaktionsvermögen. In ihrem Job war es einfach unerlässlich.

Wenn da draußen irgendetwas schiefging, wenn eine Versiegelung brach oder ein Kabel abriss, musste man sich zügig bewegen. Man durfte nicht zögern oder herumfummeln oder sich von nutzlosen Emotionen wie Angst ablenken lassen.

Sie weiß nicht, was zwischen Jack und den anderen beiden vorgefallen ist, aber jetzt ist nicht die Zeit, sich darüber Gedanken zu machen. Ihr wurde ein Ausweg angeboten, und sie handelt, erhebt sich vom Toilettensitz.

Für einen Sekundenbruchteil glaubt sie, keine Kraft mehr übrig zu haben. Ganz gleich, wie sehr sie sich bewegen möchte, ihr erschöpfter und unterkühlter Körper lässt es nicht mehr zu. Sie wäre fast umgekippt, und ihre Hände tasten nach der Wand, während donnernde Schritte die Treppe über der Toilette erschüttern.

Jack streckt ihr eine Hand hin, und sie greift danach, während ein wenig Kraft in sie zurückkehrt. Sie weiß nicht, wie lange sie durchhalten wird, aber sie hat nicht vor, ihre Reserven zu verschwenden.

»Okay«, sagt Jack, als die Schritte die Bar erreicht haben. »Jetzt …«

Er stockt, und ihr wird klar, dass er keinen Plan hat – oder zumindest keinen, den sie umsetzen können. Also muss sie improvisieren. Wenn sie in eine Rauferei hineingerät oder einen Hieb einstecken muss, wäre es das Ende für sie. Aber sie hat noch andere Möglichkeiten, die ausschlaggebend sein könnten.

Zum Beispiel … was?

Sie sieht wieder Craig vor sich, mit blutender Nase, diesem seltsamen Lächeln im Gesicht und den seltsamen Worten auf den Lippen.

Still, mein Freund. Mama muss …

Jack reißt die Augen auf. Dann packt Seema ihn, und die Hölle bricht los.

43

Seema ist deutlich kleiner als Jack, und sie hat ihr Messer nicht mehr dabei. Die Hände, die sie um seinen Arm gelegt hat, fühlen sich winzig an. Wenn er vorsichtig ist, müsste er …

Sie geht in Stellung, bringt ihn aus dem Gleichgewicht und schwingt ihn wie bei einem Kugelstoß herum. Seine Füße verheddern sich, als er losgelassen wird und beinahe stürzt, bevor er gegen die Wand auf der anderen Seite kracht. Sein Kopf prallt so heftig dagegen, dass er glaubt, das Bewusstsein zu verlieren, und er hat den öligen und metallischen Geschmack von Blut im Mund.

Er erhält keine Gelegenheit, sich davon zu erholen. Seema stürzt sich auf ihn, während sie mit einem Arm ausholt. Jack hebt eine Hand, gerade noch schnell genug, um den Schlag zu blockieren. Er streift nur sein Kinn, hat aber immer noch große Wucht, und es tut höllisch weh.

Er zuckt zusammen, schließt vor Schmerz die Augen. Das ist ein Fehler, für den er bestraft wird, als Seema erneut zuschlägt. Ihre Finger suchen nach seinem Adamsapfel. Irgendwo schreit Lorinda.

»Hauen Sie ab!«, ruft er. Das war eine schlechte Idee. Nein, das war die *allerschlechteste* Idee, die er je hatte. Was hat er sich dabei gedacht? Dass er und eine alte Frau Seema ausschalten könnten?

Jack schlägt ungezielt zu, und Seema lenkt seinen Hieb ab, als wäre da gar nichts. Sie bewegt sich mit routinierter Leichtigkeit, Jacks Faust gleitet an ihrem Unterarm entlang, dann greift sie ihn erneut an, schlägt in seinen Solarplexus, um ihn zu Boden zu werfen. Sie verfehlt ihn knapp, als sich Jack einen Sekundenbruchteil vor dem Treffer wegdreht.

Seema wirbelt mitten in der Bewegung herum, und ihr nächster Schlag bricht Jack die Nase. Er spürt, wie der Nasenrücken unter ihren Fingerknöcheln knackt, gefolgt von der plötzlichen, grausamen Alarmglocke des Schmerzes.

Hinter Seema ertönt eine blecherne Stimme: »Reptilienformation!«

Etwas knallt neben Jacks Kopf an die Wand. Was auch immer es ist, es ist *laut*, explodiert in einer Kakofonie aus piepsendem Lärm, als es zurückprallt. Seema hält verwirrt inne, sucht nach dem Ursprung des Krachs. Jack wartet nicht darauf, dass sie sich wieder auf ihn konzentriert. Er nutzt die Chance, wuchtet sich auf den Fußballen hoch und treibt einen wilden Kinnhaken gegen Seemas Unterkiefer.

Seema beugt sich zurück, eher verdutzt als verletzt, und hebt die Hand vor ihr Gesicht. Sie wäre fast über das lärmende Objekt gestolpert – es ist diese blöde Actionfigur, die Lorinda an Bord gebracht hat. Auch wenn sie blöd ist, will Jack diesen Vorteil nicht ungenutzt verstreichen lassen. Er stößt sich von der Wand ab, holt aus, das Gesicht zu einer wütenden Fratze verzerrt. In der nächsten Sekunde wälzen er und Seema sich am Boden, eng umschlungen wie ein Liebespaar. Sie kratzen, beißen und schlagen sich. Aus Jacks Nase quillt Blut, das auf den Boden und an die Theke spritzt.

Es ist der erste echte Kampf für Jack.

Er hat schon einige Schläge eingesteckt und sogar ein paar ausgeteilt, aber diese Auseinandersetzungen hatten nur Sekunden gedauert. Ihr Treibstoff war Alkohol gewesen, die Leute hatten sich unkoordiniert und salopp geprügelt, ohne dass wirklich etwas auf dem Spiel stand – die Art von Prügelei, nach der man dem Gegner anschließend einen Drink ausgibt. Doch das hier ist anders. Es ist Furcht einflößend. Die brennende Qual in seiner Nase spornt ihn an, aber es wird nicht allzu lange anhalten. Seema ist zäher, viel erfahrener und wesentlich besser darin, an den richtigen Stellen zuzuschlagen.

Lorinda. Sie ist seine einzige Hoffnung. Wenn sie Seema irgendwie packen kann … doch noch während dieser Überlegung sieht er, wie Brendan herbeigerannt kommt, genau auf die alte Frau zuhält. Er versucht, eine Warnung zu rufen, aber er hat keine Atemluft mehr übrig.

Seema bemerkt es und nutzt den Vorteil, indem sie Jack einen Ellbogen gegen die Kehle rammt. Er rollt von ihr herunter, und seine Luftröhre fühlt sich an, als wäre sie auf ein Viertel der normalen Größe geschrumpft. Seema springt auf, dringt auf ihn ein, wirft ihn noch einmal gegen die Wand. Zurück auf Feld eins.

Lorinda sieht Brendan, versucht sich zu bewegen. Brendan packt sie an den Haaren, und Lorinda heult vor Schmerz auf, während ihre Hände auf seine Arme einschlagen.

Das Gesicht zu einer Grimasse verzogen, zerrt er sie weg, will sie wieder in die Toilettenkammer zurückdrängen. Lorinda dreht sich zur Seite, und Brendan verliert sie aus dem Griff. Sie wankt, und Brendan entspannt sich. Jack sieht, wie er Lorinda einen heftigen Schubs verpasst und sie quer durch die Bar wirft, dann wendet er sich Seema zu, um ihr zu helfen.

Was hat er sich nur dabei gedacht? Sie werden die alte Frau töten, und er muss tatenlos zusehen, während er genau weiß, dass es seine Schuld ist. Er war es, der sie befreit hat, der sie mit diesem völlig verrückten Plan überrumpelt hat …

Jack erhält keine Gelegenheit, die Überlegung zu Ende zu bringen. Seema springt auf und verpasst ihm mit der Stirn einen Stoß gegen die Schläfe. Graue Lichter flackern am Rand seines Sichtfelds. Er tut das Einzige, was ihm einfällt, wirft sich auf sie und packt mit den Zähnen ihr Ohrläppchen. Blut spritzt ihm in den Mund. Seema knurrt, bohrt einen Daumen in seine Wange, sucht nach seinem Auge …

In diesem Moment brüllt Brendan auf.

Es ist der gellende, qualvolle Schrei eines Menschen mit großen Schmerzen, und er lässt Seema und Jack gleichzeitig stocken. Seemas Partner entfernt sich taumelnd von ihnen, hält sich die Hände vors Gesicht. Blut quillt zwischen seinen Fingern hervor.

Und Lorinda … sie steht an der Seite, mit weißem Gesicht, schwer atmend. Sie drückt eine geballte Faust an ihre Brust, und ihr eigenes Blut tropft auf ihr Hemd. Sie umklammert eine große Glasscherbe – vielleicht eine, mit der sie in der Toilette Eis gehackt haben, eine von vielen, die in der Bar herumliegen, nachdem sie die Scheibe eines Kühlschranks eingeschlagen haben. Brendan ist blind, schlägt wild um sich, immer noch brüllend.

Er nimmt die Hände vom Gesicht. Ein Hautfetzen hängt von seiner Stirn, aus der Blut strömt. Jack keucht erstaunt, als er sieht, wie viel es ist. Aber Kopfwunden bluten am stärksten, nicht wahr? Mit den vielen Blutgefäßen …

»Brendan!« Seema reißt sich los, lässt Jack fallen und stürzt zur Theke, macht den Eindruck, als könnte sie sich nicht entscheiden, ob sie sich ihrem Partner oder Lorinda zuwenden sollte. Jack bricht zusammen, landet röchelnd auf der Seite. Er streckt die Hand nach Seema aus, obwohl er gar nicht weiß, was er eigentlich machen will – dann landet seine Hand auf einem Stromkabel.

Es kommt vom Kühlschrank, den Everett für sein Heizgerät ausgeschlachtet hat. Ohne nachzudenken, zieht Jack es straff, genau in dem Moment, als Seema es mit dem Fuß berührt.

Seema kämpft um ihr Gleichgewicht, während sie das freie

Bein herumschwingt. Aber sie bewegt sich zu schnell, hat zu viel Schwung – und diesmal ist sie es, die die Balance verliert. Sie stürzt, dreht sich zur Seite, während Jack das Kabel noch fester packt, rudert mit den Armen. Eine Sekunde später stößt ihr Hals gegen die Kante der Theke.

Kein Knacken ist zu hören. Kein Geräusch brechender Knochen. Nichts außer einem dumpfen Schlag. Seema sackt in sich zusammen, ihre Augen werden glasig. Sie zuckt einmal heftig, dann erschlafft sie.

Jack liegt auf dem Boden, atmet schwer, und sein ganzes Gesicht brennt. Seine Nase fühlt sich zehnmal so groß an. Lorinda zittert kraftlos, zieht sich mühsam an der Theke hoch, während sie auf Seema starrt.

»Seems!«

Vom anderen Ende der Theke stürmt Brendan auf die beiden zu. Seine Stirnwunde blutet immer noch stark. Irgendwie hat er es geschafft, sich das Blut aus den Augen zu wischen, die nun zwei grell glühende Punkte in der roten Maske seines Gesichts sind.

In vollem Lauf schnappt er sich mit der Metallhand ein Glas und zerschlägt es an der Theke. Die scharfen Kanten glitzern im Licht, als er auf Jack losgeht.

44

Lorinda zögert nicht. Sie wirft sich Brendan in den Weg, um ihn zu stoppen.

Unter normalen Umständen würde er sie einfach zur Seite wischen. Doch obwohl sie ihn nicht aufhalten kann, nur von ihm abprallt und auf Händen und Knien landet, hat sie ihn ein wenig aus dem Gleichgewicht gebracht. Er stößt mit Seema zusammen, kippt wie ein gefällter Baum um, dreht sich im Flug und kracht mit dem Rücken auf den Boden. Das Glas, das er in der Hand gehalten hat, zersplittert an der Wand.

Jack ist zutiefst erschöpft, und seine Nase ist ein brüllender Höllensturm mitten in seinem Gesicht, aber er ist immer noch in der Lage, eine Chance zu erkennen. Er setzt sich in Bewegung und steigt auf Brendans Körper. Eine Erinnerung an Hec kommt hoch, wie er in São Paulo im Krankenhausbett liegt, überall Schläuche, das Gesicht von Jack abgewendet. Wie er ihm sagt, dass er gehen soll, dass er aus seinem Leben verschwinden soll.

Er beugt sich so weit wie möglich zurück, dann rammt er eine Faust in Brendans Gesicht. Er tut es ein zweites Mal. Er brüllt, und das Adrenalin treibt einen Schwall unsinniger Worte aus ihm heraus, während er immer wieder auf Brendan einschlägt.

Brendan hebt die Arme, versucht sich zu schützen. In der letzten Sekunde überlegt er es sich anders und knallt seine Metallhand seitlich gegen Jacks Kopf. Es ist wie eine nukleare Explosion. Jack wird zu Boden geworfen, landet schmerzhaft auf einer Schulter. Brendan tritt nach ihm, blind, ungezielt.

Aber Jack wird von der Erinnerung angetrieben. Er ist wieder da, in diesem Krankenhauszimmer. Er sieht die Konturen von Hecs nutzlosen Beinen unter der Decke, hört das Piepen der Maschinen, die ihm nicht helfen können. Er erkennt die kleine Narbe unter Hecs Ohr, die von einer Verhaftung vor langer Zeit stammt. Er kann Hecs Stimme hören. Und noch viel mehr: Er kann das Leben sehen, das sie miteinander hätten führen sollen. All die Dinge, die sie gemeinsam tun wollten.

Also steigt er wieder auf Brendan und schlägt weiter.

Er tut es noch dreimal, bis etwas seinen Arm behindert. Er schaut gar nicht richtig hin, was es ist, versucht nur auszuweichen. Aber das Hindernis rührt sich nicht von der Stelle, und als er nun doch hinschaut, sieht er, dass es Lorinda ist. Sie kniet neben ihm, hat beide Hände an seinen Oberarm gelegt und hält ihn fest, so gut es noch geht. In diesem Moment sieht sie tausend Jahre alt aus.

»Hören Sie auf«, sagt sie mit heiserer Stimme. »Hören Sie … einfach auf.«

Er will nicht aufhören. Aber in diesem Moment verlässt ihn sämtliche Kraft. Brendan hustet, verspritzt dabei Blut aus aufgerissenen, matschigen Lippen. Er bewegt sich nur noch schwach.

»Toilette«, sagt Lorinda. »Sperren Sie ihn … in die Toilette.«

Brendan ist zu erledigt, um sich noch groß wehren zu können, obwohl er ihnen ein paarmal fast entkommt. Als sie an der Tür zur Toilette sind, rammt er Jack einen Ellbogen in den Bauch, was ihm beinahe den Rest gegeben hätte. Er nutzt seine letzte Kraft, um Brendan in die Kammer zu stoßen. Ohne auf eine Reaktion zu warten, schließt er die Tür und hält sie zu. Lorinda stapelt bereits die Kisten übereinander, bewegt sich mit quälender Langsamkeit, verzieht das Gesicht, wenn sie sich bücken muss.

»Beeilen Sie sich«, sagt Jack mit schwerer Stimme. Brendan hämmert bereits gegen die Tür, wirft sich mit seinem Körpergewicht dagegen.

Nach einer gefühlten kompletten Minute haben sie es geschafft, die Kisten vor der Tür aufzustellen, sodass Brendans Bemühungen nicht mehr viel bewirken. Jeder neue Schlag kommt schwächer als der vorherige. Sie müssen sich eine langfristige Lösung überlegen, aber vorläufig genügt es.

Lorinda tritt einen Schritt zurück, ihre Schultern heben und senken sich. Sie blickt Jack in die Augen und überrascht ihn mit ihrem Gesichtsausdruck: eine Mischung aus Mitleid, Verwirrung und Zorn.

Jack steht wankend da, dann sackt er an der Wand zusammen. Er will sich an die Nase greifen, doch auf halbem Weg überlegt er es sich anders und lässt die Hand wieder sinken.

»Mift«, sagt er.

Lorinda blickt sich zu Seema um, die immer noch vor der Theke auf dem Boden liegt. »Glauben Sie, dass sie …?«

Jack blinzelt mehrere Male angestrengt. »Beif nicht. Bielleicht. Ich bollte nicht …«

Was genau wollte er nicht? Er kann den Satz nicht zu Ende bringen. Seine Erinnerung an die letzten paar Minuten ist verschwommen.

Lorinda gibt einen Laut von sich, etwas zwischen Schluchzen und Lachen. Sie lehnt sich mit zitternden Schultern gegen die Theke.

Es gäbe vieles, was Jack sagen möchte. Er will ihr erklären, wie leid es ihm tut, dass er ein Arschloch war, dass er sich nie mit Brendan und Seema hätte verbünden dürfen. Er will sagen, dass er weiß, dass er Mist gebaut hat, und dass er es besser machen wird. Dass *er* sich bessern wird. Aber er weiß nicht einmal, wie er anfangen soll.

Seine gebrochene Nase fühlt sich wie ein Vulkan an, und auch andere Teile seines Körpers machen sich schmerzhaft bemerkbar. Seine linke Wange. Sein Bauch. Sein Fußknöchel, den er sich irgendwann während des Kampfes gezerrt hat und der nun mit einem hartnäckigen Schmerz pocht. Die Haut an seinen Fingerknöcheln hängt in blutigen Fetzen herab.

Sie müssen den Leuten in der Astronautik sagen, was passiert ist. Dass Brendan und Seema kein Problem mehr sind. Jack geht im Geist noch einmal die Abfolge der Ereignisse durch, versucht verzweifelt, die Dinge in irgendeine Ordnung zu bringen. Von der Bar aus kommen sie nicht in die Astronautik, also müssen er oder Lorinda die Treppe zum Hauptdeck hinaufsteigen, nach hinten gehen und die anderen dann überreden, die Falltür zu öffnen. Irgendwie.

Er schluckt, und dickes, zähflüssiges Blut rinnt durch seine Kehle. Sein Hemd ist damit getränkt. »Nach oben«, sagt er. »Bir können alle rauflaffen. Allef gut jetft.«

»Ach, damit Sie einfach ... damit Sie reingehen und ihn foltern können? Wollen Sie mich für dumm verkaufen?«

»Beib.« *Nein.* Versteht sie denn nicht? Allein die Vorstellung, jemanden zu foltern, verursacht ihm jetzt Übelkeit. Wieder dieser Drang, ihr alles zu erklären, dass er zu weit gegangen ist, dass er zugelassen hat, dass alles aus dem Ruder läuft. Und wieder hat er keine Ahnung, wie er anfangen soll.

Brendan stöhnt in der Toilette.

»Ich bleib hier. Fagen Fie ihnen, waf paffiert ift.«

Die alte Frau sieht aus, als würde sie jeden Moment zusammenbrechen. Mit sichtlicher Willensanstrengung stößt sie sich von der Theke ab und steht auf wackligen Beinen da. »Was ist mit ihr?«, fragt sie und zeigt auf Seema.

Jack versucht zu verstehen, was sie meint. Was sollen sie tun? Ihre Haut aufritzen und nachschauen, ob sie blutet? Ihr einen Spiegel vor den Mund halten? Würden sie hier überhaupt irgendwo einen Spiegel finden? Was machen sie überhaupt hier?

Puls. Ich werde checken, ob sie noch einen Puls hat. Aber er kann sich nicht dazu überwinden, sie zu berühren. Allein die Vorstellung, es zu tun …

Mein Gott! Was für ein Chaos!

»Verftanden«, sagt er dann. »Ich pfecke, ob fie … Fie wiffen fon. Und Fie gehen nach oben.«

Nach kurzem Zögern macht sich Lorinda auf den Weg zur Treppe. Jack schließt die Augen, versucht, nicht an seine zertrümmerte Nase zu denken. Die Realität der Situation stürzt auf ihn ein. Seema ist ausgeknockt – nein, mit hoher Wahrscheinlichkeit tot. Brendan ist in der Toilette eingesperrt. Aber natürlich müssen sie ihn irgendwann herauslassen, weil er medizinisch versorgt werden sollte. Für einen Moment möchte Jack ihn einfach da drinnen lassen. Soll er leiden. Doch in ihm ist kein Zorn mehr übrig.

Und wo befinden sie sich jetzt, nach all diesem Wahnsinn? Genau dort, wo sie angefangen haben. Sie haben nicht mehr darüber herausgefunden, warum das alles passiert ist, und wissen genauso wenig, was sie deswegen unternehmen könnten. Sie driften immer noch in einem Schiff dahin, während ihre Überlebenschancen bei nahezu null stehen.

Jack lehnt den Kopf zurück. Der einzige Gedanke, der in seinem Kopf rotiert – die Hornissen, die lauter schwirren als je zuvor –, ist der, dass er abgewartet hat. Erst als er herausfand, dass Brendan und Seema zu den Roses gehören, ist er wirklich aktiv geworden. Er redet sich ein, dass er irgendwann irgendetwas getan hätte, aber das ist Blödsinn. Er hat nur gehandelt, weil es ihm plötzlich etwas bedeutete, und nicht, weil er das Richtige tun wollte. Er hat sich nur gewehrt, weil für ihn mit einem Mal etwas auf dem Spiel stand.

Er öffnet die Augen und blickt sich in der eiskalten Bar um. Der Boden ist voller Blutspritzer, die bereits antrocknen und klebrig werden. Über der Luftschleusentür kann Jack durch die Luke ein wenig Licht sehen, das aus dem Cockpit kommt. Überall liegen Scherben und Kisten und Lebensmittelverpackungen herum.

»Mift«, sagt er.

45

Corey hat noch niemandem erzählt, was er in Maliks Holo gesehen hat.

Er hätte es fast getan, schon mehrere Male. Doch immer, wenn er den Mund öffnete, hat er sich die Worte wieder verkniffen. Außerdem hallten die Geräusche von Jacks Kampf gegen Seema und Brendan durch die Wand zur Bar, und Malik sprang auf und beachtete Corey nicht mehr, genauso wie alle anderen. Selbst als der Lärm aufhörte, bekam er die Worte nicht heraus – und jetzt stellt er fest, dass er es gar nicht mehr sagen will. Der brennende Drang, es allen sofort zu erzählen, wurde durch einen einzigen übermächtigen Gedanken erstickt.

Er darf es nicht vermasseln.

Er weiß, was er gesehen hat, aber jetzt könnte es schwierig werden, die anderen zu überzeugen. Und falls er sich täuschen sollte, würde er damit alles nur viel schlimmer machen. Denn das, was er gesehen hat … ist verrückt. Es ändert alles.

Der Gefangene. Er ist der Schlüssel. Aber unten in der Astronautik hatte Corey keine Ahnung, wie er das mitteilen sollte. Der Mann befand sich auf der anderen Seite des Raums, und Corey konnte nicht mit ihm reden, ohne dass die anderen es mitgehört hätten. Malik weiß auch nichts davon – nachdem der Lärm aufhörte, hat Corey ihm erzählt, dass ihn das Wahnsinnsvideo einfach nur umgehauen hat. Es gab eine Sekunde, in der er davon überzeugt war, dass sein Bruder es ihm nicht abkaufen würde, aber dann tat er es doch, und seitdem ist seine ganze Aufmerksamkeit darauf konzentriert, was möglicherweise auf der anderen Seite der Wand vor sich geht.

Lorinda brauchte fast eine halbe Stunde, um Hannah, Anita und Everett davon zu überzeugen, dass sie jetzt gefahrlos herauskommen können, dass ihr kein Messer an die Kehle gehalten wird, um sie zu zwingen, mit ihnen zu reden. Schließlich arbeiteten sie eine komplizierte Prozedur aus, bei der Everett die Falltür ein wenig anhob, um sich zu überzeugen, dass sonst niemand in der Nähe ist, worauf er hinausging, um sich zu vergewissern, während Hannah die Luke hinter ihm schloss.

Sie einigten sich auf ein Wort, das er rufen sollte, wenn die Luft rein ist – Wilder, Anitas Mädchenname. »Wenn ich irgendetwas anderes rufe«, sagte er zu ihnen, »haltet ihr diese Tür geschlossen, verstanden?«

Sobald Coreys Dad hinausgegangen war, kehrte die große Katze zurück. Er erinnert sich, um eine weitere Tablette gefleht zu haben, auch wenn er sich nicht sicher ist, ob es wirklich so war oder er es sich nur eingebildet hat.

Es gab eine Diskussion, ob sie ihn bewegen sollen oder nicht. Seine Mom wollte, dass man ihn aufs Hauptdeck brachte – er konnte hören, wie ihre Stimme immer lauter wurde, während sie darauf pochte. Sie brüllte Hannah und Lorinda nieder, bis sie schließlich entschieden, ihn hinaufzubringen.

Danach erinnert er sich kaum noch an etwas. Sie gaben ihm irgendeine Tablette, die nach abgestandener Pisse schmeckte, und dann wurde er hochgehoben. Er zitterte, er fror, und er schwitzte gleichzeitig, konnte sich nicht mehr bewegen und kaum noch denken. Was er im Holo gesehen hat, ist vielleicht nur in einem Traum passiert.

Er ist sich nicht einmal sicher, wie sie ihn letztlich transportiert haben. Er konnte die Arme seines Dads um seinen Körper spüren, hörte Hannahs Anweisungen, war aufs Äußerste angespannt. Mit jeder Bewegung steigerten sich die Schmerzen ins Unerträgliche. Irgendwann wurde er ohnmächtig, und als er eine Weile später zu sich kam, war er wieder auf dem Hauptdeck, zusammen mit allen anderen.

Jetzt liegt er quer über den Sitzen. Unter seinem Kopf ist etwas – eine zusammengeknüllte Jacke, deren Reißverschluss in seinen Hals sticht. Eine weitere liegt über der unteren Hälfte seines Körpers. Die große Katze hat sich ein Stück zurückgezogen.

Er hebt den Kopf, blinzelt und sieht den Gefangenen. Der Mann ist mit den Handschellen an eine Armlehne gefesselt, und seine Fußknöchel wurden mit Klebeband gesichert. Auch seine Handschellen sind damit umwickelt – diesmal will Hannah kein Risiko eingehen. Gott weiß, wie sie ihn hier heraufgeschafft haben – oder warum sie es überhaupt beschlossen haben.

Corey blickt ihm für einen Sekundenbruchteil in die Augen, bevor er wegschaut. Es gibt etwas über den Gefangenen, das er den anderen sagen muss, etwas Wichtiges, aber im Moment ist er nicht ganz klar im Kopf. Er kann den Gedanken nicht festhalten.

Lorinda sitzt ein Stück weiter, in die Wärmedecke gehüllt. Sie schläft tief und fest, das Kinn liegt auf ihrer Brust. Hinter ihr kümmert sich Hannah um Jack, tupft seine Nase trocken. Keine Seema, kein Brendan. Er überlegt, wo sie sein könnten, kommt aber nicht darauf. Er kann sich nicht einmal erinnern, warum sie oben waren und die anderen unten in der …

»Schatz.« Seine Mutter sitzt genau hinter ihm, und er zuckt zusammen, als sie ihm eine Hand auf die Schulter legt. »Versuch, still zu liegen, ja?«

Corey dreht den Kopf zu ihr herum und wird mit einem schmerzhaften Beben in seinem Bein belohnt. Seine Mom sieht seinen Gesichtsausdruck und drückt ihn fester. »Nein, nicht bewegen. Ich möchte dir jetzt nicht zu viele Tabletten geben. Wir haben noch ein paar mehr gefunden, aber wir sollten sparsam damit umgehen. Bitte halt durch. Tu es für mich.«

»Wo ist … Dad?«, stößt Corey hervor.

»Äh …« Sie schüttelt kurz den Kopf, die Augen geschlossen, als würde sie sich erst jetzt erinnern. »Unten, mit Malik. Er arbeitet an diesem Wasserheizungsding.«

Malik. Eine geisterhafte Erinnerung taucht in Coreys Hinterkopf auf.

»Wie hat …?« Er ringt mit den Worten, überlegt, wie er es sagen soll: Warum ist Jack jetzt auf ihrer Seite? Was ist hier oben passiert?

Seine Mom streichelt seine Schulter. Er spürt ihre Anwesenheit neben ihm, warm und beruhigend, und im Moment ist das alles, was er sich wünscht. Er schließt die Augen. Die Katze ist jetzt sehr weit entfernt, weit genug, dass er etwas schlafen kann, nur für ein paar Minuten …

Er weiß nicht, wie lange er weggetreten war, als die Erinnerung an das zurückkehrt, was er in Maliks Holo gesehen hat, aber sie ist mächtig wie ein Stromschlag. Er reißt die Augen auf.

»Corey?« Seine Mutter ist bei ihm. »Ist es das Bein? Wenn du mehr Schmerzmittel brauchst …«

Corey versucht sich zu beruhigen. Der Gefangene ist hier – wenn Corey doch nur mit ihm reden könnte, nur für einen Moment …

»Könnte ich ein Glas Wasser haben, Mom?«, fragt er.

Sie lächelt erleichtert. »Ja, natürlich.« Doch als sie sich halb erhoben hat, hält sie inne und schaut in Richtung Cockpit.

»Was ist?«, fragt Corey.

Anita schüttelt den Kopf. »Dein Dad hat mich gebeten, hierzubleiben und auf *ihn* achtzugeben.« Sie nickt zum Gefangenen. »Ich werde Hannah bitten, dir eins zu holen.«

»Nein«, sagt Corey und versucht, in gleichmäßigem Tonfall zu sprechen, ohne die Schmerzen zu beachten. »Sie ist beschäftigt. Es dürfte kein Problem sein.«

»Ich denke, das ist wirklich keine gute Idee«, sagt Anita und verschränkt die Arme. »Da unten hätte er sich fast losgerissen. Ich weiß nicht, ob du es gesehen hast, aber …«

»Hannah ist gleich da drüben. Wenn irgendetwas passiert, werde ich einfach schreien. Außerdem ist er sowieso gefesselt. Ja?«

Er ist zu weit gegangen. Sie sieht ihn stirnrunzelnd an, ist jetzt misstrauisch geworden. Sie wird ihn fragen, warum er allein sein will. Doch dann wirft sie einen Blick zu Hannah. Sie ist immer noch mit Jack beschäftigt und versucht gerade, ein Pflaster auf seine ruinierte Nase zu kleben. Dann siegt Anitas Besorgnis um ihren Sohn.

Sie steht auf, überprüft die Fesseln des Soldaten, während sie maximale Distanz hält, als wäre er ein Tier im Käfig. »Wenn irgendwas passiert«, sagt sie, »wenn er sich auch nur rührt, schreist du, so laut du kannst.«

»Versprochen.«

Anita entfernt sich mit langsamen Bewegungen, wirft immer wieder besorgte Blicke zurück zu Corey. Er lässt ein kleines Lächeln aufblitzen.

Wenn es unten in der Bar noch etwas Wasser in einem Glas gibt, wird sie in weniger als dreißig Sekunden zurück sein. Wenn nicht, muss sie etwas Eis hacken, und er hätte ein wenig mehr Zeit. Es lässt sich nicht abschätzen – er muss es schnell machen.

Er dreht seinen Körper ein wenig, trotz der Schmerzen in seinem Bein, und wendet sich dem Mann zu.

»Die Triebwerksdüsen«, sagt er mit leiser Stimme.

Der Gesichtsausdruck des Mannes ändert sich nicht.

Jetzt setzt die Wirkung des Schmerzmittels erst richtig ein, die große Katze weicht zurück und lässt Corey genug Raum zum Denken. »An Ihrem Schiff. Die über dem zentralen Reaktorblock. Es sind Ionendüsen. Mein Bruder hat es gefilmt. Man kann diese Düsen nur aus bestimmten Winkeln sehen, aber sie sind da.«

Er leckt sich über die Lippen. Es tut weh, so viel zu sprechen, aber es *muss* aus ihm heraus.

»Ich lese alles Mögliche über Raumschiffe. Ich will Schiffe fliegen, wenn ich groß bin. Also weiß ich über Triebwerke Bescheid – diese Technik ist geheim, aber es gibt viele Gerüchte in den Nachrichtenforen und so. Und ein paar geleakte Pläne. Niemand weiß, ob sie wirklich offiziell sind, aber diese Düsen an Ihrem Schiff sehen exakt so aus, also kann es nichts anderes sein. Es ist *unmöglich*, dass irgendjemand in den Kolonien schon heute so etwas hat. Die Kolonien sind technisch einfach noch nicht so weit fortgeschritten, und es ist sauteuer, so etwas zu bauen.«

Er stockt verunsichert. Aber er ist schon viel zu weit vorgeprescht, um jetzt noch aufhören zu können.

»Sie sind nicht aus den Kolonien. Sondern von der Frontier. Sie sind einer von uns.«

46

Die Aufgabe eines Soldaten ist im Grunde sehr einfach.

Sie besteht aus drei Teilen, die sich ständig wiederholen: Problem, Lösung, Aktion. Problem, Lösung, Aktion.

Der Mann, der Corey auf dem Hauptdeck der *Red Panda* gegenübersitzt, hat festgestellt, dass diese Wahrheit in allen Situationen gültig ist. Sie ist gültig, wenn es um elementare Dinge geht, wenn das Problem darin besteht, zweihundert Klimmzüge zu machen, ohne zusammenzubrechen, und auch in der fortgeschrittenen Einsatzausbildung, wenn man in einer Gefahrenzone in einem Anzug ausgeschleust wird und nur für zwanzig Minuten Atemluft hat und irgendwie zurechtkommen soll. Und man gelangt erst gar nicht an diesen Punkt, wenn man nicht verdammt gut in Lösung und Aktion ist.

Diese Wahrheit war auch auf Kepler-8 gültig, als ein Drohnenverbund der Kolonien sie im Gelände ausmachte und sie mit Schwarmraketen angriff. Genauso sechs Monate später auf Antares, als die Einheit nur einen begrenzten Zeitrahmen nutzen konnte, um in einen Außenposten der Kolonien einzudringen, bevor sie sich zehn Kilometer durch freies Gelände mit geringer Schwerkraft fortbewegen musste.

Ganz besonders galt sie für den Moment, als er damals Madhu erklärte, dass er sich verpflichten wollte.

Brigita hatte geerntete Bohnen aus ihrer Gewächshauskuppel gebracht, und er und Madhu hatten sie am großen Tisch im Hauptraum geputzt. Brigita war immer sehr stolz darauf gewesen, weil niemand auf Cassiopeia glaubte, dass im toten Boden des Planeten irgendetwas wachsen würde. Aber es gab auch sonst niemanden, der über ihr Geschick und ihre Hartnäckigkeit verfügte.

Andererseits brauchte man solche Eigenschaften, um auf einem Außenposten der Frontier wie Cassiopeia zu überleben, und man brauchte sie *definitiv*, wenn man eine Welt aufbauen wollte, wie Brigita und Madhu es getan hatten – vor allem, wenn es buchstäblich darum ging, eine Welt aufzubauen. Sie waren Terraformer der Frontier, die ihren Felsbrocken langsam in etwas verwandelten, auf dem es sich leben ließ, und seit er mit sechs Jahren von ihnen adoptiert worden war, hatte sich die Zahl der Habitate auf ihrem kleinen Außenposten von sieben auf zwanzig erhöht.

Wie üblich achteten er und Madhu sehr genau darauf, den Stiel von jeder Bohne zu entfernen, weil beide genau wussten, dass Brigita ihnen die Hölle heißmachen würde, wenn sie es nicht taten. Madhu hatte die Ärmel hochgerollt, sodass seine fleischigen Arme frei lagen, die Ellbogen auf den Tisch gestützt. Sein bärtiges Gesicht musterte skeptisch jede einzelne Bohne.

Normalerweise war der Hauptraum überfüllt. Angesichts einer Familie, die so groß war wie die von Madhu und Brigita, war es oft schwierig, im kompakten Habitat ein ruhiges Plätzchen zu finden. Ständig stürmte jemand von einem warmen, engen Raum in einen anderen, unter dem Tisch kroch ein Kind auf allen vieren herum, schallendes Gelächter von Jocinda oder Yoshiro übertönte jede Unterhaltung. Aber er hatte sich diesen Moment sorgfältig ausgesucht. Roger kümmerte sich um die Regulatoren. Ling-Xi ließ die Kinder Mathematikaufgaben auf ihren Linsen lösen. Mahdus Bruder Mhotar schlief. Genau der richtige Zeitpunkt.

Als er Madhu sagte, was er tun wollte, hielt der große Mann inne, in der einen Hand eine Bohne und in der anderen den soeben abgetrennten Stiel. Es sah aus, als wollte er sie wieder zusammenfügen.

»Wo willst du dich verpflichten?«, brummte Madhu.

Die Frage ergab keinen Sinn. »Natürlich bei der Frontier.«

Bevor er mehr sagen konnte, drehte Madhu seinen schweren Körper zur Küche herum. »Brigita? Schatz, komm bitte.«

»Bin beschäftigt!«

»Nein, komm. Wir müssen über etwas reden.«

Er wandte sich wieder dem Tisch zu und hob die Augenbrauen, als wollte er sagen: *Du hast doch nicht etwa gedacht, es würde genügen, nur mich zu fragen, oder?*

Brigita kam herüber. Sie hatte Tofublöcke in mundgerechte Würfel geschnitten und noch keine Gelegenheit gehabt, sich die weißen Krümel unter dem Lufthahn abzuwaschen. Sie hatte die Hände vor ihrem Überkleid erhoben und hörte zu, wie er ihr von seinen Plänen erzählte. Es fiel ihm wesentlich schwieriger, als sie dabei war, was vermutlich der Grund war, warum Madhu sie gerufen hatte.

Er war noch mitten im ersten Satz, als sie bereits den Kopf schüttelte. »Nein. Du bleibst. Dummer Junge!«

»Ich kann nicht.«

»Dies ist keine Diskussion.«

»Ich muss es tun.«

Madhu saß mit verschränkten Armen da und schüttelte den Kopf, als hätte er etwas im Ohr. »Ich dachte, du wolltest hierbleiben, ja?«

»Nein, ich will schon, aber …«

»Wir bauen etwas Wichtiges auf.« Madhu brachte sich in Fahrt, war bereit, sich auf sein Lieblingsthema zu stürzen. »Hier draußen gibt es nur wenige bewohnbare Planeten, und wenn wir nicht mehr davon erschaffen, können wir es vergessen. Es ist ein Privileg, zu …«

»Ich *weiß*.«

»Du weißt gar nichts!« Brigita spuckte die Worte vor ihm aus, wurde plötzlich wütend. Er konnte sich nicht erinnern, sie jemals wütend erlebt zu haben, und erst recht nicht so wütend. »Du wirst achtzehn, und du denkst, du weißt was los ist. Gut, ich werde dir sagen, was los ist. Menschen sterben in diesem Krieg. Auf den anderen Planeten gilt Wehrpflicht, aber nicht hier. Hier sind wir in Sicherheit, und du wirst bleiben, ob es dir passt oder nicht.«

Madhus Mund schien sich unter seinem Bart kaum zu bewegen. »Du hast mir gesagt, dass du hier leben willst. Mit uns.«

»Ja.«

»Aber jetzt klingt es nicht so. Und was machst du, wenn sie dich in eine gefährliche Gegend schicken? Oder wenn sie …«

Und in diesem Moment hatte er etwas getan, das er noch nie zuvor getan hatte. Ihm war zwar noch nicht die Sache mit *Problem, Lösung, Aktion* eingebläut worden, aber es war, als hätte er es bereits verstanden. Dieses Verständnis war der Grund, warum man ihn Jahre später eingeladen hat, sich für Spezialeinsätze zu bewerben, warum man ihn auf Drecklöcher wie Kepler-8 und Antares geschickt hat. Genau das bewegte ihn dazu aufzustehen, sich vorzubeugen und je einen Finger auf die Münder von Madhu und Brigita zu legen.

Es war keine Familie mit innigen Berührungen. Das Haus, das sie sich auf diesem abgelegenen Felsbrocken gebaut hatten, war voller adoptierter Kinder, und man umarmte sich grob, zerzauste sich das Haar und schlug sich auf die Schultern. Gelegentlich, wenn er ein wenig zu viel von Mhotars selbst gebrautem Wodka getrunken hatte, hauchte Madhu Brigita ein flüchtiges, fast zögerliches Küsschen auf die Wange. Dass jemand sie auf diese Weise berührte, sachte einen Finger auf ihre Lippen drückte, genügte bereits, sie schockiert verstummen zu lassen.

Er setzte sich wieder, blickte beiden in die Augen und erklärte ihnen ganz genau, warum er es tun wollte.

Es ging nicht nur darum, dass er sehen wollte, was es außerhalb der dicht gedrängten Gruppe der Terraforming-Kuppeln auf Cassiopeia gab, obwohl das natürlich auch eine Rolle spielte. Der Krieg zwischen der Frontier und den Kolonien hatte viele Waisenkinder hinterlassen, deren Familien auseinandergerissen wurden. Die Bemühungen, ihnen ein neues Zuhause zu geben, waren bestenfalls halbherzig gewesen, als man sie hastig und so effizient wie möglich auf sichere Gebiete verteilt hatte, auf jede Familie, die bereit war, sie aufzunehmen.

Er war keineswegs naiv – er hatte jede Menge Horrorgeschichten gehört. Aber für jede gab es auch zwei andere, in denen alles gut gelaufen war. Er gehörte zu diesen Fällen.

An seine Herkunftsfamilie erinnerte er sich nicht mehr. Als er sechzehn geworden war, hatten Madhu und Brigita sich mit ihm zusammengesetzt – an genau diesem Tisch, wahrscheinlich sogar auf denselben Stühlen – und ihm erzählt, dass sie ihm helfen könnten, mehr darüber zu erfahren, wenn er es wünschte. Das Gleiche hatten sie zu allen gesagt, die sie aufgenommen hatten, und sie hatten Erfahrung im Umgang mit der Bürokratie. Sie wussten genau, welche Knöpfe sie drücken mussten, damit die relevanten Informationen bei der nächsten Vorratslieferung mitgeschickt wurden. Aber ihm war bewusst geworden, dass er es gar nicht wissen wollte. Er verspürte nicht den leisesten Wunsch. Dies war seine Familie. Dies war sein Zuhause.

Das große Mahlwerk der Frontier mochte nicht perfekt sein, aber es hatte ihn hierherversetzt, zu Madhu und Brigita und Mhotar und ihrer enormen Kinderschar. Hatte er Glück? Sicherlich. Er hätte genauso gut irgendwo anders landen können. Aber es lohnte sich, ein System zu beschützen, das ihm das Leben geben konnte, das er führte, auch wenn es mangelhaft war. Die Kolonien wollten es zerstören – oder zumindest mit einem Sieg für sich übernehmen, mit all dem Chaos, das es zur Folge hätte.

Wenn sie siegten, wenn sie der Frontier genügend Gebiete entreißen konnten, wie viele weitere Horrorgeschichten würde es dann statt mehr Madhus und Brigitas geben? Das wollte er nicht zulassen. Er musste kämpfen. Er musste die Schuld zurückzahlen.

Es dauerte Wochen, sie zu überzeugen. Brigita gab bald auf – sie hatte schon immer auf sinnlose Kämpfe verzichtet und genau gewusst, wann sie ihre adoptierten Kinder überreden konnte und wann nicht. Aber nicht Madhu. Er nahm ihn erbarmungslos in die Mangel und zwang ihn, seine Entscheidung bis ins letzte Detail zu rechtfertigen.

Das war keine Überraschung, denn Madhu gehörte zu den Leuten, die niemals lockerlassen konnten, die sich so viel Wissen wie möglich ins Gehirn stopfen mussten. Er war jemand, der Stunden damit zubrachte, einen demontierten Recycler zu studieren, obwohl sie zwei bestens ausgebildete Techniker zur Verfügung hatten und es im Lager mehrere Ersatzrecycler gab. Madhu liebte politische Diskussionen und gab niemals nach, bis er ganz genau verstanden hatte, warum jemand von etwas überzeugt war.

In diesem Fall war es nicht anders. Er musste viele Stunden mit Madhu verbringen und ihm erklären, warum er sich verpflichten wollte, doch viel wichtiger war es, Madhu davon zu überzeugen, dass er zurückkommen wollte. Nachdem die Schuld abbezahlt war, würde er sich ein eigenes Habitat aufbauen und mithelfen, den winzigen Planeten, auf dem er aufgewachsen war, in etwas zu verwandeln, das auch anderen Menschen diese Möglichkeit bot.

Die Version von ihm, die auf dem Hauptdeck der *Red Panda* hockt, ist sehr weit entfernt von dem Jungen, der damals am Tisch saß. Zu viel hat sich verändert.

Er kann immer noch nicht richtig fassen, dass die anderen Soldaten in seinem Schiff tot sind, aber er hat diese Gedanken weggeschoben, eingemottet, abgeschottet, sodass ihr kreischendes Geschrei nur noch ein ferner, gedämpfter Klagelaut ist. Er hatte Glück, dass er überlebt hat. Er wurde nachlässig, was ihm nie passiert wäre, wenn der Krieg noch im Gange wäre.

Egal. Die Mission bestand darin, sämtliche Menschen und Bauwerke in diesem Raumquadranten auszulöschen, und er wird sie zu Ende bringen. Er muss es tun – nicht nur für sich selbst, sondern für jeden Soldaten, der bei dieser Mission das Leben verloren hat. Und für Cassiopeia, obwohl er weiß, dass er nie mehr dorthin zurückkehren wird.

Problem: Es gab Schwierigkeiten bei der Ausführung der Mission.

Lösung: Erinnere dich an deine Ausbildung. Bleib ruhig. Eliminiere die Schwierigkeiten, zuerst die Gefangennahme.

Aktion: Erfülle die Mission. Töte jeden an Bord. Warte auf die Abholung.

Weil ein Abholungskommando unterwegs war. Es würde nicht mehr lange auf sich warten lassen. Wenn er bis dahin nicht die Kontrolle über dieses Schiff übernommen hatte, würden sie es in Stücke schießen. Also: Arbeite das Problem ab. Schritt für Schritt.

Er weiß nicht, warum es ihn überrascht, hier Kinder vorzufinden – schließlich handelt es sich um ein ziviles Raumschiff. Doch als er die Augen öffnete, nachdem sie ihn an Bord gebracht hatten, und der Junge die erste Person war, auf die sein Blick fiel, hatte es ihn trotzdem … verunsichert.

Er ist nicht naiv – zivile Opfer waren schon immer ein Problem, und auch wenn er nie direkt eine minderjährige Person getötet hat, war er auf jeden Fall für ihren Tod mitverantwortlich. So läuft es nun mal im Krieg. Diese Tatsache hat er schon vor Langem akzeptiert, denn es ist leicht, wenn die Alternative ein totales Scheitern der Mission wäre. Hier wird es nicht anders sein. Und es steht einfach zu viel auf dem Spiel, als dass er auf die Erfüllung der Mission verzichten könnte. Der Junge wird sterben, zusammen mit allen anderen.

Für einen Moment überlegt er, ob er ihnen den Zweck der Mission erklären soll, und hätte fast gelacht. Sie würden es niemals verstehen. Sie könnten es gar nicht verstehen. Sie sind Zivilisten, mit allem, was das beinhaltet. Er ist nicht dazu verpflichtet, ihnen irgendetwas zu erklären. Genauso wie alle in der Sigma-Station haben sie das verdient, was ihnen widerfährt.

Trotzdem. Die Tatsache, dass diese Leute sterben müssen, bedeutet nicht, dass es schmerzhaft geschehen sollte. Die Beinverletzung des Jungen hätte verhindert werden können. Die Passagiere in diesem Schiff, diese Zivilisten, sind einfach zu unbeholfen. Im richtigen Moment, wenn die Schwierigkeiten aus dem Weg geräumt sind, wird er den Jungen persönlich töten. Es wäre ihm lieber gewesen, es nicht zu tun, aber er weiß, dass er keine andere Wahl hat. Und es wird schnell, sauber und schmerzlos geschehen. Schließlich ist er nicht grausam.

Er muss zugeben, dass er beeindruckt ist, wie der Junge darauf gekommen ist, dass er zur Frontier gehört. Hayes hätte schon in der Basis daran denken müssen, die Düsen zu tarnen. Ein weiteres Beispiel für Nachlässigkeit.

»Ich habe recht, nicht wahr?«, sagt der Junge. »Schon gut. Sie können es mir sagen. Schließlich kann unsere Situation kaum schlimmer werden.«

Der Soldat mustert den Jungen. Vielleicht kann er diese Gelegenheit ausnutzen. Sie sind sich schon einmal nähergekommen, durch diese alberne Alien-Serie, und vielleicht funktioniert es noch einmal. Nicht genauso wie beim ersten Mal, da jetzt alle auf der Hut sind, aber einen Versuch wäre es wert.

»Kluger Bursche.«

Der Junge macht große Augen.

»Ich bin Corey«, sagt er. »Corey Livingstone. Wie ist Ihr Name?«

Der Soldat zögert. Eigentlich wäre es besser gewesen, wenn er den Namen des Jungen nicht erfahren hätte.

Seine Mutter ist auf das Hauptdeck zurückgekehrt und hält ein Glas mit Eisstücken und ein wenig Wasser in der Hand. Sie redet kurz mit den anderen zwei Passagieren – dem Kerl mit der blutigen Nase und der jungen Frau, die ihn auf ihre dilettantische Art verhören wollte.

Der Junge wird seiner Mami bestimmt erzählen, für wen er, der Soldat, wirklich kämpft. Das dürfte bedeuten, dass sie versuchen werden, weitere Informationen aus ihm herauszubekommen. Aber der große Kerl mit dem Metallarm und seine Tussi sind nirgendwo zu sehen, und dieser idiotische Geschäftstyp im Polohemd macht den Eindruck, als wäre ihm jeder Kampfgeist geraubt worden. Sie waren die Einzigen, die es vielleicht mit der Foltersache probiert hätten, also dürfte ihm vorläufig keine Gefahr drohen.

Doch als Mami zurückkommt und dem Jungen das Glas Wasser reicht, sagt er nichts. Kein Wort.

Mami wirft ihm einen finsteren Blick zu, eine Löwin, die ihr Junges beschützt. Und während sie es tut und ihr Kopf in seine Richtung gedreht ist, blickt ihr Sohn ihm in die Augen und lächelt. Es ist das gleiche Lächeln, das er immer bei seinen Brüdern und Schwestern gesehen hat, wenn sie etwas ausgebrütet haben, wovon Madhu und Brigita nichts erfahren sollten. Es ist ein Lächeln, das so viel sagt wie: *Wir beide wissen etwas, das sie nicht wissen.*

47

»Halten Sie still«, sagt Hannah zum fünften Mal.

Jack bleibt vielleicht für eine halbe Sekunde ruhig, bis Hannah sein Gesicht nach seinem Geschmack etwas zu grob abtupft. Er zuckt zurück. »Ftop. Ef ift gut.«

»Gar nichts ist gut.« Sie tupft weiter, während sie vor ihm kniet. Das abgerissene Stück Stoff in ihrer Hand ist steif von Blut. Das Pflaster auf seiner Nase hat sich wieder gelöst.

Was hat sie dazu veranlasst, ihm zu helfen? Es war, als müsste sie irgendetwas tun, als könnte sie nicht länger als eine Minute untätig bleiben.

»Halten Sie einfach nur für fünf Sekunden still«, sagt sie. »Damit ich das Blut abwischen kann.«

Er hält vier Sekunden lang still. Als er wieder zurückzuckt, schleudert Hannah ihm den Lappen in den Schoß. »Wissen Sie was? Vergessen Sie's.«

»Es tut fo weh. Daf ist allef.«

»Ach, wirklich? Ihre Nase tut weh? Nun, wir haben hier einen Jungen, den es viel übler erwischt hat als Sie. Bilden Sie sich nicht ein, Sie würden irgendwelche Nanomeds bekommen.«

»Ef war nicht – eine Fekunde …«

Er schnieft mehrere Male, und ein neues Blutrinnsal kommt aus seinem rechten Nasenloch. Doch als er wieder spricht, klingt seine Stimme bereits wesentlich klarer.

»Es war nicht meine Absicht, dass der Captain …«

»Es war nicht Ihre *Absicht*? Ist das Ihr Ernst?«

Sein Gesicht nimmt den Ausdruck nackter Wut an. Doch

es dauert nur eine Sekunde, bis dieser Ausdruck wieder verschwindet und er den Kopf hängen lässt, die Hände im Schoß verkrampft.

Eine Weile rührt sich keiner der beiden. Dann steht Hannah auf, verschränkt die Arme und beobachtet ihn. Schließlich seufzt sie und geht wieder in die Knie. »Hier. Das Pflaster ist locker. Ich will es wieder befestigen.«

Er knirscht mit den Zähnen, windet sich, als sie gegen den angebrochenen Knochen drückt und das Pflaster glättet. Seine Nasenlöcher und die Oberlippe sind mit Schorf in der Farbe von Rotwein überzogen.

»Spielt jetzt sowieso keine Rolle mehr«, sagt sie und hat ein leicht sadistisches Vergnügen daran, das letzte Stück des Pflasters recht fest anzudrücken. »Aber wenn Sie so etwas noch einmal tun …«

Er nickt, ohne sie anzusehen.

Sie wirft einen letzten Blick auf seine ruinierte Nase, dann setzt sie sich neben ihn.

»Was machen wir jetzt?«, fragt Jack.

Sie sieht ihn von der Seite an, ist fast bereit, wieder wütend zu werden, doch die Emotion verpufft. Sie ist zu erschöpft. »Ich weiß es nicht. Wir könnten uns im Cockpit umschauen. Vielleicht finden wir etwas …« Sie verstummt.

Jack rührt sich neben ihr, sagt aber nichts dazu.

Sie gibt sich alle Mühe, nicht über ihre Situation nachzudenken. Nach allem, was geschehen ist, konnte sie es vergessen, zumindest eine Zeit lang, aber dann stürmte wieder alles auf sie ein. Sie treiben immer noch dahin, im Weltraum verloren – nur dass sie jetzt ohne Pilot sind und nicht nur einen, sondern zwei Gefangene haben, dank dieses Genies mit der kaputten Nase.

Gott weiß, was sie mit Brendan machen sollen. Der Mann ist immer noch unten in der Toilette eingesperrt und hämmert gelegentlich gegen die Tür. Jack hat ihn ausgetrickst, wie Lorinda erzählt hat, aber sie brauchen eine dauerhaftere Lösung als ein paar Kisten vor der Tür.

Wie viel haben sie noch zu essen? Wie steht es mit dem Wasser? Nach den letzten Ereignissen gehen ihnen allmählich die Medikamente aus. Was wollen sie mit Coreys Bein machen? Hannahs Magen knurrt, und es ist nicht wie vorher, als sie hungrig war, es aber größtenteils ignorieren konnte. Es wird jetzt hartnäckiger, ihr Körper schreit nach Nahrung, nach Treibstoff, um weiterlaufen zu können. Treibstoff, den sie ihm nicht geben kann.

Mein Gott, ist sie müde! Sie ist erschöpft, und sie hat das alles satt. Alles, was sie getan haben, hat sie kein Stück aus dieser Situation befreit – und mit jeder neuen Entwicklung schließt sich die Tür ein wenig mehr.

Andererseits … wem will sie etwas vormachen? Diese Tür ist schon vor langer Zeit zugeschlagen. Egal, wie hart sie kämpfen, wie viel Glück sie gehabt haben, es war nie genug.

Sie haben gekämpft und gekämpft, und sie sind gerade noch so am Leben.

Und als ihr diese Gedanken kommen, stürzt das komplette Ausmaß ihrer Lage auf sie ein. Es ist fast eine körperliche Empfindung, als würde sich ein Riese auf ihren Brustkorb setzen. Ohne Volkova kann ihr niemand mehr helfen. Jetzt trägt sie die Verantwortung. *Rotes Hemd. Die Farbe eines Befehlshabers.* Selbst wenn sie sich weigert, werden die anderen Passagiere Antworten von ihr erwarten – Antworten, die sie ihnen nicht geben kann.

Callie würde nicht so denken. Sie würde …

O Mann, scheiß auf Callie! Scheiß auf ihre Schwester und ihre Eltern und alle anderen auf Titan. Scheiß auf sie, weil sie Hannah in diese Lage gebracht haben. Sie hätte weitersuchen können, es noch ein wenig länger ertragen können. Sie hätte die Zähne zusammenbeißen und ihre Vorschläge, wie sie ihr Leben gestalten sollte, und ihre kleinen, als Witze getarnten Sticheleien ignorieren können. *Du hast so viel freie Zeit, du solltest ein paar Kurse besuchen, hey, du könntest mir helfen, das Gästeschlafzimmer zu streichen, es wird nur ein paar Stunden dauern.*

Doch selbst als sie in ihrem Frust versinkt, weiß sie, dass sie alles geben würde, um sie wiedersehen zu können. Sie würde alles geben, um noch einmal das Aftershave ihres Vaters zu riechen, um noch einmal ihre Mutter zu umarmen. Und sogar Callie.

Dazu wird es nicht mehr kommen. Sie wird sie nie wiedersehen.

Sie steht auf und entfernt sich von Jack, ignoriert seine Fragen, während sie zur anderen Seite des Decks hinübergeht. Sie lehnt den Kopf gegen das kühle Metall, auf das ihre heißen, brennenden Tränen fallen. Sie schreit nicht. Stattdessen kratzt sie mit den Fingernägeln über das Metall, als könnte sie mit bloßen Händen ein Loch in die Wand reißen.

Die Wut ist verflogen. Und was ist an ihre Stelle getreten? Verzweiflung. Kalt und hart wie ein Tiefkühler.

Eine Idee setzt sich in ihrem Kopf fest. Zuerst erschrickt sie davor. Aber sie kann nicht mehr aufhören, sie von allen Seiten zu betrachten.

Callie und ihre Eltern haben immer von ihr erwartet, dass sie Verantwortung übernimmt, die Initiative ergreift. Dass sie die Führung übernimmt. Sie hat es versucht und ist damit gescheitert, immer wieder. Aber vielleicht gibt es eine Sache, für die sie die Verantwortung übernehmen kann. Sie kann ihnen allen einen Ausweg bieten.

Nein. Es muss eine andere Möglichkeit geben.

Aber ihr fällt keine ein.

Sie weiß nicht mehr, wie lange sie dort vor der Wand gestanden hat. Aber als sie sich davon löst, weiß sie, was sie tun muss.

Sie braucht eine Weile, um alle zusammenzubringen. Sie muss Everett von unten holen, Anita überzeugen, dass sie den Gefangenen nicht aus den Augen lassen werden. Lorinda zögert sogar noch länger. Sie hat weitere Nanomeds abgelehnt und gesagt, sie müssten die neun noch übrigen Tabletten für Corey aufheben, doch nun verzieht sie bei jedem Schritt das Gesicht.

Hannah bittet Malik, bei seinem Bruder zu bleiben und dafür zu sorgen, dass der gefangene Soldat keinen neuen Ausbruchsversuch unternimmt. Sie rechnet damit, dass die Jungen dagegen protestieren, aber sie tun es nicht – sie antworten nur mit einem dumpfen Nicken. Als zusätzliche Sicherheitsmaßnahme benutzt sie den Rest des Klebebandes, um die gefesselten Füße des Mannes an der Verankerung des Sitzes zu befestigen, und dann versichert sie sich, dass sich in seiner Nähe absolut nichts befindet, das als Waffe benutzt werden könnte, sollte er noch einmal in der Lage sein, sich zu befreien.

Sie treffen sich im vorderen Bereich des Hauptdecks in der Nähe des Cockpits. Hannah schaut immer wieder zu den Jungen hinüber, um sich zu vergewissern, dass sie bleiben, wo sie sind. Es tut ihr leid, sie auszuschließen, aber sie können sie unmöglich an dieser Diskussion beteiligen. Zumindest noch nicht.

Sie nimmt auf einem Plastiksitz Platz und schlingt die Arme um den Körper, als müsste sie sich festhalten. »Wir müssen darüber reden, was wir als Nächstes tun wollen«, beginnt sie. In ihren Ohren klingt ihre Stimme viel zu alt.

»Ich habe nachgedacht«, sagt Everett leise. »Wir könnten versuchen, zur Station zurückzukehren. Wenn wir einen weiteren Weltraumspaziergang unternehmen …« Er blickt zu Lorinda. »Ich meine nicht, dass Sie es tun sollten, aber haben Sie nicht gesagt, dass gefriergetrocknete Lebensmittel im Vakuum haltbar bleiben?«

»Damit könnten wir etwas länger durchhalten«, sagt Anita und blickt auf ihre Füße. Sie zittert, obwohl es auf dem Hauptdeck nicht mehr ganz so kalt ist wie zuvor.

»Wissen wir überhaupt, in welche Richtung wir fliegen müssten?«, fragt Hannah. »Es gibt kein Signal. Wir können die Station von hier aus nicht einmal sehen, und wir haben keine Pilotin mehr, die uns hinbringen könnte.«

In der folgenden Stille klingt das Summen der Maschinen viel zu laut. Hannahs Verzweiflung verstärkt sich noch ein wenig mehr, als ihr bewusst wird, dass außerhalb der dünnen Glasscheibe über ihnen gar nichts zu hören ist.

»Wir könnten … Sie wissen schon.« Ev hält inne und nickt dann nach hinten zum Gefangenen.

Hannah muss sich zum Sprechen zwingen. »Das ist irrelevant. Er könnte uns alles sagen, und dann wüssten wir vielleicht immer noch nicht, wie wir hier herauskommen.«

»Aber sie müssen eine Möglichkeit gehabt haben.« Anita scheint den Tränen nahe zu sein. »Sonst hätten sie nie das Tor zerstört.«

»Wir müssen in Betracht ziehen, dass sie es vielleicht gar nicht beabsichtigt hatten.« Lorinda, die bis jetzt kein Wort gesagt hat, spricht flüsternd. »Etwas könnte schiefgegangen sein. Vielleicht saßen auch sie hier fest.«

»Das ist idiotisch«, sagt Jack.

»Das spielt keine Rolle.« Hannah wischt sich mit einer Hand über das Gesicht. »Ihr Schiff ist zerstört. Selbst wenn es hier irgendwo ein … ein anderes Tor gibt, ein geheimes, von dem niemand wusste, würden wir es nicht finden. Nur wenn wir es direkt im Blickfeld hätten.«

Daraufhin schauen alle zur Aussichtskuppel hinauf. Die Sterne starren zurück und verraten ihnen nichts.

Anita seufzt, als könnte sie nicht glauben, was sie gleich sagen wird. »Ein anderes Tor hätte ein Signal. Also könnten wir es finden.«

»Der Captain hat vor einer Weile nach Signalen gescannt. Würde es senden, hätten wir etwas empfangen.«

»Inzwischen müssten Rettungseinheiten unterwegs sein«, sagt Anita, als hätte sie Hannah gar nicht gehört. »Ihnen *muss* klar sein, dass hier etwas nicht stimmt.«

»Und selbst wenn«, erwidert Hannah, »spielt es keine Rolle. Wenn irgendwer es schafft, hierher zu springen, wird es zu spät sein.«

Sie hasst sich dafür, dass sie das sagen muss. Es ist, als würde sie ihnen die Hoffnung nehmen, ein Stück nach dem anderen.

»Wir sollten zumindest versuchen, mit ihm zu reden«, sagt Everett. »Ich weiß, dass wir beschlossen hatten, es nicht zu tun, aber wenn auch nur die winzigste Chance besteht …«

Hannah nickt. »Ich weiß. Und …« Sie nimmt einen tiefen Atemzug und hasst sich noch mehr. »Ich denke, wir sollten es tun. Aber wenn er uns immer noch nichts verraten will, dann … dann müssen wir über andere Lösungen nachdenken.«

Stille.

Schließlich sagt Anita: »Ja?«

Übernimm die Führung. Übernimm Verantwortung. »Ich meine nur … dass wir vielleicht eine Möglichkeit finden, die Luftzusammensetzung hier drinnen zu ändern. Wir könnten …«

Lorindas Kopf ruckt hoch. »Nein. Auf gar keinen Fall!«

»Wovon redet sie?«, fragt Anita.

»Sie schlägt vor, dass wir uns selbst umbringen«, sagt Jack und starrt Hannah schockiert an.

»Gütiger Himmel!«, ruft Everett.

Und damit ist es raus.

Sie sieht, dass Lorinda losschreien will, und kommt ihr zuvor. »Ich sage nicht, dass wir es jetzt tun sollen. Es wäre ein letzter Ausweg. Aber wenn man bedenkt, was alles passiert ist …«

»Auf gar keinen Fall«, wiederholt Lorinda. »Ein solcher Ausverkauf kommt für mich nicht infrage …« Dann verstummt sie und klappt den Mund zu.

Hannah wundert sich über die seltsame Wortwahl, doch dann schüttelt Anita den Kopf und legt die Hände auf die Knie. »Das wäre Selbstmord«, sagt sie.

»Ich weiß.«

»Sie sagen, dass wir einfach …«

»Ja.«

Anita blickt zu ihren zwei Söhnen hinüber. Corey liegt auf der Bank, in die Wärmedecke gehüllt. Malik ist ein kleines Stück entfernt und beschäftigt sich mit seiner Holokamera. Hannah macht sich Sorgen, dass sie nicht auf den Gefangenen achtgeben, und sie glaubt, dass Anita sie anbrüllen wird, was sie jetzt gar nicht gebrauchen können. Doch stattdessen wendet sie sich ab, als könnte sie den Anblick ihrer Söhne nicht ertragen.

»Das werde ich nicht tun«, sagt sie, fast höflich. »Nein. Keiner von uns.« Sie sieht Everett an, als würde sie Zustimmung von ihm erwarten.

Ihr Ehemann sagt nichts, starrt nur auf eine Stelle am Boden.

»Ev?«

Er hebt den Blick. Er hat dunkle Augenringe, und wilde Bartstoppeln haben seine Wangen dunkler werden lassen.

»Everett?«

Immer noch nichts.

Anita zeigt mit einem zitternden Finger auf ihn. »Das sind

unsere Jungs. Unsere *Familie*.« Ihre Stimme bricht beim letzten Wort, und dann kommen endlich die Tränen.

»Ich werde es nicht tun«, sagt Lorinda. »Ich kann es nicht fassen, dass wir überhaupt darüber diskutieren.« Sie wirft einen Blick zu Jack. »Was ist mit Ihnen? Halten Sie das für eine gute Idee?«

Jack setzt zu einem halben Schulterzucken an. »Ich weiß es nicht.«

»Falls wir es tun ...«, sagt Everett zu Hannah, ohne den entsetzten Gesichtsausdruck seiner Frau zu beachten.

Hannah nimmt einen tiefen Atemzug. Einen sehr tiefen Atemzug. »Wir würden den Sauerstoffgehalt der Luft herunterregulieren. Wahrscheinlich gibt es irgendeine Sicherung, aber da lässt sich vielleicht etwas machen.«

»Aber dann würden wir ersticken, nicht wahr?«

Sie schüttelt den Kopf und wünscht sich, sie wüsste nicht, was sie ihnen jetzt erklären wird. »Der Körper spürt nichts von einem Sauerstoffmangel – nur von einem erhöhten Kohlendioxidanteil. Wir würden einfach ... einschlafen. Das habe ich in einem Buch gelesen, glaube ich.«

»In einem Buch.« Anita gibt Hannah keine Chance, etwas zu erwidern. »Das wird nicht passieren. Nicht bevor wir alles bis zur absolut letzten Möglichkeit durchgegangen sind. Wenn es bedeutet, *ihm* Schmerzen zuzufügen« – niemand muss nachfragen, wen sie damit meint –, »dann tun wir es. Jetzt ist es mir egal.«

»Ich weiß«, sagt Hannah leise. »Wenn Sie noch einmal mit ihm reden wollen oder ...« Sie schluckt. »... wenn Sie glauben, es würde nur mit Folter gehen, dann werde ich Sie nicht daran hindern. Ich werde ins Cockpit gehen und mir anschauen, wie alles funktioniert. Ich werde es nicht tun, bevor wir uns alle einig sind und wir es tun müssen. Aber sobald uns die Lebensmittel ausgehen ... oder die Medikamente ...«

Wieder ein paar Sekunden Stille. Lorinda sieht Hannah voller Abscheu an.

»Gut.« Anita kommt auf die Beine. Ihre Stimme ist jetzt hart wie Stahl. »Tun Sie das. Ich werde versuchen herauszufinden, was hier geschieht.« Sie sieht ihren Ehemann nicht an. Stattdessen geht ihr Blick zu Jack. »Wie wäre es mit Ihnen? Wollen Sie mir helfen?«

Jack erwidert ihren Blick. Er wirkt kränklich – körperlich krank, als könnte er sich zum zweiten Mal übergeben. Doch kurz darauf nickt er.

»Was willst du überhaupt benutzen?«, fragt Everett.

»Wir werden uns etwas überlegen.« Ohne ein weiteres Wort marschiert Anita in Richtung Bar davon. Hannah wird mit einem dumpfen Gefühl im Bauch bewusst, dass sie etwas suchen wird, das sich zum Schneiden eignet.

Zitternd erhebt sie sich und ist erstaunt, dass sie noch stehen kann. »Ich werde vorn sein«, sagt sie, ohne jemand Bestimmten anzusprechen.

Lorinda sitzt auf einem Plastikstuhl. Als Hannah an ihr vorbeikommt, packt die alte Frau ihr Handgelenkt mit eisernem Griff.

»Sie sind die Reiseführerin«, sagt sie fast flehend. »Sie sollen für unsere Sicherheit sorgen, um jeden Preis. Was ist mit Ihnen passiert?«

Behutsam löst Hannah ihren Arm und setzt ihren Weg zum Cockpit fort.

Was ist mit Ihnen passiert?

Sie hat keine Ahnung.

Nicht die leiseste Ahnung.

48

Coreys Bein fühlt sich dick und völlig taub an, etwa so wie nach einem harten Schlag gegen den Musikantenknochen. Aber es ist kein angenehmes Gefühl. Dennoch ist er sich bewusst, dass sein Herz ein wenig schneller schlägt.

Es war richtig, das Geheimnis des Soldaten für sich zu behalten. Sie können es sich nicht leisten, ihn weiterhin zum Feind zu haben, ganz gleich, was er ihnen antun wollte. Wenn er nichts über die Düsen sagt, wird ihnen das nicht weiterhelfen, aber es ist zumindest ein Anfang. Er wartet, bis seine Mom zur Erwachsenengruppe hinübergegangen ist, ohne auf den verdutzten Gesichtsausdruck des Gefangenen zu achten. Die Nanomeds wirken jetzt, aber es wird nicht mehr lange dauern, bis sie nachlassen – bis sich die Katze mit den riesigen scharfen Zähnen wieder durch das hohe Gras anschleicht.

»Also, ähm.« Malik setzt sich neben ihn und hantiert mit seiner Holokamera. »Willst du noch was sehen?«

Malik ist kein Idiot, auch wenn Corey ihn gelegentlich so bezeichnet. Aber wenn er jetzt alles erklären müsste, bevor alle Teile zusammenpassen, würde es die Sache nur komplizierter machen.

»Eigentlich wollte ich versuchen, ein wenig zu schlafen«, sagt Corey. Vorsichtig bewegt er sich, sodass er wieder liegt, mit der Jacke unter dem Kopf. »Kannst du mir etwas Platz machen?«

»Hm?«

»Du engst mich ein.« Er lächelt, damit Malik weiß, dass alles gut ist.

»Ach so. Richtig. Klar.« Malik rückt einen Sitz weiter. »Ich bin hier drüben.«

Corey schließt die Augen. Nach einer Minute lugt er. Wie erwartet, ist Malik ganz mit seiner Kamera beschäftigt und geistig abwesend. Er befindet sich in seiner eigenen Welt, die er erst wieder verlassen wird, wenn es absolut notwendig ist. Corey hat ihn schon viele Male so erlebt. Er dreht den Kopf ein wenig und sieht den Soldaten an.

»Wie heißen Sie?«, flüstert er.

Keine Antwort.

»Na los.« Corey murmelt die Worte, bemüht sich, sie zu einem Teil der Hintergrundgeräusche werden zu lassen. »Nennen Sie irgendeinen Namen, mit dem ich Sie ansprechen kann. Er muss nicht Ihr richtiger sein. Es könnte auch ihr Codename oder so etwas sein.«

Der Soldat sieht Corey genauso an wie vor einer Weile, als er ihn gefragt hat, welches Jahr es ist. Doch dann sagt er: »Roman.«

»Roman ... und weiter?«

»Einfach nur Roman.«

Er muss mit ihm im Gespräch bleiben. Irgendwie. Er blickt zum Aufnäher an Romans Arm. Der mit den Dolchen.

»Wenn Sie *wirklich* von der Frontier sind«, sagt er, »muss es eine sehr geheime Truppe sein, eine Undercover-Sache, richtig? Ich weiß nicht, wie Sie sonst an diese Düsen gekommen sein könnten, weil das alles noch ziemlich experimentell ist.«

Keine Antwort. Keine Bestätigung. Corey versucht es mit einem anderen Ansatz. »Warum haben Sie das getan?«

»Was getan?« Romans Stimme klingt monoton, desinteressiert, als hätte Corey ihn lediglich nach der Uhrzeit gefragt.

»Was get...?« Corey starrt ihn an, und er muss sich zwingen, weiterhin leise zu sprechen. »Die Station! Sigma! Die

Sie in die Luft gejagt haben! Wir waren auf Ihrer Seite, und Sie …«

Er atmet einmal tief durch, während seine Gedanken schwirren. Das alles ergibt keinen Sinn. Vielleicht lügt Roman, und deshalb kommt er einfach nicht weiter. »Warum wollen Sie uns töten? Was haben wir *Ihnen* angetan?«

Roman kneift die Augen leicht zusammen, aber das ist alles.

Corey redet weiter. »Wenn Sie es mir nicht sagen wollen, werde ich trotzdem draufkommen. Vielleicht … vielleicht befand sich Ihr Erzfeind an Bord der Station. Oder jemand, der Ihnen die Freundin ausgespannt hat. Sie waren richtig sauer und haben ein paar Kumpel zusammengetrommelt, mit denen Sie losgezogen sind, um alles kaputtzuhauen.«

Der Soldat legt den Kopf schief und sieht Corey stirnrunzelnd an.

»Oder es gab ein Virus in der Station! Erinnern Sie sich an die zweite Staffel von *Vicious*? Die Episode, in der den Leuten der schwarze Schleim aus der Nase kommt? Und Corso muss die Entscheidung treffen, ob er dieses andere Schiff zerstören soll, obwohl sich Axin noch an Bord befindet. Mussten Sie verhindern, dass sich ein Virus über den Rest der Galaxis ausbreitet?«

Das ist idiotisch. Er könnte ewig weiterraten, und Roman müsste gar nichts dazu sagen. Nun gut. Es gibt noch andere Sachen, die er wissen möchte. Die eigentlich sogar viel wichtiger sind.

»Also gut. Verraten Sie es mir nicht. Ich habe verstanden – das ist irgendeine Ehrensache. Sie haben geschworen, mit niemand anderem über Ihre Mission zu sprechen. Aber können Sie mir *wenigstens* sagen, wie Sie wieder von hier wegkommen wollten, nachdem Sie das Sprungtor gesprengt haben?«

Roman rührt sich auf dem Sitz. Und sagt nichts.

»Na los! Es spielt doch sowieso keine Rolle mehr. Ihr Schiff ist tot, wir sind auch schon praktisch tot« – irgendwie schafft er es, nicht an diesen Worten zu ersticken –, »und schließlich werden Sie nicht wie geplant von hier wegkommen.«

Immer noch eisiges Schweigen.

Corey seufzt. »Gut. Sie haben die Station in die Luft gejagt, weil man eine geheime Megawaffe entwickelt hat, die eine Sonne vernichten könnte, und man wollte sie einsetzen, um damit …«

»Wenn ich es dir sage, hörst du dann auf zu reden?«

Ein kaltes Gefühl breitet sich in Coreys Brust aus. Zum ersten Mal seit einer Ewigkeit denkt er überhaupt nicht mehr an sein Bein.

»Vielleicht«, sagt er. »Wenn es wahr ist.« Ein weiterer schneller Blick zu Malik, aber sein Bruder hat immer noch alles außerhalb seiner Holokamera ausgeblendet.

»Wir sind hierhergesprungen«, sagt Roman.

Nach kurzem Zögern sagt Corey: »Das ist alles?«

»Ja.«

»Das verstehe ich nicht. Durch das Tor?«

»Du hörst nicht zu. Ich habe es dir gesagt. Wir sind gesprungen.«

»Ja, das verstehe ich, aber …«

Als Corey es endlich begreift, stockt ihm der Atem.

Man kann nicht ohne Tor springen. Dazu wäre viel zu viel Energie nötig.

Doch dann erinnert er sich an die Technik des Schiffs, die Kugeln, wie sie sich auf unglaubliche Weise bewegt haben. Und ein Blick zu Roman verrät ihm, dass der Mann nicht lügt.

Sie brauchten gar kein existierendes Wurmloch. Sie mussten kein drei Kilometer breites Tor benutzen, das seine Position nicht verändert, während immer wieder Raumschiffe hindurchspringen. Sie konnten ohne ein Tor durch den Weltraum springen.

Es ist so einfach, aber sie haben es nicht gesehen. Keiner von ihnen. Aber wie auch? Sprünge ohne ein permanentes, ständig offenes Wurmloch gehen weit, weit, *weit* über alles hinaus, was möglich ist. Das hat nichts mehr mit Ionentriebwerken oder einem Schwarm aus kugelförmigen Waffen zu tun. Was Roman gesagt hat, ist noch hundert Jahre von der technischen Umsetzung entfernt. Vielleicht noch mehr. Es wäre so, als würden diese alten englischen Typen mit den Zylindern und langen Mänteln plötzlich darauf kommen, wie man zum Mars reisen kann. Und dennoch haben diese Leute es irgendwie realisiert.

Corey schnappt nach Luft. Was würde es bedeuten, wenn man überallhin springen könnte, unverzüglich, ohne auf das Netzwerk der Sprungtore angewiesen zu sein?

»Wie?«, will er wissen. »Wie halten Sie das Wurmloch stabil? Woher holen Sie so viel Energie?«

»Ich habe nur mitgeholfen, das Schiff zu fliegen, Junge.«

»Aber gibt es irgendein Limit? Wie weit man springen kann? Und was ist mit der Größe? Darf das Schiff nur eine bestimmte Länge haben, eine bestimmte Gewichtsklasse? Oder könnte man es auch mit einem richtig großen Schiff machen, einem Antares oder so, und …«

Doch Roman schüttelt bereits den Kopf. »Tut mir leid. Abgemacht ist abgemacht. Keine weiteren Fragen.«

Eine dünne Nadel aus Schmerz schlängelt sich durch Coreys Bein, doch er achtet nicht darauf. »Was würde ich damit tun? Keine Ahnung, dorthin fliegen, wo wir noch keine Tore eingerichtet haben. Wo wir noch nie waren, zum Beispiel beim Krebsnebel. Oder weiter hinaus in den Orion-Arm. Ich würde andere Galaxien besuchen. Ich würde nicht losziehen, um unsere eigenen Stationen zu vernichten, solange es dafür keinen richtig, richtig guten Grund gibt … Moment, wie viel hat man Ihnen bezahlt?«

»Was?«

»Jemand hat Ihnen sehr viel Geld bezahlt, damit Sie die Station eliminieren. Deshalb haben Sie es getan.« Jetzt ergibt alles Sinn. Es muss eine sehr große Menge Geld gewesen sein, aber nun versteht Corey es. Irgendwie. Vielleicht. »Jemand gab Ihnen das Schiff, bezahlte Ihnen die Hälfte im Voraus, und sagte, Sie würden den Rest bekommen, wenn der Job erledigt ist. So läuft so etwas doch ab, nicht wahr?«

Romans Gesicht nimmt einen sehr beängstigenden Ausdruck an, der Corey erstarren lässt.

»Ich habe es nicht«, sagt der Soldat langsam, »für Geld getan.«

»Also haben Sie es zum Nulltarif getan?« Die Worte sind ausgesprochen, bevor er sie zurückhalten kann. Andererseits – was könnte Roman anstellen? Er kann so beängstigend wirken, wie er will, aber so gut gefesselt kann er Corey nichts antun.

Romans Stimme ist sehr ruhig und sehr düster. »Du hast nicht die leiseste Ahnung, was wir getan haben.«

»Dann sagen Sie es mir!« Diesmal vergisst Corey, die Stimme zu dämpfen. »Wenn es nicht wegen Geld war und es kein Virus war, den Sie auslöschen mussten oder so, was dann? Es muss etwas sein, das sich trotz des Risikos lohnt, weil es superillegal ist. Hatten Sie einen Plan, was sie nach der Rückkehr machen wollen? Zum Beispiel das Schiff irgendwo verstecken und …«

Statt zu antworten, blickt Roman zu Malik. »Hey!«

Malik zuckt zusammen, springt auf und hätte fast die Holokamera fallen gelassen. Er sieht Corey und den Soldaten abwechselnd mit großen Augen an.

»Du solltest deinem kleinen Bruder erklären, dass er nicht mit Fremden reden soll«, sagt Roman.

»Was?«

Corey hört Romans Antwort nicht mehr. Genau in diesem Moment jagt ein Schmerzimpuls durch sein Bein, und diesmal ist es viel, viel schlimmer. Er presst die Augen zusammen, knirscht mit den Zähnen und versucht es auszuhalten. Und er versucht, nicht zu schreien.

49

Roman wollte gar nicht wütend werden. Eigentlich hat ihm das Gespräch … nun ja, es hat ihm vielleicht keinen Spaß gemacht, aber er hat es immerhin zugelassen. Und dann hat der Junge ihm vorgeworfen, Geld dafür genommen zu haben. Womit er die Unterhaltung wie ein Buch zugeschlagen hat.

Das hat ihn daran erinnert, was das für Leute sind. Sie sind verhätschelt und behütet. Sie werden von Männern wie ihm beschützt. Sie wissen gar nichts über Sachen wie Ehre oder Opfer. Für einen Moment hat er geglaubt, der Junge wäre anders, aber das ist er nicht. Er ist genauso wie die anderen.

In der Welt von Problem, Lösung, Aktion haben diese Leute keinen Platz.

Der Junge glaubt, es wäre Geld im Spiel – dass Roman seine Dienste nur gewinnbringend verkaufen will, wie es gewöhnliche Söldner tun. Gut. Wenn das so ist, soll er sich darüber wundern. Roman ist diesen Leuten gar nichts schuldig – und schon gar nicht die Gründe, warum sie überhaupt zu diesem nutzlosen Quadranten irgendwo im Nichts aufgebrochen sind.

Er versucht, seine Gedanken zu beruhigen, sich auf die Lösung und dann die Aktion zu konzentrieren. Sich befreien und auf die Abholung warten.

Trotz allem staunt er, dass Corey einfach nicht aufhören will. Selbst als sein Bruder dazwischengeht, stellt der Junge immer neue Fragen. Warum er es getan hat. Wer sonst noch an Bord des Schiffs war. Hatten Sie vor, anschließend zurückzuspringen? Er hat Schmerzen, sein Gesicht ist vor Anstrengung verzerrt, sein Bruder fummelt an einer Medikamentenverpackung herum, blickt Corey immer wieder verwundert an, aber er macht unbeirrt weiter.

Vorher hat er gedacht, der Junge hätte den anderen nicht gesagt, auf welcher Seite Roman steht, weil er Vertrauen herstellen wollte. Aber vielleicht steckt mehr dahinter. Vielleicht will der Junge einfach nur so viel wie möglich in Erfahrung bringen. Wahrscheinlich ist ihm nicht einmal bewusst, dass er es tut.

Und während er darüber nachdenkt, schleicht sich eine andere, viel beunruhigendere Idee in sein Bewusstsein.

Was hat der Junge gesagt? *Hatten Sie einen Plan, was sie nach der Rückkehr machen wollen?* Es gab sehr wohl einen Plan – sie haben darüber im Hangar gesprochen, in dem sie die Schiffe gebaut haben. Jede Phase der Mission, vom Start über die Abfolge und die Nachbesprechung bis zu den Konsequenzen, war detailliert diskutiert worden.

Das Problem ist nur: Er vertraut Hayes nicht.

Der Mann, der ihn hierhergeschickt hat – ihn und die übrige Besatzung –, hatte ihnen Rache für das versprochen, was ihnen angetan wurde. Er gab ihnen das Versprechen und die Mittel, alles in die Tat umzusetzen.

Roman hat es sich zu sehr gewünscht. Ihm ist die Möglichkeit bewusst gewesen, dass Hayes sie verraten könnte, aber er hat sie beiseitegeschoben. Er hat zehn Jahre lang auf die Vergeltung gewartet, und er wollte sich durch nichts davon abhalten lassen.

Vielleicht war das ein Fehler, denn wie schwierig wäre es letztlich für Hayes, sie nach Beendigung der Mission zu eliminieren? Die Sprungtriebwerke liefen instabil, und wer konnte sagen, ob Hayes nicht etwas an den Maschinen …

Nein. Glaub das nicht. Hayes würde es nicht wagen. Nicht bei seinen eigenen Männern. Er gibt sich seinen Zweifeln hin, verliert das Wesentliche aus dem Blick. Er hat sich zu sehr auf den Jungen eingelassen, und jetzt brütet er Fantasien aus, die auf … Worauf basieren sie eigentlich? Auf Ahnungen?

Er wusste von Anfang an, dass Hayes seine eigenen Gründe hatte, sie hierherzuschicken – Gründe, die nichts mit Rache zu tun hatten. Das störte ihn viel weniger, als er gedacht hat, denn solange er bekommt, was er haben will, können ihm Hayes' offene Rechnungen egal sein. Aber jetzt fängt er an, das alles zu hinterfragen …

Er hat keine Zeit, länger darüber nachzudenken, weil jetzt die liebe Mami kommt. Sie marschiert an der Sitzreihe vorbei auf sie zu, mit dem Gesichtsausdruck grimmiger Entschlossenheit. Lose Haarsträhnen kleben auf ihrer Stirn, und in einer Hand hält sie eine scharfe Glasscherbe.

Also.

»Malik«, sagt sie, als sie stehen bleibt. »Wann hat Corey zuletzt eine Tablette bekommen?«

Der Junge hätte die Packung mit den Nanomeds beinahe fallen gelassen. »Ähm. Vor einer Weile. Wir …«

»Gib ihm noch eine. Dann müssen wir beide …« Sie deutet hinter sich auf den Mann mit der ruinierten Nase, der ihr gefolgt ist. »… ihn in die Bar hinunterbringen.«

»Was?«, sagt Corey. »Nein. Mir geht es gut.«

Der Blick seines Bruders fällt auf die Glasscherbe. »Äh …«

»*Malik*. Tu, was ich dir sage. Und wenn ihr in der Bar seid, bleibt ihr dort, bis wir zurückkommen.«

»Mom.« Corey hat sich auf die Ellbogen gestützt und starrt sie entsetzt an. »Mom, nein. Wo ist Dad? Dad!«

Sie schaffen es nicht, ihm eine Tablette zu geben – er drängt sie weg, ist jetzt wütend, schreit seine Mutter an, dass sie aufhören soll –, aber sie können ihn aufrichten, ihn unter den Armen packen und heben seine Beine hoch.

Danach setzt sich Mom vor Roman hin und hält die Glasscherbe mit beiden Händen, wie einen schützenden Talisman.

Er hätte fast gelacht. Vielleicht fügen sie ihm ein paar Schnitte zu, aber er hat schon viel Schlimmeres ausgehalten. Das Verhörtraining in der fortgeschrittenen Einsatzausbildung war eine seiner grausamsten Erfahrungen, vor allem, als sie sich mit seinen Fingernägeln beschäftigten. Bei diesem Teil des Programms konnten sie viel weitergehen als früher, dank fortgeschrittener Nanomeds, die die Verletzungen abheilen lassen.

Wenn diese Schlampe mit ihrer kleinen Glasscherbe denkt, sie könnte seinen Willen brechen, wird sie eine herbe Enttäuschung erleben. Nach fünf Minuten wird ihr klar werden, dass sie nicht genug Mumm dazu hat.

»Sie werden mir jetzt sagen, warum und wie Sie es getan haben«, sagt sie. Ihre Stimme zittert nur ein wenig.

Er sieht sie lächelnd an.

»Mom! Tu es nicht!«

»Hör auf, Corey.« Doch sein Bruder blickt erschrocken zwischen dem Jungen und ihrer Mutter hin und her.

»Letzte Chance«, sagt sie.

Ihm wird klar, dass sie es tun wird. Sie hat entsetzliche Angst, aber sie wird es tun. Er wappnet sich, verlangsamt seine Atmung, bereitet seinen Körper auf den Schmerz vor. Wahrscheinlich wird sie mit dem Gesicht anfangen. Vielleicht mit der Wange. Damit kommt er locker klar.

»Hör auf!« Corey entwindet sich den zwei Leuten, die ihn halten, stürzt auf das Deck und heult qualvoll auf. Seine Mom reißt den Kopf herum, springt vom Sitz auf, rennt hinüber und landet auf den Knien vor ihm.

»Er heißt Roman!« Coreys Stimme klingt heiser, atemlos, erschrocken. »Er heißt Roman. Er ist ein Frontier-Soldat, und er ist auf unserer Seite.«

50

»Ist es das?«, fragt Everett.

Er hat sich neben Hannah ins Cockpit gezwängt. Sie hockt auf der Stuhlkante, weil sie es nicht übers Herz bringt, sich richtig hinzusetzen. Die beiden klicken sich durch die verschiedenen Menüs auf den Bildschirmen der Konsole. Jedes Mal, wenn sie eine Entscheidung treffen müssen, gibt es einen Moment stummen, unbehaglichen Schweigens, als wollten sie sich auf keinen Fall widersprechen.

Hannah sieht sich die Option an, auf die Everett zeigt: *Stickstoff PO+8*. »Vielleicht. Könnten wir …?«

In diesem Moment hören sie Coreys Schrei.

Sie tauscht einen schnellen Blick mit Everett aus, dann stürmen beide zur Tür, behindern sich beinahe gegenseitig, bleiben fast im schmalen Durchgang stecken. Als sie auf das Hauptdeck kommen, schreit Corey immer noch.

Everett sprintet los und geht neben seinem Sohn in die Knie. Hannah verspürt einen schuldbewussten Stich der Erleichterung. Was auch immer hier geschieht, es bedeutet zumindest, dass sie sich nicht im Cockpit aufhalten und nach einer Möglichkeit suchen muss, sie alle zu töten.

Es dauert eine Minute, bis Corey sich beruhigt hat – und zu einer Erklärung ansetzt. Anita drängt ihn, zuerst eine weitere Nanomed-Tablette zu nehmen, die er mühsam hinunterschluckt. Als er ihnen von den Ionendüsen erzählt, die er in den Holoaufnahmen gesehen hat, runzelt Hannah die Stirn. Sie tauscht einen verständnislosen Blick mit Everett aus.

»Okay«, sagt Anita langsam, als er fertig ist. Sie zittert ein wenig und hält immer noch die Glasscherbe in der Hand. »Aber Corey, wie kannst du dir sicher sein …?«

Corey fällt ihr ins Wort. »Dieses Triebwerksystem ist Frontier-Technik. Er hat es bestätigt.« Er zeigt auf den Gefangenen, der sich immer noch nicht gerührt hat. Sein Gesichtsausdruck ist neutral.

»Blödsinn«, sagt Jack.

»Das ist kein Blödsinn!«, erwidert Corey.

»Natürlich ist es das.« Jack hebt eine Hand, um seine Nase zu berühren, überlegt es sich dann anders. »Er belügt dich.«

»Roman lügt nicht! Er sagte …«

»Ist das wirklich Ihr Name?«, fragt Lorinda. »Ihr richtiger Name?«

Der Mann zuckt nur mit den Schultern.

»Nein, nein«, sagt Everett. »So läuft das nicht. Beantworten Sie ihre Frage! Ist das Ihr Name, ja oder nein?«

»Ja.« Der Mann – Roman – klingt leicht genervt.

Everett reibt sich den Nasenrücken. Jack, der ihn ansieht, zuckt leicht zusammen. »Warum hast du es uns nicht früher gesagt?«, will er von seinem Sohn wissen.

Zum ersten Mal fühlt sich Corey verunsichert. Er blickt auf den Boden, als müsste er seine Gedanken sammeln. Dadurch wirkt er noch jünger, als er tatsächlich ist.

»Moment mal«, sagt Hannah, als sie versucht, alles zu verarbeiten. »Das kann nicht stimmen. Warum würde die Frontier so etwas tun? Die ganze Station war … sie war ein Bergbau-Außenposten!«

»O Gott!«, sagt Anita.

Alle drehen sich zu ihr um.

»Ich konnte nicht verstehen, warum die Kolonien eine Station der Frontier angreifen sollten«, sagt sie. »Ich habe immer wieder darüber nachgedacht, aber es ergab einfach keinen Sinn. Nicht wenn man kurz davor steht, Verhandlungen über ein Abkommen abzuschließen, das sie für eine Weile vor einem Krieg bewahren würde.«

Sie blickt zu Roman. »Das Einzige …« Sie schluckt, was auf dem stillen Deck viel zu laut klingt. »Das Einzige, was das Abkommen absolut hinfällig machen würde, wäre ein Angriff einer Seite gegen die andere.«

»Aber das ist Wahnsinn«, sagt Hannah. »Warum sollte die Frontier …?«

»Weil sie dann alles bekommen würde«, sagt Everett. Er sieht seine Frau mit entsetztem Ausdruck aus. »Nicht wahr? Sie würde nicht nur ein paar Außenposten bekommen.«

»Aber so etwas würde doch niemand tun«, sagt Lorinda. »Man würde doch nicht Tausende von den eigenen Leuten töten!«

»Genau.« Jack wischt sich einen Blutfleck von der Oberlippe. »Man könnte einfach ein Attentat auf einen Politiker der Frontier verüben oder etwas in der Art. Wäre das nicht viel einfacher? Um dann zu behaupten, die Kolonien wären es gewesen.«

Anita macht den Eindruck, als würde sie jeden Moment in Ohnmacht fallen. Sie schließt die Augen, spricht langsam, als würde sie sich von ihren eigenen Worten überzeugen wollen.

»Weil es auf diese Weise viel effektiver ist«, sagt sie.

Hannah blinzelt. »Ich bitte Sie!«

»Aber so ist es. Man bringt einen Senator der Frontier um, was übrigens auch keine leichte Sache wäre … und was dann? Die Kolonien würden einfach alles abstreiten. Vielleicht veranlasst es den Senat, das Abkommen zu kippen, vielleicht auch nicht. Das alles wäre viel zu riskant. Aber wenn man eine komplette Station ausschaltet … dann könnten sich die Kolonien niemals damit herausreden, dass ein komplettes Raumschiff mit vollständiger Besatzung und hochmoderner Technik abtrünnig geworden ist.«

»*Natürlich* könnten Sie das!«

»Aber können Sie sich vorstellen, dass irgendjemand so etwas glauben würde?« Sie schüttelt den Kopf. »Der Senat *müsste* einfach den Krieg erklären. Er hätte gar keine andere Wahl.«

Sie atmet zitternd ein. »Jemand hat beschlossen, die Sache abzukürzen. Ein neuer Krieg, ohne die Verhandlungen oder ein Gesetzgebungsverfahren abzuwarten.« Sie starrt Roman mit kaum unterdrückter Wut an. »Es sollte so aussehen, als hätten die Kolonien zuerst angegriffen. Daraufhin würde der Senat sofort Gegenmaßnahmen anordnen. Das Abkommen wird aufgekündigt, die Streitkräfte der Kolonien werden ausradiert.«

»Mann!«, sagt Corey. Er sieht aus, als würde es ihn ärgern, dass er nicht von selbst darauf gekommen ist.

»Aber wie sind sie ohne die Freigabecodes so nahe herangekommen?«, fragt Hannah.

»Sie *hatten* die Freigabecodes«, sagt Anita. »Weil sie zu unseren Streitkräften gehören. Deshalb wurden die Verteidigungseinrichtungen der Station nicht aktiviert, bis es zu spät war.«

»Drecksack.« Jack geht einen Schritt auf Roman zu, der völlig unbeeindruckt wirkt.

»Also war es jemand in der Kriegsflotte?«, sagt Hannah. »Ein General oder so? Jemand, der es sich in den Kopf gesetzt hat, die Stimmung im Senat zu kippen?«

Malik räuspert sich. »Könnte ich vielleicht eine Frage stellen? Wenn wir … wenn sie uns alle vernichten und so tun wollten, als steckten die Kolonien dahinter, müssten sie dann nicht irgendwie dafür sorgen, dass alle davon erfahren?«

Corey springt in die Bresche. »Das müssten sie gar nicht.

Die Frontier hat wahrscheinlich ein paar Sonden herübergeschickt, nicht wahr? Sie könnten sie alle zerstören, und wenn sie bereit sind, könnten sie nur eine zurückkehren lassen. Sie würde beweisen, dass hier ein Kolonialschiff war.«

»Moment«, sagt Jack, ohne seine Frustration zu verbergen. »Wenn sie das Tor zerstört haben, wie wollten sie dann wieder zurückkehren?«

»Mit hoch entwickelter Technologie der Spezialeinheiten«, sagt Corey.

»Was?«

Corey nimmt einen tiefen, qualvollen Atemzug. »Ihr Schiff konnte springen, ohne ein Tor benutzen zu müssen.«

Auf dem Hauptdeck ist es exakt drei Sekunden lang still. Dann schreien schlagartig alle durcheinander.

Malik sagt zu Corey, dass er kein Idiot sein soll, Everett sagt, dass so etwas ausgeschlossen ist, dass es physikalisch unmöglich ist, Jack sagt, dass es Blödsinn ist, einfach nur völliger Blödsinn, dass Menschen so einen Sprung niemals überstehen würden, und überhaupt …

»Genug!«, brüllt Hannah.

Sie ist ein wenig verdutzt, als mit einem Mal wirklich alle still sind und erwartungsvoll zu ihr aufblicken. Romans Gesichtsausdruck hat sich verändert, bemerkt sie. Seine steinerne Miene zeigt nun eine Spur von Erheiterung, leichte Fältchen in den Augenwinkeln. Das erweckt in ihr den Wunsch, ihn zu schlagen.

»Das kann nicht stimmen«, sagt sie. »Das ist der eigentliche Grund, warum wir Sprungtore haben. Menschen brauchen sie, um durch ein Wurmloch fliegen zu können, nicht wahr?«

»Sie haben eine Möglichkeit gefunden.« Corey zeigt auf Roman. »Ich weiß, es klingt abgefahren, aber fällt Ihnen *irgendeine andere* sinnvolle Erklärung ein?«

»Selbst wenn er es dir gesagt hat, wie kommst du darauf, dass es die Wahrheit ist? Müssten wir es nicht wissen, wenn jemand eine Methode erfunden hat, mit der Raumschiffe ohne Tore springen können? Müsste man es nicht … ich weiß nicht … veröffentlichen oder so?«

»Wir haben auch diese Metallkugeln noch nie zuvor gesehen«, erwidert Corey. »Oder die Ionendüsen. Wenn sie wirklich ein Tor gebaut haben, das ein Raumschiff mitnehmen kann, glauben Sie wirklich, dass sie es sofort allen erzählen würden? Ich würde es nicht tun. Ich würde das Geheimnis für mich behalten, solange es geht.«

»Mann!« Everett ist grau im Gesicht geworden. »Wenn es wirklich so etwas …« Er blickt in die Runde. »Das wäre eine ganz neue Ausgangssituation. Man wäre nicht mehr auf existierende Wurmlöcher angewiesen. Man könnte überallhin fliegen.«

»Aber sie sind auf die *normale* Weise zur Station gekommen«, sagt Malik.

Hannah runzelt die Stirn. »Normal?«

»Wie es normale Schiffe tun. Durch das Sprungtor. Wenn sie ihr eigenes Wurmloch benutzen können, warum haben sie dann nicht …?«

»Vielleicht. Aber es wäre sicherer, zunächst durch das Tor zu kommen.« Everett lacht unwillkürlich. »So würden sie das Geheimnis wahren, sogar falls jemand entkommen kann. Wie wir. Und das ist uns nur gelungen, weil der Captain wusste, was zu tun ist.«

Lorinda schüttelt den Kopf und verkriecht sich tiefer unter der Decke. »Ich glaube es nicht.«

»Sie haben das Tor zerstört«, sagt Corey. »Warum haben sie das getan, wenn sie dann nicht mehr aus eigener Kraft von hier wegkommen können?«

»Aber warum Sigma?«

Anita stößt ein knappes, verbittertes Lachen aus. »Sie hätten sich auch etwas anderes aussuchen können. Es gibt viele abgelegene Außenposten – es hätte eine Forschungsstation sein können, eine Bergbaukolonie. Wir hatten einfach nur Pech.«

»Würde das nicht der Wirtschaft schaden?« Lorinda klingt entrüstet. »Bergbau ist wichtig.«

»Nicht unbedingt«, sagt Anita und hat den Anstand, es ein wenig betroffen klingen zu lassen. »Oder zumindest nicht mehr so sehr wie früher einmal. Wenn man einen der großen Kuiper-Außenposten vernichten würde oder Proxima, dann vielleicht. Aber etwas in der Größenordnung von Sigma? Solch einen Schlag könnte man verkraften. Der Senat wäre davon überzeugt, dass wir von den Kolonien angegriffen wurden. Viel mehr wäre nicht nötig, um die Frontier in einen Krieg zu treiben.«

Die Stille, die darauf folgt, ist schlimmer als zuvor. Hannah kann ihre Gefühle nicht verarbeiten. Da ist Zorn, ganz klar, Wut darüber, wie Roman und seine Vorgesetzten alle Personen auf Sigma als Schachfiguren benutzt haben. Aber da ist auch Angst, fast schon *Grauen*. Das Grauen, sich am Rand eines sehr großen, sehr dunklen Lochs zu bewegen und zu wissen, dass ein Windhauch, ein einziger falscher Schritt genügen könnte, einen in die Finsternis stürzen zu lassen. Die Vorstellung, dass irgendjemand in der Frontier so etwas tun würde ... all die vielen Menschen töten ...

Und es ist gar nicht so schwer zu erkennen, wer davon profitieren würde. Die Soldaten, die plötzlich wieder Arbeit hätten. Die Konzerne, die den Gewinn einstreichen würden. Auch die Freizeit- und Tourismus-Branche, die neue Luxushotels in dem neu eroberten Territorium bauen könnte. Das würde sehr schnell gehen, wie bei Sigma.

Und natürlich hätte die Frontier selbst Zugang zu vielen

Regionen und zahlreichen Rohstoffquellen. Vorausgesetzt, sie würde den Sieg davontragen. Vorausgesetzt, im neuen Krieg würden nicht Millionen sterben.

Dann wird ihr noch etwas anderes klar. Etwas, das ihr das Gefühl gibt, ihr Bauch würde langsam mit Eiswasser gefüllt werden.

Hannah geht hinüber, hockt sich vor Roman hin. Halb rechnet sie damit, dass er nach ihr schlägt, stellt sogar fest, dass sie sich anspannt und darauf wartet. Doch stattdessen blickt er sie nur mit seinen kalten, blauen Augen an.

»Was passiert, wenn Sie nicht von Ihrer Mission zurückkehren?«, fragt sie. Hinter ihr sind die anderen totenstill. »Was passiert dann?«

»Moment, was?«, sagt Jack.

Roman sagt nichts.

Malik schnappt entsetzt nach Luft – anscheinend hat er verstanden, worauf sie hinauswill. Sie beugt sich vor, drängt ihre Furcht zurück, starrt Roman genau ins Gesicht.

»Ihr Schiff«, sagt sie. »War es das einzige, das springen konnte?«

»Oh«, sagt Corey mit sehr schwacher Stimme.

In Hannahs Kopf fügen sich die Teile zusammen. Roman hat ihnen gesagt, dass er sie töten wird, wenn er freikommt. Damals dachten sie, es würde um Rache gehen, dass er es tun würde, weil er glaubte, nichts mehr zu verlieren zu haben. Was wäre, wenn sie sich geirrt haben? Wenn es gar nicht um Rache geht, sondern … um Rettung? Was wäre, wenn Roman weiß, dass jemand nach ihm suchen wird, wenn sein Schiff nicht von dieser Mission zurückkehrt? Um herauszufinden, was schiefgelaufen ist, und die Soldaten an Bord des ersten Schiffs nötigenfalls nach Hause zu bringen?

»Sie wollen damit sagen, dass es noch mehr davon gibt?«, fragt Malik.

»Wie viele mehr?« Hannah beugt sich noch näher heran. Inzwischen ist es ihr egal, ob Roman ihr etwas antut. Sie muss es wissen. »Roman. *Wie viele?*«

Er sagt immer noch nichts. Aber ganz langsam, wie Öl, das sich auf Wasser ausbreitet, kriecht ein stummes Lächeln über sein Gesicht.

51

Hannah schreckt zurück, als wäre sie geschlagen worden. Der Traum sickert wieder in ihr Bewusstsein: die Metallkugel, die detoniert, das Feuer, das ihre Eltern verschlingt, ihr Haus, alles, während sie im Taxi gefangen ist, ohne etwas tun zu können.

»Wie sollen wir uns gegen ein weiteres von diesen Schiffen wehren?« Malik wirkt benommen. »Oder gegen mehr als nur eins?«

»Es kann unmöglich mehr davon geben«, sagt Jack.

»Und wenn doch?«

Vor ihrem geistigen Auge sieht Hannah nicht nur zwei oder drei angreifende Schiffe, sondern eine ganze Flotte – und einen *Ozean* aus Kugeln, die alle genau auf die *Panda* zusteuern.

Jack kommt zu ihnen herüber, steht vor Roman, spannt die verletzten Finger an, als könnte er sich nicht entscheiden, ob er ihn schlagen will oder nicht.

Hannah bemerkt es kaum. *Abhauen. Wir müssen von hier abhauen.*

Sie stolpert über das Hauptdeck, und ihre Knie fühlen sich an, als würden sie jeden Moment nachgeben. Das letzte Mal war es ihr bei der Abschiedsparty mit ein paar alten College-Freunden so gegangen, ein paar Abende bevor sie den Shuttle nach Sigma bestiegen hat. Es war eins der wenigen Male, bei denen sie genug getrunken hat, um am nächsten Tag mit einem Kater aufzuwachen.

Sie waren in einer Sportbar, einer lauten Kneipe mit eiskalten Margaritas und sehr üblen Nachos, und irgendwann stand sie auf, um zur Toilette zu gehen, während sie noch irgendetwas zu ihrem Freund Alex sagte und feststellte, dass sie sich kaum noch auf den Beinen halten konnte. Die drei Margaritas und die zwei Wodkas hatten ihre Beine durch Bretter aus morschem Holz ersetzt.

Sie war schon mehrere Male betrunken gewesen, aber noch nie so heftig.

Und dann ist sie im Cockpit, ohne sich an den Weg dorthin zu erinnern.

Sie lässt sich auf den Pilotensitz fallen und hat vergessen, wie sie sich dort zuvor gefühlt hat. Jemand hat ihn von der Kontrollkonsole zurückgeschoben, weit genug, dass sie ihre Beine vollständig ausstrecken kann.

Sie haben so viel Zeit vergeudet, sich gegenseitig zu bekämpfen, während weitere Schiffe zu ihnen unterwegs sind. Oder sind sie schon eingetroffen? Würden sie in die Nähe des zerstörten Tors springen? Oder zur Station? Oder anderswohin? Wie viel Zeit wurde dem ersten Schiff bis zur Rückmeldung eingeräumt? Bis die Leute, die es geschickt haben – die Leute, die das Abkommen mit den Kolonien aus der Welt schaffen wollen –, beschließen, dass sie nun lange genug gewartet haben?

Hannah will den Stuhl nach vorn schieben, aber er rührt sich nicht von der Stelle. Sie versucht es erneut, brummt frustriert, dann springt sie auf und kniet sich auf den Boden. Ihre Hände suchen den Sitz ab und finden sehr schnell den Hebel, obwohl sie sich fast die Finger daran aufschneidet, als sie ihn hochdrückt.

In der nächsten Sekunde steht sie wieder vor den Cockpitkontrollen und lässt den Stuhl einrasten. Jetzt passen ihre Beine bequem unter die Konsole, auch wenn die Sitzkante gegen ihre Schenkel drückt.

Als sie aufblickt, sieht sie etwas äußerst Seltsames: das Reptar-Spielzeug. Es hockt auf dem Rand der Kontrollkonsole. Sie hat keine Ahnung, wer es dorthin gebracht hat oder wann, aber es macht die ganze Situation noch viel surrealer, als sie bereits ist.

Wenn sie den Steuerknüppel bewegt, tut sich nichts. Das löst wieder Panik aus, die sich in ihren Bauch krallt. Ihre Hände sind zu verschwitzt, rutschen am glatten Kunststoff ab. Sie zwingt sich, einmal tief durchzuatmen, dann noch einmal und wendet den Blick vom Sichtfenster ab.

»Hannah?« Jacks Stimme kommt aus dem Durchgang.

»Jetzt nicht.«

Wie wollen sie dieses Ding steuern? Bei Volkova hat es so leicht ausgesehen, wenn sie die *Panda* wie eine Erweiterung ihres Körpers navigiert hat. Hannah kann nicht einmal erfassen, wie geschickt sie tatsächlich war. Sie wird nie damit zurechtkommen, nicht in einer Million Jahre, selbst wenn sie das Schiff in den manuellen Modus bringen kann. Und sie weiß nicht einmal ansatzweise, wie sie *das* bewerkstelligen könnte!

Jack schweigt eine Weile. »Wenn ein weiteres Schiff kommt«, sagt er leise, »was wollen wir dann machen?«

»Ich weiß nicht. Flüchten.«

Die *Panda* driftet sehr langsam dahin. Die Überreste von Romans Schiff sind jetzt sichtbar, ein Kranz aus Trümmern, der sich vom Wrack ausbreitet.

Hannah blickt zu Jack auf, und plötzlich will sie sich nichts mehr vormachen. »Wenn ein weiteres Schiff kommt, ist es vorbei. Dann ist es mit uns vorbei. Wir können ihm nicht entkommen. Nicht so, wie es der Captain gemacht hat.«

Aber er sieht sie gar nicht an. Er blickt durch das Fenster, beugt sich vor, die Hände auf die Kontrollkonsole gestützt, mit einem sehr erstaunten Gesichtsausdruck. Er starrt auf das, was noch von Romans Schiff übrig ist.

Er murmelt etwas, mehr zu sich selbst als zu ihr.

»Was?«, fragt sie nach.

Er sieht sie an. »Vielleicht müssen wir das gar nicht tun.«

52

Jack verzichtet auf eine Erklärung. Er dreht sich um und stürmt los, lässt eine verdutzte Hannah zurück und rennt zum Hauptdeck, während die Idee hell in seinem Kopf brennt. Wenn er es tatsächlich hinkriegen sollte …

Sein linkes Knie berührt die Kante eines Plastiksitzes, und er wäre fast gestürzt. Er scheint seine gesamte Willenskraft zu benötigen, um sich auf den Beinen zu halten. Vor ihm stehen Everett und Lorinda wie zwei Richter vor Roman. Malik und Anita sitzen neben Corey, sie hat einen Arm um ihren jüngeren Sohn gelegt.

Jack hetzt weiter, drängt sich an einem überraschten Everett vorbei und bleibt dann genau vor Roman stehen. Ihm ist bewusst, wie er aussehen dürfte: das Hemd voll von angetrocknetem Blut, das Haar wild zerzaust. Aber er weiß, dass er recht hat. So *muss* es sein.

»Das andere Schiff«, sagt er. »Es kommt auf dieselbe Weise, ja? Es springt aus eigener Kraft.«

»Wie meinen Sie das?«, ruft Hannah aus dem Durchgang zum Cockpit. »Aus eigener Kraft?«

Lorinda legt ihm eine Hand auf die Schulter, doch Jack schüttelt sie ab. »Nein, hören Sie mir einfach zu! Also, was wäre …?«

»Beruhigen Sie sich«, sagt Everett in gefährlichem Tonfall.

»Nein, hören Sie zu! Ich will nur, dass er …«

»Wen interessiert das noch, Mann?«, sagt Malik mit hörbarer Niedergeschlagenheit. »Sie werden uns einfach abschießen, sobald sie uns sehen.«

Jack geht nicht darauf ein, sucht Romans Blick. Vage wird ihm bewusst, wie sehr sie alle stinken. Es fühlt sich an, als würden sämtliche Körpergerüche auf seiner Haut kleben. Vor ein paar Stunden hätte es ihn angewidert, es wäre zu einer der vielen Hornissen geworden, die in seinem Kopf herumschwirren. Doch jetzt bemerkt er es kaum noch.

»Ich weiß nicht, wer Sie sind«, sagt er zu Roman. »Keiner von uns weiß es. Aber wenn Sie vielleicht …«

Everetts Hand liegt auf seiner Schulter. Jack will sich aus seinem Griff winden, aber Everett lässt nicht locker und zieht Jack zurück. Jack entwindet sich ihm, wäre fast auf Corey gestürzt. Er kann sich gerade noch abfangen und hebt eine Hand, versucht die anderen zu beruhigen.

Er sieht ein Bild vor sich. Wie er im Büro in DC sitzt, einen Text überarbeitet, ohne dass seine Gedanken wirklich auf die Aufgabe konzentriert sind. Das Summen vom Raumhafen wird durch die geschlossenen Fenster gedämpft, die beschissene Klimaanlage schnarrt. Er denkt über dieses Wochenende nach, über Hector. Über São Paulo.

Über seine Portugiesischlektionen, über die Jobangebote, die er sich flüchtig angesehen hat. Die freien Wohnungen, die er ein paar Abende lang studiert hat. Dann der Anruf, der auf seiner Linse angezeigt wurde, von einer unbekannten Nummer, die sich dann als die von Hectors Chef herausstellte. Der eine Moment in seinem Leben, als er dachte, alles wäre in Ordnung, und dann der nächste Moment, nach dem alles schiefging.

Nur dass es nicht stimmt. Es hat keinen Sinn mehr, sich selbst zu verarschen. Seitdem ist nichts passiert, das er nicht hätte geradebiegen können – weder der Suff noch der Job oder die Nachwehen der Trennung von Hector, nichts davon. Er hätte jederzeit wieder nach oben kommen können, wenn er es sich nur vorgenommen hätte.

Nein, *richtig* schiefgelaufen war es, als er Brendan und Seema erlaubte, Jana Volkova zu ermorden. Das ist etwas, das sich nicht mit ein wenig Willenskraft wiedergutmachen lässt. Aber er muss irgendwo anfangen, und dies ist seine Chance. Er muss es tun.

Er wischt sich die Nase ab, entfernt einen dicken, klebrigen Blutklumpen. »Es tut mir leid«, sagt er leise. »Wegen allem.«

Ein Teil von ihm will an dieser Stelle aufhören, ist davon überzeugt, dass es genügt, aber er weiß, dass es nicht reicht. »Mir ist klar, dass Sie keinen Grund haben, sich anzuhören, was ich sagen möchte. Aber ich bitte Sie, mich … einfach ausreden zu lassen. Wenn Ihnen nicht gefällt, was ich zu sagen habe, okay, aber ich bitte Sie. Hören Sie einfach nur zu.«

Er rechnet mit Protest. Dass sie ihn vielleicht schon während dieser Worte unterbrechen. Aber sie tun es nicht.

Ein Moment vergeht. Und noch einer. Hannah blickt Anita und Everett an, dann Lorinda. Schließlich räuspert sie sich und nickt knapp.

Jack legt sich die Worte im Kopf zurecht. »Wenn ein anderes Schiff kommt, heißt das, dass wir ein Rückflugticket hätten.«

Anita stößt ein sarkastisches, humorloses Lachen aus und schüttelt den Kopf. Jack muss sich sehr zusammenreißen, um nicht laut zu werden. »Ich weiß, dass es verrückt klingt. Für diese Leute gibt es keinen Grund, etwas für uns zu tun. Aber wenn wir …«

»Haben Sie nicht etwas vergessen?«, fragt Hannah nach. »Wir haben zwei Raumanzüge. Und …« Sie schaut sich um. »Acht Leute. Neun, wenn wir Brendan mitzählen. Wie wollen Sie hinüberkommen?«

»Wir könnten es der Reihe nach machen. Zwei Leute gehen

hinüber, einer steigt aus dem Anzug, der andere bringt den Anzug zurück, dann …«

»Ach so. Und die Besatzung aus Frontier-Soldaten, die uns töten wollen, winkt uns einfach an Bord. Klingt nach einem zuverlässigen Plan.«

»Selbst wenn wir das Schiff übernehmen könnten«, sagt Anita mit hörbarer Erschöpfung, »müssten *wir* den Sprung durchführen. Wir. Wissen wir überhaupt, wie das geht?«

»Könnten *Sie* es machen?«, wendet sich Everett an Lorinda.

»Im Ernst?«, murmelt Malik hinter Jack, als könnte er nicht fassen, dass sein Vater so blöd ist.

Lorinda reagiert ein wenig freundlicher. »Es ist keine Bergbautechnik. Wenn Sie einen Steinbohrer rekalibrieren wollen, bin ich ihr Mädchen. Aber so etwas liegt über meiner Gehaltsklasse.«

»Aber vielleicht könnten Sie es einfach versuchen …«

»Nein, Sie verstehen es nicht«, sagt Jack und hebt einen gekrümmten Finger, der über Hannahs Schulter auf Roman zeigt. Obwohl er die Sache losgetreten hat, ist er jetzt für längere Zeit stillgeblieben. »Er kennt das Schiff. Er kennt die Systeme. Wir werden ihn dazu bringen, uns zu helfen.«

Roman lacht tatsächlich. Doch es klingt nicht angenehm.

»Er hat versucht, uns zu töten«, sagt Hannah. »Glauben Sie, dass er einfach auf unsere Seite wechseln wird, weil … ja, warum eigentlich?«

»Es wäre einen Versuch wert«, sagt Everett. »Wir sind sowieso schon tot. Also können wir es genauso gut probieren.«

»Ev«, sagt Anita. »Die Jungs, sie … du solltest nicht so reden, wenn sie bei uns sind.«

Er dreht sich zu ihr herum. »Ich weiß.«

»Warum hast du dann …?«

»Weil genau das gerade passiert! In diesem Moment!«

Er bellt die Worte. Am Ende bricht seine Stimme. Der Ausbruch ist so heftig, dass Jack erwartet, Anita würde den Kopf einziehen. Doch stattdessen sieht sie ihn streng mit zusammengekniffenen Augen an. »Das müssen sie nicht hören«, schreit sie zurück.

»Wir sind schon weit darüber hinaus. Wir ...«

»Still, Sie beide!« Lorinda ist laut, doch sie kann sie nicht beeindrucken. Dann schreit Hannah, und Jack versucht sich einzumischen, und Everett schubst ihn zurück, worauf alle hochgehen. Auf dem Hauptdeck der *Panda* bricht wütendes Gebrüll aus.

»Aufhören!«

In Coreys heller Stimme schwingt so viel Schmerz mit, so viel Wut, dass alle plötzlich verstummen.

Malik starrt seinen Bruder beinahe ehrfürchtig an. Selbst Roman wirkt überrascht. Jacks Hand liegt an Everetts Arm, hält ihn fest, und er muss sich dazu zwingen, ihn loszulassen.

»Ständig streitet ihr euch«, sagt Corey. Tränen laufen ihm übers Gesicht, seine Wangen sind gerötet und aufgedunsen. Er spricht langsam, als wäre jedes Wort ein Felsbrocken, über den er klettern muss. »Die ganze Zeit. Es vergehen keine fünf Sekunden, ohne dass jemand wieder einen Streit anfängt.«

»Corey.« Anita versucht, ihre Stimme sanft klingen zu lassen, aber sie hat jede Kraft verloren. »Schatz.«

»Nein, Mom«, sagt er. »Tu das nicht. Tu nicht so, als wäre es nicht wahr. Alle streiten sich nur. Sogar du und Dad.«

Everett mischt sich ein. »Corey, das tun wir nicht.«

»Doch, das tut ihr!« Er verlagert sein Bein, muss es dazu tatsächlich mit den Händen aufheben, als würde er eine schwere Holzplanke verschieben. »Und ihr werdet – *aahhh* – ihr werdet euch scheiden lassen. Das war ja schon immer klar.«

»Das stimmt nicht.« Everett sagt es voller Überzeugung,

aber Jack bemerkt, wie er seiner Frau einen kurzen Blick zuwirft.

»Natürlich stimmt es«, erwidert Corey verbittert. »So etwas machen Erwachsene. Sie streiten sich. Aber sie … sie tun nicht nur so, wie Malik und ich es manchmal machen. Sie streiten sich wirklich.« Immer mehr Tränen kommen, laufen über seine roten Wangen. »Und dann wird gar nichts erledigt, und …«

»Corey«, sagt Malik leise.

»Und dann macht ihr einfach …« Corey verstummt, lässt den Kopf hängen und weint still.

Anita tritt einen unsicheren Schritt vor. Und noch einen. Dann ist sie auf den Knien, schließt Corey in die Arme, streckt eine Hand nach Malik aus. Everett kommt dazu, drückt seine Familie an sich.

Jack findet Hannahs Blick, dann Lorindas. Beiden kann er nicht länger als ein paar Sekunden in die Augen sehen. Die Gewissheit, die er zuvor empfunden hat, ist verblasst. Corey hat recht. Sie haben sich die ganze Zeit immer nur gestritten, wie … nein, nicht wie Kinder, weil im Moment die Kinder in diesem Schiff die Einzigen sind, die alles richtig machen.

Als hätte er seine Gedanken gelesen, dringt nun Coreys Stimme aus der Gruppe, durch die Schulter seiner Mutter gedämpft. »Alle gehen woandershin. *Ich* werde jetzt mit Roman reden.«

»Corey«, sagt Hannah langsam. »Ich glaube nicht, dass das eine gute Idee ist.«

»Warum nicht?« Coreys Stimme klingt immer noch belegt. Er hebt das Gesicht von Anitas Schulter. »Sie haben gehört, was mein Dad gesagt hat. Wir sind sowieso schon tot. Welchen Unterschied würde es jetzt noch machen?«

Everett wirkt verlegen. »Ich wollte nicht … ich meine …«

»Nein, Dad, du hast recht. Aber ich bin der Einzige, der tatsächlich versucht, ganz normal mit ihm zu sprechen. Das hat sonst niemand getan. Also gebt mir einfach nur fünf Minuten. Er wird sich nicht befreien, das verspreche ich.«

Anita versucht zu protestieren, weint nun ungehemmt. Aber Corey greift nach ihrer Hand, und sie nickt. Sie und ihr Mann stehen auf, und Everett gibt Malik einen Wink, dass er ihnen folgen soll.

Corey schüttelt den Kopf. »Malik bleibt hier.«

»Warum?«, fragt Malik stirnrunzelnd.

Corey antwortet nicht sofort, sondern schaut nur zu seinem Vater. Anita zerrt an seiner Schulter, zieht ihn behutsam mit sich.

Jack wirft einen letzten Blick auf Roman. Der Soldat erwidert den Blick kühl und nüchtern, und ein Chaos aus Emotionen wirbelt in Jacks Brust. Er möchte Roman packen und seinen Kopf auf den Boden schlagen. Er möchte schreiend davonrennen. Er möchte toben, gegen die Wände hämmern. Aber mehr als alles andere möchte er schlafen, wie ihm nun bewusst wird. Er will, dass das alles verschwindet.

Stumm trotten er, Hannah und die anderen zur gegenüberliegenden Seite des Hauptdecks. Dabei hebt Jack den Kopf und sieht den Pferdekopfnebel über ihnen, schimmernd, stumm – in diesem ganzen Durcheinander das Einzige, das sich überhaupt nicht verändert hat.

53

Corey wartet, bis die anderen außer Hörweite sind, bevor er sich an seinen Bruder wendet. »Malik, hilf mir, mich aufzusetzen.«

Malik hat die Hände auf die Knie gelegt und den Blick gesenkt wie ein Schüler, der nicht vom Lehrer aufgerufen werden möchte. Seine Holokamera klemmt immer noch unter seinem Arm. Verspätet wird Corey klar, wie große Angst sein Bruder davor haben dürfte, ihm wehzutun, und er zwingt sich zu einem Lächeln. »Alles gut. Hilf mir einfach.«

»Bist du dir sicher?«

Coreys Antwort besteht darin, die Hände flach auf den Sitz hinter ihm zu legen und sich hochzustemmen. Er bewegt die Beine zur Seite, sodass Malik nichts anderes übrigbleibt, als ihm zu helfen.

Gemeinsam und unter großem Gestöhne schaffen sie es, Corey aufrecht hinzusetzen. Malik muss seinen Körper benutzen, um seinen Bruder zu stützen, während sich Corey gegen seine Schulter lehnt. Der Schmerz hat sich wieder zurückgezogen, wurde von der letzten Tablette verdrängt, die er genommen hat.

Er weiß nicht genau, was er sagen will, aber er weiß, dass er der Einzige ist, der mit Roman reden kann. Die anderen würden es nur vermasseln, wenn sie wieder herumschreien. Das Problem ist allerdings, dass er nicht weiß, wie. Noch nicht. Jetzt ist es anders als zuvor, als er Roman auf die Düsen angesprochen hat. Ganz anders.

Und wenn er keine Möglichkeit findet, Roman davon zu

überzeugen, ihnen zu helfen, wird es wirklich vorbei sein. Er darf nicht zulassen, dass Roman wieder wütend auf sie wird – nicht so wie beim letzten Mal. Er muss sehr vorsichtig sein.

»Das ist übrigens Malik«, sagt er dann. »Er ist fünf Jahre älter als ich.«

Roman richtet den Blick auf Malik. Nach ein paar Sekunden reagiert er mit einen leichten Nicken.

Corey redet weiter. »Er war es, der Ihr Schiff gefilmt hat, als es die Station vernichtete. Möchten Sie es sehen?« Er nickt seinem Bruder zu. »Zeig es ihm, Malik.«

Im ersten Moment macht Malik den Eindruck, dass er am liebsten davonlaufen würde. Doch dann zieht er die Kamera hervor und schaltet sie mit einem routinierten Fingerschnippsen ein. Er öffnet die Movie-App, scrollt sich durch die Aufnahmen, ist völlig darauf konzentriert.

»Ziemlich gut, nicht wahr?«, sagt Corey und zeigt auf den Schirm. »Ich weiß nicht, was in diesen Kugeldingern ist, aber sie sind krass. Sehen Sie hier? Diese erledigt fast eine komplette Sektion der Station. Und da ... da sieht man die Ionendüsen an Ihrem Schiff. So bin ich draufgekommen.«

Roman kneift ein wenig die Lippen zusammen, als er die Bilder betrachtet, aber er sagt nichts dazu. Malik lässt den Film abspielen. Als das Ende der Szene erreicht ist, erstarrt das letzte Bild, die verwischte Aufnahme irgendeiner Hand.

»Ich dachte mir, Sie würden es vielleicht gern sehen.« Corey sagt es, als würde es ihn eigentlich gar nicht interessieren, aber es fällt ihm schwer, seine Verzweiflung zu verbergen. Es wird nicht funktionieren. Roman wird sich nicht wegen irgendwelcher blöden Filmaufnahmen umstimmen lassen. Er weiß, was er getan hat.

Maliks Finger verharrt über dem Schirm. »Soll ich es noch einmal ablaufen lassen oder ...?«

Corey schüttelt den Kopf. Er kommt sich vor, als würde er im Dunkeln herumstolpern, die Hände ausgestreckt, in der Hoffnung, etwas zu finden, woran er sich festhalten kann.

»Was wird passieren?«, fragt er. »Wenn die anderen Schiffe hier eintreffen?«

Keine Reaktion.

»Für Sie dürfte die Zeit knapp werden. Sie könnten … vielleicht jede Minute hier sein, richtig? Und wenn Sie bis dahin nicht frei sind, was unwahrscheinlich ist, weil Sie mit Klebeband *und* Handschellen gefesselt sind, wird man Sie einfach zusammen mit uns abschießen.«

»Ganz schön beschissen.« Malik klingt unsicher, aber da ist noch etwas anderes in seiner Stimme. Die meisten Leute würden es nie bemerken, aber Corey kennt seinen Bruder, und er hört es so deutlich wie eine Sirene in einem stillen Wohnviertel.

»Superbeschissen«, stimmt er ihm zu.

»Aber warum macht er es? Hat er es gesagt?«

»Nö.«

»Weil es schon ziemlich heftig ist, einfach so eine von den eigenen Stationen zu zerstören. Gab es so etwas wie … ein Virus oder …?«

»Ja, das hatte ich auch überlegt. Aber das war es nicht, hat er gesagt.«

»Ah. Okay. Was dann?«

Beide schauen Roman erwartungsvoll an.

»Netter Versuch«, murmelt Roman. Für einen Moment erschrickt Corey, weil er Romans Hände nicht sehen kann, genauso wie unten in der Astronautik. Aber sicherlich könnte sich nicht einmal Roman durch die Handschellen *und* das Klebeband arbeiten.

»Im Ernst«, sagt Corey und ist selbst erstaunt, wie ruhig er klingt. Er spricht im selben Tonfall, als würden Jamie,

Allie und er nur Scheiße labern, während sie mit ihren Boards durch Austin düsen oder im Zimmer von einem von ihnen abhängen. »Verraten Sie es uns einfach. Sie haben gehört, was mein Dad gesagt hat. Wir alle sind sowieso schon tot. Welchen Unterschied macht es noch?«

Roman wendet den Blick ab. Sein Ausdruck ist neutral, aber die Haltung seiner Schultern hat sich ganz leicht verändert.

»Ihr würdet es nicht verstehen, wenn ich es euch erklären würde«, sagt er.

Corey und Malik tauschen einen Blick aus.

»Das ist lahm«, sagt Corey.

»Lahm?« Roman spricht das Wort aus, als würde es aus einer fremden Sprache stammen.

»Ja«, sagt Malik. »Er hat recht. Es ist lahm. Und bescheuert.«

In diesem Moment ist sich Corey absolut sicher, dass Romans Hände ihn strangulieren würden, wenn sie frei wären.

»Vor einer Weile habt ihr doch über Serien gesprochen, nicht wahr?«, fährt Malik fort. »Ich habe noch eine für euch. Ich meine diese Wissenschaftssendung mit Jordana Simmons, und sie sagt immer, dass man jedem alles erklären kann, wenn man nur weiß, wie.«

Corey sieht ihn überrascht an. »Du kennst *Molecular*?«

»Ja, klar. Ich schaue es manchmal. Wenn mir langweilig ist oder so.«

»Weißt du, dass sie mit Terio Smith zusammen ist? Von den Djinns?«

Malik grinst. »Ja. Dieser Glückspilz.«

»Hey, du hast doch schon eine Freundin!«

»Shanti ist nicht … nun ja, sie wird es vielleicht sein. Keine Ahnung.«

Romans Blick könnte einen Planeten zerbrechen lassen.

Wahrscheinlich werden sie nie wieder *Molecular* und Jordana Simmons oder Terio Smith sehen können, aber das ist Corey egal. Tief drinnen, auf einer instinktiven Ebene, für die er gar keinen Namen hat, weiß er, dass er weitermachen muss.

»Ihr«, sagt Roman und betont jede Silbe. »Würdet. Es. Nicht. Verstehen.«

»Das sagen Sie immer wieder, und wir sagen …«

»Das ist alles nur eure eigene Schuld. Was mit Sigma passierte, war eure Schuld. Eure und die von allen in diesem Schiff und allen in der Station.«

Corey und Malik starren ihn erstaunt an. »Nein, das war es nicht«, sagt Malik.

»Wir sind nicht hergeflogen und haben eine Zillion Bomben abgefeuert«, sagt Corey. »Wir haben uns nur am Pool entspannt und so.«

»Das habe ich nicht …«

»Sie wollen *uns* die Schuld zuschieben? Wir haben hier einfach nur Urlaub gemacht!«

»Genug!« In Romans Stimme schwingt ein Unterton wütender Verzweiflung mit, als würde er sich nichts mehr wünschen, als dieses Gespräch zu beenden, obwohl er weiß, dass er es nicht kann.

Dann kommt Corey ein Gedanke – und er fasst es nicht, dass er nicht schon früher darauf gekommen ist. »Als wir unten waren«, sagt er, »hätten Sie einfach zulassen können, dass sie mir das Ding um das Bein binden. Das …« Er sucht nach dem Wort. »Das Tourniquet. Daran wäre ich wahrscheinlich gestorben.«

Corey rechnet fast damit, dass Roman zurückblafft, dass er genauso prahlerisch reagiert wie bei Hannah, als er sie herausforderte, ihn freizulassen. Doch er tut es nicht.

»Sie sagten …« Corey räuspert sich. »Wenn Sie wollen,

dass ich sterbe, warum haben Sie Malik und meiner Mom dann gesagt, wie sie die Blutung stillen sollen?«

Roman schüttelt den Kopf. »Das bedeutet nicht, dass du leiden solltest«, sagt er leise.

»Also würden Sie mich schnell töten?«

Roman runzelt die Stirn. »Was?«

»Malik und mich. Sie sagten, ich muss nicht leiden, also würden Sie uns schnell töten, richtig? Weil wir Kinder sind? Wie würden Sie es machen? Schließlich wollten Sie ja alle an Bord von Sigma töten, was uns einschließt. Richtig?«

»Corey.« Malik sieht aus, als müsste er sich übergeben.

»Nein, ich meine es ernst. Ich will es wissen. Wahrscheinlich würden Sie mir das Genick brechen, ja? Und was ist mit den Erwachsenen? Genauso? Oder würden Sie sie töten, indem Sie …?«

Roman schneidet ihm das Wort ab, mit hörbarer Frustration. »Ihr wisst überhaupt nichts. Ständig sterben Menschen, und normalerweise wissen sie gar nicht, warum. Sie sterben aus allen möglichen Gründen, und die Leute, die sie töten, sind nicht immer die Bösen. Wenn ihr älter seid, werdet ihr es vielleicht verstehen.«

Es folgt eine halbe Sekunde Stille, bis Roman bewusst wird, was er gerade gesagt hat. Sein Gesicht nimmt einen beschämten Ausdruck an. Er wendet den Blick ab, will Corey nicht in die Augen schauen, während der Ausdruck genauso schnell wieder verschwindet, wie er kam.

In den nächsten zehn Sekunden sagt niemand etwas. Corey kann gerade noch das Gemurmel von den Erwachsenen auf der anderen Seite des Hauptdecks hören.

»Sie haben recht«, sagt er. »Vielleicht werde ich das. Ich habe vor, eine ganze Menge Dinge zu tun, wenn ich älter bin.«

Romans Blick zuckt zu ihm hinüber, nur für eine Sekunde.

Corey macht weiter. »Ich will Pilot werden. Und nicht nur auf den Schiffen, die es bereits gibt. Wir werden neue bauen. Meine Freundin Jamie wird sie entwerfen, und Allie übernimmt alles Geschäftliche, und dann werde ich sie fliegen. Es werden die schnellsten Schiffe in der gesamten Galaxis sein. Wir werden die Ersten sein, die ohne Wurmlöcher die Lichtgeschwindigkeit überwinden. Doch vorher muss ich lernen, wie man Raumschiffe fliegt, also muss ich zur Pilotenschule der Flotte gehen, aber ich habe schon sehr viel gelesen, und ich denke, dass es irgendwie klappen wird.«

Roman reagiert nicht. Corey legt eine Hand auf die Schulter seines Bruders. »Malik wird irgendwann ein berühmter Filmregisseur sein. Er wird auf die Filmschule gehen, und dann produziert er eigene Filme, richtige Filme, nicht nur auf seinem Tab.«

Malik erstarrt, dann nickt er sehr langsam, während er seine Holokamera an sich drückt.

Corey redet weiter. »Es werden die besten Filme überhaupt sein. Er wird Oscars gewinnen und Millionen U-Dollars machen und …«

»Hör auf«, sagt Roman.

»Und dann werde ich zu seinen Premieren gehen und allen erzählen, dass er mein Bruder ist. Hoffentlich haben Mom und Dad sich bis dahin miteinander vertragen, und Mom ist die Präsidentin des Senats und …«

»Die Mehrheitsführerin«, sagt Malik.

»Richtig, stimmt, die Mehrheitsführerin. Und Dads Firma ist richtig groß geworden. Und wenn ich ein guter Pilot werde, kann Malik einen krassen Film über mich und Allie und Jamie machen, und dann …«

»Hör auf!«

Roman wendet sich ihnen wieder zu. »Hör einfach auf«, sagt er. »Es reicht.«

Und in diesem Moment wird Corey bewusst, dass er gar nichts mehr zu sagen hat.

Er hat alles in die Waagschale geworfen. Wenn Roman ihnen jetzt immer noch nicht helfen will, hat er keine Ahnung, was er als Nächstes tun könnte.

54

Es ist falsch. Das alles ist falsch.

Problem, Lösung, Aktion. Damit ist er hierhergekommen, und damit wird er auch wieder herauskommen. Aber Roman muss trotzdem ständig an die letzten beiden Nachrichten denken, die Madhu ihm geschickt hat.

Es dauerte sehr lange, bis sie ihn schließlich erreichten, was keine Überraschung war. Es ist eine maßgebliche Ironie der Großen Expansion, dass sich die Laufzeit von Nachrichten konkret verlängert hat – nicht wie früher, als die Menschen nur auf der Erde lebten und sich eine Verbindung zur anderen Seite des Planeten praktisch verzögerungsfrei herstellen ließ. Wenn es um Entfernungen geht, die in Lichtjahren gemessen werden, lässt sich eine Nachricht am schnellsten übermitteln, wenn man sie einem Raumschiff mitgibt, das durch ein Sprungtor geschickt wird. Und dann kann man nur hoffen, dass es das richtige Schiff und das richtige Sprungtor ist, weil man nur erfahren wird, dass man sich geirrt hat, wenn dieses Schiff zurückkehrt und der Captain einen schief anschaut.

Wie es seit Anbeginn der Zeit bei militärischen Bürokratien üblich war, hat die Frontier-Flotte alles nur schlimmer gemacht. Es gibt eine Menge Sprungtore, eine Menge Schiffe, eine unzählbare Menge von Nachrichten und eine viel zu kleine Gruppe von unterbezahlten und überarbeiteten Leuten, die für das alles verantwortlich sind.

Als er die Nachrichten erhielt, war Roman in der Titan-Basis gewesen. Er lag auf seiner Koje und hörte nur mit halbem

Ohr zu, wie Rodriguez und Simms über Fußball diskutierten. Die Benachrichtigung blinkte in seiner Linse, und als Brigita und Madhu und alle anderen vor ihm erschienen, blickte er automatisch auf die Zeitanzeige der Nachricht. Sie wurde zwei Monate zuvor abgeschickt, was ihn zu einem verärgerten Seufzer veranlasste.

Aber es störte ihn nicht allzu sehr. Eine späte Nachricht ist immer noch besser als gar keine Nachricht. Er vermisste sie – und Cassiopeia – viel mehr, als er erwartet hatte. Zu diesem Zeitpunkt ist er vier Jahre lang fort gewesen, und der schlaksige Zweiundzwanzigjährige, der er damals gewesen ist, hat sich zu einem schlanken, harten Muskelpaket entwickelt.

Madhus großes, schnurrbärtiges Gesicht füllte das Bild aus. Brigita quetschte sich von links hinein, während sich alle anderen um sie drängten: Jocinda, Yoshiro, Ling-Xi, Mhotar, die Zwillinge. Selbst die kleine Alexa, inzwischen achtzehn Monate alt, deren Augen hinter Mhotars Schulter gerade noch zu erkennen waren. Die Kamera wackelte, das Blickfeld war voller Hände und Ellbogen und lächelnder Gesichter, die miteinander rangelten.

»Hallo, mein Sohn!«, dröhnte Madhu. Seinen Worten folgte eine Flutwelle aus Lärm; alle riefen gleichzeitig ihre Grüße. Auf seiner Koje lächelte er. Alexa war groß geworden.

»Wir wissen nicht, wo du sein wirst, wenn diese Nachricht dich erreicht«, sagte Madhu.

»In einem Bordell!«, brüllte jemand außerhalb des Bildes. Vielleicht Roger. Wieder schrilles Gelächter und Geschrei. Brigita verschwand kurz aus dem Bild, vermutlich um Roger eine Kopfnuss zu verpassen.

»Aber wir vermissen dich«, fuhr Madhu fort. »Wir alle warten darauf, dass du in deinem Urlaub nach Hause kommst.«

Yoshiro reckte das Gesicht in die Kamera. »Zigs hat ihre Welpen bekommen!«

Madhu drängte ihn behutsam zurück. »Ich werde es ihm sagen, mein Beta, keine Sorge. Jedenfalls ist hier alles in Ordnung. Es gab ein Leck in einer Gewächshauskuppel, aber die automatischen Systeme haben es schnell abgedichtet. Außerdem passierte es nach der Ernte, weshalb die Kuppel sowieso leer war. In ein paar Tagen kommt eine Shuttlelieferung mit …«

Roman klinkte sich halb aus, während die übliche Aufzählung von Lieferungen und Recyclerproblemen folgte, und Jocinda hatte jetzt Bruchrechnen gelernt. Das alles hatte er schon in vielen Variationen gehört, doch er wollte einfach nur den wunderbaren Klang ihrer Stimmen auf sich einwirken lassen.

»Und wir bekommen ein neues Mädchen«, sagte Brigita dann.

»Ach ja!« Madhus Augen leuchteten auf. »Fünf Jahre alt. Man hat sie in den Trümmern von Kepler gefunden.« Seine Miene verfinsterte sich ein wenig. »Ich glaube, wir werden viel Arbeit mit ihr haben. Aber ich gebe ihr dein altes Zimmer, wenn das in Ordnung geht, weil es eins der netteren ist. Brigita wird Sojaburger machen, wenn sie kommt, und Ling-Xi arbeitet an einem neuen Willkommensbanner. Ihr Name ist …«

Er wurde durch einen weiteren Schwall aus Lachen und Rufen unterbrochen. Roman hat nie den Namen des Mädchens erfahren, und er wusste nicht einmal, ob sie jemals auf Cassiopeia eingetroffen war. Er hatte keine Ahnung, wo sie jetzt war.

»Wie auch immer«, sagte Madhu, und erneut war das Videobild mit dicht gedrängten Gesichtern ausgefüllt. »Du fehlst uns, und wir lieben dich, und bitte antworte, wenn du kannst!«

Es folgte ein lauter, dröhnender Chor aus Abschieds- und

Liebesgrüßen, dann Madhus Hand, die das Bild verdunkelte, als er die Kamera ausschaltete.

Die zweite Nachricht war nur von Madhu. Im Habitat war es düster, und er sprach deutlich leiser, als wollte er keine Schlafenden wecken – was wohl tatsächlich der Fall war, wie Roman dachte. Brigita wäre im Bett, genauso wie die übrigen Kinder.

Madhus ovales Gesicht schimmerte weiß im Licht der Kamera. »Ich wollte mit dir über etwas reden, das ich den anderen noch gar nicht gesagt habe«, begann er. »Es ist etwas, über das ich nachgedacht habe, und es würde eine Menge Arbeit bedeuten, aber ich glaube, wir könnten es schaffen, wenn wir es richtig machen.«

Er beugte sich näher an die Kamera heran. »Es ist etwas für die Zukunft, nicht für jetzt, verstehst du? Im Moment nehmen wir vielleicht ein oder zwei Kinder pro Jahr auf, aber ich glaube, es könnten mehr sein, vor allem, seit der Außenposten größer geworden ist.

Ich möchte zusätzliche Fördermittel von der Frontier beantragen und hier ein richtiges, offizielles Heim für Kinder einrichten, nicht nur eine Unterbringung in einer Pflegefamilie. Brigita braucht mich nicht, um die Habitate in Schuss zu halten – die meiste Zeit bin ich ihr ohnehin nur im Weg. Und ich glaube, wenn dieser Soldatenunsinn vorbei ist, solltest du zurückkehren und das Heim zusammen mit mir führen.«

Er hob eine Hand, als hätte Roman bereits protestiert. »Du musst jetzt noch nicht antworten. Aber denk einfach mal darüber nach, okay?« Er lehnte sich zurück, und im schwachen Licht sah er plötzlich sehr alt aus. Alt und dennoch irgendwie zufrieden.

Roman hat die Nachricht geschlossen, dann die Augen, und sich so glücklich gefühlt, wie seit Wochen nicht mehr. Madhus Vorschlag war absurd – doch andererseits, warum nicht? Warum eigentlich nicht? Wenn er anderen Menschen das Leben geben konnte, das er gehabt hatte, konnte er die Schuld mehrfach zurückzahlen.

Nachrichten brauchen lange Zeit, um den Empfänger zu erreichen, und eine Information lange Zeit, um zu jemandem durchzudringen. Niemand in der Frontier machte sich allzu große Sorgen, wenn mehrere unbedeutende, spärlich besiedelte Terraforming-Außenposten von Streitkräften der Kolonien angegriffen wurden, und niemand machte sich die Mühe, die Spezialeinsatzdivision im Orbit um Titan darüber zu informieren.

Als die Nachrichten von Madhu und Brigita ihn erreichten, waren sie bereits seit zwei Wochen tot.

Es war ein Nuklearschlag gewesen: eine verzweifelte, allerletzte Aktion der Kolonien, die den Krieg verloren hatten und unbedingt so viel Frontier-Territorium versengen wollten wie möglich. Es gab nichts zu begraben. Keinen Außenposten zu besuchen. Wegen der Strahlung konnte sich Roman nicht einmal in die Nähe des Geländes wagen.

Natürlich waren Psychiater gekommen. Die festen Arme um seine Schultern, als seine Kameraden in leisem, ernstem Tonfall zu ihm sprachen. Es wurde diskutiert, ob er aus dem aktiven Dienst entlassen werden sollte, doch er hatte es kategorisch abgelehnt. Er wollte – nein, er *musste* weiterkämpfen.

Die Lösung der Gleichung war in diesem Fall offensichtlich. Er wollte die Drecksäcke kriegen, die das getan hatten. Die Kolonien sollten dafür bezahlen. Er wollte auf sie einschlagen, immer wieder. Er wollte dabei sein, wenn die Frontier im Orbit um Talos-18 eintraf und dort alles zerbombte.

Im Jahr nach dem Angriff auf Cassiopeia war das alles, woran er denken konnte. Ein Laserstrahl, der hell genug war, um alles andere auszublenden. Er musste nur unablässig ins Licht starren, dann wäre alles gut. Er wagte es nicht, den Blick abzuwenden.

Doch während er auf das grelle Licht der Rache konzentriert war, kapitulierten die Kolonien.

Es gab ein Abkommen. *Friedensverhandlungen.* Es gab keine Vergeltung. Talos-18 durfte bestehen bleiben, wie auch Dutzende andere Welten und Außenposten der Kolonien. Niemand wurde für das bestraft, was mit Cassiopeia geschehen war.

Und all diese Entscheidungen wurden nicht von Soldaten getroffen. Nicht einmal von Admiralen. Sie wurden von Senatoren und Lobbyisten und Aktivisten der Frontier getroffen – von Leuten wie Coreys Mutter, wird ihm bewusst. Sie waren exakt genauso. Die Leute, die in ihrem Leben keinen einzigen Tag gekämpft hatten, drängten plötzlich auf Frieden, machten all die richtigen Andeutungen in Richtung Versöhnung und Wiederherstellung zerbrochener Verbindungen. Sie veranstalteten Demonstrationen und Gipfeltreffen und Konferenzen, diplomatische Vereinbarungen wurden getroffen, und damit war es einfach … vorbei.

Roman erlebte eine Abfolge von Verwirrung, Fassungslosigkeit und schließlich kalter, brodelnder Wut. Der Krieg war abgehakt, und als das Abkommen unterzeichnet war und in der Basis freudig das Ende des Krieges gefeiert wurde, saß Roman auf seiner Koje und starrte ins Nichts.

Ihm war bewusst, dass er keineswegs unschuldig war. Im Namen der Frontier hatte er zahllose Menschen getötet. Aber sie sind militärische Ziele gewesen oder zumindest Zivilisten, die sich nicht an diesen Orten hätten aufhalten sollten. Wenn seine Befehlshaber ihm gesagt hätten, er solle eine Zivilbevölkerung auslöschen, hätten er und jeder in seiner Einheit sich auf die Hinterbeine gestellt.

Dies war etwas anderes. Die Kolonien haben mehrere Außenposten voller Nichtkämpfer restlos ausradiert, und damit durften sie nicht einfach davonkommen.

An einen großen Teil der letzten zehn Jahre kann er sich gar nicht mehr erinnern.

Sein Rang war nicht hoch genug, dass er in der Flotte bleiben konnte, und er hatte auch keine Erfahrung, die ihr in Friedenszeiten von Nutzen wäre. Eine Zeit lang lebte er von seinen Ersparnissen, und als sie zur Neige gingen, nahm er einen Job bei einer Weltraum-Baufirma an und arbeitete im Raumanzug im Erdorbit.

Er stürzte sich ins Training, viele Stunden Gewichtheben und Laufen und wiederholte Übungen, weil er nicht wusste, was er sonst tun sollte. Und die ganze Zeit wuchs sein Hass auf die Kolonien. Er nährte ihn, hielt ihn fest, hauptsächlich weil er gar nicht wusste, was er andernfalls tun sollte, und der schwarze Zorn trieb ihn an, während er den fünfhundertsten Klimmzug des Tages machte.

Und mit der Zeit gesellte sich ein Zwilling zu dieser Wut: sein Hass auf die Frontier. Auf die Zivilisten, die er beschützt hatte. Sie haben zugelassen, dass seine Familie ausgelöscht wurde, und sie erlaubten ihm nicht, sich dafür zu rächen. Für sie war es, als hätten Madhu und Brigita und alle anderen einfach nie existiert.

Er wusste, dass es irrational war, dass er auf keinen Fall jedem lebenden Zivilisten der Frontier die Schuld geben konnte. Aber er stellte fest, dass er es einfach nicht vergessen konnte. Jetzt nicht mehr.

Schon früh ist ihm klar geworden, dass er durchaus in der Lage war, sich zu rächen. Er war gut genug ausgebildet, um der Frontier auf unterschiedlichste Art wehzutun, wenn er es wollte. Aber welchen Sinn hätte es? Natürlich könnte er eine kleine Station angreifen oder irgendwo ein paar Zivilisten als Geiseln nehmen. Er wäre jedenfalls nicht der erste Ex-Soldat, der es versucht hätte. Doch die Frontier-Bürokratie erstreckte sich über hundert Welten, und es würde sich nichts ändern, nur weil ein paar Menschen das Leben verloren.

Und dann, etwas weniger als zehn Jahre nach Kriegsende, klopfte ein Mann namens Richard Hayes an seine Hotelzimmertür.

Er war wieder auf der Erde, auf den Philippinen, hat sich ein paar Tage von seinem Job im Ladedock freigenommen. Irgendwie hat er es geschafft, diesen Arbeitsplatz zu behalten. Im Zimmer stank es nach Schweiß und Sperma. Ein altertümlicher Deckenventilator rotierte, ohne die Hitze vertreiben zu können, und alle paar Minuten erzitterte der Raum von einem Start auf dem nahe gelegenen Raumhafen, und die Fensterscheiben ratterten in den morschen Rahmen.

Roman kannte Hayes vom Hörensagen, obwohl er seit fast einem Jahrzehnt nicht mehr an ihn gedacht hatte. Hayes war nicht in Uniform – er trug ein ordentliches Hemd und eine lange Hose, als würde ihm die Hitze überhaupt nichts ausmachen –, aber er erzählte Roman, dass er jetzt Commander war. Roman sagte, das wäre ausgezeichnet, gut für ihn, aber er bat den Commander um Verzeihung, weil er einen gewaltigen Kater und keine große Lust hatte, über alte Zeiten zu reden.

Das war der Moment, als Hayes einen Signalblocker aus der Hemdtasche zog – einen kleinen schwarzen Würfel, den er aktivierte und auf die ramponierte Kommode stellte. Damit hat er Romans Aufmerksamkeit geweckt. Und dann fragte Hayes ihn, ob er immer noch bereit war, den Überfall auf Talos-18 durchzuziehen.

Es gab noch andere, sagte er – Soldaten wie Roman, die Freunde und Familienangehörige und Partner verloren haben und Vergeltung wollten. Nicht viele, aber genug. Mit glänzenden Augen erzählte Hayes, dass er einer von ihnen war. Was ihn betraf, war die Rechnung mit den Kolonien noch nicht beglichen.

Roman nickte bereitwillig, noch bevor Hayes zu Ende gesprochen hat. Er war nicht blöd; er wusste, dass jemand wie Hayes so etwas niemals aus reiner Rachsucht tun würde – oder damit ein Haufen müder alter Soldaten Rache nehmen konnte. Es musste noch andere, verborgene Motive geben. Doch zu seiner Überraschung stellte er fest, dass es ihn gar nicht interessierte, welche Motive das waren. Wenn auch nur die leiseste Chance bestand, dass Hayes ihn wieder in einen Fronteinsatz schicken konnte, damit er zu Ende brachte, woran dieses verdammte Abkommen ihn gehindert hatte, konnte er so viele verborgene Motive haben, wie er wollte.

Schließlich schüttelten er und der Commander sich unter dem quietschenden Deckenventilator die Hände. Und später traf er in einem stillen Konferenzraum in New York die anderen.

Rodriguez war da – seine Verlobte, eine Scorpion-Pilotin, ist bei Bellatrix gefallen. Und ein Mann namens Jacobs von einer anderen Einheit, mit dem er einmal ein Nachttraining in der Sporthalle der Titan-Basis absolviert hat. Roman wusste nicht, was aus Jacobs geworden war – zumindest nicht zu diesem Zeitpunkt –, aber die Augen des Mannes leuchteten vor Aufregung, als Hayes auf den Tisch klopfte und sie zur Ordnung rief.

Zwei Punkte wurden schnell klar. Der erste: Es war illegal, was sie taten. Hochverrat. Hayes sagte, sie müssten sich auf die wechselseitig garantierte Auslöschung verlassen können. Wenn sich irgendeiner von ihnen gegen die anderen wandte, würden sie ihn töten. Das schloss auch ihn ein.

Als er das erklärte, spürte Roman, wie sich die Stimmung im Raum von interessiert zu angespannt änderte. Eins musste man Hayes lassen: Er hat seine Leute gut ausgesucht, und er wusste genau, welche Knöpfe er drücken musste.

Der zweite Punkt war, wie Hayes ausführte, dass es eine

große Sache sein musste. Ein Attentat konnte abtrünnigen Einzelkämpfern in die Schuhe geschoben werden. Das Gleiche galt für eine Geiselnahme. Sie mussten die Aktion so durchziehen, dass es nach einem offiziell sanktionierten Angriff der Kolonien aussah, und das mit einer Feuerkraft, zu der nur eine interplanetare Regierung Zugang hatte. Das bedeutete eine hohe Zahl von Opfern – in einem Ausmaß, das den Senat dazu zwingen würde, das Abkommen aufzukündigen. Er musste von ihnen wissen, ob das für sie in Ordnung war.

Roman sah Hayes sehr lange an. Dann stand er zusammen mit ein paar anderen auf und verließ den Raum.

Er rechnete halb damit, dass Hayes sie aufhielt, doch der Commander tat es nicht. Roman blickte sich zu ihm um, kurz bevor er durch die Tür trat, und bemerkte etwas in Hayes' Augen. Einen Blick, der so viel besagte wie: *Denken Sie noch mal drüber nach.*

Doch er musste es gar nicht tun. Was Hayes vorschlug, war völlig inakzeptabel – und nicht das, womit er sich einverstanden erklärt hat, als er dem Mann in Manila die Hand geschüttelt hat. Roman hat viele Male darüber nachgedacht, der Frontier wehzutun, aber so etwas …

Nicht einmal er wollte das tun.

Als er durch den 5th Avenue Tunnel lief, nahm er unwillkürlich die Gesichter der Menschen um ihn herum in sich auf. Die Pärchen, die Hand in Hand dahinschlenderten. Die Verkäufer an den Imbissständen. Die Gruppe von Muslimen, die an der Ecke beteten, dorthin ausgerichtet, wo früher Mekka gewesen ist. Der Büroarbeiter, der einen NicoStick paffte.

Als er später betrunken in seinem Hotelzimmer mit Blick über die Brooklyn Bridge hockte, sah er sie immer noch vor sich. Und er musste über ihr Leben nachdenken. Was hätten sie gesagt, wenn er ihnen von Cassiopeia erzählt hätte? Hätten sie getan, was alle anderen taten? Hätten sie ihm gesagt, wie sehr ihnen sein Verlust leidtat? Wie gut es war, dass der Krieg jetzt wenigstens vorbei war?

Er beschäftigte sich immer wieder mit dem Büroarbeiter. Ein älterer Kerl in einem zerknitterten Anzug, die Jacke über den Arm gelegt, die gebeugten Schultern eines Firmenangestellten. Was würde er tun, fragte sich Roman, wenn sich herausstellte, dass er bekommen würde, was er wollte, wenn er diesen Mann tötete? Nur ihn. Nur diesen einen einsamen Büroarbeiter, der sich gegen die Wand lehnte und von sonst niemandem beachtet wurde.

Er würde ihn töten. Er müsste gar nicht weiter darüber nachdenken. Es ist die Art von Wahrheit, vor der er zurückgeschreckt wäre, hätte er sie während seiner Rekrutierung erkannt. Er hätte sich ihr kategorisch verweigert. Aber seit seiner Rekrutierung ist sehr viel Zeit vergangen, und er weiß genau, wozu er fähig ist. Und was er getan hat.

Inwiefern unterscheidet sich die Ermordung dieses Büroarbeiters von dem, was Hayes vorgeschlagen hat? Geht es in letzter Konsequenz nicht nur um irgendwelche Zahlen? Wie viel ist zu viel?

Inzwischen war er bei seiner zweiten Flasche Whisky angelangt, saß auf dem Bett, und die Aussicht durch das Fenster verschwamm vor seinen Augen. Irgendwo staunte ein kleiner Teil von ihm darüber, dass er immer noch zu rationalen Gedankengängen imstande war. Er versuchte sich daran festzuhalten, redete sich ein, dass er unmöglich in das einwilligen konnte, was Hayes vorschlug.

Doch dann erinnerte er sich an die Menschen, die er bereits getötet hat, bei den Einsätzen, in die er und seine Einheit geschickt wurde. Die Wissenschaftlerin, die sie bei ihrer verdeckten Mission auf Hawking-8 überrascht hat. Er erinnerte sich an ihren verblüfften Ausdruck, kurz bevor der Schuss aus seinem Gewehr ihre Existenz ausgelöscht hat. Die Wachleute in der Einrichtung im Orbit um Proxima, die seine Einheit erledigt hat, ohne darüber nachzudenken. Haben ihre Tode mehr als auch nur ein winziges Zittern in der Raumzeit des Universums ausgelöst?

Wieder der Büroarbeiter, dessen Gesicht vor Roman auftauchte, klar und detailliert, als würde er tatsächlich vor ihm stehen. Roman blickte zu ihm hoch, langsam blinzelnd. Wie viele Büroarbeiter könnte er ohne Probleme töten, um die größte Ungerechtigkeit zu korrigieren, die er jemals erlebt hatte? Eintausend? Zehn? Hunderttausend? Wo hörte es auf? Wo war die Grenze?

Und selbst wenn es ein paar Tausend waren – was war das im Vergleich zu den Abermilliarden Menschen überall in der Galaxis? Ein kurzes Piepsen. Ein Tropfen in einem Gewitter. Und sie würden nicht für nichts sterben. Ihre Tode – im Unterschied zur Wissenschaftlerin und den Wachleuten und allen anderen – würden etwas bedeuten.

In seiner betrunkenen Benommenheit kehrte seine Trauer zurück – frisch und scharf, eine Klinge, die nie ihre Schärfe verlor –, und Roman klammerte sich an diesen Gedanken. Die Leute, die sie eliminieren würden, waren der eigentliche Grund, warum man den Kampf eingestellt hat. Sie waren die Aktivisten und Lobbyisten und Demonstranten, und selbst wenn sie nicht dazugehörten, haben sie es wie eine passive Viehherde geschehen lassen.

Vielleicht trugen sie genauso viel Schuld an den Ereignissen wie die Kolonien. Und vielleicht war es an der Zeit, dass sie spürten, wie es war, wenn die Hölle auf sie herabregnete und sie nichts dagegen tun konnten; und es niemanden gab, der sie retten würde.

Der immer noch klare Teil seines Gehirns sagte ihm, dass er

betrunken war. Dass er es am nächsten Morgen ganz anders sehen würde.

Doch so war es nicht.

Hayes zeigte ihnen die Technik – ein komplettes orbitales Lagerhaus voller geheimer Ausrüstung, mit dessen Beaufsichtigung er beauftragt war. Und er hat ihnen die autonomen Sprungtriebwerke gezeigt, die ein Schiff von einem Moment auf den anderen von hier nach dort bringen konnten, unabhängig davon, wo das jeweilige Hier und Dort zufällig war. Ohne Wurmloch.

Der Frontier-Senat hat die Entwicklung dieser Technologie zwar gestoppt – warum damit weitermachen, wenn es ein hervorragend funktionierendes Netzwerk aus Sprungtoren gab? –, aber nicht Hayes. Er hat jeden Universaldollar von jedem inoffiziellen Budget abgezweigt, auf das er zugreifen konnte, und es durchgezogen. Die Triebwerke waren nicht perfekt. Sie liefen instabil, konnten sogar gefährlich werden, und sie taugten gerade mal für genau zwei Hüpfer, bevor sie ersetzt werden mussten. Aber sie machten Sprungtore überflüssig.

In diesem Moment konnte sich Roman vorstellen, dass es vielleicht wirklich klappen würde. Wenn die anderen schließlich herausgefunden haben, was tatsächlich geschehen war, wäre das Abkommen längst hinfällig, und die Streitkräfte der Frontier würden gegen die geschwächten Kolonien vorrücken.

Als sie sich während der nächsten paar Wochen auf die Mission vorbereiteten, lernte er die übrigen Soldaten kennen. Hörte sich ihre Geschichten an. Genau wie er haben sie alle jemanden verloren – Freunde, Söhne, Töchter, Ehefrauen, Ehemänner, Vorgesetzte, Kameraden. Sie alle waren am richtigen Ort. Genau dort, wo sie sein mussten.

Sie trugen die alten Aufnäher ihrer Einheiten, als sie für

den Einsatz ihre Anzüge anlegten. Niemand hat es vorgeschlagen – sie alle haben es getan, ohne darüber reden zu müssen.

Er kann Corey oder Malik nichts von alldem erzählen, aber nicht unbedingt, weil er sie im Ungewissen lassen will. Es wäre zu schmerzhaft. Selbst nach der langen Zeit wüsste er gar nicht, wo er anfangen sollte. Doch als er Corey betrachtet, diesen Jungen mit dem ruinierten Bein und dem dreckigen T-Shirt und seiner hartnäckigen Weigerung, mit seinen Fragen aufzuhören, trifft ihn eine Erkenntnis mit so großer Wucht, dass er beinahe aufgekeucht hätte.

Corey täuscht sich.

Sicher, vielleicht wird er irgendwann Raumschiffe fliegen. Vielleicht gründet er mit seinen Freunden dieses Unternehmen. Aber das ist nicht alles, was er tun wird. Roman hat viel Zeit mit sehr unterschiedlichen Leuten verbracht – manchmal kommt es ihm vor, als wäre es seine Hauptbeschäftigung als Soldat gewesen –, und nun wird ihm klar, dass er Coreys Lebensgeschichte sieht, bis zum Endergebnis. Vielleicht tut Corey all die Dinge, die er jetzt tun will, aber am Ende ist er niemand anderer als …

Madhu.

Oder jemand wie er. Vielleicht beschäftigt er sich nicht mit dem Terraforming von Planeten und nimmt auch keine Kinder aus der gesamten Frontier auf, die kein Zuhause mehr haben. Aber letzten Endes wird er Menschen helfen – vielleicht sogar sehr vielen Menschen.

Wie Madhu interessiert er sich für alles Mögliche. Wie Madhu will er verzweifelt verstehen, wie irgendwelche Dinge funktionieren.

Nein. Corey ist nicht Madhu. Das ist verrückt. Es ist nur der Stress, der ihm nach so langer Zeit zu schaffen macht und ihn veranlasst, Dinge zu sehen, die gar nicht da sind.

Nur dass auch das nicht stimmt. Dazu kann er den Weg, den Corey nehmen wird, viel zu deutlich erkennen.

Das spielt keine Rolle. Das ändert nichts.

Aber es ändert doch etwas. Gott möge ihm helfen, es ändert etwas.

Seine Mission besteht darin, Corey zu eliminieren – daran gibt es nichts zu beschönigen, jetzt nicht mehr. Kein Entrinnen. Und er denkt immer wieder: Was wäre geschehen, wenn die Kolonien den Angriff auf Cassiopeia zu einem früheren Zeitpunkt gestartet hätten? Bevor Madhu und Brigita ihn aufgenommen hätten?

Er wäre nie dort gewesen. Er hätte nie diese Kindheit gehabt. Er und alle anderen, die bei ihnen lebten. Und die Soldaten der Kolonien, die die erste Atombombe auf den Außenposten des Planeten abfeuerten – wussten sie überhaupt, was sie taten? Hätten sie den Befehl ausgeführt, wenn sie einmal mit Madhu am großen Tisch gesessen wären, wenn sie einmal mit ihm gesprochen hätten?

Er beißt die Zähne zusammen und weigert sich, die zwei Jungen anzusehen. Nein. *Nein.* Er hat es gewollt. Seit zwölf Jahren wollte er eine Möglichkeit zum Zurückschlagen – und nachdem er sie jetzt hat, will er nur wegen irgendeines Kindes darauf verzichten? All die Nächte, all das endlose Training, seine Vergeudung eines Lebens, und als er jetzt endlich die Chance hat, es richtig zu machen, will er …

Es wäre nicht richtig. Das weißt du.

Denn selbst wenn er damit weitermacht – selbst wenn Hayes sie doch nicht verrät, was für ihn mit jeder verstreichenden Minute ungewisser wird –, weiß er, was geschehen wird. Er wird seine Rache bekommen. Er wird Talos angreifen und die Streitkräfte der Kolonien zerschmettern. Aber dazu muss er Corey töten.

Die Zerstörung von Sigma war irgendwie etwas anderes.

An Bord des Schiffs waren noch andere Soldaten, und jeder von ihnen hatte eine Rolle zu spielen, und alle teilten sich die Schuld. Aber das hier? Es würde nur auf seine Kappe gehen. Jede einzelne Sekunde, für immer.

Und alle, denen Corey vielleicht geholfen hätte, genauso wie Madhu ihm geholfen hat, würden ebenfalls auf seine Kappe gehen.

Wie eine Maschine, die in einen alten, vertrauten Gang schaltet, kehrt er wieder zu Problem, Lösung, Aktion zurück. Problem: Seine Mission droht zu scheitern. Er steht davor, die Menschen zu verraten, die ihn aufgezogen haben. Lösung …

Tief in ihm pulsiert der kleine Kern des Hasses, an dem er sich jahrelang festgehalten hat. Das kann nicht sein. Es kann nicht hier enden. Er hat bereits so viel Blut an den Händen, von Tausenden Menschen. Warum will er jetzt aufhören? Es ist absurd. *Lösung: Erklär es dem Kind einfach, ja, dann sorg dafür, dass sie dich freilassen, dann bring den Job zu Ende.*

Aber er kann es nicht.

»Wie wär's?«, fragt Malik, beugt sich vor, setzt die Ellbogen auf die Knie und verschränkt die Arme. »Werden Sie uns helfen? Oder wollen Sie nur da herumsitzen?«

»Keine weiteren Menschen müssten sterben«, sagt Corey. »Wir nicht. Sie nicht. Niemand.«

Roman ist kaum zum Sprechen imstande. »Vielleicht klappt es nicht einmal. Selbst wenn sie wüssten, dass ich am Leben bin, würden sie dieses Schiff vermutlich dennoch zerstören. Und ich weiß nicht einmal, *wie* du überhaupt alle an Bord bringen willst.«

Corey nickt mit leuchtenden Augen. »Ich weiß es auch nicht. Wir werden eine Möglichkeit finden.«

Was er tun will, wird alles verändern. Es würde keinen

Krieg geben, keinen Angriff auf Talos. Keinen Sieg. Er müsste untertauchen, weil Hayes ihn niemals am Leben lassen würde.

Der Gedanke erschreckt ihn – nicht das, was er tun müsste, weil er dazu ausgebildet wurde zu verschwinden, in einer Menge unsichtbar zu werden. Aber er müsste damit leben, dass er aus der Mission ausgestiegen ist.

Was bedeutet, dass Corey die Chance erhält, erwachsen zu werden.

Madhu hätte es so gewollt.

Und vielleicht genügt das schon.

»Ich werde euch helfen«, sagte er leise, kaum lauter als ein Flüstern.

»Was haben Sie gesagt?«, fragt Malik.

»Ich habe gesagt, dass ich euch helfen werde.«

»Wirklich?«

»… ja.«

»Dann müssen Sie es versprechen.«

Roman atmet durch die Nase ein, ein langer, schwerer Atemzug. »Ihr habt mein Wort. Ich werde euch helfen.«

»Versprechen Sie es? Sie müssen es versprechen. Und das Versprechen dürfen sie nicht brechen, was auch immer geschieht.«

»Ja«, sagt Roman einen Herzschlag später. »Ich verspreche es.«

Corey und Malik wechseln einen Blick. Malik hebt fragend eine Augenbraue.

»Hey«, ruft Corey, damit die anderen ihn hören. »Könnten alle mal für einen Moment rüberkommen?«

55

Sie kommen, einer nach dem anderen. Lorinda, in ihre Wärmedecke gehüllt. Jack, das Gesicht und das Hemd immer noch voll angetrockneter Blutflecken, die Nase geschwollen. Anita und Everett. Sie halten sich nicht an den Händen, sie haben nicht den Arm um den anderen gelegt, aber sie bewegen sich gemeinsam. Sie sind sich nahe genug, dass sich ihre Schultern berühren.

Hannah bildet die Nachhut, die Arme fest verschränkt. Ihr Geist fühlt sich an, als würde sie ihn einen Meter hinter sich herschleppen, wie einen Ballon an einer Schnur.

Corey wartet, bis alle da sind, und dann berichtet er ihnen, was Roman gesagt hat. In diesem Moment wirkt er viel älter als seine zehn Jahre.

Hannah starrt ihn mit offenem Mund an. Auch Jack macht einen total verblüfften Eindruck, genauso wie Everett und Anita. Nur Lorinda lächelt und nickt langsam, während die Decke von ihren knochigen Schultern hängt.

»Das gefällt mir nicht«, sagt Anita und kaut auf ihrer Unterlippe.

»Er hat es versprochen«, sagt Corey.

»Ich weiß, aber ein Versprechen ist nicht das, was du glaubst. Man kann es brechen.«

Corey sieht sie an, als hätte sie ihm gerade erzählt, dass sie sich im Vakuum des Weltraums befinden.

»Und wir müssten ihn freilassen, damit es funktioniert«, wirft Everett ein und blickt sich zu den anderen um. »Sind wir uns absolut sicher, dass wir das tun wollen? Sie alle haben gehört, was er gesagt hat. Wenn die Kinder sich täuschen …«

»Wir täuschen uns nicht!«, protestiert Malik.

Roman blickt auf. Als er spricht, klingt er resigniert. »Gott weiß, wie Sie es anstellen wollen, aber das Sprungtriebwerk der *Victory* kann das Schiff überall hinbringen.«

»Die *Victory*?«, fragt Hannah nach.

»Das andere Schiff.«

»Schiff im Singular? Nur eins?«

Roman zuckt mit den Schultern.

»Wie heißt das erste Schiff?«, fragt Corey. »Das wir … Sie wissen schon.«

»Die *Resolute*.«

»Und was meinen Sie mit überallhin? *Wirklich überallhin*?«

Er nickt.

»Was hat Sie dann davon abgehalten, direkt zu den Kolonien zu fliegen?«, fragt Everett. »Sie springen einfach mit einem Haufen Schiffe hinein und …«

»Wir haben keinen Haufen Schiffe. Sie sind sehr teuer. Und sie haben begrenzte Kapazität. Man kann nur zweimal springen, bevor der Partikelkern ausgetauscht werden muss. Der Nachteil dieser neuen Technik.«

»Und sie hätten dann bereits einen Sprung gemacht«, sagt Hannah, fast wie im Selbstgespräch. »Jedenfalls sollten wir irgendwohin fliegen, wo es friedlich ist.«

»Das ist ein weiteres Problem«, sagt Roman. »Zum Springen brauchen Sie Koordinaten. Sie müssen das Ziel manuell eingeben. Wenn Sie keine Koordinaten haben, kommen sie nirgendwohin.«

»Also geben wir einfach die für Bishop's Station ein«, sagt Malik. »Oder für einen Punkt knapp daneben.«

»Kennst du diese Koordinaten?«, fragt Roman.

»Nein, aber …«

»Wir hatten zwei Koordinatensätze für unsere Mission. Für hier und für unseren Kommando-Außenposten. Es wäre überflüssig gewesen, noch weitere dabeizuhaben.«

Malik lässt die Schultern hängen.

Doch Coreys Augen leuchten auf. »Benutzen Sie UPKs?« Er kann seine Aufregung kaum verbergen.

Roman kneift die Augen zusammen, und Hannah wirft Corey einen verwirrten Blick zu. »UPKs?«, fragt sie.

»Universelle Positionskoordinaten. Damit werden Quadranten im Weltraum bezeichnet. Benutzt Ihr Schiff auch so etwas?«

»Möglicherweise«, sagt Roman langsam.

Corey dreht sich herum, und ein Lächeln breitet sich auf seinem Gesicht aus. »Acht Sechs Sechs Eins Null Acht Neun zu Neun Neun Drei Zwei Eins Fünf Sieben«, verkündet er.

Ein paar Sekunden lang sagt niemand etwas.

»Wie hast du …?«, beginnt Hannah.

Coreys Lächeln wird noch breiter. »So wollen wir unsere Firma nennen. Die von Jamie und Allie und mir. 866 Industries – nach den Koordinaten von Austin. Wir könnten genau über der Stadt herauskommen. Ach was, wir könnten direkt zu *unserem Haus* springen!«

»Bist du dir sicher?«, fragt Malik nach.

»Natürlich bin ich mir sicher!«

»Würden wir dann nicht genau *im* Haus landen? Das wäre nicht so gut.«

»Wir könnten die Koordinaten ein wenig verändern. Damit kenne ich mich aus.« Corey ist begeistert. »Da gibt es all die Abraumhalden! Diese riesigen Erdhaufen. Wir könnten genau darüber herauskommen. Selbst wenn dabei Energie freigesetzt wird, würde nichts beschädigt. Und wenn wir springen, während wir nur dahintreiben, hätten wir praktisch keine Bewegungsenergie. Solange wir nicht zu hoch zielen, könnten wir problemlos landen.«

Er wirft einen Blick zu Roman. »Korrekt?«

Hannah atmet aus. Es könnte vielleicht tatsächlich funktionieren. *Heilige Scheiße!*

»Wenn wir es tun«, sagt Anita. »Wie genau?«

»Ich habe nachgedacht«, sagt Malik, und Corey wirft ihm einen überraschten Blick zu. »Was wäre, wenn wir Roman dazu bringen, das andere Schiff zu kontaktieren, wenn es eintrifft? Über Komm oder wie auch immer. Dazu dürfte die *Panda* genug Reichweite haben. Er könnte sagen, dass er den Angriff überlebt und sich hier versteckt hat, und dann lassen sie ihn an Bord kommen. Dort kann er mit ihnen reden und dafür sorgen, dass sie uns aufnehmen.«

»Das Komm funktioniert nicht«, sagt Lorinda mit verzerrtem Gesicht. »Es ist ausgefallen, während ich draußen war.«

Alle verstummen. Wenn sie nicht funken können, haben sie keine Möglichkeit, die *Victory* wissen zu lassen, dass Roman an Bord ist …

»Ich könnte versuchen, die Systeme neu zu starten«, sagt Hannah – nicht dass sie den blassesten Schimmer hatte, wie das gelingen könnte. »Vielleicht ist dann auch die Kommunikation wieder aktiv.«

Jack schnieft. »Das gefällt mir nicht. Also bringen wir das Komm wieder online, um mit dem Schiff reden zu können. Was soll ihn daran hindern« – er zeigt auf Roman –, »ihnen einfach zu erzählen, was passiert ist? Damit sie uns abschießen.«

Malik wirkt enttäuscht, und Hannah kann den Grund erkennen. Wenn Roman das tut, sind sie erledigt. Andererseits glaubt sie nicht, dass Roman es tun wird. Jetzt nicht mehr.

»Wir gehen mit ihm zum anderem Schiff«, schlägt sie vor.

»Jemand behält ihn im Auge. Wir könnten behaupten, wir wären irgendwelche anderen Frontier-Soldaten, bis wir dort eingetroffen sind.«

»Und er hat es *versprochen*«, sagt Corey.

»Ich brauche sowieso mindestens eine Person als Begleitung«, sagt Roman leise. »Wenn Sie glauben, die Besatzung der *Victory* würde Ihnen helfen, von hier wegzukommen, täuschen Sie sich gewaltig. Es kann nur funktionieren, wenn wir die Brücke übernehmen. Wir sperren die Besatzung aus und springen selbst. Aber Ihnen sollte klar sein, dass das nicht so einfach ist; wir müssen nicht nur irgendeinen Knopf drücken. Wir lassen das Schiff nicht durch ein Wurmloch springen. Es ist eher wie …«

Er hält inne, als würde er nach den richtigen Worten suchen. »Wir erzeugen eine Blase rund um das Schiff. Sie verzerrt die Raumzeit und bewegt *sie* statt des Schiffs.«

»Uff!« Coreys Augen sind riesig.

»Das ist schwierig, und es erfordert eine Menge Input. Man muss die Materieabschirmung kontrollieren, genauso wie die Drift innerhalb der Blase.«

»Warum kann das nicht die KI machen?«, fragt Hannah. »Das andere Schiff hat doch bestimmt eine bessere als wir, richtig? Sie kann sich doch bestimmt um die … die Blase kümmern.«

»Das würde uns nicht helfen. Die KI nimmt Anweisungen vom Commander entgegen, dann von seinem Ersten Offizier, dann die Befehlskette hinunter. Sie würde mich überhaupt nicht als berechtigt anerkennen. Jedenfalls brauche ich jemanden, der mir assistiert. Am besten jemanden mit Außeneinsatzerfahrung. Wenn die Besatzung der *Victory* sieht, dass jemand seine Flugbahn nicht unter Kontrolle hat, während wir hinüberwechseln, werden sie wissen, dass er nicht zu uns gehört.«

Nacheinander wandern alle Blicke zu Lorinda. Sie nickt bereits.

»Nein.« Corey sieht sie fassungslos an.

»Ich werde es machen«, sagt sie.

»Aber Sie können es nicht tun«, sagt Anita. »Beim letzten Mal wäre es fast ...«

»Ich weiß.« Ein Schatten fällt auf ihr Gesicht. Hannah kann nicht glauben, wie erschöpft sie aussieht.

»Dann lassen Sie einen von uns gehen«, bedrängt Everett sie.

»Ich werde es schaffen.«

»Wollen Sie damit sagen, dass *sie* die Erfahrung hat?«, fragt Roman und mustert Lorinda ungläubig. »Sie weiß, wie man einen Raumanzug benutzt?«

»Sie war es, die Sie an Bord gebracht hat, Mann«, sagt Malik. »Erinnern Sie sich nicht?«

Roman sieht ihn an. »Nein.«

Er wendet sich Lorinda zu, verlagert die gefesselten Hände unter seinem Körper und betrachtet sie mit neuem Respekt. »Wenn sie wirklich die Einzige ist, die Erfahrung mit Außeneinsätzen hat, haben wir ein Problem. Sie würde auf gar keinen Fall als Soldatin durchgehen. Wir brauchen eine jüngere Person.«

Lorinda wirft ihm einen verletzten Blick zu. »Ach, wirklich?«

»Nichts für ungut«, sagt er und klingt überraschend aufrichtig. »Sie kommen offensichtlich gut im Weltraum zurecht. Aber wenn wir auf der Brücke sind, brauchen wir jemanden, der ungefähr in meinem Alter ist.«

Anitas Finger suchen Coreys Hand und drücken sie fest. Hannah mustert sie unwillkürlich, genauso wie ihren Mann. Könnten sie es schaffen? Immerhin sind sie etwa in Romans Alter. Die Vorstellung, sie hinauszuschicken, sie von ihren

Kindern zu trennen, ist entsetzlich, aber wenn sie ihr Problem nicht lösen können …

»Wie wäre es mit Ihnen?«, sagt Lorinda zu Jack.

»Ich?«

»Klar. Brendan und Seema sind offenkundig nicht mehr im Spiel, und es kommt nicht infrage, dass wir die Familie auseinanderreißen.« Sie sieht Hannah an, als hätte sie ihre Gedanken gespürt, und wendet sich wieder an Roman. »Könnte er es hinkriegen? Dass er als einer von Ihnen durchgeht?«

Roman nickt langsam. »Es wäre möglich. Alle an Bord der *Resolute* kannten sich, aber wenn sie ein Rettungsteam losgeschickt haben, ist es durchaus möglich, dass sie gezwungen waren, schnell ein paar Leute zusammenzuwürfeln. Diese Leute kennen die Originalbesatzung vielleicht nicht so gut.«

»Und wenn doch?«

»Dann sind wir tot. Ganz einfach. Es dürften ein paar andere Soldaten an Bord sein, zusammen mit nicht kämpfendem Personal. Wenn es ein Empfangskomitee gibt und man uns wiedererkennt – was durchaus passieren könnte, vor allem, wenn der Commander anwesend ist –, dann ist die Mission vorbei.« Sein Blick geht zu Jack. »Wollen Sie sich darauf einlassen?«

Jack macht den Eindruck, als wolle er etwas sagen, das etliches enthält, was Anita Livingstone missbilligen würde, aber dann verzichtet er darauf. »Ich habe so etwas noch nie gemacht«, sagt er. »Einen Außeneinsatz im Raumanzug.«

»Ich werde Ihnen den Anzug zeigen«, sagt Lorinda zu ihm. »Und ich werde die ganze Zeit über Komm mit Ihnen in Verbindung bleiben, um Sie zu unterstützen.«

»Können Sie überhaupt …?«

»Ein Außeneinsatz ist hart, wenn es losgeht, und es ist eine

Menge Teamleistung nötig. Aber wenn Sie beide es zusammen machen, bringen wir Sie sicher rüber.«

»Einen Moment«, sagt Everett. »Was ist mit uns? Wie kommen wir an Bord?«

Lorinda zeigt auf Hannah. »Da ist unsere Pilotin.«

Hannah starrt sie entsetzt an. »Wie bitte?«

»Als ich mich vor dem anderen Schiff herumgetrieben habe ...«

»Herumgetrieben?«, murmelt Jack.

»... konnte ich eine Hangartür im Rumpf erkennen. Sie dürfte groß genug sein, um die *Panda* aufzunehmen, wenn wir jemanden haben, der sie dort hineinbringen kann.«

»Was ...« Hannahs Mund ist plötzlich ausgetrocknet. »Nein. O nein.«

»Sie haben mehr Zeit in diesem Cockpit verbracht als alle anderen. Sie sind unsere beste Chance. Wenn die Tür aufgeht, fliegen Sie rein. Ein Kinderspiel. Es sei denn, Sie sind immer noch der Meinung, dass wir uns umbringen sollten.«

»Was?« Corey schaut blinzelnd zu ihnen auf.

»Schon gut«, sagt Anita und legt einen Arm um ihn. »Nur eine Redensart.«

»Nein, das war es nicht! Wollte sie wirklich, dass wir Selbstmord begehen?«

»Blödsinn, Mann«, murmelt Malik.

Hannah gibt sich alle Mühe, sie zu ignorieren. »Können Sie das nicht machen?«, fragt sie Lorinda.

»Warum glaubt jeder, ich würde mit allem klarkommen, nur weil ich im Weltraum gelebt habe? Ich habe nie tatsächlich ein Schiff geflogen – dafür hatten wir damals im Kuiper-Gürtel unsere Arbeiter.«

Lorinda lässt die Decke zu Boden fallen. »Wenn es nach mir ginge, würde ich an Jacks Stelle gehen, und wir hätten immer noch den Captain zur Verfügung. Aber da das nicht funktioniert, müssen wir anders zurechtkommen. Und ich weiß nicht, wie Sie darüber denken, aber ich habe die Nase voll von diesem beschissenen Ausflug. Ich bin bereit, nach Hause zurückzukehren.«

Jack schluckt und lässt Lorinda keinen Moment aus den Augen. Dann antwortet er ihr mit einem knappen Nicken.

Für längere Zeit sagt niemand etwas. Anscheinend will auch niemand irgendjemanden ansehen.

Hannahs Hände zittern. Roman könnte wirklich jederzeit sein Versprechen brechen. Er könnte sie alle töten, sobald er freikommt. Er könnte Jack ermorden. Und sie alle dem Tod überlassen. Er könnte sie verraten, noch bevor sie überhaupt das Schiff verlassen. Und sie selbst im Pilotensitz ... O Mann!

Plötzlich hat sie das dringende Bedürfnis, ihre Mutter zu umarmen. Sie möchte ihre Mutter bei sich haben, ihren Vater und Callie. Vor allem Callie, weil sie wüsste, worum es jetzt geht. Sie würde genau verstehen, was zu tun wäre und in welcher Reihenfolge. Sie würde es mit derselben unbeirrbaren Konzentration machen wie alles andere.

Hannah schließt die Augen und öffnet sie wieder.

Was für ein Schlamassel!

Callie wäre genauso wie Hannah davongelaufen, als die Station angegriffen wurde. Ihre Eltern wären ausgerastet, alle beide – dann hätten sie sich hilfesuchend an die verantwortliche Person gewandt.

Sie konnten so viel über persönliche Verantwortung und Führungseigenschaften reden, wie sie wollten, aber letzten Endes bedeutete das nur, dass man einem einzigen, vorbestimmten Weg folgte. Für alles andere gab es keinen Platz mehr – nur noch Missbilligung.

Und war das nicht der Grund, warum sie nach Sigma gegangen ist? Letzten Endes? Man erwartete bestimmte Dinge von ihr, und man hat ihr nie gesagt, was das für Dinge sind. Eigentlich nicht.

Darum ging es gar nicht. Ich brauchte einen Job. Sie hätte fast gelacht. Einen Job. Wenn sie gewollt hätte, hätte sie weiterhin zu Hause wohnen oder für Callie arbeiten können. Aber das hatte sie nicht gewollt. Sie wollte nur so weit wie möglich weg sein.

Sie können ihr nicht helfen. Sie sind eine Million Lichtjahre entfernt.

Volkova. Sie hat geglaubt, dass Hannah viel mehr sein kann, als sie selbst denkt. Weil sie das rote Hemd trägt, weil jemand sie für diesen Job eingestellt hat, und das bedeutet, dass sie dazu imstande ist.

Und Lorinda: Als Hannah vorgeschlagen hat, die Sauerstoffversorgung abzuschalten, damit sie alle hinüberdämmern, hat sich Lorinda strikt geweigert. Es wäre vielleicht keine einfache Entscheidung gewesen, und es wäre eine Gnade gewesen, wenn es wirklich schlimm geworden wäre. Aber es hatte auch damit zu tun, dass sie zu früh aussteigen wollte. Dass sie nicht mehr kämpfen wollte.

»Wir …«, beginnt Hannah, dann stockt sie.

Sie wollte *Wir stimmen ab* sagen. Doch dann bemerkt sie Lorindas Blick, und sie versteht.

Sie müssen das Kommando übernehmen, andernfalls sterben wir alle.

Sie blickt sich auf dem Hauptdeck der *Red Panda* um, sieht die erschöpften Gesichter und die hängenden Schultern, die aufgerissenen Sojachipstüten und JamFizz-Dosen, die zusammengeknüllten Jacken und Pullover. Den Dreck, der über den Boden und die Aussichtskuppel gekrochen ist. Den verkrusteten Haufen Kotze, der immer noch nicht beseitigt wurde.

Dann schaut sie nach oben durch die Kuppel. Da draußen

ist der Nebel, der sie herausfordert, von hier zu entkommen. Die unermessliche schwarze Leere, die sich bis in die Unendlichkeit erstreckt.

Lorinda lächelt, als hätte sie die ganze Zeit gewusst, was geschehen wird.

Hannah stellt einen Fuß auf den Sitz neben Roman und beugt sich hinter ihn, um das Klebeband zu lösen.

»Wir fliegen nach Hause.«

56

Das zerstörte Schiff hängt genau vor dem Cockpitfenster, als Hannah sich wieder auf dem Pilotensitz niederlässt.

Sie weiß immer noch nicht, ob sie das Richtige getan hat – selbst jetzt erschaudert sie, als sie daran denkt, dass sie Roman freigelassen hat. Wenn er sich gegen sie alle wendet, ist Hannah dafür verantwortlich.

So darfst du nicht denken. Nach einem zitternden Atemzug legt sie die Hände an die Kontrollen.

Die anderen sind nach unten gegangen, um Jack und Roman vorzubereiten. Irgendwann wird Hannah tun müssen, was Volkova an der Sigma-Station getan hat: die *Panda* genau vor eine sehr enge Öffnung manövrieren. Sie muss es vielleicht nicht tun, während um sie herum das gesamte Universum explodiert, aber sie hat auch nicht Volkovas Erfahrung als Pilotin. Sie muss herausfinden, wie sie die Kommunikation reaktivieren kann, wie sich der Autopilot abschalten lässt, und dann dieses Ding fliegen, ohne dabei alle umzubringen. Ihre Kehle fühlt sich an, als würde sie zuschwellen, als würde sie nicht mehr genug Sauerstoff in ihre Lungen bekommen.

Sie zwingt sich zu einem weiteren tiefen Atemzug, dann öffnet sie die Augen. Zuerst die Kommunikation. Das ist das Wichtigste – wenn sie die *Victory* nicht rufen können, wird alles andere praktisch unmöglich sein.

Während ihr dieser Gedanke kommt, sieht Hannah eine blinkende Nachricht auf einem Bildschirm. VOLLSTÄNDIGER SYSTEM-NEUSTART ABGESCHLOSSEN. PROGRAMM-NEUSTART BESTÄTIGEN?

Endlich ein Fortschritt. Die Stimme der *Panda* ist zwar verdammt nervig, aber vielleicht kann sie die Kommunikation aktivieren. Hannah tippt auf die Nachricht, dann auf das JA im daraufhin erscheinenden Optionsfenster.

Sie hat mit der Stimme gerechnet, aber sie lässt sie trotzdem zusammenschrecken. »System neu gestartet. Willkommen an Bord der *Red Panda*, Identifikationsnummer XT560 Bindestrich T1.«

Es ist die Originalstimme der *Panda*: gut gelaunt, mit männlichem amerikanischem Akzent. Hannah öffnet den Mund, um ihr zu sagen, dass sie nicht Volkova ist, doch dann kommt sie ihr zuvor: »Captain Volkova wurde nicht im Cockpit registriert. Captain Volkova wurde nicht im Schiff registriert. Kontaktiere Kontrollzentrale der Sigma-Station.«

»Gib dir keine Mühe«, murmelt Hannah. Vielleicht war es doch keine so gute Idee. Die *Panda* erlaubt ihr möglicherweise gar nicht, den Autopiloten zu deaktivieren, falls sie nur auf Befehle reagiert, solange Volkova an den Kontrollen sitzt. Hannah wird es manuell tun müssen.

Sie dreht sich herum und will die Stimme wieder ausschalten, als der Computer sagt: »Kontrollzentrale der Sigma-Station antwortet nicht. Ich benötige weitere Informationen, um meine Aufgaben ausführen zu können. Passagier: Bitte nennen Sie den Aufenthaltsort von Captain Jana Volkova.«

Hannah starrt durch das Fenster auf die Überreste der *Resolute*, die in eine glitzernde Trümmerwolke gehüllt ist. »Sie ist tot.«

Es dauert eine Weile, bis das Schiff reagiert. »Bitte bestätigen Sie Ursache und Zeitpunkt des Todes.«

Hannahs Mund fühlt sich viel zu trocken, ihre Zunge viel zu groß an. Schließlich räuspert sie sich. »Sie wurde getötet. Ich weiß nicht, wie lange es her ist. Vielleicht ein paar Stunden.«

»Zur Kenntnis genommen. Vielen Dank, Passagier.«

Bildet sie es sich nur ein, oder schwingt in der Stimme der KI eine Spur von Bedauern mit? Bevor sie genauer darüber nachdenken kann, meldet sie sich wieder zu Wort. »Eine Vorfallmeldung wurde für die Übertragung an die Kontrollzentrale der Sigma-Station und an Sigma Destination Tours vorbereitet. Möchten Sie den Inhalt dieses Berichts hören?«

Nach ein paar langen Sekunden sagt Hannah: »Ja.«

»Captain Jana Magdalena Volkova, verstorben zu einem unbekannten Zeitpunkt am 10. April 2172. Dienstzeit für Sigma Destination Tours: zwölf Jahre, drei Monate, zweiundzwanzig Tage plus eine unbekannte Zeitdauer. Gesamtzahl der absolvierten Flüge mit diesem Schiff: zwanzigtausendsechshundertfünfzehn. Zufriedenstellende Leistungsberichte: elf. Unzufriedenstellende Leistungsberichte: null. Eine vollständige Aufzeichnung aller verbalen Anweisungen von Captain Volkova, ihr Stimmprofil, die Manöver des Schiffs und die Reiselogs wurden diesem Bericht angehängt. Möchten Sie diesen Anhang jetzt hören?«

Hannah will auch diese Frage bejahen, doch dann wird ihr klar, dass sie sich dann Aufzeichnungen aus zwölf Jahren anhören müsste. »Nein«, sagt sie schließlich. Es ist kaum mehr als ein Flüstern.

»Der Bericht wird beim nächsten Kontakt mit der Kontrollzentrale übermittelt. Kein Signal der Sigma-Station registriert. Kein Signal eines Bergungsschiffs registriert. Keine Koordinaten eines Notfallziels registriert.«

»Moment«, sagt Hannah. Sie schließt für eine Sekunde die Augen und überlegt, wie sie es formulieren soll. »Ist die … die externe Kommunikation … können wir etwas senden?«

»Korrekt. Die Kommunikationssysteme sind aktiv.«

Hannah sackt auf dem Sitz in sich zusammen und schließt

erneut die Augen. Okay. Die Kommunikation funktioniert. Jetzt müssen sie nur noch hoffen, dass es so bleibt. Und dass all die anderen tausend irrsinnigen Sachen, die sie machen wollen, reibungslos ablaufen.

»Für den Fall eines Verlusts des Schiffskommandanten ohne Anweisungen von der Stationszentrale«, sagt der Computer, »soll das Kommando an einen fähigen Passagier oder ein Mitglied des Personals übergeben werden. Bitte bestätigen Sie, dass Sie ein fähiger Passagier oder ein Mitglied des Personals sind.«

»Bestätigt«, sagt Hannah. Ihr Sprachvermögen ist immer noch leicht beeinträchtigt.

»Autopilot aktiviert. Kein Annäherungsalarm. Manuelle Steuerung könnte nötig sein, um dieses Schiff in Sicherheit zu bringen. Möchten Sie das Notfall-Lernprogramm für die Schiffssteuerung durchgehen?«

Hannah blinzelt. »Es gibt ein *Lernprogramm*?«

»Korrekt. Alle Schiffe im Dienst von Sigma Destination Tours sind mit Sicherheitsprotokollen auf mehreren Ebenen ausgestattet. Im Fall eines Verlusts des Kommandanten in Verbindung mit dem Fehlen eines Signals von Bergungseinheiten kann es notwendig sein, dass ein fähiger Passagier oder ein Mitglied des Personals das Kommando über das Schiff übernimmt. Das Lernprogramm umfasst eine elementare Einführung in die Bedienung der Kontrollen, der Triebwerksysteme und der Kommunikation. Möchten Sie das Notfall-Lernprogramm für die Schiffssteuerung durchgehen?«

Hannah lehnt sich auf dem Sitz zurück, während sie von fassungsloser Erleichterung überwältigt wird.

Die *Red Panda* hat zwar keine zusätzlichen Lebensmittelvorräte in der Rettungskapsel, und sie ist nur unzulänglich für den Betrieb im Weltraum ausgestattet. Aber zu irgendeinem Zeitpunkt in ferner Vergangenheit hat irgendein Programmierer der Firma entschieden, ein Lernprogramm für den Notfall einzurichten, und in diesem Moment sieht es danach aus, als wäre genau das ihre Lebensrettung.

Hannah will die *Panda* gerade auffordern, das Lernprogramm zu starten, als ihr eine völlig verrückte Idee kommt.

»Computer ... hast du vorhin gesagt, dass du ein Stimmprofil von Captain Volkova hast?«

»Korrekt. Während Captain Volkovas Dienstzeit von zwölf Jahren, drei Monaten, zweiundzwanzig Tagen plus eine unbekannte Zeitdauer wurden sämtliche verbalen Anweisungen und Stimmmuster aufgezeichnet und gespeichert, wie es die Richtlinien zur Personaldatenanalyse von Sigma Destination Tours vorschreiben.«

»Kannst du ...« Sie hält inne, weiß nicht genau, wie sie es formulieren soll. »Kannst du wie sie sprechen? Mit ihrer Stimme?«

»Ich bin in der Lage, Anweisungen in über vierhundert verschiedenen von der Frontier anerkannten Sprachen und mehr als fünfzig Akzenten zu übermitteln.«

»Aber kannst du auch dein Stimmmuster auf das des Captains umschalten?« Noch während sie es sagt, kommt es ihr albern vor. *Was tust du da?*

Sie erwartet, dass der Computer verneint. Was völlig vernünftig wäre, weil ihre Idee einfach nur verrückt ist – Volkova ist tot, und sie ist auf sich allein gestellt. Doch zu ihrer Überraschung sagt das Schiff im nächsten Moment: »Das ist korrekt. Möchten Sie, dass ich für das Notfall-Lernprogramm auf Captain Volkovas gespeichertes Stimmprofil umschalte?«

Erstaunt antwortet Hannah: »Ja. Bestätigt.«

Eine Pause von einem Sekundenbruchteil. Dann dringt die Stimme von Jana Volkova mit dem schweren russischen Akzent aus den Lautsprechern. »Willkommen beim Notfall-Lernprogramm für die Schiffssteuerung der *Red Panda*, einem

Schiff von Sigma Destination Tours. Bitte nennen Sie Ihren Namen.«

Hannah will sprechen, doch dann stellt sie fest, dass sie weint. Tränen rollen über ihr Gesicht und tropfen auf ihre Unterarme. Sie kauert sich auf dem Sitz zusammen.

»Bitte nennen Sie Ihren Namen«, wiederholt Volkova.

Sie will mit *Hannah Elliot* antworten, doch als sie ihre Stimme wiedergefunden hat, sagt sie stattdessen: »Reiseführerin. Mein Name ist Reiseführerin.«

»Willkommen, Reiseführerin. Dieses Lernprogramm wird Ihnen demonstrieren, wie Sie dieses Schiff sicher bedienen. Bitte legen Sie die Hände an den Steuerknüppel, wie es auf der Bildschirmgrafik genau vor Ihnen angezeigt wird.«

Hannah tut es. Dabei zittern ihre Hände ein wenig.

»Bitte bestätigen Sie, dass Sie bereit sind, mit dem Lernprogramm für die Steuerung zu beginnen.«

»Ich bin bereit.« Trotz ihrer Tränen lächelt Hannah. »Erzähl mir eine Geschichte.«

57

Lorinda achtet sorgsam darauf, dass sie einen ruhigen Eindruck macht, auch wenn es in ihr völlig anders aussieht. Sie ist davon überzeugt, dass Jack in Ohnmacht fallen würde, wenn sie es nicht täte.

Sie erinnert sich an das erste Mal, als sie im Kuiper-Gürtel ausgestiegen ist, sie erinnert sich daran, wie schwierig es war – obwohl sie vorher einen ganzen Monat lang trainiert hat. Da draußen bewegt man sich ganz anders als erwartet. Alles ist stark übertrieben. Jede einzelne Aktion hat Konsequenzen.

Jack kennt sich vermutlich nicht mit den Details aus, aber er hat eine allgemeine Vorstellung, und es ist nicht zu übersehen, dass er kurz davorsteht, völlig auszurasten. Also zeigt Lorinda weiter ein ungezwungenes Lächeln und entspannt die Schultern, während sie ihm in den Anzug hilft. Es ist gar nicht so schwer, wie sie gedacht hat. Falls sie diese Sache überstehen, denkt sie, sollte sie überlegen, in die Politik zu gehen, so wie Anita. Sich für irgendein Amt bewerben.

Falls sie es überstehen.

Sie wissen nicht, wann das andere Schiff eintreffen wird – Roman konnte es ihnen nicht sagen, weil der Commander ihres Außenpostens diese Entscheidung treffen muss. Also haben sie beschlossen, ihn und Jack bereit zu machen, damit sie sofort aussteigen können, wenn es so weit ist. Es könnte knifflig werden – und nicht nur für Jack.

Zum tausendsten Mal denkt sie über eine Möglichkeit nach, wie sie Jacks Aufgabe übernehmen könnte. Doch ihre

Gedanken kehren immer wieder zu diesem einen Punkt zurück: Wenn sie es bis auf die Brücke des anderen Schiffs schaffen, muss Romans Begleitung als Angehöriger des Militärpersonals durchgehen. Das ist für Lorinda ausgeschlossen.

Corey und Malik sind immer noch auf dem Hauptdeck, und Hannah ist ins Cockpit gegangen, sodass nur noch Everett, Anita, Jack und Roman in der Bar sind. Und natürlich Seema, deren Leiche auf der anderen Seite des Raums liegt. Gott sei Dank muss Lorinda nicht zu ihr hinüberschauen.

Auch Brendan ist ausgeschaltet. Sie haben darüber diskutiert und entschieden, ihm die Handschellen anzulegen, mit denen zuvor Roman gefesselt war, statt ihn weiter in der eiskalten Toilette eingesperrt zu lassen. Jetzt sitzt er auf der Treppe, die Hände hinter dem Rücken fixiert. Everett ist bei ihm und hält ihn am Oberarm fest. Seine Augen sind getrübt, bei jeder Bewegung zuckt er vor Schmerz zusammen, sein Gesicht ist eine zerfleischte rote Masse.

Er hat kein Wort gesagt, und obwohl er sich zu wehren versucht hat, als sie die Toilettentür öffneten, konnten sie ihn ohne allzu große Mühe überwältigen. Roman hielt ihn im Schwitzkasten, während Anita ihm die Handschellen anlegte. Danach wurde er fügsam, war zu benommen, um Widerstand leisten zu können.

Lorinda lässt Jacks rechten Handschuh einrasten, während Roman mit der Versiegelung am Hals beschäftigt ist. Er ist immer noch in seinem Anzug, und trotz der Klobigkeit bewegt er sich mit effizienter, konzentrierter Eleganz. Lorinda blickt Jack in die Augen. »Fast fertig«, sagt sie, immer noch lächelnd.

Jack nickt und schluckt.

»Gehen wir noch einmal alles durch«, sagt Lorinda zu ihm.

»Das haben wir doch schon zweimal gemacht.«

Sie lässt nicht locker. »Noch einmal.«

Jack hebt die linke Hand und zeigt ihr das Joystick-Modul. »Damit kontrolliere ich meine Richtung. Nach oben, nach unten, zur Seite.« Er tippt auf den Wippschalter über dem Stick. »Vorwärts und rückwärts.«

»Gut«, sagt sie und sieht ihn erwartungsvoll an.

Er seufzt und schließt die Augen, als würde er versuchen, sich zu erinnern. »Behutsame Bewegungen, ja, verstanden.«

»Ja. Kurzer, kontrollierter Schub auf die Düsen. Alles, was Sie da draußen tun, wird extrem verstärkt. Und was sollen Sie *nicht* tun?«

»Die Arme bewegen?«

»Genau. Es ist nicht wie in einem Swimmingpool. Sie können nicht ...«

»Das *weiß* ich.«

Sie ignoriert ihn. »Sie können nicht schwimmen. Jede Bewegung, die Sie vollführen, beeinflusst Ihre Haltung und Ihre Position. Fassen Sie Ihr Ziel ins Auge – über der Luftschleuse müsste sich eine Reihe von roten Lichtern befinden.« Sie blickt zu Roman, um es sich bestätigen zu lassen.

Der Soldat nickt. »Hören Sie auf sie«, sagt er zu Jack und deutet mit dem Kinn auf Lorinda. »Sie weiß, wovon sie redet.«

»Ja.« Lorinda überprüft Jacks rechte Handschuhversiegelung und ist immer noch nicht ganz zufrieden. »Das machen vierzig Jahre im Kuiper-Gürtel mit einem.«

»Sie waren im Bergbau tätig?«

»Richtig.«

»Helium-3?«

»Ja.« Sie beschäftigt sich mit der linken Handschuhversiegelung. »Gelegentlich auch etwas Wolfram.«

»Ich kannte ein paar Prospektoren. Kein leichter Job.«

»Wir sind zurechtgekommen.« Sie sieht ihn mit einem knappen Lächeln an und widmet sich dann wieder Jack.

»Und Sie bleiben immer dicht hinter Roman, geben ihm aber genug Platz zum Manövrieren. Überlassen Sie ihm die Führung.«

Lorinda wartet, dass er ihr antwortet. Doch er sagt nichts.

»Jack. Schauen Sie mich an.«

Er schaut sie an.

»Ich werde die ganze Zeit bei Ihnen sein.« Sie tippt sich ans Ohr. »Hören Sie einfach auf meine Stimme. Ich kann das Display Ihres Anzugs nicht sehen, aber ich werde Sie sehen können. Wenn ich Ihnen sage, dass Sie etwas tun sollen, widersprechen Sie nicht, sondern tun es einfach. Verstanden?«

»Ja. Ja, klar. Sicher.«

»Machen Sie sich keine Sorgen«, sagt sie. »Wir werden gleich hinter Ihnen sein.«

Jacks Mundwinkel zucken. »Das will ich hoffen.«

Roman sichert seine Halsversiegelung. Es klickt und zischt, als sie sich schließt, und Jack zuckt zusammen. Der graue Anzug des Soldaten unterscheidet sich sehr von Jacks weißem – hoch entwickelte Militärtechnik neben der billigsten und kosteneffektivsten Lösung, die Sigma Destination Tours sich leisten konnte.

Trotzdem klingt die Geschichte, die sie vorbereitet haben, recht plausibel. Die *Resolute* erlitt einen katastrophalen Maschinenschaden, und Roman und Jack konnten als Einzige aus dem Schiff entkommen. Daraufhin flüchteten sie sich in die *Panda*, und sie wollen behaupten, dass sie dabei Rücksicht auf die Passagiere genommen haben, ein Detail, das Lorinda beunruhigt.

Jacks militärischer Anzug wurde beschädigt, weshalb er ihn gegen einen aus der *Panda* austauschte. Unter dem Anzug trägt er nicht die gleiche militärische Kleidung wie Roman, aber das ist etwas, womit sie einfach leben müssen.

Roman blickt ungeduldig zur Luftschleuse. Keiner von

ihnen beachtet den hinteren Bereich der Bar, sodass niemand sieht, wie Seema sich rührt, wie ihr Fuß zuckt.

»Und wenn wir auf der Brücke sind?«, sagt Roman.

»Was ist nur mit Ihnen los?«, erwidert Jack. »Ich bin nicht mehr fünf.«

Roman bedenkt ihn mit einem strengen Blick.

Jack seufzt. »Na gut. Ich kontrolliere unsere Drift während des Sprungs mit den zwei Sticks unter dem Display. Das Fadenkreuz immer genau im Zentrum halten. Müsste genügen.«

»Und?«

»Und was?«

Roman wartet.

»*Und*«, sagt Jack entnervt, »es ist nicht immer möglich, einen genauen Wert zu bekommen, wie nahe wir dem Rand der Blase sind, wenn ich mich nur auf das Display verlasse. Ich muss auf die Vibration achten, weil wir sonst herausgerissen werden. Sehen Sie? Ich weiß Bescheid.«

Roman spricht mit monotoner, konzentrierter Stimme. »Und wie ich sagte, werde ich Ihnen nicht helfen können. Ich werde auf der anderen Seite der Brücke sein, während Sie sich um die Materieabschirmung kümmern. Wenn Sie in Schwierigkeiten geraten, sind Sie auf sich allein gestellt. Verstanden?«

»Warten Sie!« Corey und Malik sind oben auf der Treppe aufgetaucht. Der ältere Bruder stützt den jüngeren. Coreys Gesicht ist vor Schmerz verzerrt, seine Haut glänzt von Schweiß.

Lorinda blinzelt erstaunt. Eine Sekunde später hat sie ein leicht beschämtes, warmes Gefühl. Er will an der Sache teilhaben. Sein Bein ist zertrümmert, aber er will trotzdem dabei sein.

»Haben Sie ihm von den Manövrierdüsen erzählt?«, ruft Corey.

»Ja, mein Junge, vielen Dank.«

»Denn wenn er damit nicht sehr vorsichtig …«

Seema stürmt explosionsartig hinter der Theke hervor.

Durch das Trauma, das sie erlitten hat, ist ihr Geist praktisch ausgeschaltet, und ihre Augen sind gerötet und unkonzentriert. Aber ihr Körper funktioniert noch, taumelt stolpernd auf sie zu, wie ein in die Enge getriebenes Tier, das plötzlich angreift. Ihre Muskelerinnerung an tausend Kämpfe leitet sie und gibt ihr Kraft. Ihre Füße donnern auf die Bodenplatten, und der Lärm ist so erschreckend, dass alle für eine entscheidende halbe Sekunde erstarren.

Roman reagiert zuerst, schießt hinter Jack hervor. Doch im gleichen Moment stürmt Brendan von der Treppe herab und schreit den Namen seiner Frau.

Seine Hände sind immer noch hinter seinem Rücken gefesselt, und Lorinda ist sich gar nicht sicher, ob er überhaupt weiß, was er tut. Roman versucht sich an ihm vorbeizuschieben, aber der Anzug schränkt seine Bewegungsfreiheit ein. Er kann nicht rechtzeitig ausweichen, als Brendan mit ihm zusammenstößt und ihn mit sich zu Boden reißt.

Corey schreit entsetzt, während Everett sich aufrappelt, um Seema abzufangen. Lorinda stellt fest, dass sie sich nicht rühren kann. Dass sie den Blick nicht von diesen wahnsinnigen Augen abwenden kann. Klebriger Speichel tropft aus Seemas Mundwinkel.

Sie hält genau auf Jack zu.

Lorinda reagiert, bevor sie nachdenken kann, und tritt vor ihn. Ihr einziger Gedanke ist, dass sie den Anzug brauchen, dass sie ohne ihn erledigt sind.

Seema trifft sie mit der Wucht eines Meteoriten, der durch die Atmosphäre stürzt, lässt sie in der Hüfte einknicken. Roman ist unter Brendan hervorgekrochen, aber er ist zu weit entfernt, um helfen zu können. Lorinda knallt gegen Jack, und Seemas Hände greifen nach der Halsversiegelung, zerren daran …

Für eine Sekunde hängen die drei zusammen, und Lorinda nimmt den Raum wahr, als wäre er in der Zeit erstarrt. Corey und Malik oben auf der Treppe, die Münder schockiert aufgerissen. Verwirrung auf Everetts Gesicht. Roman und Anita, die nach Seema greifen, ihr aber nicht nahe genug sind.

Dann reißt die Wucht sie auseinander. Jack wird davongeschleudert, schlittert über den Boden. Lorinda stürzt über ihn, kracht gegen die geschlossene Luftschleusentür, stößt mit dem Hinterkopf dagegen.

Es knackt tief in ihrem Kopf, wie eine überladene Sicherung, die durchbrennt. Dann wird alles sanft, dunkel und still.

58

Everett bekommt Seema einen Sekundenbruchteil zu spät zu fassen. Sie wirbelt verwirrt herum, und in diesem Moment greift Roman zu und bricht ihr das Genick.

Trotz der Handschuhe, die er bereits angelegt hat, ist es eine einzige schnelle Bewegung, ein Ruck, bei dem es mehr um den sorgsam gewählten Ansatz als um rohe Kraft geht. Das Geräusch ist ein grässliches Knacken.

»Nein!«

Es ist Brendan. Er taumelt von der Theke herüber, den Ausdruck schockierter Wut auf dem Gesicht. Everett und Anita packen ihn, halten ihn fest. Er ist so rasend, dass er sie beinahe abschüttelt.

Hannahs Stimme dringt knisternd aus den Deckenlautsprechern. »Ich höre seltsamen Lärm von da unten«, sagt sie und versucht, lässig zu klingen, was ihr gründlich misslingt. »Kann jemand raufkommen und mir einen Statusbericht geben?«

Roman zieht die Handschuhe aus und schnippt mit den Fingern vor Lorindas Gesicht. Ihr Kopf liegt schief, ihre Augen sind geschlossen, die Haut ist bleich. Jack kann den Ansatz eines riesigen Blutergusses erkennen, der sich genau hinter ihrem Ohr bildet.

»Nichts«, sagt Roman.

»Was meinen Sie mit *nichts*?« Anita ist wieder auf den Beinen und blickt entsetzt auf Lorinda.

»Keine Reaktion.« Roman berührt den Bluterguss. »Sie hat ein SHT. Wenn …«

»S… – *was zum Teufel ist ein SHT?*«

Romans Tonfall ändert sich nicht. »Ein Schädel-Hirn-Trauma.«

»Wie geht es ihr?«, ruft Corey. Er und Malik stehen immer noch auf der Treppe.

»Wie können Sie sich so sicher sein?«, fragt Everett, der immer noch über dem gefesselten Brendan steht.

Roman zieht Lorindas Augenlid hoch, unter dem nur das Weiß des Augapfels zu erkennen ist. »Sie reagiert auf keine externen Reize. Und dieser Bluterguss? Genau hier? Eine subkraniale Schwellung.« Er legt einen Finger an Lorindas Hals. »Kein Puls«, sagt er.

Und in diesem Moment wird Jack klar, dass er sich nie davon überzeugt hat, ob Seema wirklich tot ist. *Nein. Das ist nicht wahr. Ich …*

Er hat es nicht getan. Er wollte es tun, aber seine Nase war ein pochender Albtraum, sein Gehirn ein Schwamm voller Adrenalin. Und er hat das Knacken gehört, als ihr Hals gegen die Kante des Tresens knallte. So etwas kann niemand überleben. Danach hat er das alles verdrängt und sich gesagt, dass es keine Rolle spielt, was sein Körper bereitwillig bestätigt hat.

Sein Blick geht zur Luftschleusentür, zu der Stelle, wo Lorinda mit dem Kopf dagegengeschlagen ist. Die Oberfläche ist tatsächlich eingedellt, und etwas verschmiertes Blut ist zu erkennen. Sie ist hinüber. Und es ist seine Schuld. Im Anzug fängt Jack an zu zittern. Er wird das Bewusstsein verlieren, er spürt bereits, wie das Blut aus seinem Kopf schwindet.

Anita hat die Hände erhoben und rauft sich das Haar. Sie blickt sich zur Treppe um und erinnert sich an ihre Jungs, dann geht sie zu ihnen hinüber. Corey schluchzt, Malik starrt benommen und mit fassungslosem Entsetzen nach unten.

»Könnte jemand mit mir reden?«, fragt Hannah über Lautsprecher. Ihre Stimme klingt nicht mehr so ruhig.

»Was tun wir jetzt?«, wendet sich Everett an Roman.

Der Soldat schüttelt den Kopf.

Everett sieht ihn an, als hätte er den Verstand verloren. »Wir müssen ihr helfen«, sagt er, spricht die Worte langsam aus, als wäre Roman ein kleines Kind.

»Dazu ist es zu spät.«

»Wagen Sie es ja nicht, so etwas zu sagen. Sie können nicht …«

»Hey.« Roman legt eine Hand auf Everetts Schulter. »Wir können nichts für sie tun. Sie hat keinen Puls. Selbst wenn wir den Druck erleichtern könnten, selbst wenn sie es irgendwie übersteht, geht es hier um eine schwere Hirnverletzung. Dafür haben wir keine Zeit, nicht wenn wir bereit sein müssen, sofort aufzubrechen, sobald das andere Schiff auftaucht.« Sein Tonfall wird ein wenig sanfter. »Es tut mir leid. Ich weiß, dass Sie so etwas in diesem Moment nicht hören wollen, aber wenn Sie sich nicht zusammenreißen, können wir das alles vergessen.« Er sieht Jack an. »Alles bei fünf mit Ihnen?«

»Was?«

Roman reagiert leicht gereizt. »Kommen Sie damit klar?«

Jack weiß nicht, was er darauf antworten soll. *Schrecken* beschreibt es nicht einmal ansatzweise. Lorinda war die Einzige, die ihn davor bewahrt hat, völlig zusammenzubrechen, und jetzt ist sie ausgeknockt. Wenn er nach Seema gesehen hätte, wie er es tun wollte … aber es wäre gar nicht nötig gewesen, wenn er Volkova nicht …

Es ist zu viel. Kommt er klar? Er kann sich kaum rühren.

Aber gleichzeitig gibt es für ihn nur eine Antwort. Die einzige Antwort, die Hector von ihm erwartet hätte.

Er hat in seinem Leben viele Dinge verpatzt – sogar die meisten, wenn er absolut ehrlich zu sich selbst ist. Und hat es jemals einen besseren Zeitpunkt gegeben, ehrlich zu sein, als jetzt, wo sie alle so knapp davorstehen, als verdammter Weltraummüll zu enden?

Aber das wird er nicht verpatzen. Er darf es nicht verpatzen. Oder wenn doch, dann hat es nicht daran gelegen, dass er betrunken war oder sich nicht genug Mühe gegeben hat. Nicht weil er vergessen hat, etwas Bestimmtes zu tun. Lorinda … sie hat etwas Besseres verdient.

Er ist nicht für alles verantwortlich, was mit ihnen geschehen ist. Aber er hat es schlimmer gemacht. Das darf er sich nicht mehr erlauben. Er muss sich zusammenreißen.

»Alles fünf mit mir«, sagt er zu Roman.

»Bei fünf.«

»Du mich auch.«

59

Vor einer Mission wurde Roman immer völlig ruhig.

Er nutzte die paar Minuten vor dem Einsatz dazu, noch einmal das Informationsmaterial durchzugehen, seine Ausrüstung zu checken, sich die Ziele einzuprägen. Er zog sich in seine eigene Welt zurück, ordnete seine Gedanken, breitete alles vor sich aus, wie ein Feld ordentlich ausgesäter Pflanzen, die er mit einem Blick überschauen kann.

Das, worüber er nie nachgedacht hat – worüber er nie nachdenken musste –, ist die Tatsache, dass es nur funktionierte, weil alle anderen um ihn herum das Gleiche taten. Im Einsatzschiff war es immer still. Niemand redete mit den anderen. Nur reine, absolute Konzentration.

Hier kann er das nicht tun. Noch vor den Ereignissen der letzten zwei Minuten war es viel zu laut. Zu chaotisch. Er hat den Kindern versprochen, dass er ihnen helfen wird. Er hat ihnen sein Wort gegeben. Aber will er es wirklich tun? Will er alles verraten, was ihn bisher angetrieben hat?

Er zwingt sich, den Jungen anzusehen. Sein Bruder setzt ihn auf der Treppe ab, nachdem seine Mutter ihm gesagt hat, dass er zum Cockpit gehen und Hannah sagen soll, was passiert ist. Coreys und Romans Blicke treffen sich, und er bemüht sich, nicht wegzuschauen. *Tu es für ihn. Für ihn und Madhu.*

Der Gedanke an Madhu entfacht den Zorn in ihm, den winzigen Ball aus Hass, der in seinen Eingeweiden pulsiert. Er ignoriert es, setzt sich in Bewegung, überprüft Jacks Anzug, gleitet mit den Fingern an den Nähten des Tornisters entlang.

Ohne genau hinzuschauen, spürt er, dass etwas nicht stimmt. Er beugt sich über Jacks Schulter, mustert blinzelnd die Datenanzeigen auf dem Tornister. »Wir haben ein Problem.«

»Was meinen Sie damit?«, fragt Jack und versucht den Kopf in Romans Blickrichtung zu drehen.

»Hier«, sagt er und tippt gegen den Halsverschluss. »Ihre Versiegelung ist aufgerissen. Und die Werte des Tornisters sind falsch. Ich glaube, drinnen hat sich irgendetwas gelockert.«

»Können Sie es reparieren?«, fragt Jack.

»Ich kann es«, sagt Everett. Er sieht immer noch aus, als würde er gleich in Ohnmacht fallen, aber er durchquert mit zielstrebigen Schritten die Bar.

»Ev?« Anita überprüft noch einmal Brendans Handschellen und rennt ihm dann hinterher. »Was tust du da?«

Roman sieht ihn stirnrunzelnd an. »Haben Sie schon mit Anzügen gearbeitet?«

»Nein. Aber ich kann gut mit meinen Händen umgehen. Wenn ich hineinkomme …«

»Lass es einfach *ihn* machen«, sagt Anita und zeigt auf Roman. »Er ist es, der nach draußen gehen wird. Wir müssen uns um die Jungs kümmern. Du …«

Roman will ihr erklären, dass er kein Anzugtechniker ist, als Everett sich umdreht und seine Frau an den Schultern packt.

»Anita«, sagt er. »Du bist die wunderbarste Frau, der ich je begegnet bin. Du bist richtig gut in deinem Job, und du bist eine hervorragende Mutter. Ich liebe dich und unsere Jungs mehr als das Leben selbst, und ich möchte das alles gegen nichts anderes eintauschen. Aber in diesem Moment musst du mich meine Arbeit machen lassen. Du musst nach Corey und Malik schauen und auf Brendan aufpassen, und ich muss diesen Anzug reparieren.«

»Ev …« Anita bringt das Wort kaum heraus. Jetzt weint sie, die Tränen laufen bis zu ihren Mundwinkeln hinunter.

Er drückt sie an sich. »Ich weiß.«

Im gleichen Moment dröhnt Hannahs Stimme aus den Lautsprechern. Diesmal gibt sie sich keine Mühe, ihre nackte Panik zu unterdrücken.

»Ein Schiff!«, ruft sie so laut, dass ihre Stimme verzerrt wird. »Hier ist ein Schiff! Weit weg, aber es kommt schnell näher.«

Ein Schiff. Mit großer Sicherheit die *Victory*. Hayes, der es satthat, auf die Rückkehr seines Teams zu warten. Der beschlossen hat, einen weiteren Sprungkern zu verbrennen, um herauszufinden, was schiefgelaufen ist.

Bestimmt ist auch Rodriguez an Bord. Sein Kamerad, dessen Verlobte bei Bellatrix in Stücke geschossen wurde. Hayes hat ihn für das Reserveteam ausgewählt. Romans Mund fühlt sich plötzlich sehr trocken an.

Es ist nicht nur seine eigene Vergeltung, der er hier den Rücken kehrt. Was würde Rodriguez tun, wenn er an seiner Stelle wäre? Hätte er auch so schnell nachgegeben?

»Ich kann das nicht machen«, sagt Roman.

»Was soll das heißen?« Corey starrt Roman an, als wäre er verrückt geworden. Ihm laufen immer noch Tränen über die Wangen.

Everett hält plötzlich inne, wäre fast auf der Treppe gestolpert.

Roman lässt den Kopf hängen. »Sie erwarten von mir, dass ich Verrat begehe, an meinen …«

Er kann nicht weitersprechen. Er wollte *Freunden* sagen, aber das stimmt nicht. Die Leute in der *Resolute* und der *Victory* sind keine Freunde im traditionellen Sinn. Sie sind nicht einmal eine Einheit – nur eine Gruppe von Individuen, die das gleiche Hühnchen zu rupfen haben. Aber er weiß, was jeder Einzelne von ihnen durchmacht, hat es selbst jeden Tag der vergangenen zehn Jahre gespürt. Er kann sich nicht gegen sie stellen. Er kann es nicht.

Er blickt zu Corey hinüber, als hätte der Junge ihn verstanden. Corey starrt nur zurück, den Mund leicht geöffnet.

»Wir können Sie nicht zu einer Entscheidung zwingen.«

Anita. Sie ist zu Corey gegangen, steht hinter ihm, die Hände auf seinen Schultern, das Kinn leicht angehoben. Ihr Gesicht ist gerötet und aufgedunsen, sie hat dunkle Augenringe, aber ihre Stimme klingt fest.

»Aber auch von uns hatte hier niemand die freie Wahl«, fährt sie fort. »Wir haben uns irgendwie beholfen. Wir haben uns etwas überlegt. Und Sie haben meinem Sohn Ihr Wort gegeben, dass Sie uns helfen werden.«

Ihre Finger schließen sich um Coreys Schultern. »Also müssen Sie sich entscheiden. Und Sie müssen es schnell tun. Sofort. Weil es ansonsten vorbei ist. Für uns alle.«

Ein paar Sekunden lang scheint es so, als wäre die Szene in der Bar wie in Bernstein eingeschlossen.

»Ich werde sie rufen«, hört Roman sich sagen und macht sich auf den Weg zur Treppe.

60

Hannah hat gedacht, sie hätte es unter Kontrolle.

Sie hat ein paar einfache Übungen mit den Düsen der *Panda* gemacht, um ein Gefühl dafür zu bekommen. Das Lernprogramm war unkompliziert – sogar viel leichter, als sie erwartet hat. Trotzdem hat sich in ihrem Kreuz eine Schweißpfütze gebildet und Schmerz in ihren Fingern ausgebreitet, mit denen sie den Steuerknüppel hält, aber das war in Ordnung. Absolut in Ordnung.

Ihr war klar, dass irgendetwas in der Bar passiert, etwas Schlimmes – sie konnte Rufe und dumpfe Schläge hören. Aber sie hat es nicht gewagt, ihren Posten zu verlassen, um nachzuschauen. Und dann hat sie plötzlich das andere Schiff gesehen, das sich ihrer Position nähert, und alles, was sie soeben gelernt hat, ist wieder aus ihrem Kopf verschwunden.

Sie weiß nicht, woher es gekommen ist oder aus welcher Richtung. Aber mit einem Mal war es da, hing im Schwarz hinter dem zerstörten Tor, vielleicht drei Kilometer entfernt – auch wenn sie nicht so gut darin ist, hier draußen Entfernungen zu schätzen, was vielleicht zu einem Problem werden könnte, wenn sie tatsächlich versucht, diese blöde Kiste im Hangar des größeren Schiffs zu parken.

Sie sieht keine Details, aber die Albedo ist von hier aus gut genug. Sie kann die Form erkennen, die typischen Finnen. Der Eingang auf der Unterseite, wahrscheinlich kaum breiter als das Loch in der Sigma-Station, durch das Volkova sie hindurchmanövriert hat. Wobei sie den Bauch der *Panda* aufgeschürft hat.

Wie viel Zeit bleibt ihnen? Minuten? Weniger? Panik überwältigt sie, der Schrecken lässt sie am Sitz festkleben. Sie müssen verschwinden. Unbedingt! Sie müssen nach Sigma zurückkehren, sich wie zuvor im Hotel verstecken …

Rennende Schritte im Durchgang hinter ihr. Anita und Malik tauchen auf, Malik hält immer noch seine Holokamera umklammert. Auch Everett ist da, atemlos, die Augen weit aufgerissen. Roman folgt ihnen mit grimmiger Miene.

»Können Sie mit ihnen reden?«, fragt Hannah und zeigt auf den Teil der Kontrollkonsole, von dem sie glaubt, dass es das Kommsystem ist.

»Lorinda ist tot«, sagt Anita, noch bevor Hannah zu Ende gesprochen hat.

Hannah dreht den Kopf herum und sieht sie an, fest davon überzeugt, sich verhört zu haben.

»Wie …?«

»Seema … sie war nicht …« Anita reibt sich mit einer Hand das Gesicht. »Sie hat Lorinda hart getroffen, sie ausgeknockt.«

Hannahs Welt verschwimmt an den Rändern. Plötzlich ist sie sich jeder körperlichen Empfindung bewusst: wie sie im Pilotensitz kauert, der klamme Schweiß, der ihr Hemd an der Haut kleben lässt, die geriffelte Textur des Steuerknüppels in ihrer Hand.

Doch am meisten ist ihr bewusst, wie ihr Herz pocht, ein schnelles Hämmern in ihren Ohren. Sie müssen von hier abhauen. Anders geht es nicht. Der Traum stürzt wieder auf sie ein, die Metallkugel, die sich ihrem Elternhaus nähert, ihre Mom und ihr Dad, die gar nicht hinschauen, die ihr zuwinken, während ein Schatten auf sie fällt.

Und im gleichen Takt wie ihr Herz hämmert es: *Glück gehabt, Kleine, Glück gehabt, Kleine, Glück gehabt, Kleine* …

Hannah nimmt einen Atemzug, zählt dabei bis vier. Dann

hält sie für einen Moment die Luft an und atmet wieder aus. Sie rückt sich auf dem Sitz zurecht, löst ihr klebriges Hemd von der Rückenlehne.

Roman greift an ihr vorbei, seine Hände bedienen die Kontrollen. »*Victory*, hier ist Rufzeichenkennung *Resolute*, Delta 1830 Tango-6, haben Sie verstanden? Ende.«

Nichts. Keine Antwort. Nicht einmal Rauschen.

Roman brummt und justiert die Frequenz nach. »*Victory*, Rufzeichenkennung *Resolute*, Delta 1830 Tango-6. Melden Sie sich, Ende.«

Immer noch nichts. Die *Victory* kommt jetzt schneller näher. Wenn die *Panda* keinen Kontakt bekommt, werden sie die Kugeln freisetzen, und sie wären erledigt. Sie könnten nichts dagegen tun. Wie viel Zeit würden sie gewinnen, wenn sie flüchten? Zehn Sekunden? Weniger?

»*Victory, Resolute*. Bitte antworten Sie. Ende.«

Plötzlich dringt Rauschen aus den Lautsprechern im Cockpit. Dann eine Männerstimme, schwach, aber verständlich. »Rufzeichenkennung *Resolute*, hier ist die *Victory*, Alpha 3668 November-9. Wir hören Sie. Wie ist Ihr Status? Ende.«

»*Victory, Resolute*. Unser Schiff hatte ein katastrophales Versagen des Sprungtriebwerks. Zwei von uns konnten uns in Raumanzügen retten und das Kommando über ein ziviles Schiff übernehmen. Erbitten Bergung, Ende.«

»*Resolute, Victory*. Mit wem spreche ich? Ende.«

»*Victory, Resolute*. Hier spricht Petty Officer First Class James Roman. Ich bin hier mit …«

Er verstummt. Hannah sieht ihn an, auch wenn sie ihre ganze Willenskraft braucht, um den Blick vom näher kommenden Schiff abzuwenden. Anscheinend überlegt er, welchen seiner Soldatenkameraden er nennen soll. Welche Identität er Jack geben könnte.

»Ich bin hier mit Petty Officer Third Class Lachlan Jacobs.

Sein Anzug wurde beschädigt, aber wir haben in diesem Schiff einen Ersatz für ihn gefunden. Bitte um Erlaubnis, die Luftschleuse der *Victory* zu betreten, Ende.«

Romans Gesprächspartner identifiziert sich nicht. »*Resolute, Victory*. Haben Sie Ihr Primärziel erreicht? Ende.«

Anita murmelt etwas. Hannah wirft ihr einen strengen Blick zu, aber nichts deutet darauf, dass man sie am anderen Ende der Verbindung gehört hat.

»*Victory, Resolute*. Bestätigt. Primärziel wurde erreicht. Ende.«

Eine lange Pause.

»*Resolute, Victory*. Verstanden. Wir bereiten die Bugluftschleuse für Sie vor. Danach können Sie sich auf eine verdammt ernsthafte Nachbesprechung gefasst machen. *Victory* Ende.«

Roman richtet sich auf und zeigt auf die Unterseite des anderen Schiffs. »Sobald sich das Tor dort öffnet, setzen Sie sich in Bewegung. Verstanden?«

Hannah nickt. Sie hat den Atem angehalten und stößt ihn nun in einem zitternden Schwall aus. Roman duckt sich und verschwindet im Durchgang.

»Und was machen wir?« Anita erweckt den Eindruck, als wollte sie einfach nur fliehen, wie Hannah das im Sinn hatte. Aber sie rührt sich nicht.

»Nichts«, sagt Hannah, ohne den Bauch der *Victory* aus den Augen zu lassen. »Jetzt noch nicht.«

Und dann hat sie eine Idee.

Sie weiß nicht, ob es eine gute ist oder ob sie langfristig überhaupt irgendeinen Unterschied machen wird. Fast hätte sie sie wieder aufgegeben. Doch wenig später dreht sie sich zu Malik um, obwohl sie sich immer noch nicht ganz sicher ist, wie sie es machen will.

»Hey«, sagt sie. »Könntest du mir einen Gefallen tun?«

61

Jack kann sich kaum rühren.

Wie zum Henker konnte Lorinda sich darin problemlos bewegen? Wie kann irgendjemand das tun? Selbst mit Unterstützung der Servos bricht ihm bei jeder Bewegung erneut der Schweiß auf der Stirn aus. Der Anzug fühlt sich an, als wollte er das Leben aus ihm herausquetschen. Als sie die Luftschleuse verließen, dachte er, ihm würden die Arme aus den Gelenken gerissen.

Er ist dicht hinter Roman. Die *Victory* ist etwas mehr als einen Kilometer vor der *Panda* zum Stehen gekommen. Ihre schwere, spitz zulaufende Silhouette blendet einen großen Teil des Nebels aus.

Lorindas Worte: *Kurzer, kontrollierter Schub auf die Düsen. Alles, was Sie da draußen tun, wird extrem verstärkt.*

Er will sich nicht vorstellen, wie sie von den Leuten in der *Victory* beobachtet werden. Oder was sie tun werden, wenn sie beschließen, dass Jack nicht der ist, als den Roman ihn ausgegeben hat.

Er leidet nicht unter Klaustrophobie, aber der Helm liegt viel zu fest um seinen Kopf – die Scheibe ist seiner Nase zu nahe, das Display viel zu hell. Er leckt sich über die Lippen, die seltsamerweise trotz der Feuchtigkeit im Anzug trocken sind. Seine Achselhöhlen und das Kreuz sind schweißgetränkt.

Hier draußen ist alles viel größer als er selbst. Sogar das kleinste Trümmerstück des zerstörten Tors ist ein Brocken, der ihn erledigen könnte. Er weiß, dass das wahrscheinlich nicht stimmt, dass es hier vermutlich Millionen von winzigen Metallstückchen gibt, aber es fühlt sich nicht so an.

Unwillkürlich muss er an ein altes Foto denken, das er einmal gesehen hat, aufgenommen von der Kamera einer Sonde, im einundzwanzigsten Jahrhundert. Ein Schnappschuss von der Erde, aufgenommen zwischen den Ringen des Saturn. Aus dieser Entfernung ist der gesamte Planet nur ein winzig kleiner blauer Punkt. Man hätte ihn mit der Kante eines Fingernagels verdecken können.

Er sucht immer wieder nach den roten Lichtern rund um die Luftschleuse der *Victory* und sieht sie nirgendwo. Was ihn jedoch nicht aufhält. Hier draußen gibt es nichts, worauf er sich konzentrieren könnte, nichts, das sich nicht bewegt.

»Vorsicht. Trümmer unter Ihnen.« Romans Stimme ertönt knisternd in Jacks Ohr, zusammen mit einer kleinen Anzeige auf seinem Display: ANZUGKOMM. Er hat nicht damit gerechnet und drückt versehentlich mit dem Daumen gegen die Düsensteuerung. Das versetzt ihn in leichte Drehung, und sein Magen fühlt sich an, als würde er eine Sekunde länger brauchen, um seiner Bewegung zu folgen.

Kein Problem. Er muss das Manöver nur korrigieren. Er drückt den Joystick in die Gegenrichtung, hält ihn jedoch einen Sekundenbruchteil zu lange fest, sodass sich die Drehung umkehrt. Panisch versucht er mit dem Stick herumzuspielen, worauf er in noch etwas schnellere Rotation versetzt wird.

Er muss sich verkneifen, nach dem Saum seines Hemdes greifen zu wollen – nach so vielen Jahren passiert es automatisch. Doch die leichte Bewegung seiner Hand macht es irgendwie noch schlimmer. Er dreht sich jetzt unkontrolliert, der Nebel huscht vor ihm zur Seite. Was zum Teufel machen sie überhaupt hier draußen? Menschen sind nicht dafür gemacht, sich im Weltraum aufzuhalten. Das ist Wahnsinn.

Ein fast unhörbarer Stoß, den er in seinem Helm eher spürt als hört, während seine Bewegung gestoppt wird. Roman hat sich herumgedreht und seine beiden Füße in der Lücke zwischen Jacks Anzug und dem Tornister verankert. Nun lässt er seine Düsen feuern, um ihre Flugbahn wieder zu stabilisieren.

»Reißen Sie sich zusammen«, zischt der Soldat.

Jack verspürt plötzlich das irrationale Bedürfnis, laut zu schreien. Aber natürlich ist es dazu viel zu spät. Er steht genau auf der Kippe, und die einzige Person, auf die er sich in diesem Moment verlassen kann, ist jemand, den er noch vor einigen Stunden foltern wollte, um Antworten zu erhalten.

Er schluckt, nickt, vergisst für eine Sekunde, dass Roman die Bewegung gar nicht sehen kann. »Ja«, sagt er.

»Gut. Seien Sie vorsichtig mit den verdammten Düsen. Die alte Dame wusste, wovon sie geredet hat.«

Jack spürt einen weiteren Ruck, als Roman sich von ihm löst. Er versucht, die *Victory* wiederzufinden, und versetzt sich dadurch erneut in Drehung. In den Handschuhen kann er seine Finger nicht präzise genug bewegen, selbst mit Unterstützung durch die Servos kann er anscheinend nur fest zudrücken oder gar nicht.

Plötzlich ist die Stimme des Commanders der *Victory* in seinem Helm. »An die Offiziere Roman und Jacobs, allgemeiner Kanal der *Victory*. Hier spricht Commander Hayes. Wir sehen, dass einer von Ihnen Steuerungsprobleme hat. Benötigen Sie Hilfe? Ende.«

Bevor Jack irgendetwas sagen kann, antwortet Roman auf dem Kanal. »*Victory*, Roman. Negativ. Jacobs trägt einen zivilen Anzug, und wir glauben, dass es ein Problem mit der Feedback-Schaltung gibt. Wir haben alles unter Kontrolle. Ende.«

Das Schiff gleitet in sein Blickfeld. Jack gibt starken Gegenschub auf die Düsen und stoppt damit irgendwie seine Rotation. Roman sagt nichts dazu.

»Jacobs, *Victory*. Einer meiner Ingenieure sagt mir, er könnte Ihnen ein Software-Paket für Ihren Anzug schicken, mit dem sich das Feedback-Problem vielleicht beheben lässt. Können Sie die I/O-Funktion auf Ihrem Helm-Display aufrufen? Ende.«

Zuerst sagt Jack nichts, weil er erwartet, dass Roman antwortet. Dann wird ihm klar, dass Roman eine Antwort von *ihm* erwartet. Warum auch nicht? Schließlich hat der Commander der *Victory* ihn direkt kontaktiert.

Sein Geist schaltet sich ab. Er hat keine Ahnung, was er antworten soll. Wenn sie ihm dieses Paket schicken und er weiterhin Probleme hat ...

»Äh ... Jacobs, *Vic...* – ich meine *Victory*, Jacobs«, sagt er. Schweißtropfen hängen vor seinem Gesicht, winzige Kügelchen aus Feuchtigkeit, die in der Schwerelosigkeit dahintreiben. »Alles bei fünf hier. Ich habe es unter Kontrolle.« Er macht eine Pause. »Ende.«

Ganze zehn Sekunden lang kommt keine Antwort. Vor ihm schwebt Roman auf die *Victory* zu. Es ist klar, worum es geht: *Weiter!*

»Jacobs, *Victory*. Verstanden. Begeben Sie sich zu Luftschleuse zwei. Ende.«

Langsam, sehr, sehr langsam wird die *Victory* größer. Endlich erkennt Jack ihr Ziel, rote Lichter, die über der Luftschleusentür leuchten.

Roman hat nichts mehr gesagt, seit er zuletzt mit dem Commander gesprochen hat, und das Schweigen macht Jack immer mehr zu schaffen. Es ist erdrückend, wie eine zähe Flüssigkeit, die nach und nach seinen Helm ausfüllt. Er hört nur seinen eigenen Atem, der übertrieben laut und stockend, aber auch keuchend klingt.

In diesem Moment entsteht eine andere Öffnung in der Seite des Schiffs. Eine Startröhre für die Metallkugeln.

Jack stockt der Atem. »Scheiße«, sagt er.

»Jacobs, *Victory*, bitte wiederholen. Ende.«

Der ANZUGKOMM-Kanal leuchtet auf, und Roman sagt verärgert: »Was ist los?«

»Die …« Fast hätte er darauf gezeigt. »Diese Kugeln. Sie werden feuerbereit gemacht.« Die Leute haben seine Schwierigkeiten beobachtet, sind darauf gekommen, dass er kein Weltraumsoldat ist, und haben beschlossen, zu Ende zu bringen, was die *Resolute* begonnen hat.

»Entspannen Sie sich.« Roman treibt in sein Sichtfeld. »Vermutlich nur eine Sicherheitsvorkehrung.«

»Eine Sicherheitsvorkehrung. Toll. Wogegen?«

Roman antwortet nicht. Er aktiviert seine Düsen und driftet weiter auf die *Victory* zu. Irgendwie schafft Jack es, ihm zu folgen.

Die Luftschleusentür ist deutlich größer als die der *Panda* – mindestens fünf Meter breit, zu beiden Seiten jeweils drei Lichter. Jack muss sich anstrengen, nicht erneut ins Trudeln zu geraten, während er sich nähert und langsam über Roman zum Stillstand kommt. Unter ihm kann er die *Red Panda* erkennen, wie sie vor dem schwarzen Hintergrund hängt.

Er folgt Romans Beispiel und richtet sich so aus, dass seine Füße in die richtige Richtung zeigen, wenn sie von der Gravitationssenke des Schiffs erfasst werden. Die Türhälften öffnen sich lautlos, offenbaren ein hell erleuchtetes weißes Innenmodul, das kantig und klobig wirkt. Sie driften hinein, und Jacks Magen scheint sich zu drehen, als die Schwerkraft einsetzt.

Nur Gott weiß, wie es ihm gelungen ist, die korrekte Ausrichtung beizubehalten. Er landet zwar auf den Füßen, aber er kann sein Gleichgewicht nicht wahren. Er fällt auf die Knie. Sie haben es geschafft. Gütiger Himmel, sie haben es geschafft! In diesem Moment spielt es überhaupt keine Rolle, dass sie sich in einem feindlichen Schiff befinden. Hauptsache, sie sind nicht mehr draußen.

Plötzlich fühlt sich der Anzug viel zu eng an. Er greift nach seinem Helm, sucht nach der Halsversiegelung.

»Warten Sie.«

Romans Stimme klingt harsch, seine Hand liegt schwer auf Jacks Schulter. Er zeigt auf etwas, und Jack sieht eine Reihe aus fünf weiteren roten Lichtern über der inneren Tür. Während er zuschaut, wechseln sie von Rot zu Grün, eins nach dem anderen. Die Luftschleuse wird unter Druck gesetzt. Hätte er seinen Helm zu früh abgenommen …

Und wenn der Commander hier auf sie wartet, oder jemand, der diesen mysteriösen Lachlan Jacobs kannte …

Die Lichter werden grün. Jack reißt sich keuchend den Helm herunter, und die Geräusche der *Victory* stürmen auf ihn ein. Rasseln, Rumpeln, ein Summen im Infraschallbereich, das er in seiner Magengrube spüren kann. Es sind die gleichen Geräusche wie auf der *Panda,* nur verstärkt und verzerrt.

Er ist immer noch auf den Knien. Roman steht neben ihm und nimmt den Helm ab. Gleichzeitig öffnet sich die Innentür.

Als sie zurückgleitet und der Lärm des Motors die Luftschleuse ausfüllt, wäre Jack fast ohnmächtig geworden. Nicht nur weil der Außeneinsatz beinahe ein schlimmes Ende genommen hätte, sondern weil seine Gedanken auf Hochtouren laufen, und für eine Sekunde sieht er einen Trupp Soldaten hinter der Tür, die Waffen erhoben, bereit, drei Kugeln in seinen Körper zu jagen, genauso wie die Roses es mit Hector gemacht haben.

Und falls Roman sie noch nicht verraten hat, wird er es tun, sobald er die anderen Soldaten sieht.

Jack blinzelt. Vor der Schleuse steht nur eine einzige Person, eine Frau mit dunkler Haut und schwarzem Haar, das zu einem ordentlichen Pferdeschwanz zurückgebunden ist. »Roman?« Ihr Blick wechselt zwischen ihnen hin und her. »Jacobs?«

In ihren Augen blitzt kein Wiedererkennen auf, als sie Jack ansieht – aber auch kein Misstrauen. Was gut ist. Ihr Akzent ist nur schwach – vielleicht aus dem Nahen Osten, überlegt Jack. Sie trägt einen strengen schwarzen Overall. Die muskulöse Figur darunter erinnert Jack an Seema, und für einen Moment glaubt er, wieder ihre Hände um seinen Hals zu spüren.

Roman hebt das Kinn. »Ich bin Roman.«

»Mahmoud«, sagt sie. »Die Bordärztin.«

»Sind wir sprungbereit?«, fragt Roman in beiläufigem Tonfall.

»Hayes will zuerst mit Ihnen reden. Er sagt, ich soll Sie kurz in der Krankenstation untersuchen und Sie dann in sein Quartier bringen. Vorwarnung: Er ist gar nicht glücklich.«

62

Sie haben Brendan wieder in die Toilette gesperrt, weiterhin in Handschellen. Niemand weiß, was sie sonst mit ihm machen sollen, und niemand möchte das Risiko eingehen, dass er sich frei bewegen kann.

Er wehrt sich gegen sie, diesmal noch heftiger, brüllt den Namen seiner Frau, aber er ist immer noch zu benommen. Und da er gefesselt ist und von Everett und Anita an den Armen festgehalten wird, kann er nicht entkommen.

Corey kann nicht aufhören, an Lorinda zu denken. Sie liegt immer noch hinter ihm, auf dem Boden ausgestreckt. Es kommt ihm so unwirklich vor. Er rechnet damit, dass er aufblickt und sie plötzlich vor ihm steht, mit einem verlegenen Grinsen auf dem Gesicht. *Tut mir leid. Ich bin wohl für eine Sekunde weggetreten.*

»Bringt mich nach oben«, sagt Corey, als Brendan eingesperrt ist und die Kisten wieder die Tür blockieren.

Seine Mutter scheint widersprechen zu wollen, doch dann überlegt sie es sich anders.

Malik ist noch im Cockpit, also heben Anita und Everett Corey auf. Er hat die Zähne so fest zusammengebissen, dass seine Kiefer schmerzen.

Inzwischen sind ihnen die Nanomeds ausgegangen. Er kann nicht glauben, wie schnell sie sie verbraucht haben. Die große Katze ist noch mit einer Mahlzeit beschäftigt, aber Corey weiß, dass sie schon bald damit fertig sein wird. Entweder schaffen sie es, und ein richtiger Arzt kann sich um seinen Beinbruch kümmern, oder …

Oder er wird sich gar keine Sorgen um sein Bein mehr machen müssen.

Als sie oben auf der Treppe das Geländer passieren, verliert Everett das Gleichgewicht, und Coreys Fuß schlägt gegen das Metall. Der Schmerz ist so stark und plötzlich, dass er Sterne sieht, kleine Lichtpunkte am Rand seines Sichtfelds.

»Tut mir leid, Kumpel«, sagt sein Dad. Doch er und Anita tragen ihn einfach weiter, drehen sich zur Seite, als sie den Durchgang erreichen.

Corey kann an ihnen vorbei einen Blick auf das Hauptdeck werfen: die Plastiksitze, den verschrammten Boden, die schlecht verkleideten Lautsprecher in der Decke, rund um das verschmierte Sichtfenster. Die Strebe an der Wand, wo er den Halt verloren hat, nachdem Captain Volkova die Schwerkraft ausschaltete. Und während er das alles in sich aufnimmt, hat er ein sehr seltsames Gefühl.

Er will, dass die *Panda* es übersteht.

Er will, dass sie wieder fliegt.

Verglichen mit den anderen Schiffen, die Corey zu Hause auf den Postern hat, selbst im Vergleich zu denen, die Jamie entwirft, ist sie gar nichts. Sie ist ein winziges, langweiliges Touristenschiff. Geringe Reichweite, unbewaffnet, und bevor Volkova am zerstörten Tor den Metallkugeln ausgewichen ist, hätte Corey vermutet, dass sie null Manövrierfähigkeit besitzt. Aber sie hat sie am Leben erhalten. Ohne die *Panda* wären sie nicht hier.

Bitte übersteh es! In diesem Moment ist er sich gar nicht sicher, ob ihm das Schiff oder die Passagiere wichtiger sind.

Sie drängen sich in das Cockpit, und seine Eltern legen ihn behutsam ab. Vom Boden aus kann Corey nicht allzu viel sehen, aber er hat das Kampfschiff im Blickfeld. Es ist jetzt nahe genug, dass er Einzelheiten erkennen kann: die graue und orangefarbene Lackierung, die starren, spitzen Finnen. Corey vergisst zu atmen.

»Was machen sie?«, fragt sein Dad.

Hannah wendet den Blick nicht vom Frachthangar der *Victory* ab, der immer noch fest verschlossen ist. »Ich weiß es nicht. Aber sie sind hineingegangen.«

Anita und Malik beugen sich vor und versperren Corey die Sicht. »Müsste das Tor nicht inzwischen offen sein?«, sagt Anita. Sie versucht, ihre Stimme ruhig klingen zu lassen, jedoch ohne Erfolg. »Haben sie es nach drinnen geschafft?«

»Das habe ich gerade gesagt.«

»Warum ist dann …?«

»Ich weiß es nicht.«

Stille breitet sich im Cockpit aus. Corey beobachtet, wie Hannah die Finger vom Steuerknüppel nimmt, sie schüttelt und dann wieder in Position bringt. Jetzt liegt es nur an ihr. An ihr, Jack und Roman. Corey hat alles getan, was er konnte.

Jetzt können sie nur noch …

Der Schmerz überlagert alles. Er kommt in einer riesigen, brennenden Welle, schlimmer als alles, was er zuvor empfunden hat. Er schreit, greift nach seinem Bein, will es halten, wagt es aber nicht.

Durch die Tränen sieht er seine Eltern doppelt, wie sie einen entsetzten, verzweifelten Blick austauschen. Malik legt eine Hand auf seine Schulter. »Alles wird gut«, sagt er immer wieder, als wollte er statt Corey hauptsächlich sich selbst beruhigen.

»Wir müssen doch irgendetwas tun können«, sagt Everett zu seiner Frau. Für Corey klingt es, als würde er aus weiter Ferne sprechen.

Seine Mom schüttelt den Kopf, ihr Gesicht ist blass im Licht des Cockpits. »Nichts.«

»Aber was wäre, wenn wir …?«

Anita geht nicht auf ihn ein, sondern lässt sich vor Corey auf die Knie fallen und legt eine Hand an seine Wange. Sie ist schweißfeucht, und er will ihr sagen, dass sie sie wegnehmen soll, aber er bekommt nichts heraus. Die Katze beißt fester zu, und er schreit erneut. Hannah zuckt auf ihrem Sitz zusammen.

»Habe ich dir jemals erzählt, wie dein Vater und ich zusammengekommen sind?«, fragt Anita.

Von Coreys Gesicht tropft der Schweiß, aber er schafft es, den Kopf zu schütteln. »Ihr habt gesagt … dass ihr euch am College kennengelernt habt.« Jedes Wort fühlt sich an, als müsste er es hinauspressen.

»Richtig. Aber wir haben dir nie erzählt, wie.«

Sie versucht ihn abzulenken. Corey will ihr sagen, dass sie sich nicht die Mühe machen soll. Er kann es nur aushalten, wenn er den Kopf senkt und gegen die Katze kämpft. Wenn er sie zurückdrängt. Irgendwie. Er versucht zu sprechen, aber es geht nicht. Seine zerfetzte Kehle gehorcht ihm nicht mehr.

»Nita.« Everett scheint es äußerst unangenehm zu sein. »Wir haben doch gesagt, dass wir das nicht …«

Sie ignoriert ihn, rückt etwas näher an Corey heran, greift mit der anderen Hand nach Maliks Schulter. »Also, während ich in Kalifornien auf dem College war, hatte ich einen Freund. Offensichtlich nicht euer Dad. Sein Hauptfach war Nanochemie, und mit uns war es schon eine ernste Sache.«

»Wie hieß er?«, fragt Malik mit einem Seitenblick zu Corey. Als wäre ihm klar, was seine Mom beabsichtigt, als wollte er ihr helfen.

Sie verzieht das Gesicht. »Das spielt keine Rolle. Aber er war kein guter Mensch. Wir lebten zusammen, und er …«

Eine längere Pause. Corey erwartet, Erleichterung zu empfinden, weil sie aufgehört hat. Doch stattdessen will er unbedingt wissen, wie es weitergeht. Sie hatte recht – alles ist besser, als sich darauf zu konzentrieren, was in der unteren Hälfte seines Körpers geschieht.

»Er hat mich nicht geschlagen«, sagt Anita tonlos. »Aber er wurde immer wieder … ausfällig. Ich schätze, du weißt, was das bedeutet. Er wollte mich kontrollieren.«

Sie sieht ihre beiden Söhne an. »Eines Tages waren wir auf der Straße unterwegs. Es war im August. Und ich sagte etwas … ich weiß gar nicht mehr, was es war, aber es machte ihn wütend.« Sie leckt sich über die Lippen. »Er fing an, mich dort auf der Straße anzubrüllen. Mich zu beleidigen.«

»Wer war er?« Malik wirkt empört.

»Das ist nicht wichtig«, sagt Everett, kaum lauter als ein Murmeln. Er starrt durch das Cockpitfenster auf das andere Schiff.

»Und ich habe geweint.« Wieder leckt sie sich über die Lippen. »Weil ich nicht wusste, was ich tun konnte. Viele Leute waren auf der Straße, und ich wusste, dass ich etwas zu ihm sagen muss, damit er aufhört. Aber ich wusste nicht, was. Und niemand hat uns beachtet. Er hat nur diese … schrecklichen Sachen gebrüllt, und …«

Sie schnieft – es ist die Art von feuchtem Schniefen, wenn jemand den Tränen nahe ist, sich aber bemüht, nicht zu weinen.

»Und dann tauchte aus dem Nichts euer Dad auf. Er war eigentlich gar nicht auf diesem College. Er bekam kein Stipendium, und du weißt, dass deine Großeltern nicht viel Geld haben, also arbeitete er als …« Sie schließt die Augen, als würde sie versuchen, sich zu erinnern.

»Linsenreparateur«, murmelt Everett.

»Als Linsenreparateur, richtig. Und er hatte in der Nähe einen Job und sah, was passierte. Also rannte er herbei und versuchte, zwischen uns zu gelangen. Nur um meinen Freund zu beruhigen.«

Sie berührt ihren Mann und zieht ihn näher heran. Jetzt fließen die Worte aus ihr heraus.

»Also schlägt mein Freund ihn. Und dann tritt er ihn mit den Füßen. Und ich schreie ihn an, dass er aufhören soll, aber er tut es nicht, und niemand schaut auch nur in unsere Richtung, und ich hatte so große Angst …«

Dann lächelt sie. Ja, sie lächelt wirklich.

»Und dein Dad … er … er ruft nur: ›Lassen Sie sie in Ruhe!‹ Er liegt am Boden, wird verprügelt, und er will nur, dass der Kerl *mich* in Ruhe lässt.«

Sie wischt sich über das Gesicht, weint jetzt ungehemmt. Um sie herum ist es völlig still im Cockpit. »Irgendwann kam die Polizei und beendete den Streit. Dein Dad verbrachte die Nacht im Krankenhaus und wurde mit allen Nanos vollgepumpt, die man auftreiben konnte.«

»Und danach seid ihr zusammengekommen?«, fragt Malik.

»Nicht sofort. Wir blieben für ein paar Monate Freunde, bis er mich fragte, ob ich mit ihm ausgehen würde, und dann dauerte es noch ein paar Jahre, bis wir tatsächlich geheiratet haben. Ich musste ihn überreden, mit mir nach Austin zu gehen.«

Endlich ist Coreys Kehle wieder in der Lage, Laute von sich zu geben. »Warum … habt ihr uns das nie erzählt?«

In der folgenden Stille ist er sich der drei Menschen sehr bewusst, die sich um ihn drängen.

»Weil …« Anita schluckt und reckt dann die Schultern. Sie sieht ihren Mann an, wie um sich zu vergewissern, ob er damit einverstanden ist. Dann sagt sie: »Weil wir entschieden haben, dass ihr nicht hören solltet, dass euer Dad zusammengeschlagen wurde. Oder dass eure Mom angebrüllt wurde, von einem …«

Ein heftiges Schluchzen bricht aus ihr hervor. Everett legt

den Arm um sie, und sie drückt ihr Gesicht an seine Schulter, während ihr Körper sich schüttelt.

»Aber ihr wolltet euch doch scheiden lassen«, sagt Malik mit hörbarem Erstaunen.

Everett seufzt. »Wir haben darüber gesprochen. Die letzten paar Jahre waren … schwierig.«

»Aber wenn du ihr geholfen hast«, hört Corey sich sagen, »warum habt ihr …?«

»Das Leben nimmt manchmal seltsame Wendungen, Kumpel. Deine Mutter und ich, nun, wir mussten ein paar Sachen klären. Wir haben sehr unterschiedliche Persönlichkeiten.«

»Aber selbst wenn es dazu kommt«, sagt Anita und hebt den Kopf von der Schulter ihres Ehemannes, die Augen gerötet, »liebe ich euren Dad immer noch.« Ihr Tonfall wird energisch. »Ich will, dass ihr das wisst. Er hat mir geholfen, als kein anderer dazu bereit war, und er gab mir …«

Es dauert einen Moment, bis sie weitersprechen kann.

»Er gab mir meine zwei Jungs«, sagt sie. »Euch beide.«

Sie zieht ihre Kinder in eine leidenschaftliche Umarmung. Everett hält alle drei, als könnte er sie vor dem beschützen, was kommen wird.

Anitas Stimme ist sehr leise. »Ich liebe euch so sehr! Euch alle!«

»Auch wir lieben dich, Mom«, sagt Malik.

Corey weiß nicht, ob es wirklich stimmt. Doch als in diesem Moment die Katze ihre Zähne in sein Bein schlägt und das große Schiff vor ihnen aufragt und sich ihre Lebenszeit vielleicht nur noch in Minuten bemessen lässt, stellt er fest, dass es ihn gar nicht interessiert.

Nicht im Geringsten.

63

Für ein so riesiges Schiff ist die Krankenstation der *Victory* winzig. Der fensterlose, rechteckige Raum ist mit Ausrüstung vollgepackt, die den größten Teil der Bodenfläche einnimmt und sich an den Wänden bis zur Decke stapelt. Jack sitzt auf einem der drei Betten und blinzelt im grellen weißen Licht.

Er wagt es nicht, sich zu rühren. Nicht bevor Roman es tut. Mahmoud mag nur eine Bordärztin sein, aber man muss kein Genie sein, um darauf zu kommen, dass sie ihn vermutlich in einer halben Sekunde umhauen könnte. Und selbst wenn er entkommen könnte, hätte er nicht den leisesten Schimmer, was er dann tun soll.

Was macht er hier überhaupt? Er soll darauf achten, dass Roman sie nicht verrät, und ihm schließlich bei der Bedienung des Sprungtriebwerks helfen. Letzteres könnte er sogar schaffen. Vielleicht. Aber wenn Roman sich gegen sie wendet, wie genau soll er, Jack, ihn dann stoppen? Diesmal ist keine Lorinda mit einer Glasscherbe zur Stelle. Niemand, der ihm helfen könnte.

Lorinda. Jack muss sich zwingen, nicht zu zittern.

Er blickt zu Roman hinüber. Sie tragen noch ihre Anzüge, und Mahmoud leuchtet dem Soldaten gerade mit einer Stiftlampe ins Auge. »Sieht gut aus«, sagt sie und schaltet das Licht aus. »Sie sind in Ordnung. Sie können jetzt übrigens Ihren Anzug ablegen.«

Sie dreht sich halb zu Jack herum, hält dann inne. »Roman …«

»Ja?« Roman beschäftigt sich mit seiner Halsversiegelung.

Zum ersten Mal wirkt Mahmoud verunsichert. »Als Sie in der *Resolute* waren … war dort auch eine Offizierin namens Reyes an Bord? Silvia Reyes?«

Roman erstarrt. Seine Stimme ist kaum zu hören. »Ja.«

»Ist sie …?« Mahmoud kann nicht weitersprechen.

Roman schüttelt den Kopf, sehr langsam, von einer Seite zur anderen. Eine Welle von Emotionen läuft über das Gesicht der Bordärztin. Sie reißt sich wieder zusammen, schließt kurz die Augen und wendet sich dann Jack zu.

»Jacobs«, sagt sie, ihre Stimme zittert nur ganz leicht. »Dann wollen wir mal schauen, wie es Ihnen geht. Oh, was ist mit Ihrer Nase?«

Jack fühlt sich taub. Er betastet seinen Nasenrücken und die Oberlippe, auf der noch ein paar Schorfreste kleben. »Das ist passiert, als …« Er schluckt. »… als die *Resolute* … Sie wissen schon. Es ist nicht so schlimm, wie es aussieht.«

»Gut.« Mahmoud nickt nachdenklich. »Haben Sie sonst irgendwelche Schmerzen? Ein Pfeifen in den Ohren?«

»Nein.«

Mahmoud scheint ins Leere zu blicken und blinzelt, während sie offenbar mit ihrer Linse Daten abruft. Wann will Roman etwas *unternehmen*? Die Zeit läuft ihnen davon. Der Soldat steigt aus seinem Anzug – darunter trägt er einen schwarzen Overall mit dem gleichen Dolchsymbol auf der Brust.

»Ich werde Ihnen einen Schuss Oraxalon verpassen«, sagt Mahmoud zu Jack. »Wir wissen nicht, wie gut die Strahlungsabschirmung Ihres Anzugs ist. Haben Sie schon einmal eine Dosis bekommen?«

»Nein, ich … ich glaube nicht.«

»Sicher? Denn falls, müsste ich die Menge anpassen. Egal, ich kann einfach nachschauen.« Sie blinzelt zweimal. »Okay, Jacobs, hab Sie gefunden. Jetzt holen wir Sie aus diesem Anzug und …«

Mahmoud hält inne und runzelt die Stirn. Sie sieht Jack an, blinzelt, blinzelt noch einmal. Ihr Gesichtsausdruck ändert sich, sie kneift die Augen zusammen, und dann wird Jack klar, was geschieht. Sie schaut sich das medizinische Profil des echten Lachlan Jacobs an.

Das auch ein Foto enthält.

Bevor er irgendetwas sagen kann, hat sich Roman in Bewegung gesetzt. Er legt einen Arm um Mahmouds Hals, zwingt sie auf die Knie und zieht sie gleichzeitig nach hinten. Sie knurrt erstickt und setzt ihre Ausbildung ein, versucht ihre Hände unter seinen Arm zu zwängen. Jack sitzt benommen da und sieht tatenlos zu. Ihm ist klar, dass er helfen sollte, aber er hat keine Ahnung, wie.

Mit einer so schnellen Bewegung, dass Jack sie fast nicht bemerkt, schaukelt Roman zurück, dann stößt er dreimal mit der freien Hand gegen Mahmouds Hals. Ihr Körper erschlafft, zuckt, und sie krallt sich für einen Sekundenbruchteil an seinem Arm fest, bevor ihre Hand herunterfällt.

Roman hält sie noch für einen Moment. Dann lässt er sie langsam – fast zärtlich – zu Boden sinken. Sie atmet noch, ihr Brustkorb hebt und senkt sich.

»Heilige Scheiße.« Jack fällt nichts anderes ein, was er sagen könnte.

»Raus aus dem Anzug.« Roman macht den Eindruck, als wollte er mit Jack dasselbe machen wie mit Mahmoud, doch nachdem sie ausgeschaltet ist, zögert er nicht mehr. Er nimmt sich ihre Waffe – eine dicke, klobige Pistole mit geriffeltem Griff. Dann tut er etwas sehr Seltsames. Er nimmt seine Linse heraus, wirft sie fort, dann tastet er mit den Fingerspitzen in Mahmouds verdrehtem Auge.

Mit geübter Leichtigkeit entfernt er ihre Linse und setzt sie sich ein. Er bemerkt, dass Jack ihn ansieht. »Ist mit ihrer Waffe synchronisiert«, sagt er. Dann blickt er auf Mahmouds bewusstlosen Körper, und eine dunkle Wolke zieht über sein Gesicht. Schließlich macht er sich auf den Weg zur Tür. »Gehen wir.«

Jack streift seinen Anzug ab, so schnell er kann. Er muss aufpassen, dass er sich nicht in den straffen Versiegelungen verfängt. Dann folgt er Roman und versucht, das Zittern in seinen Beinen zu ignorieren. Er muss sich konzentrieren. Hier steht nicht nur sein eigenes Leben auf dem Spiel. Wieder sieht er Lorinda vor sich, den Bluterguss an ihrer Schläfe.

Jack war schon einmal an Bord eines militärischen Kreuzers der Frontier, vor über fünfzehn Jahren. Es war in der Zeit, als er anfing, als Reporter zu arbeiten, lange bevor er diesen Mist aufgab, um über Reisen zu schreiben. Mitten im Krieg war die Frontier begierig auf Öffentlichkeitsarbeit und bot einer Gruppe von Journalisten einen Rundgang durch eins ihrer Schiffe an.

Hier erkennt er den Stil wieder: Die Korridore sind zweckmäßig eingerichtet, eng, überall glänzendes Metall und in den Wänden versenkte Leitungen. Was fehlt, sind Hinweisschilder. Im Kreuzer, den er besichtigt hat, gab es überall Richtungshinweise, die zur Messe zeigten, zum Maschinenraum, zur Brücke. Hier ist nichts dergleichen – als würde die Besatzung so etwas nicht benötigen.

Jack erzittert wieder und läuft los, um Roman einzuholen. Ohne ihn wäre er verloren und wenig später tot.

Die Korridore sind menschenleer – vielleicht wird das Schiff nur mit Minimalbesatzung betrieben. Sie gehen schweigend, Roman hat die Führung übernommen. Sein militärischer Overall hat ein schmales Holster, in das er die Pistole der Bordärztin steckt.

Aus der Ferne hört Jack eine Stimme über das Lautsprechersystem, doch die Worte werden in den gewundenen Korridoren bis zur Unverständlichkeit verzerrt. Vielleicht die KI des Schiffs – die vermutlich etwas höher entwickelt ist als der strohdumme Computer an Bord der *Panda*. Vielleicht steuert sie sogar diese verdammten Kugeln.

»Warum haben Sie so lange gewartet?«, fragt Jack.

Roman blickt verärgert über die Schulter zurück. »Wie bitte?«

»Mit … mit dieser Ärztin.« Er sucht nach ihrem Namen. »Mahmoud. Sie hätten sie in dem Moment überwältigen können, als Sie den Raumanzug abgelegt hatten. Sie hätte sowieso gemerkt, dass etwas nicht stimmt, wenn sie meine zivile Kleidung gesehen hätte. Also, warum haben Sie gewartet?«

Roman bleibt stehen, legt unbewusst die Hand an die Waffe und dreht sich zu Jack um. Vor der hellen Beleuchtung des Korridors ist er nur eine Silhouette, sein Gesicht liegt im Schatten.

»Ich möchte eins klarstellen«, sagt er leise, fast flüsternd. »Ich habe Ihnen mein Wort gegeben, dass ich Ihnen helfe. Dazu stehe ich. Aber ich habe nicht gesagt, wie ich es tun will, und ich habe Sie nicht mitgenommen, damit Sie meine Entscheidungen infrage stellen. Wenn Sie das noch einmal tun, jage ich Ihnen eine Kugel ins Bein und schleife Sie zur Brücke. Das wird Sie nicht daran hindern, mir mit dem Sprungtriebwerk zu helfen.«

»Okay, Mann.« Jack hebt die Hände und bemüht sich, nicht auf sein pochendes Herz zu achten. Und bevor er darüber nachdenken kann, sagt er: »Wer hat *Ihnen* denn aufs Frühstück gepinkelt?«

Diese Erwiderung kommt automatisch – so etwas hat er immer zu Hector gesagt, wenn sein Partner schlecht gelaunt war. Englisch war nicht Hecs Muttersprache, weshalb er ihm erklären musste, warum jemand den Drang verspüren sollte, in eine Schale mit Sojaflakes zu urinieren. Es war zu einem Insiderwitz zwischen ihnen geworden – schließlich hatte

Hector es sogar zu ihm gesagt, es ihm mit gleicher Münze heimgezahlt.

Mein Gott, er würde Hector so gern wiedersehen. Er würde alles geben, um ihn an seiner Seite zu haben. Nicht dass es ihm helfen würde. Schließlich hat er soeben einen Spezialeinsatzkämpfer angeschnauzt, der noch vor fünf Sekunden damit gedroht hat, ihn zu erschießen. *Das läuft ja wunderbar!*

Roman erschießt ihn nicht. Stattdessen tut er etwas, womit Jack überhaupt nicht gerechnet hat: Er grinst.

»Mit Teamwork haben Sie es nicht so, wie?«, fragt er.

Jack schüttelt unwillkürlich den Kopf. »Eigentlich nicht.« Seine Stimme krächzt.

»Nun, dann sollten Sie irgendwie damit klarkommen. Es läuft auf ein gottverdammtes Wunder hinaus, wenn man uns nicht erschießt, sobald wir die Brücke erreichen. Wenn Sie also nicht genau das tun, was ich Ihnen sage, und zwar sofort, sind wir erledigt. Verstanden?«

Ohne ein weiteres Wort wendet er sich ab und setzt seinen Marsch durch den Korridor fort. Jack folgt ihm und muss sich alle Mühe geben, nicht mehr zu zittern.

Zwei Korridore später sagt Roman: »Ich wollte die Ärztin nicht in die Sache hineinziehen.«

»Was?«

»Sie haben gefragt, warum ich so lange gewartet habe.« Roman dreht sich nicht zu ihm um. »Ich dachte, es besteht vielleicht die Chance, sie rauszuhalten. Sie hätte uns ohne Untersuchung gehen lassen können und wäre dann einfach in der Krankenstation geblieben.«

Diesmal verzichtet Jack auf eine Bemerkung. Und ein paar Minuten später haben sie die Brücke erreicht.

Es ist ein großer Raum mit einem breiten, schrägen Aussichtsfenster auf einer Seite, hinter dem der Nebel schimmert. Das Innere ist in drei gestaffelte Ebenen mit verschiedenen Kontrollkonsolen unterteilt. Aus irgendeinem Grund hat Jack hier gedämpfte Beleuchtung erwartet, doch es war noch viel heller als in den Korridoren. Zahlreiche Halogenleuchten ziehen sich die gewölbte Decke entlang.

Sechs Besatzungsmitglieder sind anwesend, alle im gleichen schwarzen Overall wie Roman, und zwei von ihnen – ein Mann und eine Frau, die beide wirken, als wären sie aus Granit gehauen – tragen den gleichen Aufnäher mit den Dolchen. Ihre Zeigefinger berühren sich, ihre Linsen sind verlinkt, während sie leise über das diskutieren, was sie sehen. Die restliche Besatzung ist an den Arbeitsstationen beschäftigt.

Jack und Roman treten durch eine Seitentür auf der mittleren Ebene ein. Die erste Person, die sie bemerkt, ist ein bärtiger, leicht gebeugter Mann, der an einer Konsole sitzt. Er nickt knapp, als er Roman sieht. Dann wandert sein Blick zu Jack, und er runzelt die Stirn.

Es ist, als hätte er eine Leuchtkugel aufsteigen lassen. Die Aktivitäten auf der Brücke verlangsamen sich, die Leute drehen sich einer nach dem anderen zu ihnen um.

Erst dann sieht Jack den Commander. Hayes.

Er ist auf derselben Ebene wie sie, ein großer, kahlköpfiger Mann, vielleicht Anfang fünfzig, mit breiten Schultern und dunkler Haut. Seine Augen, deren Blick sich auf sie richtet, sind mattgrau.

»Roman?«, sagt er. »Ihnen wurde gesagt, dass Sie in meinem Quartier warten sollen. Hat die Ärztin …?«

Er hält inne, als er Jack bemerkt, seine Kleidung registriert und schlussfolgert, dass er definitiv kein Angehöriger des Militärs ist. Sein Gesicht, das bereits von Falten durchzogen ist, bekommt noch ein paar Runzeln mehr, als er die Augen zusammenkneift.

Bevor Jack überhaupt verarbeiten kann, was passiert, tritt Roman drei Schritte vor und zieht dabei Mahmouds Pistole aus dem Holster – eine elegante und kontrollierte Bewegung. Dann hält er die Waffe an die Stirn des Commanders.

In allen Filmen, die Jack gesehen hat, gibt es immer ein unheimliches klickendes Geräusch, sobald jemand eine Waffe hebt, als würde sie sich automatisch entsichern. Der Filmkritiker seines Feeds, ein fetter Drecksack namens Hunnigan mit schlechtem Körpergeruch und ohne Sinn für gutes Schuhwerk, hat Jack einmal erklärt, dass es eine dumme Angewohnheit aus den alten Kinozeiten war, die auch moderne Filmregisseure einfach nicht ablegen können, auch wenn es schon sehr lange her ist, dass man eine Waffe entsichern musste.

Doch als nun jeder einzelne Soldat auf der Brücke seine oder ihre eigene Waffe zieht und damit auf Roman zielt, erwartet Jack es zu hören: dieses unheilvolle, ratschende Klicken. Stattdessen geschieht es praktisch lautlos, höchstens das Schleifen von Metall über das Kunststoffgewebe des Holsters.

Irgendwie wird es dadurch sogar noch schlimmer. Diese Leute mögen Computerfreaks und Piloten und Ingenieure sein, aber er zweifelt nicht daran, dass jeder Einzelne von ihnen genauso tödlich wie Roman sein kann.

»Alle bleiben ruhig!«, sagt Jack. Seine Stimme springt in eine viel höhere Tonlage. Um ihn herum ist es still auf der Brücke. Niemand rührt sich, niemand spricht, alle sind auf Roman und Hayes konzentriert. Es ist, als wäre er überhaupt nicht anwesend.

Hayes hebt nicht die Hände, hat seine Haltung nicht im Geringsten verändert. Der Ausdruck selbstgerechter Empörung verschwindet nicht von seinem Gesicht.

»Lassen Sie die Waffe sinken, Soldat.«

»Alle raus hier.« Roman drückt die Mündung der Waffe ein wenig fester gegen Hayes' Stirn.

Jacks rechte Hand schmerzt, und ihm wird bewusst, dass es daran liegt, dass er sie zur Faust geballt hat und die Nägel in die Handfläche stechen. Seine linke Hand verdreht den Saum seines Hemds.

»Was zum Henker tun Sie da, Roman?« Es ist der Typ mit dem Dolchsymbol, ein stämmiger Mann mit brustlangem Bart. Die Hand, mit der er seine Waffe hält, scheint groß genug zu sein, um eine Wassermelone zu packen.

Eine Soldatin – eine schlanke Frau mit einem Tribal-Tattoo, das sich aus dem Kragen ihres Overalls schlängelt – tritt einen Schritt vor, mit der Waffe in der Hand. »Auf Ihren Befehl, Sir.«

Roman sieht sie nicht an. »Seien Sie vorsichtig«, sagt er. Seine Stimme klingt tief und monoton, seine Worte kommen schnell. »Meine Finger ist genau am Druckpunkt. Wenn Sie auch nur ein wenig danebenzielen, wird die automatische Muskelkontraktion meines Fingers die Waffe auslösen.«

»Ja, auch ich habe den Q Course gemacht, Arschloch.« Irgendwie klingt die Frau jetzt mehr als nur wütend.

»Halt.« Hayes' Blick zuckt zu Jack, dann zurück zu Roman. Und in diesem Moment bemerkt Jack, dass sich ein oder zwei der Waffen auf ihn richten. Seine Blase ziept und fühlt sich plötzlich heiß und viel zu lose in seinen Eingeweiden an.

»Denken Sie sehr, sehr gründlich darüber nach, Roman.« Hayes hebt in einer äußerst langsamen Bewegung die Hände.

Romans Kopf ruckt herum. »Tut mir leid, Sir. Keine Alternative.« Seine nächsten Worte brüllt er fast. »Ich sage es noch einmal. Alle raus hier, sofort!«

Niemand rührt sich. Nicht einmal die tätowierte Frau.

»Ich zähle bis drei, dann drücke ich ab«, sagt Roman.

Es ist, als würde sich jeder Soldat auf der Brücke ein wenig mehr anspannen, die Waffe ein wenig fester halten. Jack hat das Gefühl, als würde er jeden Moment umkippen. Seine Blase pulsiert jetzt, sendet leichte Schmerzwellen aus. Wenn er sich lange genug zusammenreißen kann, werden sie ihn vielleicht erschießen, bevor er sich in die Hose macht. Zumindest kann er dann mit etwas Würde sterben.

»Eins.« Roman ist absolut ruhig, den Blick auf den Commander gerichtet. »Zw…«

»Warten Sie«, sagt Hayes. Dann hebt er die Stimme. »Tun Sie, was er sagt.« Als die Soldatin knurrt, geht Hayes' Blick zu ihr. »Das ist ein direkter Befehl, Mazzini. Nehmen Sie die Waffe runter.«

Mazzinis Pistole schwankt, dann lässt sie sie sinken. Einer nach dem anderen tun die übrigen Leute das Gleiche.

»Ja.« Jack leckt sich über die Lippen. »Gut.« Er ist sich nicht sicher, ob er die Worte laut ausspricht oder nur denkt.

»Versetzen Sie die KI in den Ruhezustand«, sagt Roman. »Ich will nicht, dass sie sich einmischt.«

Hayes kneift verärgert die Augen zusammen, doch dann sagt er: »*Victory*.«

Die Stimme der KI kommt klar und effizient über die Lautsprecher. »Ja, Commander Hayes?«

»Hayes-DF789-Bindestrich-8901. Schalte die Schiffskontrollen auf manuell und gehe in den Ruhezustand.«

»Commander Hayes, ich bemerke einen erhöhten Stresslevel in ihrer Stimme und das Vorhandensein gezogener Waffen auf der Brücke. Möchten Sie, dass ich …«

»Tu es!«

»Commander, ich kann den Befehl nicht ausführen. Ich schlussfolgere, dass Sie unter Zwang stehen.«

»Ruhezustand, oder ich drücke ab«, sagt Roman.

»*Victory*. Hayes-DF789-Bindestrich-8901. Mein Leben ist in Gefahr, wenn du nicht in den Ruhezustand wechselst. Führe den Befehl aus!«

Eine lange Pause. Dann: »Gehe in den Ruhezustand, Commander. System offline.«

Die nächsten paar Minuten nimmt Jack nur verschwommen wahr. Endlich gehen die Soldaten, verlassen die Brücke durch dieselbe Tür, durch die Roman und Jack hereingekommen sind. Sie stehen zusammengedrängt im Korridor, die Waffen auf den Raum gerichtet.

Roman fordert Jack auf, alle anderen Türen zu verriegeln, gibt ihm Anweisungen, ohne den Blick von seiner Waffe und dem Commander zu nehmen. Während Jack sich mit dem Tastenfeld neben einer Tür auf der oberen Ebene abmüht, wirft er einen Blick zurück. Hayes starrt unbeirrt auf Roman, sein Mund ist ein dünner, trotziger Strich.

Als die anderen drei Türen verriegelt sind, führt Roman den Commander langsam zur letzten, die noch offen ist. Die Soldaten im Korridor weichen nicht zurück, und Roman muss sie anbrüllen, damit sie sich bewegen.

»Letzte Chance«, sagt Hayes zu ihm.

Roman deutet mit einer Kopfbewegung auf Jack, ohne ihn anzusehen. »Verriegeln Sie sie.«

Jack tut es, und seine verschwitzten Finger rutschen auf dem Tastenfeld ab. Dann schließt sich die Tür, und in der letzten Sekunde legt Roman eine Hand auf Hayes' Brust und stößt den Mann hindurch. Hayes schreit auf, verliert das Gleichgewicht, und sein Gesicht nimmt den Ausdruck mörderischer Wut an.

»Machen Sie …«, ruft er. Im nächsten Moment schließt sich die Tür mit einem lauten Klicken und verschluckt den Rest des Satzes.

»Wir hätten ihn hierbehalten sollen«, sagt Jack. »Als Geisel.« Diesmal ist er sich ziemlich sicher, dass er laut gesprochen hat, auch wenn er vergessen hat, dass Roman ihm erklärt hat, dass er nichts infrage stellen soll.

»Ich kann ihm keine Waffe an den Kopf halten und gleichzeitig die Sprungkontrollen bedienen. Machen wir uns an die Arbeit. Wir haben etwa drei Minuten, bis sie sich durch die Tür geschnitten haben.« Er denkt nach. »Sofern sie sie nicht aufsprengen.«

»Und was passiert, wenn sie die Tür aufsprengen?«

Roman antwortet nicht darauf.

64

»Etwas stimmt nicht«, murmelt Everett.

Hannah sagt nichts dazu. Ihre Hände schmerzen bereits, aber sie wagt es nicht, den Steuerknüppel loszulassen oder den Blick von der Unterseite der *Victory* abzuwenden, wo sich der Frachthangar befindet. Jedes Mal, wenn sie blinzelt, sieht das Schiff ein wenig kleiner aus.

Everett rührt sich hinter ihr. »Es sind schon zwanzig Minuten vergangen. Können wir sie irgendwie kontaktieren? Über Komm oder …«

»Nein, Dad.« Corey klingt außer Atem. »Es ist, wie ich dir gesagt habe.«

»Gib ihnen noch etwas Zeit«, sagt Anita.

Und Hannah schweigt immer noch.

Sie denkt über Rainmaker nach. Und Blackbird und Omen. Sie ist nie bis zum Ende der historischen Simulation gekommen, hat nie erfahren, ob sie es geschafft haben oder nicht.

Sie lenkt sich ab, indem sie in Gedanken noch einmal das Lernprogramm durchgeht, um sich die Anweisungen der KI einzuprägen. Trotzdem kann sie die Szenen vom Schlachtfeld nicht verdrängen, die sich immer wieder in den Vordergrund schieben.

»Sie ist offen.« Anitas Stimme ist eindringlich.

Als Hannah nicht reagiert, tippt sie ihr auf die Schulter. »Hey! Sie öffnet sich!«

Hannah blinzelt. Einen Kilometer entfernt geht die Tür zum Hangar auf. Eine dünne schwarze Linie, die jede Sekunde breiter wird. Und dann schaltet sich dahinter ein Licht ein, das aus dem Bauch des Schiffs leuchtet.

»Sie haben es geschafft«, sagt Malik mit ungewöhnlich hoher Stimme.

»Los«, sagt Everett. »Los! *Los!*«

Hannah braucht keine weitere Aufforderung. Sie aktiviert die Düsen, und hinter ihr erwachen die Triebwerke der *Panda* rumorend zum Leben. Vor dem Cockpitfenster wird das andere Schiff langsam größer.

Sie bewegen sich nicht annähernd so schnell wie zuvor, als Volkova auf dem Pilotensessel saß. Sie muss einige Tricks gekannt haben, mehr Schub aus den Maschinen herauszuholen. Trotzdem beschleunigt die *Panda*, und ihr mickriges Triebwerk schiebt sie immer näher an die *Victory* heran. Hannah erinnert sich daran, dass sie atmen sollte, während sie die Finger um den Steuerknüppel klammert. Sie starrt so angestrengt auf das andere Schiff, dass sie fast vergisst, gelegentlich zu blinzeln.

Eine Minute verstreicht. Noch eine.

»Langsam«, flüstert Everett. Er spricht genau neben ihrem Ohr, und sie zuckt zusammen, hätte das Schiff fast vom Kurs abgebracht. »Entschuldigung«, sagt er und zieht sich zurück. Hinter ihm stößt Anita einen langen, zitternden Atemzug aus.

Hannah legt die Hände wieder an die Kontrollen. Sie kommen näher, und das Loch in der Unterseite der *Victory* wird immer größer. Es ist jetzt ein wenig über ihnen, driftet zum oberen Rand des Cockpitfensters. Okay, kein Problem. Hannah atmet aus und bewegt ganz leicht den Knüppel.

Und gleich darauf wird ihr klar, dass sie von so einem Manöver überfordert ist.

Aus der Ferne, einen Kilometer leeren Raum vor sich, konnte sie den Kurs der *Panda* stabil halten. Aber als die

Victory genau vor ihnen steht, ist jede Bewegung, die sie macht, plötzlich zu viel. Sie versucht, die langsame, schwerfällige, übersteuernde *Red Panda* auf einen sehr engen Korridor auszurichten, aber sie kann das Schiff nicht dazu bringen, das zu tun, was sie will.

Die *Victory* driftet von ihr weg, und sie reißt den Knüppel zurück – tut das aber zu heftig, denn nun schwingt das Schiff in die andere Richtung. Hannah versucht sich zu beruhigen, denkt an ihre Eltern, an ihr Haus, an den Museumsjob, den sie bekommen wird, an das Leben, das sie führen wird. Alles verschwimmt miteinander. Der Schrecken hat ihr Bewusstsein getrübt, während sich die Bilder mit denen vermischen, die sie in der VR-Sim gesehen hat.

»Reiseführerin«, sagt Volkova. »Ihre Bewegungen sind unkontrolliert. Möchten Sie das Schiff wieder vom Autopiloten steuern lassen?«

»Nein«, zischt Hannah durch zusammengebissene Zähne.

»Nach links«, sagt Malik.

Hannah zieht am Knüppel. Doch als die *Panda* nicht schnell genug reagiert, übt sie zu viel Druck aus und übersteuert das Schiff. Die *Victory* driftet zu weit ab, der Hangar gleitet zur Seite. Hannah korrigiert erneut, ihre Finger sind um den Knüppel geschlossen, sie hofft und betet, dass das Schiff tut, was sie will.

Everett neben ihrem Ohr. »Sie sind zu weit daneben.«

»Ja«, stößt Hannah hervor.

»Lassen Sie mich mal schauen!«, ruft Corey hinter ihr.

»Sie müssen langsamer werden«, sagt Malik. »Sie werden das Tor rammen. *Langsamer!*«

Dann rufen alle durcheinander. Hannah zerrt so heftig am Knüppel, wie es geht, und der Rumpf des größeren Schiffs ragt vor ihr auf. Sie drückt sich gegen die Rückenlehne ihres Sitzes, als würde sie das irgendwie zusätzlich vor dem Zusammenstoß schützen. Sie können jetzt nicht mehr ausweichen. Dazu sind sie viel zu nahe.

Anita schreit, als der Bauch der *Panda* über den Rumpf der *Victory* schrammt. Das Ausflugsschiff erzittert, irgendwo heult ein Alarm auf, aber Hannah hört es kaum. Sie zieht immer noch den Knüppel an ihren Bauch, als würde es krachen, sobald sie nur ein wenig locker lässt.

Sie haben die *Victory* aus dem Blick verloren. Der Nebel schimmert vor ihr. Sie atmet zu schnell, Panik schnürt ihr die Kehle zu.

Der Captain hat das zwölf Jahre lang gemacht. Du machst es seit zwölf Minuten. Du wirst es nie im Leben schaffen.

Als die *Panda* eine Drehung vollendet hat, ist die *Victory* gerade noch unter ihnen zu erkennen. Von hier aus werden sie nie in den Hangar kommen – dazu müssten sie zum Schiff zurückfliegen und dann hart nach links in die winzige Öffnung abbiegen. Keine Chance.

Hannah will das kleine Schiff zwingen, schneller zu werden, und dreht es herum. Es entfernt sich ein Stück von der *Victory*, um einen neuen Anlauf zu nehmen. Das Kampfschiff hängt vor ihnen, als würde es sie herausfordern.

Der Knüppel vibriert in ihren Händen. Vorher hat er das nicht gemacht. Bildet sie es sich ein, oder bewegt sich die *Panda* noch langsamer als zuvor? Sie erinnert sich an das Knirschen, als das Schiff den Rumpf der *Victory* gestreift hat. Wurde dabei etwas beschädigt? Was ist, wenn …?

»Malik, ich kann nichts sehen!«, ruft Corey.

Everett, viel zu laut: »Noch einmal. Alles in Ordnung.«

Anita: »Malik! Setz dich!«

Hannah findet die Düsen, bemüht sich mit ihrem ganzen Körper, sie wieder auszurichten. Aber der winzige Punkt des Hangars schwingt hin und her, tanzt vor dem Fenster. Die *Victory* wird größer und größer.

Sie sind zu schnell. Hannah versucht zu bremsen, und die *Panda* reagiert kaum, fühlt sich träge an. Wenn sie danebenzielt, wird sie das Schiff nicht mehr rechtzeitig herumreißen können.

»Langsamer.« In Everetts Stimme schwingt mehr Panik mit, als sie selbst empfindet. »Langsamer!«

Sie geht auf Gegenschub. Die *Panda* weigert sich, zu verlangsamen – die vorderen und hinteren Düsen haben den Geist aufgegeben, wurden entweder bei der Kollision beschädigt oder bekommen nicht genug Energie. Hannah zieht am Knüppel – er lässt sich noch nach links und rechts bewegen, aber sie kann ihre Geschwindigkeit nicht mehr verringern.

Vor ihrem geistigen Auge sieht sie die Raketen, die auf Rainmakers Scorpion-Kampfjäger zurasen, schnell näher kommen. Ihre Augen verfolgen die winzige Hangaröffnung, die vor dem Fenster wild hin und her schwingt, während sie versucht, das Schiff auf Kurs zu halten.

»Den Faden durchs Nadelöhr«, flüstert sie. »Na los, Baby, zieh den Faden durchs Nadelöhr.«

»Was?«, sagt Anita. »Was wollen Sie …?«

»Still! Ich ziehe den Faden durchs Nadelöhr!«

Wieder ist sie zu weit abgedriftet und muss korrigieren. Sie sind zweihundert Meter von der *Victory* entfernt, nahe genug, dass Hannah in den Hangar blicken kann. Der Raum ist ein Durcheinander aus festgeschnallten Kisten und Lademaschinerie, weit geöffnet, aber anscheinend nicht groß genug, um die *Panda* aufzunehmen. Es wird nicht funktionieren. Das Schiff wird sich darin verkeilen oder einfach abprallen.

Trotzdem macht sie weiter. Etwas, das sie selbst nicht versteht, hält sie auf dem Pilotensitz, lässt sie weiter mit dem Schiff spielen. Jetzt einhundert Meter, die Tür ist fast vollständig geöffnet, und der gesamte Frachthangar ist freigelegt.

Anita zieht sich vom Fenster zurück, fällt auf die Knie, drückt ihre Söhne und ihren Ehemann an sich.

Hannah schließt die Augen.

65

Der Knall erschüttert das Universum.

Hannahs Schädel scheint zu bersten, und sie wird aus dem Sitz geschleudert. Ihr bleibt eine halbe Sekunde, sich zu fragen, warum sie nicht daran gedacht hat, sich anzuschnallen, als sie mit der Schulter voran gegen die Kontrollkonsole kracht. Die *Panda* wird jeden Augenblick auseinanderbrechen, und dann ist alles vorbei.

Doch dann hört sie ein anderes Geräusch. Das kreischende Schrammen von gequältem Metall, als würde der *Panda* die Haut abgezogen. Bevor Hannah versteht, was geschieht, verstummt der Lärm, so plötzlich wie eine ausgeschaltete Lampe, als wäre …

Wir haben es geschafft.

Bevor sie diesen Gedanken verarbeiten kann, wird sie auf ein hektisches, eindringliches Piepen aufmerksam. »Reiseführerin«, sagt Volkova mit entnervender Ruhe. »Drohender Druckverlust.«

Hannah erhält keine Gelegenheit, darauf zu reagieren, weil sie genau in diesem Moment durch das Fenster schaut.

Die Gravitationssenke hat sie eingefangen. Sie schlittern über den Boden des Hangars, auf die hintere Wand zu, eine senkrechte Tafel aus Metall voller Handgriffe und Terminals. Darauf steht in großer Schablonenschrift: AUFENTHALT NUR IN GESCHLOSSENEM DRUCKANZUG. Genau vor ihnen steht ein Exoskelett für Ladearbeiten. Die *Panda* wischt die Maschine zur Seite, erzittert und kreischt, als würden Stücke aus ihrer Haut gerissen.

»Alle festhalt…«, ruft Hannah. Bevor sie zu Ende sprechen kann, rammt die *Panda* die Wand des Frachthangars.

Zum zweiten Mal innerhalb von zwei Tagen verliert Hannah das Bewusstsein.

Es ist das Piepen, das sie wieder zu sich kommen lässt – die Warnung vor dem Druckverlust. Sie hängt vom Pilotensitz, die Beine sind zur Seite gedreht, und ihr Hals fühlt sich an, als hätte jemand mit einem Hammer dagegengeschlagen. Sie kann den Kopf nicht drehen. Als sie es versucht, treibt ihr der Schmerz Tränen in die Augen.

Die *Panda* bewegt sich immer noch, dreht sich langsam, nachdem die Vorwärtsbewegung durch den Aufprall gestoppt wurde. Risse haben sich im Cockpitfenster gebildet. Dahinter ist kurz die Hangartür sichtbar, bevor sie durch die Rotation des Schiffs wieder aus ihrem Sichtfeld verschwindet. Die Türhälften gleiten wieder aufeinander zu.

Benommen greift sie nach der Kontrollkonsole, versucht das Piepen auszuschalten. Ihre Hand ist ein nutzloser Klumpen Fleisch, ihre Finger fühlen sich zehnmal größer als normalerweise an.

Sonst können sie nichts mehr tun. Sie sind drinnen, das Schiff ist noch intakt – vorläufig –, und sobald sich dieses Tor geschlossen hat, werden Roman und Jack das Sprungtriebwerk aktivieren.

Volkovas Stimme dringt an ihre Ohren. »Reiseführerin. Die Schiffsintegrität wurde beeinträchtigt.«

Hannah hat keine Zeit, darüber nachzudenken. Sie dreht sich im Sitz herum und bewegt dabei den Kopf. Diesmal sind die Schmerzen so heftig, dass sie beinahe erneut das Bewusstsein verloren hätte. Also zwingt sie sich, stattdessen nur den Körper zu bewegen. Sie muss ihr rechtes Bein mit den Händen anheben, um es unter der Kontrollkonsole hervorzuziehen.

Die *Victory* rührt sich nicht von der Stelle – wenn sie springen, werden sie keinen Bewegungsimpuls spüren. Sie werden einfach den Ort wechseln. Aber wenn sie landen, wird es kräftig rumsen, und wenn sie nicht angeschnallt sind, werden sie zerschmettert. Falls sie nicht vorher an Dekompression sterben.

Die Livingstones rappeln sich langsam wieder auf. Everett hilft Anita mit einer Hand, während er mit der anderen nach seinem älteren Sohn greift. Corey Livingstone ist bewusstlos, hat die Augen geschlossen, und der Kopf ist in einem ungewöhnlichen Winkel zur Seite gedreht. Erst als er sich leicht bewegt und den Kopf zurückdreht, wird Hannah klar, dass sie den Atem angehalten hat.

»Die Rettungskapsel«, sagt sie.

Anita starrt sie aus trüben, schockierten Augen an. »Was?«

»Wir müssen in die Rettungskapsel steigen.« Im Gegensatz zu den Stühlen auf dem Hauptdeck sind die Sitze in der Kapsel mit breiten Sicherheitsgurten und Kopfstützen versehen. »Ihre Familie übernimmt Corey, ich werde Brendan holen.«

»Aber das wird uns nicht helfen.« Hannah kann Malik bei dem lauten Piepen kaum verstehen. »Hier drinnen können wir sie nicht starten.«

»Wir müssen sie gar nicht starten.« Sie richtet sich auf und zwingt ihren Körper zu tun, was sie ihm sagt. Ihre Hand landet auf etwas Hartem und Stacheligem – die Reptar-Figur, die auf dem Boden liegt. Es bereitet ihr Höllenqualen, den Kopf mehr als einen Zentimeter in irgendeine Richtung zu drehen. »Wir brauchen nur die Sitze.«

»Die Sitze?«

»Wir müssen uns anschnallen!« Hannah steigt über Corey hinweg, will ihm helfen, macht sich bewusst, dass sie Brendan holen muss. Als sie durch den Durchgang zum Haupt-

deck stürmt, hört sie, wie das Piepen ihr folgt, die Warnung, dass der Rumpf jeden Augenblick aufbrechen könnte, was die *Panda* innerhalb eines Sekundenbruchteils zerreißen würde.

Halt durch, kleines Schiff. Halt noch ein wenig durch.

66

»Sie sind drinnen.« Jack schlägt mit der Hand auf die Kontrollkonsole. »Sie sind drinnen!«

Roman brummt. Er befindet sich auf der gegenüberliegenden Seite der Brücke und gibt die Sprungkoordinaten an einer Arbeitsstation ein. Er hat Jack bereits die andere Station gezeigt, um die er sich kümmern soll, wo Jack die Materieabschirmung im Auge behalten soll. Er hat versucht, die Anweisungen so einfach wie möglich zu formulieren: *Kontrollieren Sie die Drift in der Blase mit den zwei Sticks unter dem Display. Das Fadenkreuz immer im Zentrum halten.* Niemand weiß, ob der Idiot es schaffen wird. Es ist schon ein Wunder, dass er sie beide beim Flug zur *Victory* nicht in den Tod gerissen hat.

Wie lange ist es jetzt her, dass sie die Brücke übernommen haben? Eine Minute? Zwei? Hayes und die anderen Soldaten haben die Tür nicht aufgesprengt, aber von der anderen Seite ist Lärm zu hören. Entweder bringen sie die Sprengladungen an, oder sie wollen die Tür an der Stelle aufschneiden, wo sie in die Wand gleitet.

Roman blickt zum Bildschirm vor Jack hinüber, der das Innere des Hangars der *Victory* zeigt. Die *Panda* ist ein Wrack, zerschrammt und verbeult. Die Türhälften des Hangars haben eben erst begonnen, sich zu schließen.

Und in diesem Moment hört er es: ein prasselndes Knistern, als würde man eine heiße Bratpfanne in Abwaschwasser tauchen. Hayes und seine Leute schneiden sich durch die Tür. Der Schweißbrenner frisst sich an der Seite hindurch, eine dünne Linie aus heißem Metall, das Funken sprüht.

»Fast geschafft«, ruft Jack zu Roman hinüber.

In diesem Moment dringt eine Stimme aus den Lautsprechern in der Decke. »Roman. Hier spricht Hayes.« Die Lautsprecher verleihen seiner Stimme ein leichtes Echo und lassen sie tiefer klingen. »Ich gebe Ihnen den direkten Befehl, sich zu ergeben – Sie und der Zivilist. Dies ist die *einzige* Vorwarnung, die Sie bekommen.«

»Arschloch«, murmelt Jack.

»Sie sollten wissen«, sagt Hayes, »dass ich meine Ingenieure in die Astronautik geschickt habe. Ich habe ihnen befohlen, die KI des Schiffs manuell zu reaktivieren. Ich weiß nicht, was in Sie gefahren ist, mein Junge, aber Sie sind noch etwa zehn Sekunden davon entfernt, alles zu verlieren. Haben Sie mich verstanden?«

Die Tür des Frachthangars hat sich geschlossen, die Lampen darüber werden grün. Jack jubelt, schlägt auf die Konsole, dann dreht er sich um und stürmt zur Station für die Materieabschirmung. »Wir sind bereit!«, ruft er. »Tun Sie es, Roman! Springen Sie!«

Roman bewegt eine Hand zum Bildschirm mit dem Befehlsfenster … und hält inne.

Er kann seine Mission immer noch zu Ende bringen.

Nichts spricht dagegen, dass er doch noch seine Vergeltung bekommt. Er kann irgendetwas mit Hayes aushandeln. Die Zivilisten werden ein Problem sein, aber sie müssen nicht sterben. Sie können sie gefangen nehmen, sie wegsperren, bis alles vorbei ist.

Er sieht wieder Madhu, Brigita und alle anderen im Außenposten vor sich. Die Wut flammt in ihm auf. Was hat er sich nur dabei gedacht? Er ist Soldat, und dies ist seine Mission, und er muss sie abschließen.

Nein. Du hast Corey dein Wort gegeben.

»Worauf warten Sie?«, brüllt Jack ihn an. Die Linie des

Schweißbrenners hat fast die Hälfte der Entfernung zum Boden erreicht.

So oder so wird er irgendjemanden verraten. Entweder lässt er Corey im Stich – Corey und alle anderen Zivilisten in diesem Schiff – oder die Menschen, die ihn aufgezogen haben. Madhu. Brigita. Alle auf Cassiopeia. Ganz zu schweigen von all seinen Kameraden an Bord der *Resolute*.

»Roman?«, sagt Jack.

»Ich kann es nicht tun.«

Und langsam hebt Roman Mahmouds Pistole und richtet sie auf Jacks Brustkorb.

67

Jack hebt die Hände. Es ist eine Reflexhandlung. Über die er keine Kontrolle hat. Eigentlich hat er den Drang, zu flüchten und in Deckung zu gehen, aber seine Beine gehorchen ihm nicht mehr, und seine Blase sendet eine neue Serie von Warnsignalen aus.

»Tut mir leid«, sagt Roman und geht langsam auf Jack zu. Die Waffe in seiner Hand zittert kaum.

Zum zweiten Mal versucht Jack zu sprechen und schafft es nicht. Doch Roman hat einen sehr eigenartigen Gesichtsausdruck – entschlossen und gleichzeitig bedauernd, und das bringt ihn schließlich dazu, den Mund aufzumachen.

»Kommen Sie. Jetzt. Wir müssen nicht.« Er kann keine Sätze bilden, nicht einmal Gedanken. Er geht einen Schritt auf Roman zu, seine Beine tun es aus eigenem Antrieb.

»Das verstehen Sie nicht. Das kann ich ihnen nicht antun.«

»Wem?« Jack schreit fast, muss sich daran erinnern, dass Roman eine Waffe auf ihn richtet und sein Finger wahrscheinlich immer noch an diesem Druckpunkt liegt. Hinter ihm erlischt der Schweißbrenner, einen Viertelmeter über dem Boden. Der Schweißer muss noch einmal ansetzen. Ihnen bleiben vielleicht noch zwanzig Sekunden.

»Ich muss es zu Ende bringen«, sagt Roman und sieht Jack an, aber er klingt, als würde er mit sich selbst reden. »Ich bringe es zu Ende, und dann wird alles gut.«

»Nein, das wird es nicht. Nein, Roman. Hören Sie mir zu.«

»Sie verstehen es nicht.«

»Natürlich verstehe ich es.« Jack nickt heftig. Sie sind sich jetzt näher, etwas mehr als einen Meter. Er weiß, wenn er zu nahe kommt, wird Roman abdrücken, aber ihm fällt nichts anderes ein, was er tun könnte. »Ich verstehe, dass sich Menschen in diesem Ausflugsschiff befinden, die sich auf Sie verlassen. Sie haben gesagt, dass Sie ihnen helfen.«

»Nein. Tut mir leid.«

Der Schweißbrenner setzt erneut ein, bewegt sich zum unteren Rand der Tür.

Die Sprungkoordinaten, die Corey ihnen gegeben hat, stehen immer noch auf dem Bildschirm. Darunter ist ein Befehlsfenster zu sehen, das die Worte SPRUNGTRIEBWERK BEREIT zeigt. Entweder hat Roman vergessen, das Menü zu schließen, oder er hat darin keinen Sinn gesehen. Nicht dass es irgendeinen Unterschied machen würde. Es ist ausgeschlossen, dass Roman ihn in die Nähe dieses Terminals lässt.

»Sie haben ihm Ihr Wort gegeben«, sagt er. »Corey. Dem Jungen. Sie haben versprochen, dass Sie ihm helfen. Wir haben Ihnen *vertraut*.«

»Erzählen Sie mir nichts von …«

»Wollen Sie mich erschießen? Nur zu!« Jack plappert drauf los, weiß nicht einmal genau, worauf er eigentlich hinauswill. Ihm ist nur klar, dass er irgendetwas tun muss. »Wenn es Ihnen hilft, sich wieder mit Ihrem Commander zu versöhnen, dann ist es okay. Ich weiß, dass ich es verdient habe.«

Er schluckt mühsam. »Ich habe den Captain sterben lassen. Und Lorinda. Das geht auf meine Kappe. Ich habe mich nicht vergewissert, ob Seema wirklich tot ist, was ich hätte tun sollen. Also schießen Sie einfach. Aber die Leute in der *Panda*?« Er zeigt auf den Bildschirm, auf dem immer noch das Touristenschiff zu sehen ist. »Sie haben es nicht verdient. Sie sollten nicht für unseren Mist bezahlen. Sie sollten die Möglichkeit erhalten, nach Hause zurückzukehren.«

Romans Finger spannen sich um die Pistole. »Es reicht jetzt.«

»Wissen Sie, wer sein Wort nicht gehalten hat? Die gottverdammte Frontier. Sie sollte uns eigentlich beschützen. Wollen Sie genauso sein? Wollen Sie wirklich an der Seite solcher Leute kämpfen?«

»Sie tun das Richtige.« Roman knurrt die Worte fast. »*Wir* tun das …«

»Nein, das stimmt nicht.« Ein Wort explodiert in Jacks Kopf – ein altes, sehr vertrautes Wort, von dem er immer dachte, er könnte sich darauf verlassen. »Unmoralisch!«, brüllt er Roman an. »Sie sind unmoralisch!«

Romans Gesicht verzieht sich vor Verwirrung und Wut. »Was soll das hei…«

Die Brückentür kracht in den Raum.

In diesem Moment führt Jack seine immer noch erhobenen Hände zusammen, als wollte er klatschen. Dabei schlägt sein rechter Handballen gegen die Innenseite von Romans Handgelenk, die andere gegen den Rücken der Hand, mit der er die Waffe hält. Wie Hector es ihm beigebracht hat.

Roman drückt ab.

Hätte Jack den Kopf nicht zur Seite gerissen, wäre er getroffen worden. Doch nun geht der Schuss genau neben seinem Ohr los, so laut, dass es sich anfühlt, als wäre sein Kopf tatsächlich explodiert. Er drängt weiter vor, schiebt sich mit der Schulter voran. Roman hätte ihn fast blockiert, da Jack nicht genug Schwung aufbauen kann, aber er ist ein wenig aus dem Gleichgewicht, sodass Jack rechts an ihm vorbeispringen kann.

SPRUNGTRIEBWERK BEREIT.

Als die Soldaten mit erhobenen Waffen auf die Brücke stürmen, rennt Jack zum Terminal, die Hand ausgestreckt, berührt mit den Fingern den Bildschirm.

Ein Geräusch ertönt, als würde die größte Maschine der Welt durchdrehen, dann verschwimmt Jacks Sichtfeld an den Rändern. Seine Hand hinterlässt ein Nachbild in der Luft, hängt geisterhaft über der Konsole.

Bevor er selbst versteht, was er tut, dreht Jack sich um, läuft zum Bildschirm hinüber, an dem er zuvor stand. Wenn er sie nicht innerhalb des Warpfeldes zentriert, werden sie auseinandergerissen. Er kann nicht damit rechnen, dass Roman es tut, und es besteht durchaus die Chance, dass die Soldaten ihn niedermähen, bevor er dort ankommt. Egal. Er hat alles getan, was er tun konnte.

Kein Mensch hat je den Raum gesehen, in dem sich ein Schiff während des Sprungs befindet. Jede Außenkamera, selbst eine, die Licht außerhalb des sichtbaren Spektrums einfangen kann, zeigt ausschließlich Dunkelheit. Größtenteils verläuft ein Sprung so ruhig und ereignislos wie eine Fahrt über einen leeren Highway.

Aber nicht in diesem Fall.

Dieser Sprung schüttelt Jack fast die Knochen aus dem Körper. Der Maschinenlärm übertönt alles, so laut, dass es sich anfühlt, als würden sogar seine Augäpfel vibrieren.

Die gesamte Brücke wird durchgeschüttelt, und die Verstrebungen ächzen. Trotzdem fühlt sich jede seiner Bewegungen langsam an, als würde er durch Sirup waten. Er sieht alles doppelt oder dreifach, seltsame Lichter blitzen im Augenwinkel auf. Er kann den Bildschirm mit den zwei Steuerungsstick sehen. Alles befindet sich genau vor ihm und ist gleichzeitig Millionen Kilometer entfernt.

Als er endlich – *endlich* – die Konsole erreicht, versagt sein Sehvermögen. Für zwei oder drei Sekunden – oder für eine Zeitdauer, die ihm wie zwei oder drei Sekunden vorkommt – ist alles völlig dunkel. Panik ergreift ihn, doch schon im nächsten Moment kann er wieder sehen, als wäre nichts geschehen.

Er greift nach den Sticks, hält sich verzweifelt daran fest und versucht sich auf das Display zu konzentrieren.

Im Zentrum halten. Das hat Roman ihm erklärt. Doch er kann das Fadenkreuz nicht sehen. Er weiß, dass es da ist, genau vor ihm, aber der Bildschirm scheint sich zu strecken, während er darauf starrt, scheint sich auf die Größe eines Häuserblocks auszudehnen.

Um ihn herum bockt und windet sich die *Victory* wie ein Spielzeug in der Hand eines Giganten. Er schreit Romans Namen, aber als Antwort erhält er nur statisches Rauschen. Er kann den Soldaten nicht sehen, auch die anderen nicht, und wagt es nicht, sich umzuschauen. Was als Nächstes kommt, ist sehr einfach. Wenn Roman seinen Teil der Abmachung nicht einhält, werden sie es niemals schaffen.

Dann entdeckt er das Fadenkreuz in einem winzigen grünen Kreis. Es ist viel zu nahe am Rand der Anzeige, bewegt sich weiter darauf zu. Mit benommenem Entsetzen wird ihm bewusst, dass er gar nicht weiß, welchen Stick er benutzen muss. Er hat nicht daran gedacht zu fragen. Er verliert keine weitere Zeit, sich darüber Gedanken zu machen und zieht kräftig an beiden Sticks.

Das Fadenkreuz wird langsamer, hält inne und driftet dann wieder ab. Doch bevor Jack irgendetwas bewirken kann, beschleunigt es, saust über das Display, verschwindet in der Ferne, kehrt zurück. Die Welt verzerrt sich in seltsame Richtungen, und das Fadenkreuz taucht auf der gegenüberliegenden Seite des Displays wieder auf, ist dem Rand noch näher als zuvor.

Er hört ein kreischendes Geräusch, das Triebwerk droht sich selbst zu zerreißen, und die Brücke um ihn herum zerbricht. Jack scheint alle Kraft zu brauchen, über die er noch verfügt, um die Sticks zurückzuziehen. Das Fadenkreuz schwingt in einem weiten Kreis herum und bewegt sich langsam zum Zentrum. Jack stößt ein triumphierendes Jubeln aus – doch es geht in einen Schrei des Entsetzens über, als die Vibrationen ihn vom Bildschirm wegzerren und quer über die Brücke schleudern. Dabei sieht er, wie sich das Fadenkreuz dem unteren Rand des Bildschirms nähert.

Die letzte Erschütterung ist am heftigsten – groß genug, um ein Loch ins Dasein selbst zu reißen.

68

Wenn man am Rand von Austin wohnt, hat man das Problem, dass es nicht so viele Kinder gibt, mit denen man sich anfreunden könnte.

Und wenn sie gar nicht da sind – wenn zum Beispiel der eine auf einem Familienausflug nach Sigma ist und die andere aus irgendeinem blöden Grund, an den sich Allie Sultan gerade nicht erinnert, Hausarrest hat – gibt es nicht allzu viel, was man unternehmen kann.

Sie hat bereits jedes Buch in ihrem Zimmer gelesen, sich durch die Feeds der Leute an der Schule geklickt (Jungs, Jungs, Mädchen, Urlaubsfotos, idiotische kleine Mem-Animationen, Jungs) und ist mit ihrem Hoverboard die staubige Straße rauf und runter gefahren.

Jetzt liegt sie in ihrem Vorgarten auf dem Rücken, zieht die Finger durch die Erde, blickt in den rötlichen Himmel hinauf und betrachtet die Kondensstreifen der Shuttles, die vom Raumhafen in der Stadt starten.

Das Haus, in dem sie mit ihrem Dad wohnt, ist eine bescheidene Dreizimmerwohnung, ein moderner Leichtziegelbau mit eigener Recycling-Einheit und einem Untergeschoss, das komplett von einer großen Werkstatt beansprucht wird. Weitere identische Häuser drängen sich auf allen Seiten, doch hinter dem Haus erstreckt sich eine leere Fläche bis zum Grenzzaun der riesigen Abraumhalden.

Das Bachbett, das schon seit Langem ausgetrocknet ist, kann sie von ihrem Schlafzimmerfenster aus gerade noch erkennen, wenn sie den Hals sehr weit reckt. Von dort hat sie die knorrige Narbe auf ihrer Stirn, als sie und Corey und Jamie damals die Rampe gebaut haben.

Die Zickzacknarbe lugt unter dem Haaransatz hervor, aber das stört sie nicht. Sie findet sie sogar irgendwie cool, auch wenn es eine Ewigkeit gedauert hat, bis die Schwellung zurückgegangen ist.

Allie ist ein kleines Mädchen, dunkelhäutig, mit etwas pummeligen Oberarmen, von denen sie behauptet, sie wären muskulös. Aber Jamie hört nicht auf, sie als wabbelig und fett zu bezeichnen. Allie schlägt ihm jedes Mal gegen die Schulter, wenn er es sagt, und inzwischen ist sie davon überzeugt, dass er an dieser Stelle einen dauerhaften blauen Fleck hat.

Sie trägt Skatershorts und ein altes Tanktop, ihr Lieblingshemd. Es macht ihr nichts aus, wenn es schmutzig wird. Ohne darüber nachzudenken, hebt sie eine Handvoll Erde auf und wirft sie in die Luft. Sie wird von der warmen Brise erfasst und davongewirbelt.

Sie blickt ihr nach, und ihre Langeweile wird von Sekunde zu Sekunde schlimmer. Sie muss etwas dagegen tun.

Vielleicht kann sie mit der Monorail nach Lagos Square rüberfahren. Eigentlich soll sie dort nicht allein hingehen, und selbst wenn sie es mit Jamie und Corey macht, muss sie ihren Dad anflehen, damit er es ihr erlaubt, aber vielleicht ist er diesmal in aufgeschlossener Stimmung. Sie könnte ihre Schulfreundin Li anrufen und fragen, ob sie mitkommen will. Sie machen nicht allzu viel zusammen, aber wenn Allie für die Mono-Tickets bezahlt …

Als sie sich aufsetzt, knackt es in ihren Ohren.

Es ist ein seltsames Gefühl, als würde sich ihr Kopf mit Wasser füllen, sodass sich der Druck verändert. Sie steckt einen Finger ins rechte Ohr, versucht es freizumachen, obwohl sie weiß, dass es nicht funktionieren wird, aber sie hat keine Ahnung, was sie sonst tun könnte.

Eine Sekunde später hat sie noch einmal dieses Gefühl, nur ist es diesmal so heftig, dass es tatsächlich wehtut. Allie zuckt zusammen und kommt auf die Beine. Die Luft fühlt sich viel zu still an, der Wind hat aufgehört. Kommt ein Sturm? So etwas passiert manchmal, und dann müssen sie sich im Kellerschutzraum verkriechen, der für jedes Haus in Austin gesetzlich vorgeschrieben ist. Aber es sind keine Wolken am Himmel, keine Spur von Feuchtigkeit. Zum dritten Mal knackt es in ihren Ohren. Sie blinzelt überrascht.

Allie versteht nicht ganz, was als Nächstes geschieht.

Sie blickt zu den Abraumhalden, ohne sie tatsächlich zu sehen, weil sie eher wegen des seltsamen Gefühls in ihrem Kopf besorgt ist. Dann verschleiert sich der Himmel. Fast so wie die Luft über einer Straße an einem sehr heißen Tag, nur dass es überall so ist. Es knackt noch einmal und noch viel lauter, und diesmal ist das Geräusch außerhalb ihres Kopfes.

Dann macht es *Bumm*.

Es ist lauter als alles, was sie jemals gehört hat, lauter als eine Bombe. Eine halbe Sekunde später wird sie von etwas umgeworfen, das sich wie ein Wind-Tsunami anfühlt. Es folgt ein starkes, fernes Krachen und ein zischendes Rauschen, als eine enorme Menge Erde verschoben wird.

Sie rollt über den Boden, rudert mit den Armen, schreit schockiert auf. Hinter ihr zittern die Häuser, drohen sich von den Fundamenten loszureißen. Allie kommt zur Ruhe, wird von Staub umwirbelt, der sich in ihrem Haar und auf ihrer Haut festsetzt.

Etwas scheint über den Abraumhalden zu hängen, etwas, das vorher noch nicht da war. Ein schwarzes Gebilde, das zu Boden sinkt. Und an den Rändern des Gebildes schimmert ein grüner Strahlenkranz aus Energie, der sich wie Wellen in einem Teich ausbreitet.

Es kracht auf den Boden und ebnet mehrere der Halden

ein, wirbelt eine riesige pilzförmige Wolke aus Staub auf. Der Aufprall hätte fast Allies Trommelfelle platzen lassen. Plötzlich ist die Luft voll von Staub und Erde, und der klare Himmel trübt sich.

Allie setzt sich blinzelnd auf. Ihre Augen sind helle Kreise in einem schmutzverkrusteten Gesicht. Das Haus ist rot gefärbt, nachdem sich eine dicke Staubschicht auf die weißen Leichtziegel gelegt hat. Allie streckt die Zunge heraus, schmeckt Staub in der Luft. Als sie wieder auf die Beine gekommen ist, ertönen bereits die Sirenen.

»Dad?«, ruft sie. »Ich glaube, du solltest lieber nach draußen kommen.«

69

Das Erste, was Corey Livingstone sieht, ist ein roter Stern.

Er driftet langsam vor ihm dahin, zu hell, als dass er direkt hinschauen könnte. Er versucht sich wegzuschieben, weil er weiß, was passieren wird, wenn er ihm zu nahe kommt. Doch als er versucht, den Arm zu heben, hält jemand ihn fest, mit sanftem, aber bestimmtem Druck.

»Immer mit der Ruhe«, sagt eine Frauenstimme. »Wir sind noch nicht ganz fertig.«

Der rote Stern ist immer noch da. Er beschwört Erinnerungen aus der Finsternis seines Geistes herauf. Sigma. Die *Red Panda*. Das Tor. Captain Volkova. Jack. Hannah. Lorinda. *Roman*.

Corey versucht sich aufzusetzen, will sprechen, bekommt aber kein Wort heraus. Seine Kehle ist ausgetrocknet. Der rote Stern ist eine winzige Lampe an einem Robotarm. Der Arm hängt über ihm, führt kleine, präzise Bewegungen aus. Er ist so lang wie der eines Mannes, mit einem klobigen Schneidlaser am Ende.

Der Arm dreht sich in seine Richtung, und Corey zuckt zusammen.

»Ruhig bleiben«, sagt die Stimme. »Langsam. Dein Bein wird bald wieder in Ordnung sein, aber wir sind noch nicht fertig, okay?«

Allmählich löst sich seine Umgebung in Einzelheiten auf. Er scheint sich in einem Krankenhauszimmer zu befinden: saubere weiße Wände, neutrales Fliesenmuster auf dem Boden, helle Beleuchtung.

Der Robotarm ist an einer großen mobilen Kontrolleinheit befestigt, die neben dem Bett steht; zwei weitere Arme hängen untätig herab. Coreys untere Körperhälfte liegt unter einer gewölbten Hülle, sodass er seine Beine nicht sehen kann. Etwas weiter unten ist eine Öffnung in der Hülle, und während Corey zuschaut, greift der Arm hinein, und der Laser summt. Doch er spürt nichts davon.

Neben dem Bett sitzt eine Frau, die er nicht kennt. Sie ist jung, vielleicht in den Zwanzigern, mit langem braunem Haar und sauberem Arztkittel.

»Mehrere Knochenbrüche«, sagt sie. Dabei blickt sie zur anderen Seite des Raums, was sie veranlasst, die Stirn zu runzeln. »Und deinen vorderen Schienbeinmuskel hat es ziemlich übel erwischt«, fügt sie fast geistesabwesend hinzu. »Aber die Nanos bringen das gerade in Ordnung.«

»Wo bin ich?«, fragt Corey.

Sie blinzelt, registriert etwas auf ihrer Linse. Corey spürt, wie sich das Bett unter ihm hebt und seine obere Körperhälfte aufrichtet. »Austin City General«, sagt sie. »Ostflügel. Wir haben alles unterhalb deiner Hüfte betäubt, damit du für eine Weile nichts …«

»Vielen Dank, Schwester«, sagt eine Stimme irgendwo im Raum. »Das wäre dann alles.«

Corey blickt sich um. Am Fenster sitzt ein Mann, der ihm vage vertraut vorkommt. Er ist in den Sechzigern, glattrasiert, mit grau meliertem Haar und einem freundlichen Gesicht. Er trägt einen dunklen Anzug und eine rote Krawatte, und als sich ihre Blicke treffen, reagiert er mit einem breiten, freundlichen Lächeln.

»Willkommen zurück im Land der Lebenden«, sagt er.

»Senator«, sagt die Schwester. »Ich bin mir nicht sicher, ob es das Beste für …«

»Ach, Mr. Livingstone wird damit zurechtkommen.« Der

Mann hebt eine Hand, als würde er einen Schwur ablegen. »Er ist ein zäher Bursche. Und ich verspreche, wenn es irgendein Problem gibt, weiß ich, wo der Rufknopf ist.« Er zwinkert Corey zu. »Letztes Jahr habe ich hier einen Tag verbracht. Ich war mit dem Fahrrad unterwegs und bin gestürzt. Du solltest übrigens den Schokoladenpudding probieren – er sieht furchtbar aus, schmeckt aber sehr gut.«

»Ja«, sagt Corey und nickt zustimmend, obwohl er gar nicht weiß, warum er es tut. Der Mann kommt ihm bekannt vor, aber er kann ihn nicht einordnen.

Die Krankenschwester zögert, doch dann nickt sie. »Also gut.« Sie legt eine Hand auf Coreys Schulter. »Bist du dir sicher, dass du dafür bereit bist?«

Benommen nickt Corey noch einmal. Die Schwester erklärt ihm, dass sie in der Nähe bleiben wird, dann geht sie hinaus. Der Robotarm zieht sich surrend und klickend von seiner Position über Coreys Beinen zurück, und ein Teil der Hülle schließt sich von selbst.

Plötzlich erinnert sich Corey, woher er den Mann kennt. »Sie sind der Chef meiner Mom.«

»Genau der bin ich.« Er hat einen schweren südtexanischen Akzent. »Tom Daniels. Toll, dass ich dich endlich kennenlerne. Deine Mutter hat mir schon viel über dich erzählt.«

Corey sagt nichts dazu. Ein Teil von ihm ist davon überzeugt, dass er immer noch auf der *Red Panda* ist, dass dies alles nur ein Traum ist.

»Ich bin froh, dass ihr es geschafft habt«, sagt der Mann, klatscht die Hände auf die Knie und steht auf. Er geht zu Coreys Bett hinüber. Er ist größer, als Corey zunächst gedacht hat, und hat die breiten Schultern eines Football-Spielers. »Wie es klingt, habt ihr ein ziemliches Abenteuer erlebt.«

»Ähm. Ja. Ich meine …« Plötzlich reißt Corey die Augen auf. »Meine Mom! Mein Dad! Sind sie …?«

Daniels hebt die Hände. »Keine Sorge. Es geht ihnen gut. Etwas mitgenommen, aber keine bleibenden Schäden. Sie sind auch hier. Ich habe sie noch nicht besucht, aber die Schwestern sagen, dass mit ihnen alles in Ordnung ist. Das war eine verdammt heftige Landung, die ihr da hingelegt habt.«

»Können Sie sie rufen?« Eine unglaubliche Erleichterung durchströmt Corey. Sie haben es geschafft. *Sie haben es geschafft.*

»In einer Minute. Vorher müssen wir noch etwas besprechen.«

Ächzend greift Daniels nach hinten und zieht einen Stuhl heran. Er schleift mit einem quietschenden Geräusch über den Boden, wovon Corey die Ohren schmerzen. Der Senator setzt sich, stößt einen erleichterten Atemzug aus, als hätte es ihn erschöpft, auf den Beinen zu stehen. Corey beobachtet ihn nun mit einem gewissen Misstrauen.

»Also, Corey«, sagt Daniels. »Wahrscheinlich gibt es eine Menge Leute, die gern mit dir über diese Sache reden würden. Feed-Reporter. Deine Freunde. Leute, die du im Supermarkt triffst. Und ich vermute, du würdest ihnen gern eine Wahnsinnsgeschichte erzählen.«

Er sieht Corey wieder mit einem freundlichen Lächeln an. »Aber ich wollte dich bitten, als jemand, der deine Mutter ziemlich gut kennt … ich wollte dich bitten, das alles vorläufig für dich zu behalten.«

»… warum?«

»Nun, das ist etwas kompliziert.« Daniels verschränkt die Hände im Schoß. »Sehr viele Menschen sind da draußen bei Sigma gestorben. Ich bin mir sicher, dass du das weißt. Wir müssen noch ermitteln, wer sie alle waren, und es ihren Familien mitteilen. Und wir wissen auch nicht genau, was geschehen ist – warum die Station auf diese Weise angegriffen wurde.«

»Aber das wissen wir doch!« Corey versucht sich weiter aufzurichten und zuckt zusammen, als er nun eine dicke Nadel aus Schmerz spürt, die sich durch sein Bein hinaufarbeitet. »Eins unserer Schiffe hat …«

»Ich weiß.« Jetzt lächelt Daniels nicht mehr. »Wir wissen, dass das Schiff, mit dem ihr gekommen seid, eins unserer … Projekte war. Wir müssen uns diese ganze Situation sehr genau anschauen, um sicherzustellen, dass es nicht noch einmal passiert. Aber wenn du allen davon erzählst, bevor wir es tun, werden die Leute voreilige Schlüsse ziehen. Das wird uns behindern und es schwerer für uns machen, die Sache aufzuklären.«

Er senkt die Stimme, und Corey muss sich anstrengen, um die Worte mitzubekommen. »Verstehst du, was ich dir sage?«

»Ich …«

»Ich möchte, dass du jetzt stark bist, Corey, dass du für mich stark bist.« Daniels beugt sich vor. »Du musst das auch deinen Eltern sagen. Und deinen Freunden Hannah und Jack und deinem Bruder. Auch ich werde mit ihnen reden, aber ich brauche dich, damit du mir Rückendeckung gibst. Das ist wirklich sehr wichtig. Kannst du das für mich tun? Kannst du …?«

Von der Tür ruft Anita Livingstone: *»Lassen Sie meinen Sohn in Ruhe!«*

Coreys Kopf dreht sich so schnell, dass er sich fast einen Muskel im Hals gezerrt hätte. Seine Eltern treten in den Raum, angeführt von seiner Mom. Sie hat ein großes blaues Auge, und ihre Unterlippe wurde genäht, aber sie ist auf den Beinen. Sie hat es überstanden.

Sein Vater wirkt ähnlich angeschlagen und humpelt leicht. Unwillkürlich muss Corey an die Geschichte denken, die seine Mom ihnen erzählt hat, wie sie sich kennengelernt haben. Corey bemerkt, dass beide blaue Krankenhaushemden tragen.

Und hinter ihnen kommen Malik und Hannah und Jack. Sie alle.

Corey Freude verblasst, als er den Ausdruck auf dem Gesicht seiner Mutter sieht. Er hat sie noch nie so wütend erlebt. Im nächsten Moment drängt sie sich zwischen Daniels und das Bett, sein Vater genauso. Der Senator erhebt sich vom Stuhl und weicht zurück, um ihnen Platz zu machen. Sie *alle* sind ramponiert. Jacks Arm liegt in einem glatten weißen Verband, und Hannah trägt eine dicke Halsstütze. Erschrocken wird ihm klar, dass Roman nicht dabei ist. Hat er es geschafft? Ist er im Krankenhaus?

Malik taucht auf der anderen Seite des Betts auf und starrt entsetzt auf die Hülle, die die Beine seines Bruders umschließt. Er scheint in Ordnung zu sein, auch wenn er im dünnen Krankenhemd etwas geschwächt wirkt. Bevor Corey nach Roman fragen kann, sagt er: »Haben Sie dein Bein in Ordnung gebracht? Wirst du wieder gesund?« Seine Stimme klingt atemlos, fast panisch.

»Ich denke schon«, sagt Corey.

Malik zögert kurz, dann wirft er sich praktisch auf seinen Bruder, um ihn stürmisch und grob zu umarmen. Corey will über Roman reden, aber Malik drückt ihn so fest an sich, dass er nicht sprechen kann.

»Sie haben mir meine Holokamera weggenommen«, sagt Malik dumpf an Coreys Schulter. »Ich weiß nicht, wo sie ist.«

Aus irgendeinem Grund macht Corey das mehr Angst als alles andere. Und es gibt so vieles, was er wissen will. Nicht nur über Roman, sondern was mit den anderen zwei Kampfschiffen passiert ist. Und wo ist Brendan? Was wird mit ihm passieren? Als er an ihn und Seema denkt, erinnert sich Corey an Lorinda und Volkova, und es fühlt sich an, als würde ein Messer in seine Eingeweide gestoßen.

Er wird in die Realität zurückgeholt, als er die wütende

Stimme seines Vaters hört. »Reden Sie nie wieder mit unseren Kindern«, sagt Everett. »Niemals. Haben Sie verstanden?«

»Anita«, sagt Daniels mit einem breiten Lächeln. »Mr. Livingstone. Und du musst Malik sein.« Er betrachtet die beiden. »Und mal sehen … Ms. Elliot und Mr. Tennant, richtig? Ich bin Tom Daniels. Es ist mir ein Vergnügen …«

»Wir wissen, wer Sie sind«, sagt Hannah. In ihrem Tonfall liegt keine Wärme. Sie tritt an Everetts Seite und bildet eine Schutzmauer zwischen Corey und dem Senator. Jack will die Arme verschränken und vergisst, dass der eine ruhiggestellt wurde. Er tut es trotzdem, legt den freien Arm unbeholfen um den anderen.

»Das ist gut.« Daniels scheint sich nicht wegen Hannahs Stimmung zu beunruhigen. »Und ich bin froh, dass Sie alle hier sind. Ich habe gerade mit Corey über die notwendige Diskretion gesprochen.«

»Diskretion?« Jack spricht das Wort aus, als hätte es einen üblen Geschmack.

»In der Tat.« Der Senator schaukelt leicht vor und zurück, während er die Hände hinter dem Rücken verschränkt hat. »Der Senat wird eine gründliche Untersuchung anordnen, und bis sie abgeschlossen ist, möchte ich sicher sein, dass wir alle auf der gleichen Seite stehen, was Gespräche mit den Feeds betrifft.« Er wendet sich Jack zu. »Ich fürchte, das schließt auch Sie ein, Mr. Tennant. Sie müssen …«

»Hören Sie auf mit dem Scheiß«, sagt Jack.

Im Zimmer wird es still.

»Sie haben den Angriff auf die Sigma-Station angeordnet«, sagt Anita. »Sie wollten das Abkommen aufheben. Alles, was geschehen ist … war Ihre Schuld.«

70

Anita greift nach hinten, ohne Corey anzusehen, und findet trotzdem seine Hand. Er hält sie fest.

»Anita.« Daniels klingt gekränkt. »Das ist ein sehr gravierender Vorwurf. Und da Sie immer noch meine Angestellte sind …«

»Nicht mehr. Ich kündige. Mit sofortiger Wirkung. Nein, schon vor zehn Minuten.«

Daniels seufzt, als wüsste er, dass so etwas kommen würde. »Es tut mir leid, das zu hören, und ich hoffe, Sie überlegen es sich noch einmal, wenn Sie weniger emotional sind.«

»Wie bitte?«, sagt Hannah.

Der Senator geht nicht auf sie ein. »Nach Lage der Dinge werde ich einen solchen Vorwurf ohne Beweise nicht dulden.«

»Sehen Sie, genau das ist der Punkt«, sagt Anita.

Sie lässt Coreys Hand los und tritt einen Schritt auf den Senator zu, der sich immer noch nicht gerührt hat. Sein Gesichtsausdruck ist ernst, aber in seinen Augen steht ein Blick, der vorher noch nicht da war. Ein gewisser Argwohn.

»Die ganze Zeit, als wir da draußen waren, habe ich überlegt. Wer hätte ein Interesse daran, das Abkommen zu kippen? Wer würde am meisten davon profitieren?« Sie sticht mit einem Finger nach Daniels Brust. »Und dann wurde mir alles klar. Ich habe verdammt lange gebraucht, aber dann bin ich darauf gekommen.«

»Vorsicht!«, sagt Daniels.

Anita lässt sich nicht beirren. »Wie oft haben Sie über

mögliche Änderungen des Abkommens gesprochen? Wie oft haben Sie uns gesagt, dass wir nicht hart genug arbeiten. Dass wir nach Schlupflöchern in den Formulierungen suchen müssen? Sie haben härter als jeder andere darum gekämpft, dass die Vereinbarungen geändert werden, damit wir mehr Territorium bekommen. Ich habe nur etwas Zeit gebraucht, um es zu erkennen.«

»Anita, Sie sollten sich selbst hören.« Daniels will nach ihr greifen, doch Everett schlägt seinen Arm zur Seite. Der Senator sieht ihn mit leichter Verwunderung an.

»Ich hätte es viel früher sehen müssen«, sagt Anita kopfschüttelnd. Ihre Stimme klingt belegt, als könnte sie jeden Moment in Tränen ausbrechen. »Wie konnten Sie so etwas tun? All die vielen Menschen …«

»Das ist absurd«, sagt Daniels. »Sie ziehen voreilige Schlüsse, auf der Basis von … von was? Wie ich meinen Job mache? Als Senator der Frontier? Weil ich unsere Interessen vertrete? Gut, ich weiß, dass Sie eine Menge durchgemacht haben und vermutlich unter Schock stehen. Ich bin bereit, Ihnen diesen Gefühlsausbruch zu verzeihen, aber ich sollte Sie warnen, dass …«

»Commander Richard Hayes«, sagt Jack.

Daniels sieht ihn irritiert an. »Wie bitte?«

»Er hatte das Kommando über die Rettungsmission für Ihre Jungs an Bord der *Resolute*. Er kam mit der … wie hieß das Schiff? Mit der *Victory*.« Er zuckt mit den Schultern. »Er hat nicht viel gesagt, aber ich habe seinen Namen aufgeschnappt. Ich habe mir nicht viel dabei gedacht, bis ich Anita davon erzählte.«

»Damit war für mich alles klar«, sagt Anita. Everett greift nach ihrer freien Hand, an der sie sich festhält. »Sie und Hayes haben eine lange Vorgeschichte, nicht wahr? Sie geht zurück bis zur Offiziersakademie der Frontier. Bei Sponsorenversammlungen haben Sie darüber gesprochen, wie ich mich erinnere. Und ich habe ihn viele Mal im Büro gesehen. Ich denke mir, dass Sie diesen Plan gemeinsam ausgeheckt haben – denn falls wir uns in einen neuen Krieg stürzen, hätten Sie beide etwas davon. Und als die *Resolute* nicht wie geplant zurückkehrte, flog Hayes persönlich los, um nachzusehen. Er wollte sich vergewissern, dass alles seine Richtigkeit hatte.«

Daniels lächelt still und schüttelt langsam den Kopf.

»Sie vergessen etwas«, sagt Anita. »Ich habe sehr lange Zeit mit Ihnen zusammengearbeitet, Tom. Ich weiß, wann Sie lügen. Zu dumm, dass ich diesen Angriff überlebt habe.«

In der folgenden Stille hat Corey den Eindruck, dass die Raumtemperatur um zehn Grad fällt. Er ist immer noch damit beschäftigt, alles zu verarbeiten. Aber er konzentriert sich auf seine Eltern. Sie stehen zusammen und halten sich an den Händen. Beide verfolgen dasselbe Ziel.

»Trotzdem sind es nur Spekulationen«, sagt Daniels. »Schließlich können Sie keine handfesten Beweise vorlegen, nicht wahr?«

»Vielleicht nicht«, sagt Jack. »Aber wir beabsichtigen, allen zu erzählen, was wir wissen.«

Hannah wirft ihm einen strengen Blick zu, den er nicht weiter beachtet.

»Andere werden die Puzzleteile zusammenfügen, die uns fehlen«, sagt Everett zu Daniels. »Sie werden weitere Beweise ausgraben, denn Sie können mir glauben, dass es sie gibt. Ich hoffe, Sie haben einen guten Anwalt, Senator.«

»Verdammt richtig«, sagt Malik.

Daniels seufzt ein zweites Mal. »Ich hatte gehofft, dass es nicht so weit kommt.«

Er greift in seine Jackentasche und zieht einen zusammengefalteten Zettel hervor, den er Anita reicht. Sie nimmt ihn zögernd an, als wäre er vergiftet, und faltet ihn auseinander.

»Kopien davon wurden an Ihre individuellen Postfächer geschickt«, sagt Daniels. »Ich schlage vor, dass Sie sich alles genau durchlesen.«

»Was ist das?« Jack reckt den Hals, um etwas erkennen zu können.

Der Senator setzt wieder sein freundliches Lächeln auf. »Ein Maulkorberlass. Gültig in allen existierenden Territorien. Ich habe ihn heute früh abgezeichnet, und glauben Sie mir, wenn ich sage, dass Sie diese Sache ernst nehmen sollten. Jede Äußerung gegenüber unbefugten Personen hat für Sie eine Anklage wegen Hochverrats zur Folge. Alle Aufzeichnungen Ihrer Reise sind nun in den Besitz der Frontier übergegangen.«

Er blickt Anita in die Augen. »Wie gesagt, ich hatte gehofft, dass sich so etwas vermeiden lässt. Sie sind eine intelligente Frau, Anita. Eines Tages hätte aus Ihnen eine hervorragende Senatorin werden können.«

Anita liest den Zettel, ihr Mund bewegt sich lautlos, ihr Gesicht zeigt einen bestürzten Ausdruck. Hannah, Jack und Everett drängen sich um sie. Nur Malik bleibt, wo er ist, die Hände hilflos zu Fäusten geballt.

»Ich werde Sie jetzt allein lassen, damit Sie es besprechen können«, sagt Daniels und nickt Corey freundlich zu, während er am Bett vorbeigeht. »Es ist gut, Sie alle wieder hier zu haben. Ich hoffe, Sie kooperieren uneingeschränkt mit unseren Ermittlern.«

»Sie glauben doch nicht im Ernst, dass Sie das vertuschen können«, sagt Jack. »Wie viele Menschen haben gesehen, wie wir aus dem Nichts zurückgesprungen sind?«

»Sie scheinen es wirklich nicht zu verstehen«, sagt Daniels und knöpft seine Anzugjacke zu. »Sie glauben, Sie hatten einen großen Auftritt, der Schlagzeilen macht. Schon richtig. Zumindest für eine Weile. Aber alles lässt sich auch sehr einfach erklären. Ein militärisches Wissenschaftsprogramm, unbeabsichtigte Konsequenzen, unerprobte Technologie. Die Verschwörungstheoretiker feiern ein Fest, aber niemand wird auf sie hören.

Oh, ich zweifle nicht im Geringsten daran, dass sie sich alle Mühe geben werden, Sigma mit dem zusammenzubringen, was Ihnen passiert ist. Wahrscheinlich werden sie der Wahrheit sogar recht nahe kommen. Aber Sie müssen berücksichtigen …« Geistesabwesend schließt er einen Manschettenknopf, während er immer noch mit traurigem Ausdruck lächelt. »Wenn wir mit der Sache fertig sind, wird sich alles so sehr in die Länge gezogen haben, eine komplizierte Geschichte voller juristischer Details, dass niemand mehr versteht, was *wirklich* geschehen ist. Und ich bin mir ziemlich sicher, dass keiner von Ihnen bereit ist, für den Rest des Lebens ins Gefängnis zu wandern, weil er etwas anderes erzählen will.«

Er richtet den Blick auf Coreys Bruder. »Was meinst du, Malik? Wärst du bereit für das Gefängnis in LunarMax? Das wird passieren, wenn du und deine Leute mir Ärger macht.«

Er geht, lässt sie dicht um das Bett gedrängt zurück. Corey lässt den Kopf aufs Kissen fallen. Er hat den Begriff »Maulkorberlass« noch nie gehört, aber er kann sich etwas darunter vorstellen. Wie konnte es so weit kommen? Nach allem, was sie durchgemacht haben, wird es so sein, als wäre es niemals passiert.

»Hm«, sagt Hannah. »Das ist seltsam.«

Daniels öffnet gerade die Tür zum Krankenzimmer. »Was?«, fragt er, ohne sich umzublicken.

Corey beobachtet, wie Hannah den Zettel von Anita entgegennimmt und ihn hochhält. »Das Datum und die Uhrzeit, als das hier abgezeichnet wurde. Das war vor wenigen Stunden.

Sie müssen es getan haben, bevor Sie gekommen sind, um mit uns zu sprechen.«

Daniels hantiert mit seiner Uhr – aus Gold und mit einem großen Ziffernblatt. »Und?«

»Die Sache ist folgende«, sagt Hannah. »Sigma Destination Tours bietet ihren Passagieren einen interessanten Service an.« Sie faltet den Zettel zusammen. »Wussten Sie, dass jeder, der eine Reise bei Sigma bucht, Fotos oder Videos ins Öffentliche Geschichtsarchiv der Frontier hochladen kann? Dazu muss man sich nur einloggen.«

»Und?« Jetzt klingt Daniels verärgert. »Alles, was Sie haben, ist Eigentum der Frontier. Oder haben Sie mir nicht zugehört?«

»Was die letzten zwei Stunden betrifft, natürlich. Aber wir haben alles, was wir hatten, bei unserer Ankunft über Austin hochgeladen, also vor etwa …« Sie sieht Everett an.

»*Zehn* Stunden«, hilft er ihr aus. »Mehr oder weniger.«

Daniels sieht die beiden an und hat wieder sein trauriges Lächeln aufgesetzt. Zumindest auf Corey wirkt er diesmal etwas besorgt. »Was soll das heißen?«, fragt er.

»Sie sollten sich das Video ansehen, das Malik gedreht hat«, sagt Jack. »Er hat wirklich gute Arbeit geleistet.«

»Ich hatte die *Panda* angewiesen, es für den Upload vorzubereiten, bevor wir den Sprung machten«, sagt Hannah. »Das Schiff müsste die Daten in der Sekunde gesendet haben, als wir wieder in Signalreichweite waren. Sie befinden sich jetzt im öffentlichen Archiv.« Sie stößt Jack an. »Hey – was glauben Sie, wie lange es dauern wird, bis irgendjemandem klar wird, was er da sieht?«

»Nicht lange.« In Anitas Augen schimmern Tränen, aber ihre Stimme ist ruhig und klar.

Daniels sieht überhaupt nicht mehr freundlich aus. Er macht eher den Eindruck, dass er sie alle umbringen möchte.

»Das ändert gar nichts«, sagt er. »Diese Aufnahmen sind trotzdem Eigentum der Frontier. Alle. Wir werden sie einfach vom Server löschen. Das kann irgendein Mitarbeiter von mir erledigen.«

Hannah schürzt die Lippen. »Vom Server löschen. Eine nette Idee. Senator, ich möchte Ihnen etwas über Historiker erzählen. Wir trauen Leuten wie Ihnen nicht. Sie wären nicht der erste Politiker, der versucht, Aufzeichnungen zu ändern, und Sie sind bestimmt auch nicht der letzte. Die Daten liegen auf mehreren Hunderttausend verschiedenen Computern in diesem System. Sie müssten eine ziemlich große Menge von Maulkorberlassen herausgeben.«

»Sie haben keine Ahnung, über welche Mittel ich verfüge ...«

»Die haben Sie zweifellos. Aber wenn nur eine einzige Person die Aufzeichnungen herunterlädt, sind sie öffentlich. Ganz zu schweigen von Sigma Tours selbst. Ich bin mir sicher, dass sie ein Büro auf der Erde haben, und sie dürften ziemlich aus dem Häuschen sein, weil sie nicht wissen, was passiert ist. Vielleicht scrollen sie sich in diesem Moment durch das Archiv.«

»Und vergessen Sie nicht die Journalisten«, sagt Jack.

»Ach ja. Die auch. Wer weiß, wer sonst noch nach Informationen sucht?«

»Und natürlich andere Touristen. Die noch gar nicht wissen, was mit Sigma geschehen ist.«

»Es ist immer eine gute Idee, sich vor einer großen Reise gründlich zu informieren«, sagt Everett.

Daniels ist bleich geworden. Hannah hebt das Kinn, als sich ihre Blicke treffen. Trotz der Halsstütze wirkt sie auf Corey, als wäre sie drei Meter groß.

»Sie sollen sich lieber eine gute Geschichte ausdenken«, sagt Hannah. »Sie werden sie brauchen.«

71

In der Kuppelkolonie auf Titan, Hannahs Heimatmond, gibt es mehrere riesige Reihen von künstlichen Sonnenlampen. Viele Leute beklagen sich darüber, sagen, dass sie zu heiß sind oder dass die Pflanzen nicht richtig wachsen. Hannah hatte damit nie ein großes Problem, aber sie muss zugeben, dass sie einfach nicht an das Original herankommen.

Sie legt den Kopf so weit zurück, wie es ihre flexible Stütze erlaubt, während sie mit geschlossenen Augen auf der Holzbank im Klinikgarten sitzt. Das Sonnenlicht lässt die Innenseite ihrer Lider in einem warmen Goldton schimmern. Nein, das Original ist viel, viel besser. Hannah aalt sich darin, streckt die Arme aus.

Ja!

Sie sitzt im zentralen Innenhof des Krankenhausflügels, ein kleiner Platz mit Bänken und ein paar zähen Sukkulenten, die sich in ordentlichen Blumenbeeten aus dem Boden schieben. In der Mitte erhebt sich ein halbherziger Springbrunnen, doch das Becken ist trocken, kein Wasser fließt.

Sie halten sich schon seit zwei Tagen im Austin City General auf, und sie kann nicht fassen, dass sie diesen Ort erst vor einer Stunde gefunden hat. Andererseits hat es eine Ewigkeit gedauert, die Ärzte und Schwestern zu überzeugen, dass die Nanomeds tatsächlich wirken und sich ihr Hals schon wesentlich besser anfühlt. Sie haben ihr nicht erlaubt, die Stütze abzunehmen, aber zumindest lassen sie sie außerhalb ihres Zimmers herumlaufen.

Hannah öffnet die Augen. Ein Patient in einem Hoverstuhl – ein älterer Mann mit Glatze – überquert auf der anderen Seite den Innenhof, eine Krankenschwester an seiner Seite. Er sieht Hannah und lächelt.

Sie erwidert das Lächeln mit einem unguten Gefühl. Seit den letzten paar Tagen wurde die gesamte Klinik abgeriegelt. Nur Patienten, Ärzte und Pfleger hatten Zutritt. Erst seit heute früh ist das Krankenhaus für Besucher wieder geöffnet.

Der Grund dafür ist kaum zu übersehen. Die Straßen vor dem Krankenhaus sind voller Fahrzeuge, die offenbar von sämtlichen existierenden Feeds stammen. Hannah hat sich an diesem Vormittag ein paar Minuten lang mit amüsierter Faszination einige der Sendungen angesehen, in denen immer nur die Fassade der Klinik gezeigt wurde, während man Fotos von ihnen einblendete.

Rund um das Gebäude wurde ein Flugverbot verhängt, sodass es keine Aufnahmen von Drohnenkameras gibt – auch gut, weil man Hannah ansonsten nicht nach draußen gelassen hätte. Aber das hat die Reporter nicht davon abgehalten, es trotzdem zu versuchen.

Die einzigen anderen Aufnahmen zeigen die zerstörte *Victory*, die wie ein uralter Monolith aus den verwüsteten Abraumhalden emporragt. Ach ja, und Tom Daniels, mit gehetztem Blick, umgeben von Leibwächtern. Hannah kann nicht sagen, ob sie ihn verhaften oder beschützen wollten. Und im Moment interessiert es sie auch gar nicht.

Die Neuverhandlungen über das Belarus-Abkommen wurden vorläufig ausgesetzt.

Volkova, Seema und Lorinda wurden aus der *Panda* geholt, und Hannah will eigentlich gar nicht über ihre Beerdigung nachdenken, erst recht nicht über die von Volkova.

Auch Brendan ist in der Klinik, allerdings unter polizeilicher Bewachung. Hannah weiß nicht, wer die Polizei über ihn informiert hat – vielleicht Anita. Sie hat gehört, wie einer der Ärzte darüber sprach, dass ein Sonderstaatsanwalt vom Mars eintreffen wird. Wer auch immer das sein mag, er wird alle Hände voll zu tun haben. Die Soldaten von der *Victory* – einschließlich Hayes – sind im anderen Flügel des Krankenhauses, unter militärischer Bewachung.

Hannah hatte in der vergangenen Nacht einen Traum, nachdem sie endlich in ihrem unbequemen Krankenbett eingeschlafen war. Die Soldaten stürmten die Krankenzimmer, bewegten sich im Dunkeln, kümmerten sich um die Überlebenden von der *Panda*, eliminierten sie mit Doppelschüssen. Dann wachte sie schweißgebadet auf, und die Stütze drückte feuchtkalt gegen ihren Hals.

Niemand weiß, wo Roman ist. Er war nicht unter den Überlebenden des Absturzes oder den Leichen.

Vielleicht müssen sie noch etwas länger warten. Es gab eine heftige Diskussion, ob legitimierten Besuchern der Zutritt zur Klinik erlaubt werden sollte. Anita und Everett standen Seite an Seite, während sie sich mit Vertretern der Klinikverwaltung stritten. Nach Hannahs letzten Informationen versicherte der verängstigte Geschäftsführer ihnen, dass er alle Hebel in Bewegung setzen würde.

Sie hofft, dass sie eine Lösung gefunden haben, bevor ihre Eltern und ihre Schwester hier eintreffen.

Sie hat vor einigen Stunden mit ihnen gesprochen. Sie waren gerade durch die Luna-Sprungstation hereingekommen und warteten auf einen Transport zur Erde. Die Verbindung zur Station war gestört, ihre Gesichter wurden immer wieder verpixelt.

Hannah hatte sich vorgenommen, nicht zu weinen, aber natürlich hat sie es doch getan, fast genauso sehr wie ihre Eltern. Callies Augen blieben trocken, aber sie sah aus, als wäre sie in zehn Stunden um zehn Jahre gealtert.

Beim Anblick ihrer Familie verkrampften sich Hannahs Eingeweide – als würde sie nun auch sie verlieren, als wäre sie immer noch in der *Panda*, als wäre dies alles auch nur ein weiterer Traum. Als würde eine Metallkugel auf sie zurasen, um sie im nächsten Moment auszulöschen. Doch es passierte nicht, und Hannah kann es gar nicht abwarten, sie hier wiederzusehen. Sie sehnt sich danach, Callie zu umarmen, und ihre Mutter, und sie will spüren, wie die Bartstoppeln ihres Vaters auf ihrer Wange kratzen, während sie die Arme um ihn schlingt.

Sie erinnert sich kaum noch daran, worüber sie gesprochen haben. Es war ein Durcheinander aus »Was zum Teufel ist passiert?« und »Wie konnten sie so etwas tun?« und »Bitte sag uns, dass es dir gut geht!«. Doch ihre Gedanken kreisen immer wieder um den einen Teil des Gesprächs, als alle plötzlich sehr ruhig wurden.

Callie sah immer noch aus, als wäre sie vierzig, aber sie hatte wieder etwas von ihrer früheren Lebendigkeit. »Was willst du also tun?«, fragte sie Hannah. »Denn ich glaube, das mit dem Reiseführerjob ist nicht so gut gelaufen.«

Darüber musste Hannah lächeln. Und sie hätte fast darauf geantwortet und ihnen gesagt, dass ihre Pläne nach wie vor dieselben sind, dass sie sich wieder um einen Job in einem Museum kümmern will und sich dann irgendwie zur Kuratorin hinaufarbeitet.

Diese Geschichte war ihr so vertraut, dass sie bereits vorher wusste, wie es ablaufen würde. Sie machte sich sogar schon auf das angespannte Lächeln gefasst, das neutrale »Oh« von ihrer Mutter, auf Callies Gleichgültigkeit, auf die Besorgnis ihres Vaters. Doch kurz bevor sie den Mund aufmachte, entschied Hannah, dass sie keine Lust mehr hatte, sich damit auseinanderzusetzen.

»Ich weiß es nicht«, sagte sie zu ihnen. »Ich werde mir etwas überlegen.«

Callie nickte, sagte ihr, dass sie sich bald sehen würden. Wann auch immer das sein würde. Sie würden sich eine Unterkunft in Austin suchen müssen, und Hannah würde ihre Namen auf die Besucherliste setzen. Vielleicht könnte sie dann sogar mit ihnen gehen. Ihr Hals schmerzt inzwischen gar nicht mehr so sehr, und schließlich ist sie keine Gefangene, also …

»Ist es okay, wenn ich mich zu Ihnen setze?«

Hannah blickt auf, blinzelt im Sonnenlicht. Es ist Jack. Genauso wie sie trägt er dieses idiotische Krankenhemd, den Gürtel um die Hüfte festgezurrt. Sie hat ihn vor einer Weile gehört, wie er sich bei der Schwester beschwerte und sie fragte, warum er keine richtige Hose bekommt.

In der *Panda* hätte sie sofort versucht, sich so weit wie möglich von ihm zu entfernen. Diesen Drang verspürt sie immer noch ein wenig. Doch in der Sonne ist es warm, ihre Familie ist zu ihr unterwegs, und sie ist keinen schrecklichen Tod im Vakuum des Weltraums gestorben. Alles in allem ist sie in recht guter Stimmung. Und schließlich hat er mitgeholfen, sie alle zu retten.

»Klar«, sagt sie.

Er nickt dankbar und lässt sich auf die Bank sinken. Sie sieht, dass sein Arm immer noch in einem Verband steckt, auch wenn es jetzt ein etwas flexiblerer ist. Auch bei ihm scheinen die Nanos die Knochen allmählich wieder in Ordnung zu bringen.

»Ich weiß nicht, ob Sie davon gehört haben«, sagt er.

»Wovon?«

»Von Brendans und Seemas Kind.«

Im ersten Moment hat sie nicht den leisesten Schimmer, wovon er redet. Doch dann erinnert sie sich wieder.

»Brendan hat einen Deal gemacht«, erklärt er. »Er wird über das Roses-Kartell aussagen, wenn er seinen Sohn zurückbekommt. Anscheinend hat man den Jungen in einem Wohnblock in Acidalia festgehalten. Die Polizei konnte ihn bei einer Razzia wohlbehalten rausholen.«

»Oh.« Sie weiß nicht genau, wie sie darauf reagieren soll. Eigentlich sollte sie froh darüber sein, aber im Moment fühlt sich alles genauso weit entfernt an wie Sigma selbst. »Das ist gut«, sagt sie nach einer Weile.

»Scheint so«, murmelt er und rutscht mit unbehaglicher Miene auf der Bank hin und her. »Nun, vielleicht ist es für das Kind nicht so gut. Nicht wenn die Eltern … Sie wissen schon.«

»Es freut mich, dass es ihm gut geht.« Hannah fällt nichts anderes ein, was sie sagen könnte.

»Richtig. Richtig. Sie … äh, macht Ihre Heilung Fortschritte?«

»Ich glaube, ja. Der Arzt sagt, ich kann die Halsstütze heute Nachmittag ablegen. Wie sieht es bei Ihnen aus?«

»Ungefähr genauso.«

»Das ist gut.«

Sie verstummen. Aber es ist keine entspannte Stille. Hannah vermutet, dass Jack jemand ist, mit dem man niemals entspannt schweigen kann.

»Und was werden Sie als Nächstes tun?«, fragt Hannah. Sie ist sich nicht sicher, ob sie es wirklich wissen will, aber sie weiß nicht, was sie sonst sagen könnte.

Er bläst die Wangen auf. »Etwas über die Ereignisse schreiben, denke ich. Vielleicht ein Buch. Keine Ahnung.«

»Ja, das wäre vermutlich …«

»Ich meine, die ganze Geschichte ist eigentlich schon draußen, also sollte ich sie aus einem neuen Blickwinkel erzählen. Etwas, das noch nicht jeder weiß.«

»Wie wäre es mit Ihrem Blickwinkel? Sie waren tatsächlich dabei und haben alles miterlebt.«

»Ja, stimmt.« Er wirkt verärgert, als würde er es bereuen, ihr von seinen Plänen erzählt zu haben.

Bevor sie etwas dazu sagen kann, dreht er sich auf der Bank zu ihr herum. »Hören Sie, ich wollte Sie etwas fragen …«

»Ja?«

Ein paar Sekunden lang sagt er nichts. Er ist unrasiert, bemerkt Hannah, und seine Stoppeln werden bereits zu einem Bartschatten.

»Diese ganze Sache mit dem Captain«, setzt Jack schließlich an. »Ich hätte nicht … Ich meine, ich wusste nicht, dass es so …«

»Seema hat den Captain getötet«, sagt Hannah. »Seema und Brendan. Sie waren es, die das Messer an Bord gebracht haben.«

In diesem Punkt weiß sie, was sie zu sagen hat. Sie hat sehr viel darüber nachgedacht. Jack war ein Idiot, aber am Ende war er nicht für Volkovas Ermordung verantwortlich. Er hat bereits eine Menge durchgemacht, und sie will ihm nicht das Leben zur Hölle machen. Nicht nachdem sie tatsächlich heil aus der Sache herausgekommen sind.

Jack öffnet den Mund, um etwas zu sagen, doch dann schließt er ihn wieder. Er blickt auf den Boden, will ihr nicht in die Augen schauen.

»… vielen Dank«, sagt er.

Hannah antwortet nicht. Auf der anderen Seite des Gartens landet ein Vogel – ein kleiner brauner von der Art, die man überall in irdischen Städten sieht – und pickt an einem hellgrünen Kaktus. Hannah kann gerade noch das Stimmengewirr von der Menge vor der Klinik hören, während es von der warmen Brise hereingetragen wird.

»Was ist mit Ihnen?«, fragt Jack.

»Hm?«

»Was werden Sie machen? Wenn das alles vorbei ist?«

Sie will ihm sagen, dass sie es nicht weiß. Aber sie hatte sehr viel Zeit, auch darüber nachzudenken, seit sie mit Callie und ihren Eltern gesprochen hat. Wahrscheinlich wird ihnen Hannahs Antwort nicht gefallen, aber das wäre dann ihr Problem.

»Vielleicht lasse ich mich zur Pilotin ausbilden«, sagt sie.

»Im Ernst?«

»Klar.« Ein Lächeln breitet sich auf ihrem Gesicht aus. »Ich könnte zur Flotte gehen. Oder kommerzielle Flüge übernehmen. Das weiß ich noch nicht.«

»Wow!« Er nickt. »Das ist ... einfach nur wow!« Er blickt in den Himmel, kneift die Augen im grellen Licht zusammen. »Also, ich würde sagen, die Aufnahmeprüfung haben Sie schon bestanden.«

Hannah muss lachen. Sie wusste gar nicht, ob sie es noch kann.

»Sie wissen, dass Corey das auch machen will, ja?«, fragt Jack.

»Es war kaum zu überhören.«

»Sie sollten es ihm sagen. Es wird ihn freuen, dass ...«

Er hält inne, als laute Stimmen aus dem gläsernen Verbindungsgang an der Seite des Innenhofs durch die offene Tür dringen. Ein aufgeregter Mann versucht sich an einer Krankenschwester vorbeizudrängen, die ihm erklärt, dass er sich hier nicht aufhalten darf, und wissen will, ob er überhaupt auf der Besucherliste steht.

»Eu tenho um direito!«, ruft der Mann. Sein Gang wirkt irgendwie seltsam, seine Beine scheinen etwas zu steif zu sein.

»Sir!«

»Deixe-me passar. Fora do caminho!«

Hannah sieht Jack an und will ihn fragen, ob er etwas darüber gehört hat, dass inzwischen Besucher zugelassen sind, aber er beachtet sie gar nicht mehr. Er starrt auf den Tumult, den Mund leicht geöffnet, den Ausdruck totaler Verwirrung auf dem Gesicht.

»Sir, ich kann Sie nicht verstehen. Wenn Sie bitte …«

»Gehen Sie mir aus dem Weg, verdammt!«, sagt der Mann nun auf Englisch. »Ich muss ihn sehen!«

Er wirft einen Blick in den Hof, als er sich an der Schwester vorbeischiebt, und nun kann Hannah ihn zum ersten Mal richtig sehen. Er ist etwa in Jacks Alter, hat grau meliertes Haar und einen mageren, knochigen Körperbau unter Jeans und einem grünen Hemd, das an ihm herabhängt, als wäre es ein paar Nummern zu groß für ihn.

Und wieder bemerkt Hannah seinen ruckhaften, humpelnden Gang.

Der Mann sieht Jack und bleibt abrupt stehen.

»Ein Freund von Ihnen?«, fragt Hannah.

Jack antwortet nicht. Sein Mund steht immer noch offen. Langsam erhebt er sich von der Bank. Der Mann tritt durch die Tür, zögert mit einem Mal, ohne auf die wütende Schwester hinter ihm zu achten, die damit droht, die Sicherheit zu rufen.

Jack sagt etwas, haucht es nur, ein kurzes Wort. Nein, nicht nur ein Wort. Ein Name, den Hannah noch nicht von ihm gehört hat. *Hec.*

»Jack?«, fragt Hannah.

»Ähm. Ja.« Jack sieht sie nicht einmal an. »Ich … ich werde mich bei Ihnen melden.«

Hannah verfolgt, wie er auf den fremden Mann zugeht. Sie treffen sich vor der offenen Tür. Der Mann sagt etwas, aber Jack schließt ihn einfach in die Arme. Sie halten sich fest, schaukeln leicht vor und zurück, als würde es für sie nichts anderes in dieser Welt geben.

Bald wird sie das Gleiche tun können. Sie wird ihre Familie umarmen und festhalten. Und alles, was danach kommt …

Egal. Ihr wird schon etwas einfallen.

Sie legt wieder den Kopf zurück und lässt sich die Sonne ins Gesicht scheinen.

72

Coreys Krankenzimmer ist eigentlich ganz nett. Es verfügt über einen eigenen Flachbildschirm, der in die Wand eingelassen ist. Corey hat sich bereits über seine Linse damit verlinkt, die irgendwie das ganze Abenteuer überstanden hat. Es gibt ein großes Fenster, das auf Knopfdruck milchig oder dunkel werden kann. Das Zimmer liegt im zehnten Stock, mit Blick auf den Innenhof.

Die junge Ärztin mit dem braunen Haar hat ihn hierhergebracht, nachdem sie mit seinem Bein fertig war. Allerdings hat sie darauf bestanden, dass es vorläufig in der Hülle bleiben sollte. »Wir wollen nicht, dass sich darin eine weitere Infektion einnistet«, sagte sie zu ihm, während sie sein Hoverbett in Position brachte. »Ich werde sie dir morgen früh abnehmen.«

Als er sie fragte, wie er nun pinkeln soll, bedachte sie ihn mit einem bösartigen Grinsen. »Auch darum kümmert sich die Hülle«, sagte sie. Das fand er schon etwas unappetitlich, aber er hakte nicht weiter nach.

Außerdem muss er über andere Sachen nachdenken.

Irgendwann haben sie Besucher zugelassen. Jamie und Allie wollten alles wissen. Dann musste er es ihnen ein zweites Mal erzählen. Und dann schilderte Allie, wie ihre Ankunft sie zu Boden geworfen hat, und beide wollten wissen, wann er entlassen wird. Er wollte ihnen sagen, wie beängstigend alles gewesen war, dass es nicht nur ein aufregendes Abenteuer war, aber er fand nicht die passenden Worte.

Und dann kehrten Malik und seine Eltern zurück, und sie

redeten miteinander, bis sie nicht mehr sprechen konnten. Seine Mom und sein Dad erzählten ihnen, dass sie vielleicht vor Gericht gehen müssen, dass es wahrscheinlich etliche Anwälte gibt, die mit ihnen reden wollen.

Seine Mutter wurde sehr ernst, als sie das sagte, und sehr ruhig, als würde sie Widerspruch erwarten. Aber es kam keiner. Corey und Malik sagten vielleicht zum ersten Mal überhaupt gleichzeitig Ja. Für Corey genügte es, dass sein Vater die Hand seiner Mutter festhielt. Dass er sie nicht losließ. Dass seine Mom es zuließ.

Dann schauten sie sich eine Weile auf dem großen Flachbildschirm einen Feed an, und er stellte fest, dass er zu müde war, um die Zusammenhänge zu verstehen. Sein Gehirn fühlte sich an, als würde es ihm aus den Ohren tropfen.

Schließlich schlief er ein. Als er wieder aufwachte, war die Sonne draußen fast untergegangen, und er blinzelte im letzten Licht, das durch das Fenster hereindrang.

Im Zimmer ist sonst niemand. Es ist still. Der Bildschirm ist ausgeschaltet, die Beleuchtung gedimmt. Auf dem Nachttisch liegt ein altmodischer Notizblock, auf den Malik eine Nachricht für ihn geschrieben hat. ICH HOFFE, DU MUSST NACHTS NICHT PINKELN :-)

Er lächelt und legt den Block auf den Tisch zurück. Dann sieht er eine weitere Nachricht, einen zusammengefalteten Zettel mit seinem Namen darauf. Sie ist von seiner Mom, und ihre ordentliche Handschrift teilt ihm mit, dass sie ihn lieben und ihm bald richtige Kleidung bringen werden. *Die Hose ist hinüber*, hat sie geschrieben. *Man musste sie aufschneiden (tut mir leid!), aber wir besorgen dir eine neue.*

Nachdem er jetzt allein ist, ohne dass sich alle um ihn drängen, hat sich sein Gehirn ein wenig beruhigt. Zumindest genug, um sich zu fragen, was als Nächstes passieren wird.

Ihm ist klar, dass er nicht einfach da weitermachen kann,

wo er aufgehört hat. Wie soll er jetzt wieder zur Schule gehen? Wird er weiter mit Jamie und Allie abhängen können? Er weiß, dass es eine große Sache ist, was sie erlebt haben – und was sie herausgefunden haben. Eine *richtig* große Sache. Eine von den Sachen, die die Welt verändern können. Die gesamte Frontier. Ganz zu schweigen von den Kolonien. Es ist, wie seine Mom gesagt hat – sie werden mit Anwälten zu tun haben, mit Leuten vom Gericht, und wer weiß, mit wem sonst noch?

Nach einer Weile legt er die Nachricht wieder auf den Tisch. Die Kleidung, die seine Mutter erwähnt hat, liegt ordentlich zusammengefaltet darauf, ganz oben sein T-Shirt, und unten lugen seine Schuhe hervor. Er will sich gerade auf dem Bett hinlegen, als er innehält und etwas genauer hinschaut.

Unter seinem T-Shirt ragt etwas hervor. Etwas, das er nicht einordnen kann. Ein Stück Stoff, grau und zerrissen.

Corey runzelt die Stirn. Er nimmt die Fernbedienung und richtet die obere Hälfte seines Betts so weit wie möglich auf. Dann beugt er sich vor und zuckt zusammen, als seine Muskeln von der Anstrengung schmerzen. Er kommt nicht ganz an das T-Shirt heran. Seine Finger streifen es nur, während er sich bemüht, näher heranzurücken. Die Hülle um sein Bein hält ihn fest.

Dann bekommt er es zwischen Zeigefinger und Daumen zu fassen und zieht es vorsichtig zu sich heran. Kurz darauf hält er das mysteriöse Stück Stoff in der Hand. Er hebt es hoch und betrachtet es mit großen Augen.

Es ist ein Aufnäher, der von einem Kleidungsstück abgerissen wurde. In Rot und Schwarz mit zwei gekreuzten Dolchen, als grobe Stickerei ausgeführt.

Romans Abzeichen.

Verdutzt blickt sich Corey im Raum um, als würde er erwarten, hier plötzlich den Soldaten zu sehen. Nichts. Hier ist niemand. Es ist still und dunkel. Irgendwo in der Ferne hört er eine Stimme, die über Lautsprecher etwas bekannt gibt, doch die Worte sind durch die geschlossene Tür nicht zu verstehen.

Corey lehnt sich zurück, drückt den Aufnäher an seine Brust und blickt aus dem Fenster. So bleibt er eine Weile liegen, bis er erneut einschläft, als die Sonne längst hinter den Gebäuden der Klinik untergegangen ist.

Arthur C. Clarke

2001
Odyssee im Weltraum

Das große Science-Fiction-Epos
in einem Band

Die Saga zu Stanley Kubricks legendärem Kultfilm

978-3-453-31592-1

Leseprobe unter **www.heyne.de**

HEYNE